省级应用型示范课程配套教材

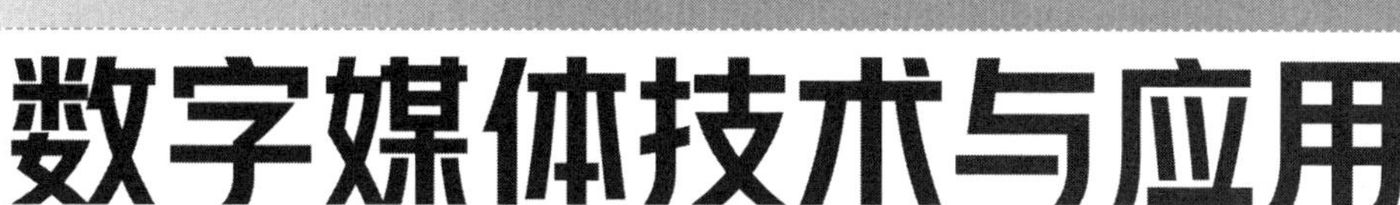

综合教程

主　编◎黄　攀
副主编◎段　杨
参　编◎盛加林　曾　静　黎海波

電子工業出版社
Publishing House of Electronics Industry
北京 · BEIJING

内 容 简 介

本书系统介绍了数字媒体技术的相关原理和方法，内容全面，深入浅出，图文并茂，浅显易懂，操作步骤详细、清晰，实用性较强。全书共 7 章，其中第 1、2 章为“基础篇”，内容包括数字媒体技术基础知识和数字媒体数据压缩技术，让读者系统、高效地掌握数字媒体技术的基本原理和基础知识；第 3～7 章为“应用篇”，内容包括数字图像信息处理、数字音频技术、计算机动画制作技术、数字视频技术和数字媒体光盘刻录与封面设计，注重提高读者的实践和应用能力。

本书适合作为高等院校各专业“多媒体技术与应用”课程的教材，也可以作为高职院校相关课程的教材，还可以作为数字媒体技术方面的培训教材，以及广大数字媒体技术自学者的参考用书。

图书在版编目（CIP）数据

数字媒体技术与应用综合教程/黄攀主编. —北京：电子工业出版社，2023.8

ISBN 978-7-121-46231-3

Ⅰ. ①数… Ⅱ. ①黄… Ⅲ. ①数字技术—多媒体技术—教材 Ⅳ. ①TP37

中国国家版本馆 CIP 数据核字（2023）第 158294 号

责任编辑：王志宇　　　特约编辑：徐　震
印　　刷：三河市鑫金马印装有限公司
装　　订：三河市鑫金马印装有限公司
出版发行：电子工业出版社
　　　　　北京市海淀区万寿路 173 信箱　邮编　100036
开　　本：787×1 092　1/16　印张：17.5　字数：448 千字
版　　次：2023 年 8 月第 1 版
印　　次：2023 年 8 月第 1 次印刷
定　　价：49.00 元

凡所购买电子工业出版社图书有缺损问题，请向购买书店调换。若书店售缺，请与本社发行部联系，联系及邮购电话：（010）88254888，88258888。

质量投诉请发邮件至 zlts@phei.com.cn，盗版侵权举报请发邮件至 dbqq@phei.com.cn。

本书咨询联系方式：（010）88254523，wangzy@phei.com.cn。

前言

PREFACE<<<

数字媒体技术的发展日新月异，不仅令人眼花缭乱，而且改变了人们的生活方式，也影响着人们的思维方式甚至价值理念。自数字媒体的概念问世以来，业界和学界对于数字媒体的讨论和研究就持续进行着。

数字媒体技术融合了数字信息处理技术、计算机技术、数字通信和网络技术等交叉学科和技术领域，是通过现代计算和通信手段综合处理数字化的文字、声音、图形、图像、视频影像和动画等的感觉媒体，使抽象的信息变成可感知、可管理和可交互的技术。数字媒体技术作为新兴综合技术，涉及和综合了许多学科和研究领域的理论、技术和成果，广泛应用于出版、新闻、公共关系、娱乐、广告、教育、商业和政治等领域，在各行各业中发挥着重要的作用。

本书编者在高校一直从事多媒体技术与应用课程的教学工作，教学经验丰富，学生的学习兴趣浓厚。在长期的教学实践中，编者摸索总结出了一套有效的教学方法，经认真整理后形成本书。本书内容丰富，讲解循序渐进，能够帮助学生快速了解数字媒体技术的相关理论知识，以及相关软件的操作技巧和方法。本书对 Photoshop CC、Adobe Audition CS6、Flash CS6 和 Adobe Premiere Pro CS6 等软件的操作技巧和方法进行了详细的介绍，理论性、技巧性、实践性、应用性都非常强，力求以简洁的语言、便捷的操作、实用的案例和直观的静动图片对比效果，使读者能在较短时间内掌握数字媒体技术与应用综合教程软件的操作使用技能，创作出丰富多彩、新颖时尚、个性化十足的作品。

本书主要围绕数字媒体基础、数字媒体技术和数字媒体应用等方面，结合数字媒体技术的最新发展，对数字媒体应用及相关技术进行了较为全面且实用的介绍。本书共 7 章：第 1 章介绍了数字媒体技术基础知识，包括数字媒体技术基本概念、数字媒体的特点、数字媒体技术的关键技术、数字媒体技术的应用和数字媒体技术的发展趋势；第 2 章介绍了数字媒体数据压缩技术，包括数字媒体数据压缩概述、数字媒体数据压缩的技术基础、数字媒体数据压缩方法和数字媒体数据的压缩；第 3 章介绍了数字图像信息处理，包括色彩基础知识、图像处理基础和图像处理软件 Photoshop CC；第 4 章介绍了数字音频技术，包括音频的相关概述、音频数字化技术、声卡、数字音频文件格式和数字音频编辑软件 Adobe Audition CS6；第 5 章介绍了计算机动画制作技术，包括动画的相关概述和二维动画制作软件 Flash CS6；第 6 章介绍了数字视频技术，包括视频概述、视频数字化技术、视频卡、数字视频文件格式和数字视频编辑软件 Adobe Premiere Pro CS6；第 7 章介绍了数字媒体光盘刻录与封面设计，包括数字媒体光盘刻录和数字媒体光盘封面设计。

本书由黄攀担任主编，由段杨担任副主编，参编人员还有盛加林、曾静、黎海波。在编写过程中参考了许多相关著作及网络资源，从中汲取了不少有益内容，在此向这些著作的作者们致以衷心的谢意。

本书虽是编者多年教学积累的成果，但也难免会有疏漏和不妥之处，敬请读者批评指正。

编　者

目 录

CONTENTS<<<

基 础 篇

应用篇

基 础 篇

第 1 章　数字媒体技术基础知识

数字媒体技术起源于计算机的发展，形成于 20 世纪 80 年代，在计算机发展的早期阶段，人们只是利用计算机对军事和工业生产的数值进行计算。随着计算机技术的发展，尤其是硬件设备的不断改进和完善，人们开始用计算机设计、处理和表现图形、图像，使计算机更形象、逼真地反映自然事物和运算结果，这就是数字媒体技术的雏形。

随着计算机软、硬件的进一步改进和完善，计算机的设计、处理能力越来越强，计算机的应用领域得到进一步拓展，应用需求大幅度增加，在很大程度上推动了数字媒体技术的发展和完善。数字媒体技术由当初单一的媒体形式逐渐发展到目前的数字、文字、图形、图像、声音、视频、动画等多种媒体形式。

1.1 数字媒体技术基本概念

1.1.1 媒体

媒体（Media）一词来源于拉丁语“Medius”，音译为媒介，意为两者之间。媒体是指传播信息的媒介。它是指人借助用来传递信息与获取信息的工具、渠道、载体、中介物或技术手段。也可以把媒体看作实现信息从信息源传递到受信者的一切技术手段。

通常情况下，媒体可以分为传统媒体和计算机领域中的媒体。传统媒体，如报纸、期刊、广播、电影和电视等，都是以各自的媒体形式进行传播。在计算机领域中，媒体有两层含义：一是指存储信息的实体，如磁盘、光盘、磁带、U 盘、半导体存储器等；二是指承载信息的载体，如数字、文字、图形、图像、声音、视频和动画等。而数字媒体技术中的媒体通常是指后一种，即计算机不仅能处理文字、数字之类的信息，还能处理声音、图形、图像、视频等各种不同形式的信息。

实际上，数字媒体中媒体的定义十分广泛，国际电话电报咨询委员会（Consultative Committee on International Telephone and Telegraph，CCITT）是国际电信联盟（ITU）的一个分会，它把媒体又分成了以下 5 类。

（1）感觉媒体（Perception Media）：指直接作用于人的感觉器官，使人产生直接感觉的媒体。人的感觉器官有听觉、视觉、味觉、触觉和嗅觉 5 种。例如，引起听觉反应的声音，引起视觉反应的图像等。

（2）表示媒体（Representation Media）：指传输感觉媒体的中介媒体，即为了更有效地加工、处理和传送感觉媒体而人为研究出来的媒体，是感觉媒体数字化后的表现形式。借助此媒体，能更有效地存储感觉媒体，或将感觉媒体从一个地方传送到遥远的另一个地方。它多用于数据交换的编码，如图像编码（JPEG、MPEG 等）、文本编码（ASCII 码、GB2312 等）和声音编码等。

（3）显示媒体（Presentation Media）：指进行信息输入和输出的媒体，即它常用于通信中，是使电信号和感觉媒体之间产生转换的一种媒体，如键盘、鼠标、扫描仪、话筒、摄像机等为输入媒体，而显示器、打印机、喇叭等为输出媒体。

（4）存储媒体（Storage Media）：指用于存储表示媒体的物理介质，即计算机可以随时加工处理和调用存放在存储媒体中的信息编码，如硬盘、磁盘、光盘、ROM 及 RAM 等。

（5）传输媒体（Transmission Media）：指传输表示媒体的物理介质，即用于将媒体从一处传播到另一处的物理载体，如电话线、电波、电缆、双绞线、光纤、电磁波及其他通信信道等。

人类在分析和处理信息的活动中，承载信息的常用载体就是以上 5 种媒体。在 5 种媒体中，其核心是表示媒体，计算机通过显示媒体的输入设备将感觉媒体感知的信息转换为表示媒体信息，并存放在存储媒体中，计算机从存储媒体中调出表示媒体信息，再进行加工处理，然后利用显示媒体的输出设备将表示媒体信息还原成感觉媒体信息，呈现给世人。

从人机交互的角度可以把媒体归结为 3 个主要类：视觉类媒体、听觉类媒体和触觉类媒体。

（1）视觉类媒体：指眼睛所能看到的事物，主要包括符号、矢量图形、位图图像、视频、动画和其他。

① 符号：是一种具有代表意义的标识，是人们共同约定用来指明一定对象的标志物。

② 矢量图形：是使用直线和曲线来描述图形，这些图形的元素是一些点、线、矩形、多边形、圆和弧线等。

③ 位图图像：是由像素（Pixel）组成的。像素是位图最小的信息单元，存储在图像栅格中。每个像素都具有特定的位置和颜色值。

④ 视频：泛指将一系列静态影像以电信号的方式加以捕捉、记录、处理、储存、传送与重现的各种技术。

⑤ 动画：不同于一般意义上的动画片，动画是一种综合艺术，它是集合了绘画、电影、数字媒体、摄影、音乐、文学等众多艺术门类于一身的艺术表现形式。

⑥ 其他：其他类型的视觉媒体形式，如用符号表示的数值、用图形表示的某种数据曲线、数据库的关系数据等。

（2）听觉类媒体：指人耳所能听到的声音，主要包括语音、音乐和音响。

① 语音：语言的物质外壳，是语言的外部形式，是最直接地记录人的思维活动的符号体系。它是人的发音器官发出的具有一定社会意义的声音。

② 音乐：是反映人类现实生活情感的一种艺术，是一种规范的、符号化了的声音。

③ 音响：是自然界中除语音和音乐之外的声音，如下雨声、打雷声、森林的风声和大海的涛声等。音响还特指电器设备组合发出声音的一套音频系统。

（3）触觉类媒体：指能使人接触产生感觉的媒体，主要包括指点、位置跟踪和力反馈与运动反馈。

① 指点：包括直接指点和间接指点。通过指点可以确定对象的位置、大小、方向和方位，选择特定的过程和相应的操作。

② 位置跟踪：为了与系统交互，系统必须了解参与者的身体动作，包括头、眼睛、手、四肢等部位的位置与运动方向，系统将这些位置与运动的数据转变为特定的模式，对相应的动作进行表示。

③ 力反馈与运动反馈：这与位置跟踪正好相反，是由系统向参与者反馈力及运动的信息，如触觉刺激、反作用力（如推门时门重的感觉）、运动感觉（如摇晃、振动）及温度等环境信息。这些媒体信息的表现必须借助于一定的电子、机械的伺服机构才能实现。

美国哈佛商学院有关研究人员的分析资料表明，人的大脑每天通过 5 种感官接受外部信息的比例分别为：视觉 83%、听觉 11%、嗅觉 3.5%、触觉 1.5%、味觉 1%。目前计算机所能处理和应用的媒体，主要是视觉、听觉类媒体，如上述的文字、图形、图像、声音、视频、动画等。而在机器人、虚拟现实技术（Virtual Reality，VR）等系统的应用开发中，则用到了触觉类媒体，如压力、运动等，但其他感觉类媒体的应用还在研究之中。

这一划分便于计算机向“人性化”的方向发展与应用。在数字媒体计算机技术中所说的媒体一般指感觉媒体，即文字、图形、图像、声音、视频和动画。而数字媒体的研究核心是如何将感觉媒体转化为表示媒体。

1.1.2 数字媒体

数字媒体是指以二进制数的形式记录、处理、传播和获取过程的信息载体，这些载体包括数字化的文字、图形、图像、声音、视频影像和动画等感觉媒体，和表示这些感觉媒体的表示媒体（编码），二者通称为逻辑媒体，以及存储、传输、显示逻辑媒体的实物媒体。但通常意义下所称的数字媒体常常指感觉媒体。

数字媒体是以信息科学和数字技术为主导，以大众传播理论为依据，以现代艺术为指导，将信息传播技术应用到文化、艺术、商业、教育和管理领域的科学与艺术高度融合的综合性交叉学科。数字媒体包括图像、文字、音频、视频等各种形式，以及传播形式和传播内容中采用数字化，即信息的采集、存取、加工和分发的数字化过程。数字媒体目前已经成为继语言、文字和电子技术之后一种新的信息载体。

数字媒体按照不同的属性有不同的分类。

1. 时间属性

按照时间属性可以将数字媒体分成静止媒体（Still Media）和连续媒体（Continues Media）。静止媒体是指内容不会随着时间而变化的数字媒体，比如文本和图片；而连续媒体是指内容随着时间而变化的数字媒体，比如音频和视频。

2. 来源属性

按照来源属性可以将数字媒体分成自然媒体（Natural Media）和合成媒体（Synthetic

Media）。自然媒体是指客观世界存在的景物、声音等，经过专门的设备进行数字化和编码处理之后得到的数字媒体，比如数码相机拍的照片；而合成媒体则指的是以计算机为工具，采用特定符号、语言或算法表示的，由计算机生成（合成）的文本、音乐、语音、图像和动画等，比如用 3D 制作软件制作出来的动画角色。

3. 组成属性

按照组成属性可以将数字媒体分成单一媒体（Single Media）和多媒体（Multi Media）。单一媒体是指由单一信息载体组成的载体，而多媒体则是指多种信息载体的表现形式和传递方式。

我们平时所说的“数字媒体”一般是指“多媒体”，而“多媒体”也是现在被谈论较多的一门技术。

1.1.3 数字媒体技术

数字媒体技术（Digital Media Technology）也叫多媒体技术（Multimedia Technology），是利用计算机对文字、图形、图像、声音、视频、动画等多种信息综合处理，建立逻辑关系和人机交互作用的技术。数字媒体技术以数字化技术为基础，能够对多种媒体信息进行处理和综合应用，使多种媒体信息建立一个整体化的有机逻辑关系，集成为具有良好交互性系统的技术。这里的处理是指计算机能够对它们进行获取、压缩编码、编辑、存储、检索、展示、传输等各种操作。

1.1.4 数字媒体系统

数字媒体系统是指利用计算机技术和数字通信网络技术来处理和控制数字媒体信息的系统。从狭义上分，数字媒体系统就是拥有数字媒体功能的计算机系统；从广义上分，数字媒体系统就是集电话、电视、媒体、计算机网络等于一体的信息综合化系统。

数字媒体技术主要采用的是具有数字媒体功能的计算机系统。数字媒体计算机系统是集对数字媒体信息进行逻辑互联、获取、编辑、存储和播放等功能于一体的计算机系统。它能灵活地调度和使用数字媒体信息，使之与硬件协调工作，并具有一定的交互特性。

数字媒体系统由以下两部分组成。

（1）数字媒体硬件系统。

（2）数字媒体软件系统。

硬件系统主要包括计算机的主要配置和各种外部设备，以及各种外部设备的控制接口卡（其中包括数字媒体实时压缩和解压缩电路）；软件系统则包括数字媒体驱动软件、数字媒体操作系统、数字媒体数据处理软件、数字媒体创作工具软件和数字媒体应用软件等。

1.2 数字媒体的特点

数字媒体包括多种媒体信息，各种媒体信息又都有各自的特点。各个媒体数据的存储格式、数据量等差别很大，组合处理多种媒体数据的技术又不相同，下面分别介绍数字媒体数据的特点、数字媒体传播的特点和数字媒体技术的特点。

1.2.1 数字媒体数据的特点

1. 数据量大

除文本信息外，其他媒体形式如声音、图形、图像、视频和动画的数据量都相当庞大。

2. 数据类型多

数字媒体数据是多种媒体形式综合在一起的信息。由于数字媒体中的文字、声音、图形、图像、视频和动画等各种各样的媒体格式各不相同，因此造成它们在处理手段、输入/输出形式和表现方式上也存在很大的不同，如文本以字符为单位，图像以像素为单位，而视频信息是以帧为单位等。

3. 相关性强、同步性高

数字媒体数据中的多种媒体类型之间有明显区别，通常具有信息上的关联，才能通过一定的方式组合在一起，以表示出事物的特点。数字媒体中各媒体类型之间必须有机地配合才能协调一致，它们之间的协调主要体现在时间、空间和内容方面的协调，并同步进行。

4. 动态性强

数字媒体信息中的声音、图像和视频等媒体通常是随着时间的变化而变化的，即在一个动态的作品中表示和反映事物的特点，如一段影片或一段电视节目。动态性正是数字媒体最具吸引力的地方之一，如果没有了动态性，就不会有数字媒体繁荣的今天。

1.2.2 数字媒体传播的特点

数字媒体的个性化传播特性决定了其传播对象的细分化，甚至开始以家庭和个人为基本单位进行量身定制和传播，这就使得受众这一传统概念得到越来越细的划分，能在大众传播的基础上进行更加分众化、精确化的传播。

1. 传播内容个性化

内容供应商将一部分内容生产的功能分出来，进行节目的社会化生产，这不仅使数字媒体的节目数量大大增加，节目内容更加丰富，而且也增加了一些个性化很强的增值业务，使传播的内容更加丰富多彩。

2. 传播者服务个性化

数字媒体的传播者，有着高效性、易满足受众个性化需求等符合精确传播特点的信息传播特征。一般以用户需求为导向，优先推出用户最喜欢的节目频道，争取取得最高的收视率和订阅率。在取得一定的经济收入和经营专业频道经验的基础上，进一步按照专业频道细分市场大小顺序，逐步推出更多专业节目。树立品牌意识，培养名牌频道，以节目质量取胜，尽最大努力满足受众的个性化需求。

3. 传播受众个性化

数字媒体时代，受众是数字媒体的信息接收者或消费者，他们是数字产业链的终端用户，与模拟时代的观众有着明显区别。个性消费的特点表现在受众对数字媒体业务的消费形成上。用户与前端运营商不再是广泛单纯的广播式关系，而演变成一种密切的信息服务供求关系，数字媒体的服务也不仅限于新闻与娱乐节目服务，而演变成建立在宽带互动基础上的互联网、电信网、广电网的综合服务。用户可以根据自己的个性化需求定制节目，也可以利用数字媒体享受其他的个性化服务。

4. 传播形式个性化

数字媒体不再是“点对面”的广播式传播，而是“点对点”的交互式传播。数字媒体的出现，使得数字技术在电影、电视、音乐、网游等行业得到广泛应用，双向电视、交互式多媒体系统、数字电影的普及，使数字媒体的传播形式发生了根本性变化。三网合一的情况下，用户只要打开电视机就可以看到自己喜欢的节目，IPTV 交互式网络点播也可以进行网上冲浪，享受包括语音、数据、图像、视频等综合多媒体的通信业务服务。

1.2.3 数字媒体技术的特点

数字媒体技术就是集成多种媒体信息为一个具有交互式系统的技术，它具有数字化、交互性、多维性、趣味性、集成性、实时性、非线性和融合性等特点。

1. 数字化

过去我们熟悉的媒体集合都是以模拟的方式进行存储和传播的，而数字媒体是以二进制的形式通过计算机进行存储、处理和传播的。

2. 交互性

交互性是数字媒体技术的关键特征。数字媒体技术中的交互性是指用户与多种媒体信息系统之间进行交互式操作，从而为用户提供更有效的控制和使用信息的手段，允许人机交互，这也是数字媒体与传统媒体最大的不同。比如，在数字媒体远程信息检索系统中，初级交互性可帮助用户找出想读的书，快速跳过不感兴趣的部分；从数据库中检索声音、图像或文字材料等。中级交互性则可使用户介入信息的提取和处理过程中，如对关心的内容进行编排、插入文字说明及解说等。当采用虚拟现实技术时，数字媒体系统可提供高级的交互性。

3. 多维性

数字媒体的多维性是相对于计算机而言的，也可称为媒体的多样化或多维化。它把计算机所能处理的数字媒体的种类或范围扩大，不仅仅局限于原来的数据、文本或单一的语音、图像，还体现在数字信息采集或生成、传输、存储、处理和显现的过程中，要涉及多种感知媒体、表示媒体、传输媒体、存储媒体或呈现媒体，或者多个信源或信宿的交互作用。这种多维性不是指简单的数量或功能上的增加，而是质的变化。例如，数字媒体计算机不但具备文字编辑、图像处理、动画制作及通过网络收发电子邮件（E-mail）等功能，还有处理、存储、随机读取包括声音在内的视频的功能，能够将多种技术、多种业务集合在一起。

4. 趣味性

互联网、数字游戏、数字电视、移动流媒体等为人们提供宽广的娱乐空间，媒体的趣味性也更加彻底地体现出来。如观众观看体育赛事的时候可以选择多个视角，也可以从浩瀚的数字内容库里搜索并观看自己喜欢的电影和电视节目等。

5. 集成性

集成性是指多种媒体如文字、图形、图像、声音、动画、视频等信息的集成和处理，以及处理这些媒体的设备和系统的集成。数字媒体信息的集成性是指各个媒体之间不是孤立的，而是存在着紧密的联系。数字媒体信息的集成性包括两方面：一是数字媒体信息的集成；二是处理这些媒体的设备和系统的集成。在数字媒体系统中，各种信息媒体不再像过去那样，采用单一方式进行采集和处理，而是多通道同时统一采集、存储和加工处理，更加强调各种媒体之间的协同关系及利用它所包含的大量信息。此外，数字媒体系统应该包括各种硬件设备：能高速、并行处理数字媒体信息的 CPU，多通道的输入/输出接口及外设，宽带通信网络接口，以及大容量的存储器，并将这些硬件设备集成为统一的系统。而在软件方面，则应有数字媒体操作系统，满足数字媒体信息管理的软件系统，高效的数字媒体应用软件和创作软件等。在网络的支持下，这些媒体系统的硬件和软件被集成为处理各种复合信息媒体的信息系统。

6. 实时性

实时性是指在数字媒体系统中声音和活动的视频图像、动画之间的同步特性，即实时地反映它们之间的联系，也就是接收到的各种信息媒体在时间上必须是同步的。例如，电视会议系统的声音和图像不允许存在停顿，必须严格同步，包括“唇音同步”，否则传输的声音和图像就会失真。

7. 非线性

数字媒体技术的非线性特点改变了传统的循序性的读写模式。以往的读写方式大都采用章、节、页的框架，循序渐进地获取知识，而数字媒体技术借助超文本链接（Hyper Text Link）的方法，把内容以一种更灵活、更具变化的方式呈现给读者，用户可以按照自己的目的和认知特征重新组织信息，增加、删除或修改节点，重新建立链接。

8. 融合性

目前，数字媒体传播需要信息技术与人文艺术的融合。例如，在开发数字媒体产品时，技术专家需要负责技术规划，艺术家、设计师需要负责所有可视内容，清楚受众的欣赏需求。

1.3 数字媒体技术的关键技术

数字媒体技术的发展和应用是发展计算机数字媒体的关键，数字媒体信息的处理和应用需要一系列相关技术的支持。以下几个方面的关键技术是数字媒体技术研究的热点，也是未来数字媒体技术发展的趋势。

1. 数字媒体计算机的硬件条件是基础

要实现数字媒体技术，计算机不仅需要大容量存储器、处理速度快的 CPU（中央处理器）、CD-ROM、高效声音适配器以及视频处理适配器等多种硬件设备，而且还需要相关的外围设备，例如用于获取数字图像的数码照相机、扫描仪和视频摄像机，以及用于输出的打印机、投影仪等。

2. 数字媒体计算机的软件条件是关键

数字媒体技术的应用离不开计算机软件，在广泛的应用领域中，人们编制了内容丰富、使用方便的软件。为了支持计算机对文字、图形、图像、声音、视频和动画等数字媒体信息的处理，特别是要解决数字媒体信息的时间、空间同步问题，研制数字媒体核心软件是最关键的技术。

3. 数字媒体数据压缩和解压缩技术

在数字媒体技术的发展过程中，数字媒体数据压缩和解压缩技术是数字媒体系统的关键技术。数字媒体系统具有综合处理文字、图形、图像、声音、视频和动画的能力，要求面向三维图形，立体声音，真彩色、高保真、全屏幕、运动画面等。为了达到理想的视听效果，要求实时地处理大量数字化音频、视频信息，对计算机的处理、存储和传输能力都有较高的要求。数字化的声音和图像数据量非常大，如果不压缩，则不能很好地应用到实际中。正是由于对图形图像文件、音乐文件、视频和动画文件的数据压缩，才使这些原本数据量非常大的文件得以轻松地保存和进行网络间的传送。

4. 数字媒体计算机存储技术

数字媒体信息的保存一方面依赖数据压缩技术，另一方面依靠存储技术。因为数字化的媒体信息虽然经过压缩处理，但仍然包含了大量的数据，所以需要有足够完善的存储设备。随着光盘和 U 盘存储技术的不断发展，存储介质和设备从最初的纸带穿孔到磁带、磁盘、光盘和 U 盘等，解决了大量数字媒体信息的保存问题。也因为存储在服务器上的数据量越来越大，对服务器硬盘容量的需求也就越来越高。为了避免磁盘损坏而造成数据丢失，需采用相应的磁盘管理技术，磁盘阵列就是在这种情况下诞生的一种数据存储技术。这些大容量存储设备为数字媒体应用提供了便利条件。

5. 数字媒体集成电路制作技术

声音、图形和图像信息的压缩处理需要进行大量的计算，视频图像的压缩处理还要求实时完成，一般的个人计算机是不可能完成的。集成电路制作技术的发展，使得具有强大数据压缩运算功能的大规模集成电路问世，为数字媒体技术的进一步发展创造了有利条件。

为了实现音频、视频信号的快速压缩、解压缩和播放处理，需要计算机进行大量的快速计算，采用专用芯片才能取得满意的效果。数字媒体芯片是数字媒体计算机硬件体系结构的关键。数字媒体计算机专业芯片可归纳为两种类型：一种是固定功能的芯片；另一种是可编程的数字信号处理器（DSP）芯片，这种芯片通常只需要一条指令就能完成其他个人计算机上需要多条指令才能完成的处理。

6. 数字媒体同步技术

数字媒体技术需要同时处理文字、声音、图像等多种媒体信息。在数字媒体系统处理的信息中，各个媒体都与时间有着或多或少的依从关系。例如，图像、语音都是时间的函数。声音和视频图像要求实时处理，同步进行，才能实现声音和视频图像的播放不被中断。视频图像要求以视频速率 25 帧/秒更新图像数据，因此，需要支持对数字媒体信息进行实时处理的操作系统。数字媒体操作系统就是为了对文字、声音、图像、视频、动画等数字媒体信息进行综合处理，以解决数字媒体信息的时空同步问题。

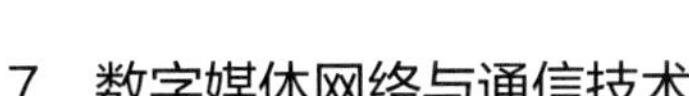

7. 数字媒体网络与通信技术

数字媒体通信对数字媒体产业的发展、普及和应用有着举足轻重的作用，已成为整个产业发展的关键和瓶颈。传统的电信业务如电话、传真等通信方式已不能适应社会的需求，迫切要求通信与数字媒体技术相结合，为人们提供更加高效和快捷的沟通途径，如电子邮件、视频会议、远程交互式教学系统、点播电视、微信、QQ 等新的服务，都离不开数字媒体网络和通信技术。

8. 数字媒体信息检索技术

数字媒体信息检索是根据用户的要求，对文字、图形、图像、声音、视频、动画等数字媒体信息进行检索以得到用户所需的信息。基于特征的数字媒体信息检索系统有着广阔的应用前景，广泛应用于电视会议、远程教学、远程医疗、电子图书馆、艺术收藏和博物馆管理、地理信息系统、遥感和地球资源管理、计算机协同工作等方面。基于内容的数字媒体信息检索是一种新的检索技术，它是对数字媒体对象的内容及上下文语义环境进行检索，如对图像中的颜色、纹理，或视频中的场景、片段进行分析和特征提取，并基于这些特征进行相似性匹配。而研究数字媒体基于内容的处理系统是数字媒体信息管理的重要方向。

9. 数字媒体虚拟现实技术

虚拟现实技术（Virtual Reality，VR），是数字媒体技术发展的更高境界，是 20 世纪 80 年代末开始崛起的一种实用技术。它是利用计算机生成的一种模拟环境（如飞机驾驶、分子结构世界等），通过多种传感设备使用户“投入”到该环境中，实现用户与该环境直接进行自然交互的技术。

虚拟现实技术的特点在于，由计算机产生一种人为虚拟的环境，这种虚拟的环境是通过计算机构成的三维空间，或是把其他现实环境编制到计算机中以产生逼真的“虚拟环境”，从而使用户在多种感官上产生一种沉浸于虚拟环境的感觉。虚拟现实技术实时的三维空间表现能力、人机交互式的操作环境以及给人带来身临其境的感觉，将一改人与计算机之间枯燥、生硬和被动的现状。

虚拟现实技术目前在互联网、军事、医学、教育、商业、娱乐甚至农业领域等已得到广泛应用，而且还给社会带来了巨大的经济效益。

10. 数字媒体相关技术的支持

在数字媒体技术的应用中，也需要其他相关技术的支持。在数字媒体技术所涉及的广泛领域中，每种应用领域都有其独特的技术特点和条件。将相关技术融合进计算机数字媒体技术中，或者与之建立某种有机的联系，是数字媒体技术能否成功应用的关键。

1.4 数字媒体技术的应用

数字媒体技术得到迅速发展，数字媒体系统的应用更以极强的渗透力进入人类生活的各个领域，如教育、商业广告、影视娱乐、医疗、旅游、人工智能模拟、办公自动化、通信、档案、图书、艺术、股票债券、金融交易、建筑设计、家庭等。下面介绍数字媒体技术在以下几个领域的应用情况。

1. 教育

数字媒体技术应用到教育中改变了传统的教育模式，使人们的学习方法发生了一些重要变化。数字媒体技术将图、文、声集成于一体，使传递的信息更丰富、更直观，是合乎自然交流环境和传递信息方式的，人们在这种环境中通过多种感官来接收信息，加速了理解和接收知识信息的学习过程，并有助于接收者激发联想和推理等思维活动，这也是科技发展到一定阶段的产物。

世界各国的教育家们正努力研究用先进的数字媒体技术改进和提高教学质量。以数字媒体网络教学课件、虚拟课堂、虚拟实验室、数字图书馆、数字媒体技能培训系统为核心的现代教育技术使教学手段丰富多彩，使计算机辅助教学（Computer Assisted Instruction，CAI）如虎添翼。

随着互联网的发展，“数字媒体远程教学”或“交互式教学”已逐步成为现实。以互联网为基础的远程教学，使得远隔千山万水的学生、教师和科研人员突破时空的限制，实时地交流信息、共享资源。如今，数字媒体交互式教学的计算机网络系统已日渐成熟，技术的革新极大地促进了远程教学的发展。可以预见，今后数字媒体技术必将越来越多地应用于现代教学实践中，并将推动整个教育事业的发展。

2. 商业广告

利用数字媒体技术制作商业广告是扩大销售范围的有效途径。目前的商业广告主要采取特技合成、大型演示的方式呈现给世人，最常见的有展示广告、影视商业广告、公共招贴广告、大型显示屏广告、平面印刷广告等。这些广告多在大型商场、车站、机场、公园、步行街、宾馆等地，利用数字媒体广告系统与 LCD 大屏幕、电视墙等显示设备结合，完成广告制作、广告宣传、商品展示等多种功能。这些广告具有丰富多彩、形象生动的特点，往往给人一种很强的视觉冲击感。

3. 影视娱乐

利用数字媒体技术制作电影特技和变形效果是影视娱乐节目制作中最常用的技巧，它主要应用在影视作品中，如电视、电影、卡通混编特技、演艺界 MTV 特技制作、三维成像模拟特技、仿真游戏等。

不仅如此，人们还可通过数字媒体系统欣赏音乐 CD、观看 VCD、制作数字音乐 MIDI 以及播放数字视频 DVD，使用数字照相机、数字摄像机等电子产品摄像，制作电子相册。数字媒体技术将为人类的娱乐生活开创一个新局面。

4. 医疗

数字媒体技术的发展使得医疗过程越来越信息化和自动化，医务人员可以通过数字媒体计算机充分利用各种形式的真实媒体资源（文字、图像、视频）来提高诊疗效率和质量。其中最重要的一项就是可以实现远程医疗，让偏远地方的人也可以享受到更多、更好的医疗服务。

远程医疗应用是以网络数字媒体为主体的综合医疗信息系统，医生远在千里之外就可以为患者看病。患者不仅可以接受医生的图文和音频问诊，还可以借助数字媒体网络高清视频接受医生更直观的问诊，实时获取各种化验数据，使医生做出及时正确的治疗。对于疑难病

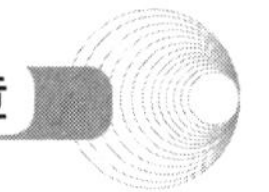

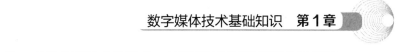

例，不同的学科专家还可以联合会诊。对于急需手术的患者，专家可以通过数字媒体网络高清视频远程指导当地医生做手术，并进行实时的监控和观察，使医疗资源得以充分利用。

5. 旅游

在数字媒体网络系统里输入各地景点的详细信息，人们可以便捷、直观地了解到各地的名胜古迹、自然风景、风土人情和娱乐设施，并获取详细的旅行、住宿、游览以及当地美食等旅游活动信息。这样，人们足不出户就能领略到美好的大自然风光，了解各地的风土人情，增长更多的见识。

6. 人工智能模拟

人工智能模拟是计算机数字媒体技术科学的一个重要分支。它企图了解智能的实质，并生产出一种新的能以与人类智能相似的方式做出反应的智能机器。该领域的研究包括机器人、语言识别、图像识别、自然语言处理和专家系统等。人工智能从诞生以来，理论和技术日益成熟，应用领域也不断扩大，可以设想，未来人工智能带来的科技产品，将会是人类智慧的“容器”。人工智能可以对人的意识、思维的信息过程进行模拟。人工智能虽不是人的智能，但能像人那样思考，也可能超越人的智能。不仅如此，它还能对生物的形态、智能进行模拟。

7. 办公自动化

采用先进的数字影像和数字媒体计算机技术，把文件扫描仪、图文传真机及文件处理系统综合到一起，以影像代替纸张，用计算机代替人工操作，组成全新的办公自动化系统。

随着数字媒体技术的不断发展，数字媒体管理系统也将不断完善，把原来操作复杂的纸质内容转变成电子查阅信息的方式，由原来的人工通知转变为现在的QQ、微信、电子邮件和电子公告牌等，使传统的办公手段和设施在数字媒体计算机的统一管理下有机地融为一体，形成信息流畅、操作便捷的协同办公方式。办公方式的改变为迅速做出决策提供了可靠信息，能够做到及时、准确和全面，同时也为企业节省了人力、财力，为社会创造了更多的财富。

8. 通信

数字媒体通信技术中最具代表性的是视频会议的出现。它是指两个或两个以上不同地方的个人或群体，通过现有的各种电信通信传输媒体，将人物的动静态图像、语音、文字、图片等多种资料传送到各个用户的计算机上，使得在地理上分散的用户可以共聚一处，通过视频、图形、声音等多种方式实时交流信息，提升参会各方对内容的理解能力。目前视频会议逐步向着多网协作、高清化、开放化的方向发展。

视频会议通过先进的通信技术实现，只需借助互联网即可实现高效、高清的远程会议、协同办公，在持续提升用户沟通效率、缩减企业差旅费用成本、提高管理成效等方面具有得天独厚的优势，已部分取代商务出行，成为远程办公的新模式。近年来，视频会议的应用范围迅速扩大，从政府、公安、军队、法院到科技、能源、医疗、教育等领域随处可见，涵盖了社会生活的方方面面。

除以上所介绍的数字媒体技术应用领域外，数字媒体技术还应用在档案、图书、艺术、股票债券、金融交易、建筑设计、家庭等领域。事实上，随着数字媒体技术的不断更新和发展，新的应用领域也将随着人类丰富的想象力而不断产生。

1.5 数字媒体技术的发展趋势

随着计算机软/硬件的进一步发展，计算机的处理能力越来越强，应用需求不断增加，从而促进了数字媒体技术的发展和完善。总的来看，数字媒体技术正向以下两个方面发展。

1.5.1 网络化发展趋势

网络化发展趋势与宽带网络通信等技术相互结合，使数字媒体技术进入科研设计、企业管理、办公自动化、远程教育、远程医疗、检索咨询、文化娱乐、自动测控等领域。数字媒体计算机与通信技术的结合已经成为世界性的大潮流。

技术的创新和发展将使诸如服务器、路由器、转换器等网络设备的性能越来越高，包括用户端 CPU、内存、显卡等在内的硬件能力空前扩展，人们将受益于无限的计算和充裕的带宽。它使网络应用者改变以往被动地接受处理信息的状态，以更加积极、主动的姿态去参与眼前的网络虚拟世界。

数字媒体技术的发展会使数字媒体计算机形成更完善的计算机支撑协同工作环境，既消除了空间距离的障碍，又消除了时间距离的障碍，便于为人类提供更完善的信息服务。

交互、动态的数字媒体技术能够在网络环境中创建出更加生动、逼真的二维与三维场景，人们还可以借助摄像等设备，把办公室和娱乐工具集合在终端数字媒体计算机上，无论身处世界哪一角落，都可与千里之外的同行在实时视频会议上进行市场、产品设计等方面的交流，欣赏高质量的图像画面。新一代用户界面（User Interface，UI）与人工智能（Artificial Intelligence，AI）等网络化、人性化、个性化的数字媒体软件的应用还可使不同国籍、不同文化背景和不同文化程度的人们通过“人机对话”，消除他们之间的隔阂，实现自由的沟通与了解。

世界正迈向数字化、网络化、全球一体化的信息时代。信息技术将渗透人类社会的方方面面，其中网络技术和数字媒体技术是促进信息社会全面实现的关键技术。

数字媒体交互技术的发展，使数字媒体技术在模式识别、全息图像、自然语言理解（语音识别与合成）和新的传感技术（手写输入、数据手套、电子气味合成器）等基础上，利用人的多种感觉通道和动作通道（如语音、书写、表情、姿势、视线、动作和嗅觉等），通过数据手套和跟踪手语信息，提取特定人的面部特征，合成面部动作和表情，以并行和非精确方式与计算机系统进行交互，直接提高了人机交互的自然性和高效性，从而实现了以三维的逼真输出为标志的虚拟现实。

蓝牙技术的开发应用，使数字媒体网络技术呈现无线电化。数字信息家电，个人区域网络，无线宽带局域网，新一代无线、互联网通信协议与标准，对等网络与新一代互联网络的数字媒体软件开发，综合原有的各种数字媒体业务，将会使计算机无线网络异军突起，掀起网络时代的新浪潮，使计算无所不在，各种信息随手可得。

1.5.2 数字媒体终端的部件化、智能化和嵌入化

数字媒体终端的部件化、智能化和嵌入化，提高了计算机系统本身的数字媒体性能。

目前，数字媒体计算机硬件体系结构、数字媒体计算机的视频音频接口软件不断改进，尤其是采用了硬件体系结构设计和软件、算法相结合的方案，使数字媒体计算机的性能指标进一步提高。但要满足数字媒体网络化环境的要求，还需对软件做进一步的开发和研究，使数字媒体终端设备具有更高的部件化和智能化，对数字媒体终端增加如文字的识别和输入、汉语语音的识别和输入、自然语言理解和机器翻译、图形的识别和理解、机器人视觉和计算机视觉等智能。

随着数字媒体技术和网络通信技术的发展，需要 CPU 本身具有更高的综合处理声、文、图信息及通信的功能，因此我们可以将媒体信息实时处理和压缩编码算法做到 CPU 芯片中。从目前的发展趋势看可以把这种芯片分成两类。一类是以数字媒体和通信功能为主。融合 CPU 原有的计算功能，它的设计目标是用在数字媒体专用设备中，家电及宽带通信设备可以取代这些设备中的 CPU 及大量 ASIC 和其他芯片。另一类是以通用 CPU 计算功能为主。融合数字媒体和通信功能，它们的设计目标是与现有的计算机系列兼容，同时具有数字媒体和通信功能，主要用在数字媒体计算机中。

随着数字媒体技术的发展，TV 与 PC 技术的竞争与融合越来越引人注目，传统的电视主要用于娱乐，而 PC 重在获取信息。随着电视技术的发展，电视浏览收看功能、交互式节目指南、电视上网等功能应运而生。而 PC 技术在媒体节目处理方面也有了很大的突破，音视频流功能加强，搜索引擎、网上看电视等技术相应出现。比较来看，收发 E-mail、聊天和视频会议终端功能更是 PC 与电视技术的融合点，而数字机顶盒技术适应了 TV 与 PC 融合的发展趋势，延伸出“信息家电平台”的概念，使数字媒体终端集家庭购物、家庭办公、家庭医疗、交互教学、交互游戏、视频邮件和视频点播等全方位应用于一身，代表了当今嵌入化数字媒体终端的发展方向。

嵌入式数字媒体系统可应用在人们生活与工作的各个方面：在工业控制和商业管理领域，如智能工控设备、POS/ATM 机、IC 卡等；在家庭领域，如数字机顶盒、数字电视、WebTV、网络冰箱、网络空调等消费类电子产品。此外，嵌入式数字媒体系统还在医疗类电子设备、数字媒体手机、掌上计算机、车载导航器、娱乐、军事等领域有着巨大的应用前景。

思考与练习

1. 什么是媒体、数字媒体、数字媒体技术、数字媒体系统？
2. 数字媒体的媒体元素有哪些？
3. 国际电信联盟把媒体分成了哪几类？各自具有什么特点？
4. 数字媒体技术有哪些主要特点和关键技术？
5. 数字媒体技术的主要应用领域有哪些？
6. 数字媒体技术的主要发展趋势是什么？
7. 数字媒体计算机应增加哪些方面的智能化？

第 2 章 数字媒体数据压缩技术

随着社会信息化的快速发展，数字媒体信息正在广泛应用到人们日常生活的各个领域。但是数字媒体信息尤其是图像、视频、音频和动画的数据量特别庞大，如不对其进行有效压缩，其存储、处理、传输就会遇到“瓶颈”，从而影响其实际的应用。因此，数字媒体数据压缩技术就成为当今数字通信、广播、存储和数字媒体娱乐中的一项关键的共性技术。

2.1 数字媒体数据压缩概述

2.1.1 数据压缩的概念

数据压缩是指在不丢失有用信息的前提下，缩减数据量以减少存储空间，提高其传输、存储和处理效率，或按照一定的算法对数据进行重新组织，减少数据的冗余和存储空间的一种技术方法。数据压缩包括有损压缩和无损压缩。

压缩的理论基础是信息论和率失真理论，这个领域的研究工作主要是由 Claude Shannon 奠定的，他在 20 世纪 40 年代末期及 50 年代早期发表了这方面的基础性论文。Doyle 和 Carlson 在 2000 年写道，数据压缩“是所有工程领域最简单、最优美的设计理论之一”。密码学与编码理论也是与数据压缩密切相关的学科，数据压缩的思想与统计推断亦有很深的渊源。

事实上，数字媒体信息存在许多数据冗余。例如，一幅图像中的静止建筑背景、蓝天和绿地，其中许多像素是相同的，如果逐点存储，就会浪费许多空间，这称为空间冗余。又如，在电视和动画的相邻序列中，只有运动物体有少许变化，仅存储差异部分即可，这称为时间冗余。此外还有结构冗余、视觉冗余等，这就为数据压缩提供了条件。

总之，压缩的理论基础是信息论。从信息的角度来看，压缩就是去除信息中的冗余，即去除确定的或可推知的信息，而保留不确定的信息，也就是用一种更接近信息本质的描述来代替原有冗余的描述，这个本质的东西就是信息量。

2.1.2 数据压缩的必要性

数字媒体计算机面临的是文字、图形、图像、声音、视频、动画等多种媒体承载的，由模拟信号转换为数字信号的处理、存储和传输的问题。经过数字化处理后的声音、图像、视频数据量非常大，如果不进行数据压缩处理，计算机系统就无法对其进行存储和交换。例如：

（1）一幅大小为 640×480 分辨率的 24 位（bit/像素）真彩色图像的数据量为：

$$640 \times 480 \times 24 \div 8 = 921.6\text{（KB）}$$

（2）双通道立体声激光唱盘，采用脉冲码调制采样，采样频率为 44.1 kHz，采样精度为 16 位，则其 1 秒钟的采样数据量为：

$$44.1\times1\ 000\times16\times2\div8=176.4\text{（KB）}$$

※ 一张 650 MB 的 CD-ROM，大约可存 1 小时的音乐数据。

（3）对于彩色电视信号，假设代表光强 Y 的带宽为 4.2 MHz，色彩 I 为 1.5 MHz，色饱和度 Q 为 0.5 MHz，采样频率大于 2 倍原始信号频率，各分量均被数字量化为 8 位，则 1 秒钟电视信号的数据量为：

$$(4.2+1.5+0.5)\times2\times8\div8=12\text{（MB）}$$

※ 容量为 650 MB 的 CD-ROM 仅能存 1 分钟的原始电视数据。

※ 若为高清晰度电视（HDTV），其 1 秒钟数据量约为 150 MB（1.2 Gbit/s÷8），一张 CD-ROM 还存不下 5 秒钟的 HDTV 图像。

从以上例子可见，原始采样的媒体数据量巨大，对数据量的存储、信息的传输以及计算机的运行速度都增加了极大的压力。这也是数字媒体技术发展中首先要解决的问题，不能单纯用扩大存储容量、增加通信线路的传输速率来解决问题。而数据压缩技术是一个行之有效的方法。通过数据压缩手段把信息数据量降下来，以压缩形式存储和传输，既有效利用了存储器的存储容量，又提高了通信线路的传输效率，同时也消除了计算机系统处理视频输入（I）/输出（O）的瓶颈。

2.1.3 数据压缩的可能性

数字媒体数据量很庞大，但是相邻数据之间往往存在冗余，这就给数据压缩提供了可能性。数字媒体数据就像海绵一样是可以压缩的，因为数字媒体数据包括两部分内容：信息和冗余数据，信息是有用的数据，而冗余数据就是无用的内容，可以压缩掉。例如，图像、音频和视频数据中，存在着大量冗余，通过去除这些冗余数据可以使原始数据大大减少，从而解决图像和视频数据量巨大的问题。

冗余的具体表现就是相同或者相似信息的重复。可以在空间范围重复，也可以在时间范围重复；可以是严格的重复，也可以是以某种相似性的重复。

此外，人们在欣赏影像节目时，由于耳、目对信号的时间变化和幅度变化的感受能力都有一定的极限，如人眼对影视节目有视觉暂留效应，人眼或人耳对低于某一极限的幅度变化无法感知等，故可将信号中这部分感觉不出的分量压缩掉或掩蔽掉。

数字媒体数据的冗余包括空间冗余、时间冗余、结构冗余、知识冗余、视觉冗余、图像区域的相同性冗余和纹理的统计冗余。

1. 空间冗余

空间冗余是图像数据中经常存在的一种数据冗余，是静态图像中存在的最主要的一种数据冗余。同一景物表面上采样点的颜色之间通常存在着空间相关性，相邻各点的取值往往相近或者相同，这就是空间冗余。例如，图 2-1 中的下面有一片连续的区域，这个区域的像素都是相同的颜色，那么空间冗余就产生了。

2. 时间冗余

时间冗余是序列图像和语音数据中经常包含的一种数据冗余，这种冗余的产生跟时间紧密相关。在视频、动画图像中，相邻帧之间往往存在着时间和空间的相关性。例如，一场庆祝晚会，各个节目有序地进行，时间也在改变，但是晚会背景一直是相同的，而且没有移动，变化的只是表演的各个节目。这里的背景就反映为时间冗余，如图 2-2 所示。同样，由于人在说话时产生的音频也是连续和渐变的，因此声音信息中也会存在时间冗余。

图 2-1　空间冗余图像

图 2-2　时间冗余图像

3. 结构冗余

在某些场景中，存在着明显的图像分布模式，这种分布模式称作结构。也就是说，有些图像从大域上看，存在着重复或相近的纹理结构，如草席、方格状的地板、蜂窝、砖墙等，这些图案在结构上存在冗余，如图 2-3 所示。

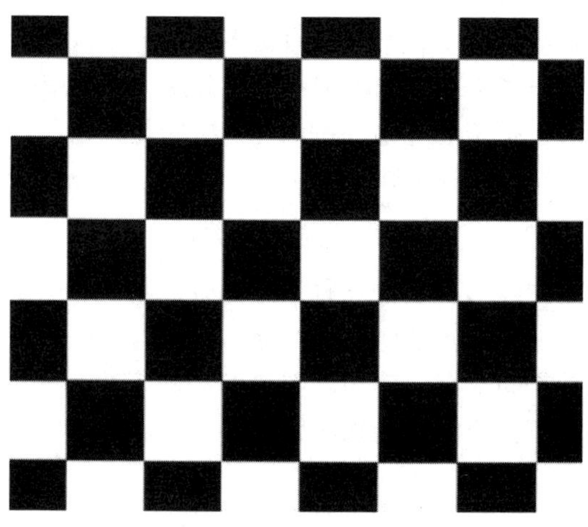

图 2-3　结构冗余图像

4. 知识冗余

有许多图像的理解与某些知识有相当大的相关性。例如，人脸的图像有固定的结构，嘴的上方是鼻子，鼻子的上方是眼睛，鼻子位于正脸图像的中线上等。这类规律性的结构可由先验知识和背景知识得到，我们称此类冗余为知识冗余。

5. 视觉冗余

视觉冗余是图像数据中普遍存在的一种数据冗余。在数字媒体技术的应用领域中，人的眼睛是图像信息的接收端。视觉冗余是相对于人眼的视觉特性而言的，人类的视觉系统并不能将图像画面的任何变化都感觉到。比如，对亮度的变化敏感，对色度的变化相对不敏感；对静止图像敏感，对运动图像相对不敏感；对图像的水平线条和竖直线条敏感，对斜线相对不敏感；对整体结构敏感，对内部细节相对不敏感；对低频信号敏感，对高频信号相对不敏感。因此，包含在色度信号、运动图像、图像高频信号中的一些数据，相对于人眼而言，并不能对增加图像的清晰度做出贡献，被人眼视为多余的，这就是视觉冗余。

6. 图像区域的相同性冗余

在图像中的两个或多个区域所对应的所有像素值相同或相近，从而产生的数据重复性存储，这就是图像区域的相似性冗余。在这种情况下，记录了一个区域中各像素的颜色值，与其相同或相近的区域就不再记录各像素的值。矢量量化方法就是针对这种冗余图像的压缩方法。

7. 纹理的统计冗余

有些图像纹理尽管不严格服从某一分布规律，但是在统计的意义上服从该规律，利用这种性质也可以减少表示图像的数据量，称为纹理的统计冗余。

2.1.4 数据压缩的原理

数字媒体数据压缩以一定的质量损失为代价，按照某种方法从给定的信源（信源是产生各类信息的实体）中推导出简化的数据描述——减少原始信源的冗余度。质量损失一般都是在人眼允许的误差范围之内，压缩前后的图像如果不做非常细致的对比是很难觉察出两者差别的。

1. 图像压缩系统的组成

图像压缩系统主要由 3 部分组成：变换器、量化器和编码器，如图 2-4 所示。

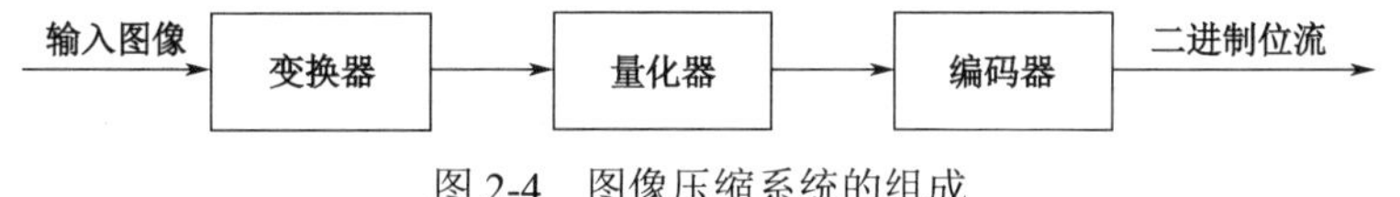

图 2-4 图像压缩系统的组成

（1）变换器：是将信源发出的信息按一定的目的进行变换，也就是将输入的图像数据加上一对一映射，经过变换以后所形成的图像数据比原始图像数据更有利于压缩。映射的方法有以下 3 种。

线性预测映射：将像素值映射到它和预测值之间的差。

单映射：如离散余弦变换（DCT），把图像映射到若干个系数。

多映射：如子带分解和小波变换。

（2）量化器：用来生成一组有限符号以表示压缩的图像。量化是多对一的映射，是丢失信息和不可逆的，它有两种量化方式，即标量量化和矢量量化。

标量量化：对像素逐个量化。

矢量量化：多个像素为一组同时量化。

（3）编码器：为量化器输出的每个符号指定一个码字，即生成二进制位流。有两种编码方式，即定长编码和变长编码。

定长编码：每个符号指定的码字具有相同的长度。

变长编码（熵编码）：根据符号出现的频率来决定为其指定码字的长度，频率高则码字短，反之则长。

2. 图像压缩说明

视频压缩与语音相比，语音的数据量较小，且基本压缩方法已经成熟，目前的数据压缩研究主要集中于图像和视频信号的压缩方面。

压缩处理有两个过程，即编码和解码过程。编码过程是将原始数据经过编码进行压缩，以便存储与传输；解码过程是对编码数据进行解码，还原为可以使用的数据。

3. 与压缩相关的指标

衡量一种数据压缩技术的好坏有 4 个重要指标。

（1）压缩比大：压缩前后所需要的信息存储量之比要大。如果文件的大小为 10 MB，经过压缩处理后变成 5 MB，那么压缩比为 2∶1。高压缩比是数据压缩的根本目的，无论从哪个角度看，在同样压缩效果的前提下，数据压缩得越小越好。

（2）算法简单：实现压缩的算法简单，压缩、解压缩速度快，尽可能做到实时压缩解压。

（3）恢复效果好：要尽可能地恢复原始数据。

（4）压缩能否用硬件实现。

2.1.5 数据压缩的分类

数据压缩的方式非常多，不同特点的数据有不同的数据压缩方式（也就是编码方式），下面从几个方面对其进行分类。

1. 即时压缩和非即时压缩

比如，打 IP 电话，就是将语音信号转化为数字信号，同时进行压缩，然后通过网络传送出去，这个数据压缩的过程是即时进行的。即时压缩一般应用在影像、声音数据的传送中。即时压缩常用到专门的硬件设备，如压缩卡。

非即时压缩是计算机用户经常用到的，这种压缩在需要的情况下才进行，没有即时性。例如，压缩一张图片、一篇文章、一段音乐等。非即时压缩一般不需要专门的设备，直接在计算机中安装并使用相应的压缩软件就可以了。

2. 数据压缩和文件压缩

其实数据压缩包含了文件压缩，数据本来是泛指任何数字化的信息，包括计算机中用

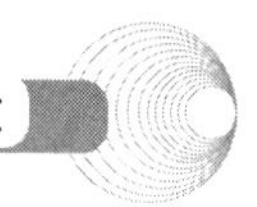

到的各种文件，但有时，数据是专指一些具有时间性的数据，这些数据常常是即时采集、即时处理或传输的。而文件压缩就是专指对将要保存在磁盘等物理介质的数据进行压缩，如一篇文章数据、一段音乐数据、一段程序编码数据等的压缩。

3. 无损压缩与有损压缩

无损压缩利用数据的统计冗余进行压缩。数据统计冗余度的理论限制为2∶1～5∶1，所以无损压缩的压缩比一般比较低。这类方法广泛应用于文本数据、程序和特殊应用场合的图像数据等需要精确存储数据的压缩。有损压缩方法利用了人类视觉、听觉对图像、声音中的某些频率成分不敏感的特性，允许压缩的过程中损失一定的信息。虽然不能完全恢复原始数据，但是所损失的部分对理解原始图像的影响较小，却换来了比较大的压缩比。有损压缩广泛应用于语音、图像和视频数据的压缩。

2.2 数字媒体数据压缩的技术基础

数据压缩起源于20世纪40年代，由“信息论之父”香农第一次用数学语言阐明了概率与信息冗余度的关系。在其1948年发表的论文《通信的数学理论》中，香农指出：任何信息都存在冗余，冗余大小与信息中每个符号（数字、字母或单词）的出现率或者不确定性有关。香农借鉴了热力学的概念，把信息中排除了冗余后的平均信息量称为“信息熵”，并给出了计算信息熵的数学表达式。这篇伟大的论文后来被誉为信息论的开山之作，信息熵也奠定了所有数据压缩算法的理论基础。

从本质上讲，数据压缩的目的就是消除信息中的冗余，而信息熵及相关的定理恰恰用数学手段精确地描述了信息冗余的程度。利用信息熵公式，人们可以计算出信息编码的极限，即在一定的概率模型下，无损压缩的编码长度不可能小于信息熵公式给出的结果。“熵”（Entropy）是用来表示一条信息中真正需要编码的信息量，即数据压缩的理论极限。对于任何一种无损数据压缩，最终的数据量一定大于信息熵，数据量越接近于熵值，说明其压缩效果越好，假定一种无损数据压缩之后数据量小于信息熵，则说明其数据压缩有错误。

下面来看一下信息熵如何计算：在计算机内部是用二进制来表示数据的，现在要用0和1组成的二进制数码来为含有n个符号的某条信息编码，假设符号F_n在整条信息中重复出现的概率为P_n，则该符号的熵为E_n，即表示该符号所需的位数为：$E_n=\log^2(1/P_n)=-\log^2(P_n)$；整条信息的熵$E$也即表示整条信息所需的位数为：$E=\sum E_n$。

2.3 数字媒体数据压缩方法

随着数字通信技术和计算机技术的发展，数据压缩技术已日渐成熟，适合各种应用场合的编码方法不断产生。

数字媒体数据压缩方法根据不同的分类依据进行分类，根据质量有无损失可以分为两大类：有损压缩法（熵压缩法）和无损压缩法（冗余压缩法）。

2.3.1 有损压缩法

有损压缩法也称熵压缩法，是指使用压缩后的数据进行解压缩，解压之后的数据与原来的数据有所不同，但不会让人对原始资料表达的信息造成误解。比如，图像和声音的压缩就可以采用有损压缩，因为其中包含的数据往往多于人类的视觉系统和听觉系统所能接收的信息，丢掉一些数据而不至于对声音或者图像所表达的意思产生误解，但可以大大提高压缩比。它的目的是在给定的比特率条件下，使图像获得最逼真的效果或者达到一个给定的逼真度，使比特率达到最小。采用混合编码的 JPEG 标准，对自然景物的灰度图像，一般可压缩几倍到十几倍，而自然景物的彩色图像压缩比将达到几十倍甚至上百倍；采用 ADPCM 编码的声音数据，压缩比通常为 4∶1～8∶1；压缩比最为可观的是动态视频数据，采用混合编码的 DVI 数字媒体系统，压缩比通常可达 100∶1～200∶1。常用编码有预测编码和变换编码等。

1. 预测编码

预测编码是根据离散信号之间存在着一定关联性的特点，利用前面一个或多个信号预测下一个信号进行，然后对实际值和预测值的差（预测误差）进行编码。如果预测比较准确，误差就会很小。在同等精度要求的条件下，就可以用比较少的比特进行编码，达到压缩数据的目的。

预测时根据某个模型进行预测，如果模型选取得足够好的话，则只需存储和传输起始像素和模型参数就可代表全部数据。按照模型的不同，预测又可分为线性预测、帧内预测和帧间预测。预测编码中典型的压缩方法有脉冲编码调制（Pulse Code Modulation，PCM）、差分脉冲编码调制（Differential Pulse Code Modulation，DPCM）、自适应差分脉冲编码调制（Adaptive Differential Pulse Code Modulation，ADPCM）等，它们适合声音、图像和视频数据的压缩，因为这些数据由采样得到，相邻样值之间的差相差不大，所以可以用较少的位来表示。

2. 变换编码

预测编码主要是在时域上进行，而变换编码则是利用频域中能量较为集中的特点，在频域（变换域）上进行。数字媒体计算机所获取的数字化视频图像，每幅都可以表示为一个或几个 $M \times N$ 的矩阵，这种表示方法称为图像的空域表示，帧内预测编码就是对空域表示的图像进行的。变换编码不是直接对空域图像信号进行编码，而是首先将空域图像信号映射变换到另一个正交矢量空间，产生一批变换系数，然后对这些变换系数进行编码处理。

变换编码是一种间接编码方法，其中关键问题是在时域或空域描述时，数据之间相关性大，数据冗余度大，经过变换在变换域中描述，数据相关性大大减少，数据冗余量减少，参数独立，数据量少，这样再进行量化，编码就能得到较大的压缩比。典型的最佳变换有 DCT（离散余弦变换）、DFT（离散傅立叶变换）、WHT（Walsh Hadama 变换）、HRT（Haar 变换）等。其中，最常用的是离散余弦变换。

2.3.2 无损压缩法

无损压缩法也叫冗余压缩法，无损压缩是指使用压缩后的数据可以解压缩，且解压缩

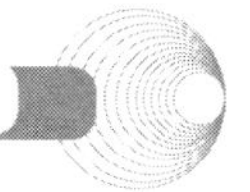

之后的数据与原来的数据完全相同。它利用数据的统计冗余进行压缩，可完全恢复原始数据而不引入任何失真，但压缩率受到数据统计冗余的理论限制，一般为 2∶1～5∶1。

冗余压缩法的过程是不经过量化直接实现压缩。比如，磁盘文件的压缩（Winzip），它的目的是在图像没有任何失真的前提下使得比特率达到最小。常用编码有香农-范诺编码、哈夫曼编码、行程编码、算术编码和词典编码等。

1. 香农-范诺编码

在数据压缩领域里，香农-范诺编码（Shannon-Fano Coding）是一种基于一组符号集及其出现的或然率（估量或测量所得），从而构建前缀码的技术。

香农-范诺编码，符号从最大可能到最小可能排序，将排列好的信源符号分化为两大组，使两组的概率和近乎相同，并各赋予一个二元码符号“0”和“1”。只要有符号剩余，以同样的过程重复这些集合以此确定这些代码的连续编码数字。依此下去，直至每一组都只剩下一个信源符号为止。当一组已经降低到一个符号，显然，这意味着符号的代码是完整的，不会形成任何其他符号的代码前缀。

香农-范诺编码的树是根据旨在定义一个有效的代码表的规范而建立的，实际的算法很简单。

（1）将待编码的符号按符号出现概率从大到小进行排序。

（2）将排好序的符号分成两组，使这两组符号概率和相等或尽可能地相近。

（3）将第一组赋值为 0，第二组赋值为 1。

（4）对每一组，只要不是一个符号，就重复步骤 2 的操作，否则操作完毕。

【例 2-1】有一串由 6 个字母组成的长度为 50 的字符串，字母分别为 A、B、C、D、E、F，其中 A 出现 3 次，B 出现 5 次，C 出现 15 次，D 出现 11 次，E 出现 12 次，F 出现 4 次，请使用香农-范诺编码对其进行编码。

解题步骤：

（1）使用表 2-1 列出的字母在字符串中的概率统计（这里使用的是出现次数，因为出现次数和概率成比例，也就是出现次数多则概率也大）。

表 2-1　符号出现次数统计

符　号	A	B	C	D	E	F
出现的次数	3	5	15	11	12	4

（2）对符号按出现次数的多少进行排序，见表 2-2。

表 2-2　符号出现次数从大到小排序

符　号	C	E	D	B	F	A
出现的次数	15	12	11	5	4	3

（3）对符号进行分组，将其分为概率和最接近的两组，即为（C、E）和（D、B、F、A），其中（C、E）赋值为 0，（D、B、F、A）赋值为 1，依次递推下去。使用二叉树左支为 0，右支为 1 来进行编码，其最终实现如图 2-5 所示。

（4）使用香农-范诺编码算法得到的编码表见表 2-3。

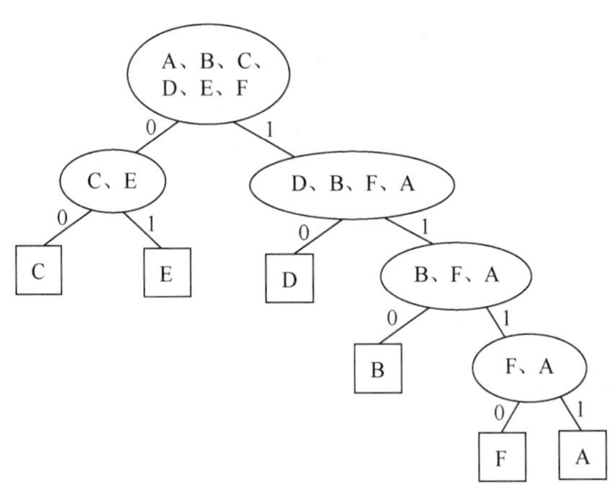

图 2-5　香农-范诺建立的编码树

表 2-3　使用香农-范诺编码算法得到的编码表

符　号	出现次数	概　率	编码使用的代码	需要的位数
A	3	3/50	1111	4×3
B	5	5/50	110	3×5
C	15	15/50	00	2×15
D	11	11/50	10	2×11
E	12	12/50	01	2×12
F	4	4/50	1110	4×4

（5）总共需要 4×3+3×5+2×15+2×11+2×12+4×4=119 位。如果用 ASCII 来进行表示的话，则至少要用到 50×8=400 位；如果用等长码 3 位二进制来表示 6 个字母的话，则需用到 50×3=150 位，从这两方面都能实现数据压缩。

（6）再来看一看压缩效果，这时就需要计算数据压缩的极限——熵的值：

$$(3/50)\log_2(50/3)+(5/50)\log_2(50/5)+(15/50)\log_2(50/15)+(11/50)\log_2(50/11)+(12/50)\log_2(50/12)+(4/50)\log_2(50/4)=2.36$$

这就是说每个符号用 2.36 位表示，50 个像素需用 119 位。可以看出熵值一定比最后编码所用的位数少，即与前面所说的熵和数据压缩的极限是吻合的。

2. 哈夫曼编码

哈夫曼编码（Huffman Coding），又称霍夫曼编码，是可变字长编码（VLC）的一种。Huffman 于 1952 年提出一种编码方法，该方法完全依据字符出现概率来构造异字头的平均长度最短的码字，是一种从下到上的编码方法，有时称之为最佳编码，一般叫作 Huffman 编码或霍夫曼编码。

哈夫曼编码的操作原理是设某信源产生有五种符号 U_1、U_2、U_3、U_4 和 U_5，对应概率 P_1=0.4，P_2=0.1，P_3=P_4=0.2，P_5=0.1。首先，将符号按照概率由大到小排队，如图 2-6 所示。编码时，从最小概率的两个符号开始，可选其中一个支路为 0，另一个支路为 1。这里，我们选上支路为 0，下支路为 1。再将已编码的两支路的概率合并，并重新排队。多次重复使用上述方法直至合并概率归一时为止。从图 2-6 中（A）和（B）可以看出，两者虽平均码长相等，但同一符号可以有不同的码长，即编码方法并不唯一，其原因是两支路概率合并后重新排队时，可能出现几个支路概率相等，造成排队方法不唯一。一般若将新合并后的支路排到等概率的最上支路，将有利于缩短码长方差，且编出的码更接近于等长码。这里

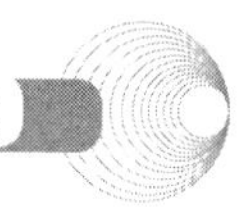

图 2-6 中（A）的编码比（B）好。

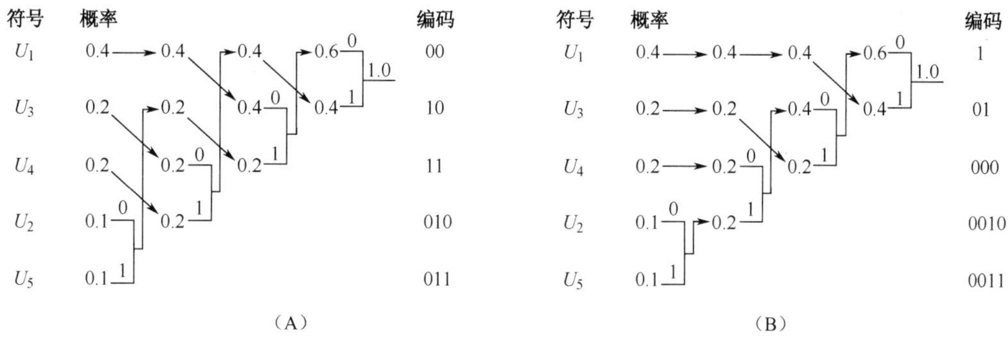

图 2-6 哈夫曼编码原理

哈夫曼码的码字（各符号的代码）是异前置码字，即任一码字不会是另一码字的前面部分，这使各码字可以连在一起传送，中间无须另加隔离符号，只要传送时不出错，收端仍可分离各个码字，不致混淆。这种编码是根据数据中各个符号出现的概率进行编码的，对出现频率高的符号赋予较短的代码，出现频率低的符号赋予较长的代码，这样就会减少总的代码量，而且不减少信息的总含量，所以属于无损压缩。

哈夫曼编码和香农-范诺编码的算法差不多，也很简单。

（1）初始化，根据符号出现的次数按由大到小顺序对符号进行排序。

（2）把概率最小的两个符号组成一个节点，节点为两个符号次数之和，去掉已取出的两个节点，加入这两个节点之和，重新排序，直至只有一个数据并且该数据的值与所有符号出现的总次数相同为止，跳向步骤（4）。

（3）重复步骤（2），得到新节点，形成一棵“树”。

（4）从根节点开始到相应于每个符号的“树叶”，从上到下标上“0”或“1”。通常左支标为 0，右支标为 1。

（5）从根节点开始顺着树枝到每个叶子分别写出每个符号的代码。

【例 2-2】 有一串由 6 个字母组成的长度为 50 的字符串，字母分别为 A、B、C、D、E、F，其中 A 出现 3 次，B 出现 5 次，C 出现 15 次，D 出现 11 次，E 出现 12 次，F 出现 4 次，请使用哈夫曼编码进行编码。

解题步骤：

（1）按照符号出现的概率由大到小排序，见表 2-4。

表 2-4 按照符号出现的概率排序

符　号	C	E	D	B	F	A
出现的次数	15	12	11	5	4	3

（2）选择其中最小的两个符号，组成的二叉树如图 2-7 所示。

（3）去掉刚才的两个符号，加入它们的和，重新排序，见表 2-5。

表 2-5 第一次重新排序

符　号	C	E	D	F+A	B
出现的次数	15	12	11	7	5

（4）继续选择其中最小的两个符号，组成的二叉树如图 2-8 所示。

图 2-7　出现次数最少的两个符号组成的二叉树　　图 2-8　第二次取次数最少的两个符号继续组成二叉树

（5）依此类推，进行递归，重新排序见表 2-6。

表 2-6　第二次重新排序

符　号	C	E	F+A+B	D
出现的次数	15	12	12	11

组成的二叉树如图 2-9 所示。

（6）依此类推，进行递归，重新排序见表 2-7。

表 2-7　第三次重新排序

符　号	F+A+B+D	C	E
出现的次数	23	15	12

组成的二叉树如图 2-10 所示。

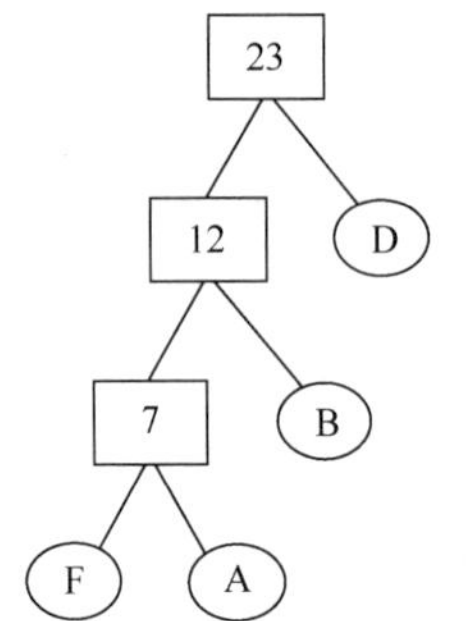

图 2-9　取最小次数的两个符号组成二叉树

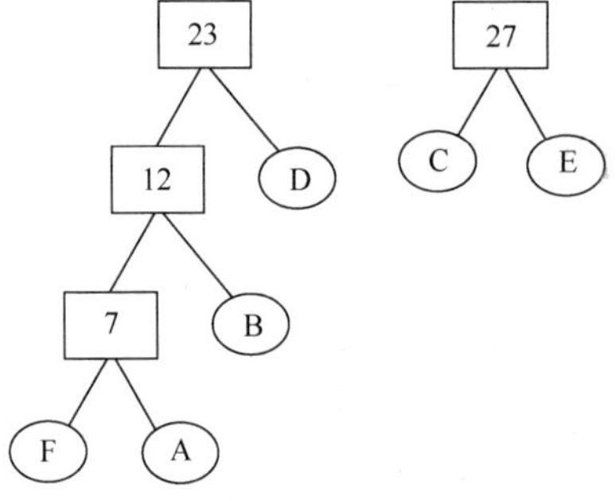

图 2-10　取剩下最小次数的两个符号组成二叉树

（7）依此类推，进行递归，重新排序，见表 2-8。

表 2-8　第四次重新排序

符　号	F+A+B+D	C+E
出现的次数	23	27

组成的二叉树如图 2-11 所示。

（8）对其进行编码，左枝为 0，右枝为 1，如图 2-12 所示。

（9）使用哈夫曼编码算法得到的编码表见表 2-9。

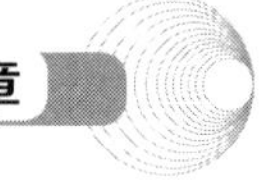

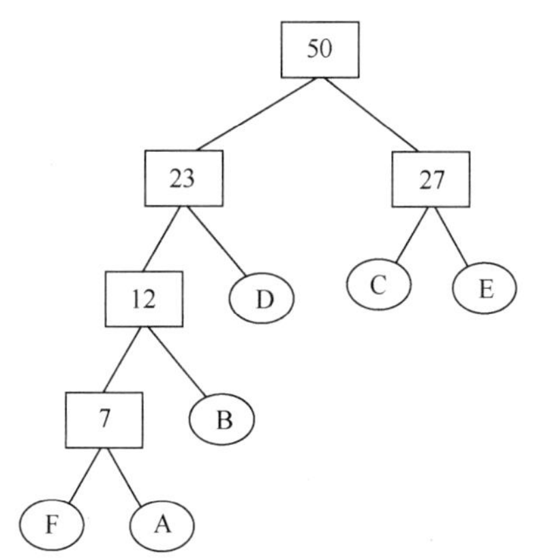

图 2-11 取最小次数的两个符号组成二叉树 1

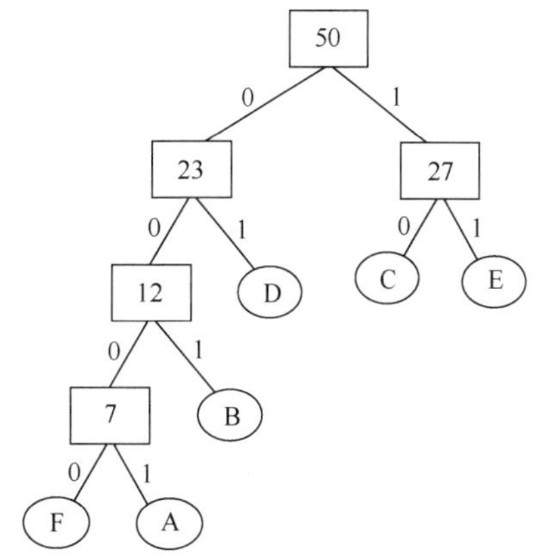

图 2-12 取最小次数的两个符号组成二叉树 2

表 2-9 使用哈夫曼编码算法得到的编码表

符 号	出现次数	概 率	编码使用的代码	需要的位数
A	3	3/50	0001	4×3
B	5	5/50	001	3×5
C	15	15/50	10	2×15
D	11	11/50	01	2×11
E	12	12/50	11	2×12
F	4	4/50	0000	4×4

（10）总共需要 4×3+3×5+2×15+2×11+2×12+4×4=119 位，与香农-范诺编码算法得到的最后数据相同，也同样实现了压缩，但是这只是巧合，通常情况下哈夫曼编码比香农-范诺编码的效率要高一些。

※ 香农-范诺编码和哈夫曼编码说明。

（1）平均码长≥熵，但都是接近熵，而且越接近熵，说明压缩效率越高。

（2）保证解码的唯一性，短字码不构成长字码的前缀。

（3）在接收端需要一个与发送端相同的代码表。

3. 行程编码

行程编码（Run Length Encoding，RLE），又称游程编码、行程长度编码、变动长度编码等，是一种统计编码。主要技术是检测重复的比特或字符序列，并用它们的出现次数取而代之。比较适合于二值图像的编码，但是不适用于连续色调图像的压缩，如日常生活中的照片。为了达到较好的压缩效果，有时行程编码会和其他一些编码方法混合使用。

该压缩编码技术相当直观和经济，运算也相当简单，因此解压缩速度很快。行程编码压缩尤其适用于计算机生成的图形图像，对减少存储容量很有效果。

行程编码是相对简单的编码技术，主要思路是将一个相同值的连续串用一个代表值和串长来代替。例如，有一个字符串“aaabccddddd”，经过行程编码后可以用“3a1b2c5d”来表示。对图像编码来说，可以定义沿特定方向上具有相同灰度值的相邻像素为一轮，其延续长度称为延续的行程，简称行程或游程。例如，若沿水平方向有一串 M 个像素具有相同的灰度 N，则行程编码后，只传递 2 个值（N, M）就可以代替 M 个像素的 M 个灰度值 N。

行程编码对传输差错很敏感，如果其中一位符号发生错误，就会影响整个编码序列的正确性，使行程编码无法还原回原始数据，因此一般要用行同步、列同步的方法，把差错控制在一行一列之内。

行程编码所能获得的压缩比有多大，主要取决于图像本身的特点。如果图像中具有相同颜色的图像块越大，则图像块数目越少，获得的压缩比就越大。反之，压缩比就越小。

译码时按照与编码时采用的相同规则进行，还原后得到的数据与压缩前的数据完全相同。因此，行程编码是无损压缩技术。

行程编码压缩尤其适用于计算机生成的图像。对减少图像文件的存储空间非常有效，然而，行程编码对颜色丰富的自然图像显得力不从心，在同一行上具有相同颜色的连续像素往往很少，而连续几行都具有相同颜色值的连续行数就更少。如果仍然使用行程编码方法，不仅不能压缩图像数据，反而可能使原来的图像数据变得更大。注意，这并不是说行程编码方法不适用于自然图像的压缩，相反，在自然图像的压缩中还少不了行程编码，只不过是不能单独使用行程编码，需要和其他的压缩编码技术联合应用。

4. 算术编码

算术编码是图像压缩的主要算法之一，是一种无损数据压缩方法，也是一种熵编码的方法。和其他熵编码方法不同的地方在于，其他的熵编码方法通常是把输入的消息分割为符号，然后对每个符号进行编码，而算术编码是直接把整个输入的消息编码为一个数，一个满足 $0.0\leqslant n<1.0$ 的小数 n。

算术编码的基本原理是将编码的消息表示成实数 0 和 1 之间的一个间隔，取间隔中的一个数来表示消息，消息越长，编码表示它的间隔就越小，表示这一间隔所需的二进制位就越多。

通常情况下，若采用的概率统计模型为静态统计模型，则算术编码用到两个基本的参数：符号的概率和它的编码间隔。信源符号的概率决定压缩编码的效率，也决定编码过程中信源符号的间隔，而这些间隔包含在 0～1 之间。编码过程中的间隔决定了符号压缩后的输出。若采用的概率统计模型为自适应统计模型，则最初的信源概率均等。

5. 词典编码

词典编码是指用符号代替一串字符，在编码中仅仅把字符串看成一个号码，而不去管它用来表示什么意义。词典编码属于无损压缩技术，LZW（Lempel Ziv Welch）就是词典编码的一种。

词典编码，包括 LZW 编码，是 1977 年由两位以色列教授发明的 Lempel-Ziv 压缩技术。1985 年，美国的 Welch 对该算法进行了改进。其基本思想是，用符号代替一串字符；这一串字符可以是有意义的，也可以是无意义的。此压缩技术围绕词典的转换来完成，这个词典实际是 8 位 ASCII 字符集进行的扩充。扩充后的代码有 9 位、10 位、11 位、12 位，乃至更多。12 位的代码可以有 4 096 个不同的代码。

LZW 压缩算法是一种新颖的压缩算法，由 Lempel、Ziv 和 Welch 共同创造，并用他们的名字首字母命名。基本原理就是首先建立一个字符串表，把每个第一次出现的字符串放入串表中，并用一个数字来表示，这个数字与此字符串在串表中的位置有关，并将这个数字存入压缩文件中，当这个字符串再次出现时，即可用表示它的数字来代替，并将这个数字存入文件中。压缩完成后将串表丢弃，如“abc”字符串，如果在压缩时用 3 表示，只要

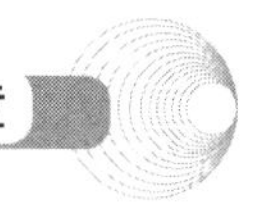

再次出现，均用 3 表示，并将"abc"字符串存入串表中。在图像解码时遇到数字 3，即可从串表中查出 3 所代表的字符串"abc"，在解压缩时，串表可以根据压缩数据重新生成。

LZW 算法由 Unisys 公司在美国申请了专利，要使用它首先要获得该公司的认可。GIF 文件的图像数据使用了可变长度编码的 LZW 压缩算法（Variable-Length-Code LZW Compression），这是从 LZW 压缩算法演变过来的，通过压缩原始数据的重复部分来达到减小文件大小的目的。

2.4 数字媒体数据的压缩

数字媒体数据的压缩主要是指对音频、图像和视频等数字媒体数据的压缩。

2.4.1 音频数据的压缩

音频压缩技术是指对原始数字音频信号流（PCM 编码）运用适当的数字信号处理技术，在不损失有用信息量，或所引入损失可忽略的条件下，降低（压缩）其码率，也称压缩编码。它必须具有相应的逆变换，称为解压缩或解码。音频信号在通过一个编解码系统后可能引入大量的噪声和一定的失真。

数字音频压缩编码在保证信号在听觉方面不产生失真的前提下，对音频数据信号进行尽可能大的压缩。数字音频压缩编码采取去除声音信号中冗余成分的方法来实现。所谓冗余成分指的是音频中不能被人耳感知到的信号，它们对确定声音的音色、音调等信息没有任何的帮助。冗余信号包含人耳听觉范围外的音频信号以及被掩蔽掉的音频信号等。例如，人耳所能察觉的声音信号的频率范围为 20 Hz～20 kHz，除此之外的频率人耳无法察觉，都可视为冗余信号。此外，根据人耳听觉的生理和心理声学现象，当一个强音信号与一个弱音信号同时存在时，弱音信号将被强音信号所掩蔽而听不见，这样弱音信号就可以视为冗余信号而不用传送。这就是人耳听觉的掩蔽效应，主要表现为频谱掩蔽效应和时域掩蔽效应，现分别介绍如下。

（1）频谱掩蔽效应。

一个频率的声音能量小于某个阈值之后，人耳就会听不到，这个阈值称为最小可闻阈。当有另外能量较大的声音出现时，该声音频率附近的阈值会提高很多，即所谓的掩蔽效应。

（2）时域掩蔽效应。

当强音信号和弱音信号同时出现时，还存在时域掩蔽效应，即两者的发生时间很接近时，也会发生掩蔽效应。时域掩蔽分为前掩蔽、同时掩蔽和后掩蔽三部分。前掩蔽是指人耳在听到强信号之前的短暂时间内，已经存在的弱信号会被掩蔽而听不到。同时掩蔽是指当强信号与弱信号同时存在时，弱信号会被强信号所掩蔽而听不到。后掩蔽是指当强信号消失后，须经过较长的一段时间才能重新听见弱信号。这些被掩蔽的弱信号即可视为冗余信号。

在音频压缩领域，有两种压缩方式，分别是有损压缩和无损压缩。我们常见到的 MP3、WMA、OGG 被称为有损压缩，有损压缩顾名思义就是降低音频采样频率与比特率，输出的音频文件会比原文件小。另一种音频压缩被称为无损压缩，也是我们所要说的主题内容。

无损压缩能够在100%保存源文件所有数据的前提下，将音频文件的体积压缩得更小，而将压缩后的音频文件还原后，能够实现与源文件相同的大小、相同的码率。无损压缩格式有APE、FLAC、WavPack、LPAC、WMALossless、AppleLossless、La、OptimFROG、Shorten，而常见、主流的无损压缩格式只有APE、FLAC。

音频信号编码按照压缩原理不同，分为波形编码、参数编码以及多种技术相互融合的混合编码。

（1）波形编码。

波形编码直接对音频信号的时域或频域波形按一定速率采样，然后将幅度样本分层量化，变换为数字代码，由波形数据产生一种重构信号编码系统源于信号原始样值，波形与原始声音波形尽可能地一致，保留了信号的细节变化和各种过渡特征。

（2）参数编码。

参数编码首先根据不同的信号源，如语言信号、自然声音等形式建立特征模型，通过提取特征参数和编码处理，力图使重建的声音信号尽可能高的保持原声音的语意，但重建信号的波形同原声音信号的波形可能会有相当大的差别。常用的特征参数有共振峰、线性预测系数、频带划分滤波器等参数编码技术可实现低速率的声音信号编码，比特率可压缩到2～4.8 kbit/s，但声音的质量只能达到中等，特别是自然度较低，仅适合语言的传递与表达。

（3）混合编码。

混合编码是将波形编码和参数编码组合起来的一种编码形式，它克服了原有波形编码和参数编码的弱点，力图保持波形编码的高质量和参数编码的低速率，在4～16 kbit/s的速率上能够得到高质量的合成声音信号。混合编码的基础是线性预测编码（LPC），常用脉冲激励线性预测编码（MPLPC）、规划脉冲激励线性预测编码（KPELPC）和码本激励线性预测编码（CELPC）等编码方式。

2.4.2 静态图像的压缩

静态图像压缩是指对空间信息进行压缩。

图像在计算机中是以数据形式表现的，这些数据具有相关性，因而可以使用大幅压缩的方法进行压缩，其压缩的效率取决于图像数据的相关性。

为了在进一步提高静态图像压缩比的同时，还能保证图像的基本质量，人们研究制定了JPEG静态图像压缩标准，这也是国际通用的标准。JPEG静态图像压缩标准对同一帧图像采用两种或两种以上的编码形式，以期达到质量损失不大而又保证较高压缩比的效果。这种采用多种编码形式的处理方式叫作“混合编码方式”，它是JPEG静态图像压缩技术的显著特点。

1. JPEG压缩概要

JPEG 压缩技术十分先进，它用于去除冗余的图像和彩色数据，在获得极高压缩率的同时，还能展现十分丰富生动的图像。换句话说，就是可以用最少的磁盘空间得到较好的图像质量。

同时 JPEG 还是一种很灵活的格式，具有调节图像质量的功能，允许用不同的压缩比例对文件压缩，比如最高可以把1.37 MB的BMP位图文件压缩至20.3 KB。

JPEG 是 Joint Photographic Experts Group（联合图像专家组）的缩写，文件后缀名为“.jpg”或“.jpeg”，是最常用的图像文件格式。它由一个软件开发联合会组织制定，是一种有损压缩格式，能够将图像压缩在很小的储存空间，图像中重复或不重要的资料会丢失，因此容易造成图像数据的损伤。尤其是使用过高的压缩比例，将会使最终解压缩后恢复的图像质量明显降低，如果追求高品质图像，则不宜采用过高压缩比例。

但是 JPEG 压缩技术支持多种压缩级别，压缩比率通常在 10∶1～40∶1 之间，压缩比越大，品质就越低；相反地，压缩比越小，品质就越高。

当然 JPEG 压缩技术也可以在图像质量和文件尺寸之间找到平衡点。JPEG 格式压缩的主要是高频信息，对色彩的信息保留较好，可减少图像的传输时间，适合应用于互联网；可以支持 24 bit 真彩色，也普遍应用于需要连续色调的图像。

JPEG 格式是目前网络上最流行的图像格式，可以把文件压缩到最小的格式，在 Photoshop 软件中以 JPEG 格式储存时，提供 11 级压缩级别，以 0～10 级表示。其中 0 级压缩比最高，图像品质最差。即使采用细节几乎无损的 10 级质量保存时，压缩比也可达 5∶1。以 BMP 格式保存时得到 4.28 MB 图像文件，在采用 JPEG 格式保存时，其文件仅为 178 KB，压缩比达到 24∶1。经过多次比较，采用第 8 级压缩是存储空间与图像质量兼得的最佳比例。

2. JPEG 压缩标准

JPEG 是由国际标准组织（ISO）和国际电话电报咨询委员会（CCITT）为静态图像所创建的第一个国际数字图像压缩标准，也是至今一直在使用的、应用最广的图像压缩标准。JPEG 由于可以提供有损压缩，因此压缩比可以达到其他传统压缩算法无法比拟的程度。

JPEG 压缩标准适用于连续色调、多级灰度、彩色或黑白图像的数据压缩，其无损压缩比大约为 4∶1；有损压缩比在 10∶1～100∶1 之间。当有损压缩比不大于 40∶1 时，还原的图像在色彩、清晰度、颜色分布等方面与原始图像相比，误差不大，基本上保持了原始图像的风貌。

根据人类眼睛对比度变化和颜色变化比较敏感的原理，JPEG 压缩标准在对图像数据进行压缩时，着重存储亮度变化和颜色变化，而舍弃人们不敏感的成分。在还原图像时，并不重新建立原始图像，而是生成类似的图像，该图像保留了人们敏感的色彩和亮度。

JPEG 压缩算法的特点有以下几个方面。

（1）对图像进行帧内编码，每帧色调连续，随机存取。

（2）可在很宽的范围内调节图像的压缩比和图像保真度，解码器可参数化。

（3）对图像进行压缩时，可随意选择期望的压缩比值，从而得到不同质量的图像。

（4）对于硬件环境要求不高，只要有一般的 CPU 运算速度即可。

（5）可运行四种编码模式：DCT 顺序式编码模式，依次将图像由左到右、由上到下顺序处理；DCT 递增式模式，当图像传输的时间较长时，可将图像分数次处理，以从模糊到清晰的方式来传送图像，效果类似 GIF 在网络上的传输；无失真编码模式和阶梯式编码模式，图像以数种分辨率来压缩，其目的是让具有高分辨率的图像也可以在较低分辨率的设备上显示。

JPEG 标准定义了两种基本算法，即所谓的混合编码方法。第一种基本算法是基于空间线性预测编码技术，即差分脉冲编码调制算法，该算法属于无失真压缩算法，也叫无失真预测编码；第二种基本算法是基于离散余弦变换、行程编码、熵编码的有失真压缩算法，又叫有失真 DCT 压缩编码。

2.4.3 动态图像的压缩

动态图像系统的播放速度一直是大问题，要想快速、连续、平滑地重现动态图像，数据量不能过大，否则由于计算机处理速度跟不上，将导致播放停顿和抖动。压缩数据量是解决动态图像速度的关键。

动态图像压缩，除对空间信息进行压缩外，还要对时间信息进行压缩。

动态图像是由一系列静态图像构成的，所以对静态图像的压缩同样适用于对动态图像的压缩。静态图像的压缩方法只考虑二维空间信息的相关性，没有考虑动态图像存在的帧与帧之间的时间相关性。相邻帧之间的相关性表现在以下几个方面。

（1）动态图像以每秒 24 帧或 25 帧播放，在如此短的时间内，画面通常不会有大的变化。

（2）在画面中变化的只是运动部分，静止的部分往往占有较大的面积。

（3）即使是运动的部分，也多为简单的平移。

动态图像压缩编码技术（Motion Picture Experts Group，MPEG）诞生于 1991 年，后于 1992 年由国际电子技术委员会定为 ISO/IEC 标准，其标准编号是第 11172 号。动态图像压缩编码技术，简称 MPEG 标准。MPEG 标准是一个通用标准，主要针对全动态图像而设计。该标准分为以下三部分。

（1）MPEG 视频压缩。进行全屏幕动态视频图像的数据压缩，传输速率为 1.5 Mbit/s。

（2）MPEG 音频压缩。进行数字音频信号的压缩，传输速率为 64 kbit/s、128 kbit/s、192 kbit/s。

（3）MPEG 系统。MPEG 标准的算法、软件和硬件。

1. 动态图像压缩的基本原理

动态图像是一组有序排列的图像，各帧之间的相似处和相同处很多，换言之，相邻帧之间存在着冗余。有损编码技术的任务是找出帧之间的冗余，然后以帧速度进行预测和压缩。

动态图像中最常见的是视频图像和动画，视频图像的帧速度有以下两种。

- PAL 制式：25 帧/秒。
- NTSC 制式：30 帧/秒。

对于视频图像和动画，帧之间变化的内容产生动作，没有变化的内容在视觉上是静止的，有无变化是数据压缩的基本根据。

（1）动态图像压缩主要解决的问题。

在动态图像的压缩过程中，压缩系统主要解决以下 3 个问题。

① 正确区分静止图像和动态图像。

② 提取动态图像中的活动成分。

③ 进行帧之间的预测，提供压缩的依据。压缩系统对比两帧对应位置的像点，有变化的像点运算结果为 0，否则为 1。通过简单的运算，即可识别图像的活动成分，并进行相应的编码，从而达到压缩的目的。

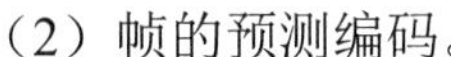

（2）帧的预测编码。

动态图像由很多帧组成，帧与帧之间存在冗余，帧的预测编码将把冗余舍弃，只传送和存储有效信号。随着大规模集成电路的发展，预测编码技术所需要的存储容量和运算速度都得到了保证，在很大程度上满足了对动态图像进行实时处理的需要。

对动态图像的帧进行预测编码的方法有以下两种。

① 条件像素补充法。该方法是比较两帧对应位置的像素亮度，若亮度差值超过预先规定的阈值，即所谓的“条件”，则认为两个像素有变化，证明像素在画面上是活动的。这时，把所有经过比较判定有变化的像素保存在缓冲存储器中，随后以恒定的速率传送出去，而那些亮度差值未超过阈值的像素则不予处理。这样，被传送出去的只是帧之间的差值，其数据量在一定程度上减少了许多，实现了数据压缩的目的。

② 运动补偿法。该方法是 MPEG 标准采用的主要技术，此法对提高压缩比起到很大作用，特别对于可视电话系统和电视会议系统，由于画面活动内容很少，其压缩比可得到大幅度提高。运动补偿法首先跟踪画面内的活动状态，并对其进行运动向量计算，其次加以补偿，最后利用帧间预测实现最终目的。

（3）图像的分类。

MPEG 标准根据处理图像的性质，把图像分成以下 3 类。

① 帧内图像（Intra Pictures）。帧内图像又称 I 图像，对于此类图像，JPEG 标准按照静止图像的模式进行压缩处理。主要利用静止图像自身的相关性进行编码，实现数据压缩的目的。帧内图像的压缩比一般较大，属于中度压缩，典型的经过压缩的像素编码为 2 bit。

② 预测图像（Predicted Pictures）。预测图像又称 P 图像，该图像编码通过对最近的前一帧 I 图像或者 P 图像进行预测而得到。预测前一帧 I 图像或者 P 图像的过程叫作前向预测过程，其目的是把前面的图像作为预测下一帧图像的参照物，使图像编码的数据量减少，从而达到数据压缩的目的。

与帧内图像相比，预测图像有较高的压缩比，但由于预测图像编码用预测值取代真实值的缘故，所以会增加图像的失真。

③ 双向图像（Bidirestional Pictures）。双向图像又称 B 图像，其编码过程既可以用前一帧图像作为参照物，又可以用后一帧图像作为参照物，也可以两者同时使用，这就是“双向”的含义。

双向预测可以采用 4 种编码技术：帧内图像编码、前向预测编码、后向预测编码、双向预测编码。双向图像的压缩方法具有以下明显的特点。

一是综合各种压缩编码的优势，最大限度地实现数据压缩，能够获得较高的压缩比。

二是能够进行多种方式的比较，减少误差。

三是能够对两帧图像取平均值，以便减少图像切换时的噪声抖动和不稳定因素。

2. MPEG 压缩标准

MPEG 是由国际标准化组织（International Standards Organization，ISO）和国际电工委员会（International Electronic Committee，IEC）于 1988 年联合成立的，专门致力于运动图像（MPEG 视频）及其伴音编码（MPEG 音频）的标准化工作。MPEG 是运动图像压缩算法的国际标准，现已被几乎所有的 PC 平台共同支持。MPEG 家族包括 MPEG-1、MPEG-2、MPEG-4、MPEG-7 和 MPEG-21 等。

MPEG 标准包括 MPEG 视频、MPEG 音频和 MPEG 系统（视频、音频同步）三部分。

MP3 音频文件就是 MPEG 音频的一个典型应用，而 VCD、S-VCD 和 DVD 则是全面采用 MPEG 技术所产生的新型消费类电子产品。

（1）MPEG-1 标准。

MPEG-1 标准是 MPEG 组织制定的第一个视频和音频有损压缩标准。视频压缩算法于 1990 年定义完成。1992 年年底，MPEG-1 正式被批准成为国际标准。MPEG-1 是为 CD 光碟介质定制的视频和音频压缩格式。它是针对 1.5 Mbit/s 以下数据传输速率的数字存储媒体运动图像及其伴音编码而设计的国际标准，也就是我们通常所见到的 VCD 制作格式。MPEG-1 采用了块方式的运动补偿、离散余弦变换（DCT）、量化等技术，被 Video CD 采用作为核心技术，广泛用于 VCD、数字音频广播（DAB）、因特网上的各种音视频存储及电视节目的非线性编辑中。

MPEG-1 也被用于数字电话网络上的视频传输，如非对称数字用户线路（ADSL）、视频点播（VOD）以及教育网络等。同时，MPEG-1 也可被用作记录媒体或是在网络上传输的音频。

MPEG-1 曾经是 VCD 的主要压缩标准，也是目前实时视频压缩的主流，可适用于不同带宽的设备，如 CD-ROM、Video-CD、CD-1。与 M-JPEG 技术相比，在实时压缩、每帧数据量、处理速度上均有显著的提高。MPEG-1 可以满足多达 16 路以上、25 帧/秒的压缩速度，在 500 kbit/s 的压缩码流和 352 像素×288 行的清晰度下，每帧大小仅为 2 k。若从 VCD 到超级 VCD，再到 DVD 的不同格式来看，MPEG-1 有 352×288 格式，MPEG-2 有 576×352、704×576 等格式，用于 CD-ROM 上存储同步和彩色运动视频信号，旨在达到模拟式磁带录放机（Video Cassette Recorder，VCR）的质量，其视频压缩率为 26∶1。MPEG-1 可使图像在空间轴上最多压缩 1/38，在时间轴上对相对变化较小的数据最多压缩 1/5。MPEG-1 压缩后的数据传输速率为 1.5 Mbit/s，压缩后的源输入格式（Source Input Format，SIF），分辨率为 352 像素×288 行（PAL 制），亮度信号的分辨率为 360×240，色度信号的分辨率为 180×120，每秒 30 帧。MPEG-1 对色差分量采用 4∶1∶1 的二次采样率。MPEG-1、MPEG-2 是传送一张张不同动作的局部画面。在实现方式上，MPEG-1 可以借助于现有的解码芯片来完成，而不像 M-JPEG 那样过多依赖于主机的 CPU。与软件压缩相比，硬件压缩可以节省计算机资源，降低系统成本。

但 MPEG-1 也存在诸多不足。一是压缩比还不够大，在多路监控情况下，录像所要求的硬盘空间过大。尤其当 DVR 主机超过 8 路时，为了保存一个月的存储量，通常需要 10 个或 10 个以上 80 GB 硬盘，不仅硬盘投资大，而且由此引起的硬盘故障和维护更是叫人头疼。二是图像清晰度还不够高，由于 MPEG-1 最大清晰度仅为 352×288，考虑到容量、模拟数字量化损失等其他因素，因此回放清晰度不高，这也是市场反映的主要问题。三是对传输图像的带宽有一定的要求，不适合网络传输，尤其是在常用的低带宽网络上无法实现远程多路视频传送。四是 MPEG-1 的录像帧数固定为每秒 25 帧，不能丢帧录像，使用灵活性较差。从目前广泛采用的压缩芯片来看，也缺乏有效的调控手段，例如关键帧设定、取样区域设定等，不适合应用于保安监控领域，造价也高。

（2）MPEG-2 标准。

MPEG-2 标准是 MPEG 组织制定的视频和音频有损压缩标准之一，制定于 1994 年，设计目标为高级工业标准的图像质量以及更高的传输速率。MPEG-2 标准不是 MPEG-1 的简单升级，而是在传输和系统方面做了更加详细的规定和进一步的完善。与 MPEG-1 标准

相比，MPEG-2 标准具有更高的图像质量、更多的图像格式和传输码率的图像压缩标准。MPEG-2 所能提供的传输速率在 3～10 Mbit/s 间，MPEG-2 码率达 15 Mbit/s，其在 NTSC 制式下的分辨率可达 720×486，MPEG-2 的音频编码可提供左右中及两个环绕声道，以及一个加重低音声道。MPEG-2 影视图像的质量是广播级的，广泛用于数字电视广播（DVB）、高清晰度电视（HDTV）、DVD 以及下一代电视节目的非线性编辑系统及数字存储中。

由于 MPEG-2 在设计中的巧妙处理，使得大多数 MPEG-2 解码器也可播放 MPEG-1 格式的数据，如 VCD。同时，由于 MPEG-2 的出色性能表现，已能适用于 HDTV，使得原打算为 HDTV 设计的 MPEG-3，还没出世就被抛弃了，MPEG-3 要求传输速率在 20～40 Mbit/s 间，但这将使画面有轻度扭曲。除了作为 DVD 的指定标准，MPEG-2 还可为广播、有线电视网、电缆网络以及卫星直播（Direct Broadcast Satellite）提供广播级的数字视频。

不仅如此，MPEG-2 还可提供一个较广的范围改变压缩比，以适应不同画面质量、存储容量以及带宽的要求。对于最终用户来说，由于现存电视机分辨率限制，MPEG-2 所带来的高清晰度画面质量，如 DVD 画面在电视上效果并不明显，而其音质特效，如加重低音、多伴音声道等更引人注目。

（3）MPEG-4 标准。

MPEG-4 标准制定于 1998 年，不只是具体压缩算法，它是针对数字电视、交互式绘图应用、交互式数字媒体等整合及压缩技术的需求而制定的国际标准。MPEG-4 是一种崭新的低码率、高压缩比的视频编码标准，传输速率为 4.8～64 kbit/s，使用时占用的存储空间比较小，它制定了低数据传输速率的电视节目标准。MPEG-4 标准将众多数字媒体应用集成于一个完整框架内，旨在为数字媒体通信及应用环境提供标准算法及工具，从而建立起一种能被数字媒体传输、存储、检索等应用领域普遍采用的统一数据格式。目前 MPEG-4 最有吸引力的地方在于，它能够保存接近于 DVD 画质的小体积视频文件。另外，这种文件格式还包括以前 MPEG 压缩标准所不具备的比特率的可伸缩性、交互性甚至版权保护等一些特殊功能。这种视频格式的文件扩展名包括.asf、.mov、.divx 和.avi 等。MPEG-4 标准主要应用于视像电话（Video Phone）、视像电子邮件（Video E-mail）和电子新闻（Electronic News）等，其传输速率需求较低，在 4.8～64 kbit/s 之间，分辨率为 176×144。MPEG-4 利用很窄的带宽，通过帧重建技术压缩和传输数据，实现以最少的数据获得最佳的图像质量。

与 MPEG-1 和 MPEG-2 相比，MPEG-4 的特点使其更适于交互 AV 服务以及远程监控。MPEG-4 是第一个使用户由被动变为主动——不再只是观看，允许用户加入其中产生交互性的动态图像标准，它的另一个特点是其综合性。从根源上说，MPEG-4 试图将自然物体与人造物体相融合（视觉效果意义上的）。MPEG-4 的设计目标还有更广的适应性和更灵活的可扩展性。

MPEG-4 是为在国际互联网上或移动通信设备（如移动电话）上实时传输音/视频信号而制定的最新 MPEG 标准，MPEG-4 采用 Object Based 方式解压缩，压缩比指标远远优于以上几种，压缩倍数为 450 倍（静态图像可达 800 倍），分辨率输入可从 320×240 到 1 280×1 024，这是同质量的 MPEG-1 和 M-JPEG 的 10 倍多。

MPEG-4 的优点有以下几个方面。

① 基于内容的交互性。

MPEG-4 提供了基于内容的数字媒体数据访问工具，如索引、超级链接、上传、下载、删除等。利用这些工具，用户可以方便地从数字媒体数据库中有选择地获取自己所需的与对象有关的内容，并提供了内容的操作和位流编辑功能，可应用于交互式家庭购物，淡入淡出的数字化效果等。MPEG-4 提供了高效的自然或合成的数字媒体数据编码方法，它可以把自然场景或对象组合起来成为合成的数字媒体数据。

② 高效的压缩性。

MPEG-4 基于更高的编码效率，同已有的或即将形成的其他标准相比，在相同的比特率下，它基于更高的视觉和听觉质量，这就使得在低带宽的信道上传送视频、音频成为可能。同时 MPEG-4 还能对同时发生的数据流进行编码。一个场景的多视角或多声道数据流可以高效、同步地合成为最终数据流。这可用于虚拟三维游戏、三维电影、飞行仿真练习等。

③ 通用的访问性。

MPEG-4 提供了易出错环境的抗误性，来保证其在许多无线和有线网络以及存储介质中的应用。此外，MPEG-4 还支持基于内容的可分级性，即把内容、质量、复杂性分成许多小块来满足不同用户的不同需求，支持具有不同带宽、不同存储容量的传输信道和接收端。

这些特点无疑会加速数字媒体应用的发展，从中受益的应用领域有：因特网数字媒体应用、广播电视、交互式视频游戏、实时可视通信、交互式存储媒体应用、演播室技术及电视后期制作；采用面部动画技术的虚拟会议、数字媒体邮件、移动通信条件下的数字媒体应用及远程视频监控；通过 ATM 网络等进行的远程数据库业务等。

④ MPEG-4 的技术特点。

MPEG-1、MPEG-2 技术当初制定时，它们定位的标准均为高层媒体设计，但随着计算机软件及网络技术的快速发展，MPEG-1、MPEG-2 技术的弊端就日益凸显：交互性和灵活性较低，压缩的数字媒体文件体积过于庞大，难以实现网络的实时传播。而 MPEG-4 技术的标准是对运动图像中的内容进行编码，其具体的编码对象就是图像中的音频和视频，术语称为“AV 对象”，而连续的 AV 对象组合在一起又可以形成 AV 场景。因此，MPEG-4 标准就是围绕着 AV 对象的编码、存储、传输的组合而制定的，高效率地编码、组织、存储、传输 AV 对象是 MPEG-4 标准的基本内容。

在视频编码方面，MPEG-4 支持对自然和合成的视觉对象的编码，合成的视觉对象包括 2D、3D 动画和人面部表情动画等。在音频编码上，MPEG-4 可以在一组编码工具支持下，对语音、音乐等自然声音对象和具有回响、空间方位感的合成声音对象进行音频编码。

由于 MPEG-4 只处理图像帧与帧之间有差异的元素，而舍弃相同的元素，因此大大减少了合成数字媒体文件的体积。应用 MPEG-4 技术的影音文件最显著的特点就是压缩率高且成像清晰。一般来说，1 小时的影像可以被压缩为 350 MB 左右的数据，而一部高清晰度的 DVD 电影，可以压缩成两张甚至一张 650 MB CD 光盘来存储。对广大的“平民”计算机用户来说，这就意味着，不需要购置 DVD-ROM 就可以欣赏近似 DVD 质量的高品质影像。而且采用 MPEG-4 编码技术的影片，对机器硬件配置的要求非常低，300 MHz 以上的 CPU，64 MB 的内存和一个 8 MB 显存的显卡就可以流畅地播放。在播放软件方面，它的要求也非常宽松，只需要安装一个 500 KB 左右的 MPEG-4 编码驱动后，用 Windows 自带的媒体播放器就可以流畅地播放了。

（4）MPEG-7 标准。

随着信息爆炸时代的到来，在海量信息中，对基于视听内容的信息检索是非常困难的。继 MPEG-4 之后，数字媒体数据压缩技术要解决的矛盾就是对日渐庞大的图像、声音信息的管理和迅速的搜索。针对这个矛盾，MPEG 提出了解决方案 MPEG-7，力求能够快速且有效地搜索出用户所需要的不同类型的数字媒体资料。该项工作于 1998 年 10 月提出。

MPEG-7 标准被称为“数字媒体内容描述接口”（Multimedia Content Description Interface），为各类数字媒体信息提供一种标准化的描述，这种描述将与内容本身有关，允许快速和有效地查询用户感兴趣的资料。它将扩展现有内容识别专用解决方案的有限能力，特别是它包括更多的数据类型。换言之，MPEG-7 规定了一个用于描述各种不同类型数字媒体信息的描述符的标准集合。MPEG-7 标准的应用范围很广泛：数字图书馆，如图像编目、音乐词典等；数字媒体查询服务，如电话号码簿等；广播媒体选择，如广播与电视频道选取等；数字媒体编辑，如个性化的电子新闻服务、媒体创作等。

MPEG-7 将扩展现有标识内容的专用解决方案及有限的能力，包含更多的数字媒体数据类型。换句话说，它将规范一组“描述子”，用于描述各种数字媒体信息，也将对定义其他描述子以及结构（称为“描述模式”）方法进行标准化。这些“描述”元数据（包括描述子和描述模式）与其内容关联，允许快速有效地搜索用户感兴趣的资料。MPEG-7 将标准化用一种语言来说明描述模式，即“描述定义语言”。带有 MPEG-7 数据的 AV 资料可以包含静止图像、图形、3D 模型、音频、语音、视频，以及这些元素如何在数字媒体表现中组合的信息。这些通用数据类型的特例可以包含面部表情和个人化特性。

MPEG-7 的功能与其他 MPEG 标准互为补充。MPEG-1、MPEG-2 和 MPEG-4 是内容本身的表示，而 MPEG-7 是有关内容的信息，是数据的数据（Data about Data）。

MPEG-7 潜在的应用主要分为三大类。

第一类是索引和检索类应用，主要包括：视频数据库的存储检索，向专业生产者提供图像和视频、商用音乐、音响效果库、历史演讲库，根据听觉提取影视片段，商标的注册和检索。

第二类是选择和过滤类应用，主要包括：用户代理驱动的媒体选择和过滤，个人化电视服务，智能化数字媒体表达，消费者个人化的浏览、过滤和搜索，向残疾人提供信息服务。

第三类是专业化应用，主要包括：远程购物，生物医学应用，通用接入，遥感应用，半自动数字媒体编辑，数学教育，保安监视，基于视觉的控制。

（5）MPEG-21 标准。

对于不同网络之间用户的互通问题，至今仍没有成熟的解决方案。为了解决以上问题，MPEG-21 致力于为数字媒体传输和使用定义一个标准化的、可互操作的和高度自动化的开发框架，这个框架考虑到了数字版权管理（Digital Rights Management，DRM）的要求，对象化的数字媒体接入，以及使用不同的网络和终端进行传输等问题，这种框架还会在一种互操作的模式下为用户提供更丰富的信息。MPEG-21 标准其实就是一些关键技术的集成，通过这种集成环境对全球数字媒体资源进行增强，实现内容描述、创建、发布、使用、识别、收费管理、版权保护、用户隐私权保护、终端和网络资源撷取及事件报告等功能。

MPEG-21 的制定目的：将不同的协议、标准和技术等有机地融合在一起。

任何与 MPEG-21 数字媒体框架标准环境交互或使用 MPEG-21 数字项实体的个人或团体都可以被视为用户。从纯技术角度来看，MPEG-21 对于“内容供应商”和“消费者”没有任何区别。MPEG-21 数字媒体框架标准包括如下用户需要：内容传送和价值交换的安全性；数字项的理解；内容的个性化；价值链中的商业规则；兼容实体的操作；其他数字媒体框架的引入；对 MPEG 之外标准的兼容和支持；一般规则的遵从；MPEG-21 标准功能及各个部分通信性能的测试；价值链中媒体数据的增强使用；用户隐私的保护；数据项完整性的保证；内容与交易的跟踪；商业处理过程视图的提供；通用商业内容处理库标准的提供；长线投资时商业与技术独立发展的考虑；用户权利的保护，包括服务的可靠性、债务与保险、损失与破坏、付费处理与风险防范等；新商业模式的建立和使用。

3. H.26L 压缩标准

H.26L 压缩标准最初是由 ITU-T 的视频编码专家组（Video Coding Experts Group，VCEG）在 1997 年制定的，到 2001 年年底，ISO/IEC MPEG 和 ITU-T VCEG 联合组成了新的组织联合视频组（Joint Video Team，JVT），并接管了 ITU-T 的 H.26L 研究，到 2002 年年底 H.26L 标准正式定案。H.26L 的制定旨在提供更高的压缩效率、更灵活的网络适应性，以及增强对于差错的纠正性。

H.26L 是一种高效的压缩方法，它集中了以往标准的优点，并吸收了标准制定中积累的经验。与 H.263v2（H.263+）或 MPEG-4 简单类（Simple Profile）相比，H.26L 在使用与上述编码方法类似的最佳编码器时，在大多数码率下最多可节省 50%的码率。H.26L 在所有码率下都能持续提供较高的视频质量。H.26L 能在低延时模式下工作以适应实时通信的应用如视频会议，同时又能很好地工作在没有延时限制的应用，如视频存储和以服务器为基础的视频流式应用。H.26L 提供传输网中处理包丢失所需的工具。H.26L 在系统层面上提出了一个新的概念，在视频编码层（Video Coding Layer，VCL）和网络适配层（Nework Adaptation Layer，NAL）之间进行概念性分割，前者是视频内容核心压缩内容的表达，后者是通过特定类型网络进行传送的表达。这样的结构便于信息的封装和对信息进行更好的优先级控制。

思考与练习

1. 为什么要进行数字媒体数据压缩？
2. 数字媒体数据压缩的必要性和可能性是什么？
3. 数字媒体数据存在的冗余种类有哪些？
4. 数字媒体数据压缩的基本原理是什么？
5. 音频数据压缩的特点是什么？
6. MPEG 压缩标准有哪些？各自的特点是什么？
7. H.26L 压缩标准的基本特点是什么？
8. 什么是有损压缩和无损压缩？分别应用在什么场合？
9. 数据压缩中编码是如何实现的？基于什么原则？
10. 常见的无损压缩有哪些？它们的基本思想是什么？

应用篇

第3章　数字图像信息处理

人类感知客观世界有 70%的信息是由视觉获取的。图像信息是感知信息的一个重要元素，可以直观地表达大量的信息，具有文字不可比拟的优点。但是数字图像的数据量较大，所占用的存储空间也较大，因此在处理过程中需要采用压缩编码技术。

3.1 色彩基础知识

3.1.1 色彩

在自然界中，万事万物多姿多彩，颜色种类繁多，但人们能分辨的颜色种类却有限。计算机不可能照搬自然界的所有颜色，它只能处理一部分人类经常需要用到的颜色。最早的计算机只有黑、白两色的显示和打印，人们只能把稍亮一点的色彩在计算机中对应为白色，其他对应为黑色；后来发展到可以显示 256 个灰度级的图像，这时人们就能把需要的不同色彩对应成计算机中的不同灰度；随着计算机技术的不断改进和提高，现在的计算机认识色彩的种类已经能够满足我们对各种色彩的使用需求。色相环如图 3-1 所示。

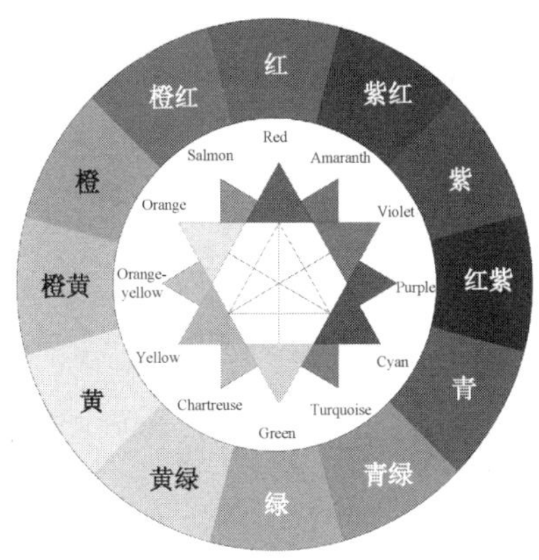

图 3-1　色相环

色彩的产生是一种自然现象。物体之所以有色彩，是因为有光的照射。物体反射出来的光，作用于眼睛时使视觉神经产生的感受即色彩。自然界中的颜色可以分为彩色、黑色、白色和各种深浅不一的灰色。

任何一种色彩都可以用色彩三要素、色彩三原色、色彩对比、色彩情感和颜色深度来描述。

1. 色彩三要素

色彩三要素也叫三属性。视觉所感知的一切色彩现象都具有色相、明度、饱和度三种性质，这三种性质是色彩最基本的构成要素。任何一种颜色或色彩都可以从这三个方面进行判断分析。

色相，指色彩的基本相貌。红、橙、黄、绿、青、蓝、紫，每一种颜色都代表一个具体的色相。

明度，指色彩的明暗深浅程度。各种色相的明度不尽相同，如黄色明度高，紫色明度低。每个色相加入白色，则明度提高；调入黑色，则明度降低。

饱和度，指色彩的纯度，也叫鲜艳度。颜色中的黑、白、灰是没有彩度的，每一色相与黑、白、灰进行混合，就降低了彩度，混合得越多，其彩度就越低。色彩中其他杂色所占成分的多少，将会影响色彩的纯洁度。

2. 色彩三原色

色彩三原色也叫三基色。三原色由三种基本原色构成。原色是指不能通过其他颜色的混合调配而得出的“基本色”。以不同比例将原色混合，可以产生出其他的新颜色。由于人类肉眼有三种不同颜色的感光体，因此所见的色彩空间通常可以由三种基本色所表达，这三种颜色被称为“三原色”（见图 3-2）。

三原色（R、G、B），即红（Red）、绿（Green）、蓝（Blue）。这三种原色相互独立，任何一种原色都不能由其他两种颜色合成，如图 3-2 所示。这三种颜色合成的颜色范围最为广泛，大多数的颜色可以通过红、绿、蓝三色按照不同的比例合成产生。绝大多数单色光也可以分解成红绿蓝三种色光。由三原色混合而得到的彩色光的亮度等于参与混合的各原色的亮度之和。三原色的比例决定了混合色的色调和色饱和度。

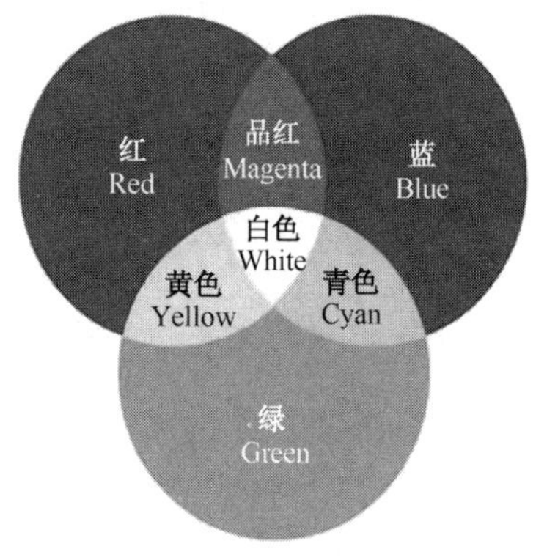

图 3-2　三原色

3. 色彩对比

色彩对比是图像处理常用的手法，目的在于突出主题或核心文字、标志，以及陪衬出画面的内容和意图等。色彩对比包括明度对比、色相对比、纯度对比、冷暖对比、补色对比、黑白灰对比、色彩的面积大小对比等。通常情况下，色彩对比主要指色彩的冷暖对比。图像画面从色调上划分，可分为冷调和暖调两大类。红、橙、黄为暖调，青、蓝、紫为冷调，绿为中间调，不冷也不暖。图像中暖色调有前进感，冷色调有后退感。色彩对比的规律是：在暖色调的环境中，冷色调的主体醒目；在冷色调的环境中，暖色调主体最突出。

4. 色彩情感

色彩情感指不同波长色彩的光信息作用于人的视觉器官，通过视觉神经传入大脑后，经过思维，与以往的记忆及经验产生联想，从而形成一系列的色彩心理反应。

色彩（如图 3-3 所示）本身并无冷暖的温度差别，是视觉色彩引起人们对冷暖感觉的心理联想。人们往往用不同的词汇表述色彩的冷暖感觉。暖色——阳光、不透明、刺激的、稠密的、深的、近的、重的、男性的、强性的、干的、感情的、方角、直线型、扩大、稳定、热烈、活泼、开放等。冷色——阴影、透明、镇静的、稀薄的、淡的、远的、轻的、女性的、微弱的、湿的、理智的、圆滑、曲线型、缩小、流动、冷静、文雅、保守等。人们的性别、年龄、职业、爱好、个性的差异赋予了色彩多重感情效果。不同的对象在处理图形图像的过程中，都存在色彩的感情因素。

图 3-3 色彩

在图像处理时，看到一种或一组色彩产生联想，内容可能是和该色有类似性的具体事物或象征性的抽象心情。颜色色彩联想见表 3-1。

表 3-1 颜色色彩联想

色彩	联想内容	
	具体事物的类似性	抽象心情的象征性
红	火、鲜血、红旗	热情、喜庆、幸福、革命、活力
橙	橙子、橘子、木瓜、晚霞、秋叶	温情、活泼、甜美、明朗、时尚
黄	柠檬、香蕉、油菜花、糕点、黄金	光明、高贵、轻快、希望、智慧
绿	草地、森林、绿叶	青春、新鲜、清爽、安静、和平
蓝	大海、天空	平静、理智、清洁、沉默、透明
紫	葡萄、茄子	高贵、神秘、优雅、尊严、压迫
白	白云、白雪、白纸	纯洁、高雅、卫生、神圣、明快
黑	煤炭、黑发、墨、黑夜	深沉、严肃、死亡、刚健、冷淡
灰	雾霾天气、混凝土、冬天的天空	中庸、平凡、忧郁、沉默、绝望

色彩的情感不仅如此，还有轻重、远近与胀缩、兴奋与沉静、华丽与朴素等感情色彩。

色彩的轻重感是由色相饱和度的高和低在视觉上产生的一种效果，凡是感觉重的色都是色相饱和度高的色，饱和度低则感觉就轻。

色彩的远近感是由色彩的冷暖关系作用于人的视觉感受而产生的，冷色给人以远的感觉，暖色则给人以近的感觉。色彩的胀缩感是由色彩的明度不同而在视觉上产生的，一般胀色淡，缩色深。

色彩的兴奋感与沉静感与色相、明度、纯度有关。色相：暖色有兴奋感，冷色有沉静感。明度：明度高的有兴奋感，明度低的有沉静感。纯度：纯度高的有兴奋感，纯度低的有沉静感。

色彩的华丽与朴素感，鲜艳而明度高的色彩有华丽感，明度低而浑浊的色彩有朴素感。有彩色具有华丽感，无彩色具有朴素感。强对比色调有华丽感，弱对比色调有朴素感。

5. 颜色深度

颜色深度又叫颜色位数，是指在一个图像中颜色的数量，简单地说就是最多支持多少种颜色。一般是用“位”来描述的。颜色深度决定彩色图像的每个像素可能有的颜色数，或者确定灰度图像的每个像素可能有的灰度级数。

颜色深度在计算机图形学领域表示在位图或者视频帧缓冲区中储存 1 像素的颜色所用的位数，它也称为位/像素。颜色深度越高，可用的颜色就越多。颜色深度可以看作一个调色板，它决定了屏幕上每个像素点支持多少种颜色。由于显示器中每个像素都用红、绿、蓝三种基本颜色组成，像素的亮度也由它们控制（比如，三种颜色都为最大值时，就呈现为白色），色彩深度通常可以设为 4 bit、8 bit、16 bit、24 bit、32 bit、64 bit。色彩位数越高，颜色就越多，所显示的画面色彩就越逼真。颜色深度增加时，也会加大图形加速卡所要处理的数据量。

3.1.2 色彩模式

色彩模式是描述颜色的依据，是用于表现色彩的一种数学算法，表示一幅图像用什么方法在计算机中显示或打印输出。每种色彩模式所包含的颜色范围不同，因此也应用于不同的工作环境。计算机图像处理技术中，常用的色彩模式如下。

1. RGB 模式

RGB 模式是图像处理中最佳的一种色彩模式，由红（Red）、绿（Green）、蓝（Blue）这三种颜色波长的不同强度组合而得到自然界中的所有颜色，因此该模式也叫加色模式。今天的智能手机、平板计算机、显示器、投影仪、电视机等设备都依赖于这种加色模式来实现显示。

RGB 模式在实际工作中用得比较多，是 Photoshop 默认的颜色模式。在该模式下，图像的颜色由 R、G、B 三原色混合而成，通过调整这 3 种颜色的值就可表示不同的颜色。R、G、B 颜色的取值范围均为 0～255，当图像中某个像素的 R、G、B 值都为 0 时，像素颜色为黑色；当 R、G、B 值都为 255 时，像素颜色为白色；当 R、G、B 值相等时，像素颜色为灰色。RGB 图例如图 3-4 所示。

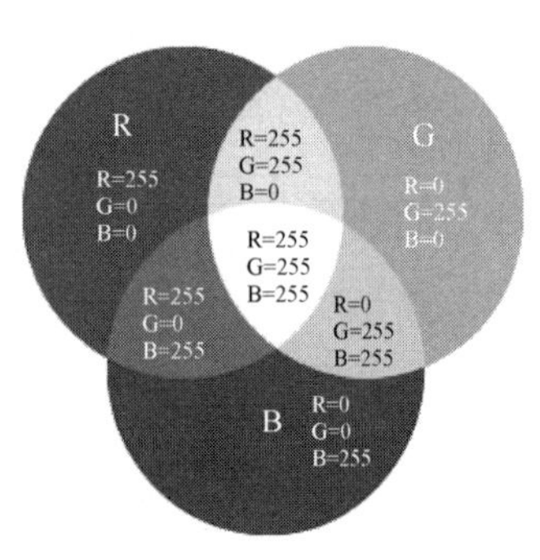

图 3-4 RGB 图例

2. CMYK模式

CMYK 颜色模式是一种用于印刷的模式。分别由青（Cyan）、品红（Magenta）、黄（Yellow）、黑（Black）组成，在印刷中代表四种颜色的油墨。在实际应用中，青色（C）、品红色（M）和黄色（Y）很难混合形成真正的黑色，最多不过是褐色，因此才引用了黑色（K）。黑色的作用是强化暗调，加深暗部色彩。

CMYK 模式与 RGB 模式产生色彩的原理不同。在 RGB 模式中，由光源发出的色光混合生成颜色；而在 CMYK 模式中，由光线照到有不同比例 C、M、Y、K 油墨的纸上，部分光谱被吸收后，反射到人眼的光产生颜色。由于 C、M、Y、K 在混合成色时，随着 C、M、Y、K 四种成分的增多，反射到人眼的光会越来越少，光线的亮度会越来越低，因此，所有 CMYK 模式产生颜色的方法又被称为色光减色法。特殊情况下，C、M、Y、K 四种颜色的色值同时为 100 时，最终呈现的将是黑色。CMYK 图例如图 3-5 所示。

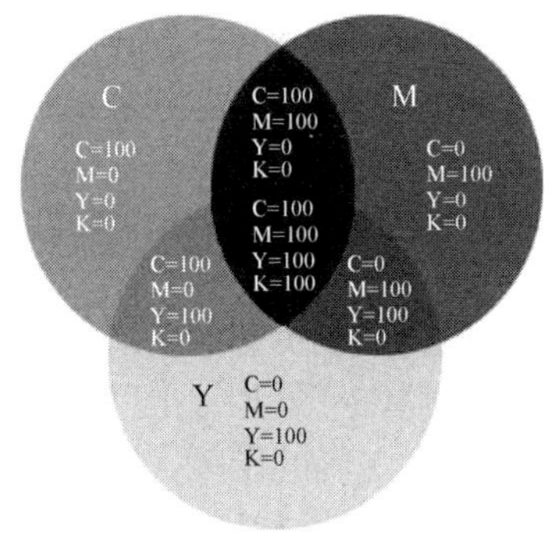

图 3-5　CMYK 图例

3. Lab模式

Lab 模式是由国际照明委员会（CIE）于 1976 年公布的一种色彩模式。

Lab 模式是以一个亮度分量 L（Luminance）及两个颜色分量 a 和 b 来表示颜色。其中 L 的取值范围是 0～100，a 表示从品红至绿色的范围，b 表示从黄色至蓝色的范围，a 和 b 的取值范围均为-120～120。Lab 模式弥补了 RGB 和 CMYK 两种色彩模式的不足。它所定义的色彩最多，与光线及设备无关，且处理速度与 RGB 模式一样快，比 CMYK 模式快得多。而且，Lab 模式在转换成 CMYK 模式时色彩不会丢失或替换。因此，当需要高质量的图像时，多采用 Lab 模式编辑图像，再转换成 CMYK 模式打印输出，这样能够合理避免色彩的损失。在表达色彩范围上，Lab 模式处于第一位，RGB 模式处于第二位，CMYK 模式处于第三位。

4. HSB模式

HSB 模式中，H 表示色相，S 表示饱和度，B 表示亮度。这是一种从视觉的角度定义的颜色模式。Photoshop 可以使用 HSB 模式从颜色面板拾取颜色，但没有提供用于创建和编辑图像的 HSB 模式。

色相 H（Hue）：在 0°～360° 的标准色轮上，色相是按位置度量的。在通常使用中，色相是由颜色名称标识的，比如红、绿或橙色。

饱和度 S（Saturation）：是指颜色的强度或纯度。饱和度表示色相中彩色成分所占的比

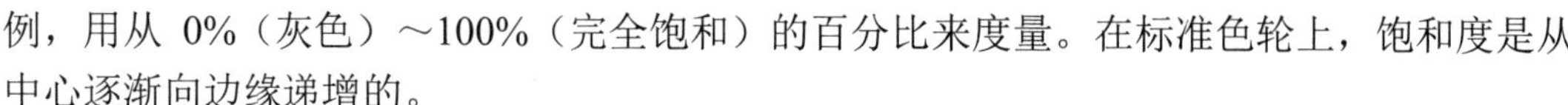

例，用从 0%（灰色）～100%（完全饱和）的百分比来度量。在标准色轮上，饱和度是从中心逐渐向边缘递增的。

亮度 B（Brightness）：是颜色的相对明暗程度，通常是用从 0%（黑）～100%（白）的百分比来度量的。

5. 位图模式

位图模式是使用黑、白两种颜色值表示图像中像素的模式。位图模式的图像也叫作黑白图像，它的每个像素都是用 1 位的位分辨率来表示的。因此，在该模式下不能制作色彩丰富的图像。它包含的信息最少，因而图像也最小。

6. 灰度模式

灰度模式就是用单一色调表现图像，灰度图像的每个像素都有一个 0（黑色）～255（白色）之间的亮度值，一共可表现 256 阶（色阶）的灰色调（含黑和白），即 256 种明度的灰色，按照黑→灰→白的顺序过渡，如同黑白照片。灰度值可以用黑色油墨覆盖的百分比来表示，0%等于白色，100%等于黑色。当一幅彩色图像要转换成黑白模式时，不能直接转换，必须先将图像转换成灰度模式。在转换的过程中，所有的颜色信息都将丢失。

7. 索引颜色模式

索引颜色模式采用一个颜色表存放并索引图像中的颜色。如果原图像中的一种颜色没有出现在查照表中，程序会选取已有颜色中最相近的颜色或使用已有颜色模拟该种颜色。在这种模式下，只能存储一个 8 位色彩深度的图像，即最多表现 256 种颜色。该模式在印刷中很少使用。由于这种模式的图像比 RGB 模式的图像小得多，大约只有它的 1/3，所以被广泛应用于 Web 领域和数字媒体制作领域中。

8. 双色调模式

双色调模式用一种灰色油墨或彩色油墨来渲染一个灰度图像。该模式最多可向灰度图像添加 4 种颜色，从而可以打印出比单纯灰度更有趣的图像。双色调模式也是一种为打印而制定的颜色模式，它包括单色调（1 种颜色）、双色调（2 种颜色）、三色调（3 种颜色）、四色调（4 种颜色）。如果要将其他模式的图像转换成双色调模式的图像，必须先转换成灰度模式。使用双色调的主要用途是使用尽量少的颜色表现尽量多的颜色层次，以减少印刷成本。

9. 多通道模式

在多通道模式中，每个通道都具有用 256 灰度级存放着图像中颜色元素的信息。该模式对有特殊打印或输出要求的图像很有用。多通道模式可将一个以上通道合成的任何图像转换为多通道模式，原始图像中的颜色通道在转换后的图像中变为专色通道。在将彩色图像转换成多通道时，新的灰度信息将根据每个通道总像素的颜色值而定。比如，通过将 CMYK 图像转换为多通道模式，可以创建青色、品红、黄色和黑色专色通道。通过将 RGB 图像转换为多通道模式，可以创建红色、绿色和蓝色专色通道。通过从 RGB、CMYK 或 Lab 图像中删除一个通道，可以自动将图像转换为多通道模式。

3.2 图像处理基础

3.2.1 图像的基本概念

图像是对客观对象的一种相似性的、生动性的描述或写真，或者说图像是客观对象的一种表示，包含了被描述对象的有关信息。在当今读图社会中，图像是社会活动中最常用的信息载体，是人们最主要的信息源。

广义的图像是指所有具有视觉效果的画面，包括纸介质上的、底片或照片上的，以及电影、电视、手机或计算机屏幕上的。根据记录方式的不同，图像可分为两大类：模拟图像和数字图像。模拟图像可以通过某种物理量（如光、电等）的强弱变化来记录图像亮度信息，例如模拟电视图像；而数字图像则是用计算机存储的数据来记录图像上各点的亮度信息。

3.2.2 图像的特点

数字图像处理，是对计算机外部辅助设备（如扫描仪、数码相机或视频采集装置等）输入的图像进行变换、压缩、传输、处理等的技术。就存储方式而言，数字图像纯指计算机内以某种形式，如位图（Bitmap）形式存放的灰度或彩色信息图形的几何属性，应用面比图形更为广泛。

图像是由一些排列的像素组成的，在计算机中的存储格式有 BMP、PCX、TIF、GIFD 等，一般数据量比较大。它除了可以表达真实的照片，也可以表现复杂绘画的某些细节，并具有灵活、富有创造力等特点。

3.2.3 图像的基本类型

位图图像，亦称点阵图像、绘制图像、数码图像，是由称作像素（图片元素）的单个点组成的。这些点可以进行不同的排列和染色以构成图样。当放大位图时，可以看见赖以构成整个图像的无数个方块。扩大位图尺寸，会使线条和形状显得参差不齐，但从稍远的位置观看，位图图像的颜色和形状又显得比较连续。如果要画点位图，或者编辑点位图，常用的编辑处理软件是 Photoshop 等。

位图由像素（Pixel）组成，像素是位图最小的信息单元，存储在图像栅格中。每个像素都具有特定的位置和颜色值，按从左到右、从上到下的顺序来记录图像中每个像素的信息，如像素在屏幕上的位置、像素的颜色等。位图图像的质量由单位长度内像素的多少来决定。单位长度内像素越多，分辨率越高，图像的效果越好。

位图通常用扫描仪、摄像机、录像机、视频信号数字化卡等设备获取。通过这些设备，把模拟的图像信号变成数字图像数据。

位图放大到一定程度时，像素颗粒逐渐变得粗大，像素间距也随之加大，图像的颜色过渡会逐渐消失。当旋转或缩放位图时会产生失真和畸变（如产生锯齿、形变、像素化等）。

点位图文件占据的存储空间比较大。影响点位图文件大小的因素主要是图像分辨率和像素深度。分辨率越高，组成一幅图的像素数就越多，图像文件就越大；像素深度越深，表达单个像素的颜色和亮度的位数就越多，图像文件也就越大。

3.2.4 灰度图与彩色图

灰度图（Gray Scale Image），又称灰阶图，指图像色彩是由黑色到白色逐渐变化的灰色构成。黑色到白色间按对数关系分为若干等级，称为灰度级。在计算机图像处理中，常采用的灰度级有 2 级（黑和白两种颜色）、256 级（由黑到白之间的 256 种灰色）。

只有黑白两种颜色的图像称为单色图像。如图 3-6 所示是一幅标准单色灰度图像。图像的每个像素值只有“0”或者“1”，以比特（bit）为单位进行存储。一幅 640×480 的单色图像需要 37.5 KB 的存储空间。

图 3-6　标准单色灰度图像

一幅完整的图像，是由红色、绿色、蓝色三个通道组成的。红色、绿色、蓝色三个通道的缩览图都是以灰度显示的，用不同的灰度色阶来表示红、绿、蓝在图像中的比重。灰度图像在黑色与白色之间还有许多级的颜色深度。如图 3-7 所示是一幅标准 256 级灰度图像。图像的灰度值为 0～255，每个像素用 8 个比特表示，灰度梯度为 256（2^8）个级别。对于检测与观察图像而言，256 级灰度已经足够表达图像黑白变化的层次。通常人的眼睛能分辨大约 64 级灰度，借助计算机则能测出 256 级甚至更高级别的灰度。一幅 640×480 的灰度图像需要 300 KB 的存储空间。

彩色图像（Color Image）可按照颜色的数目来划分，有 256 色（如图 3-7 所示）和真彩色（224～16 777 216 种颜色）。如图 3-8 所示是一幅标准真彩色图像。彩色图像的每个像素需用三个字节数据来表述，即红、绿、蓝三个单色图像，任何一种颜色都可以由这三种颜色混合构成。每个单色图像的值为 0～255，用一个字节（8 bit）来表示。一幅 640×480 的 8 bit 彩色图像（灰度图像）需要 300 KB 的存储空间；一幅 640×480 的真彩色图像需要 900 KB 的存储空间。在图像处理中，彩色图像的处理通常是通过对其三个单色图像分别处理而得到的。

许多 24 bit 彩色图像是用 32 bit 存储的，这个附加的 8 bit 叫作信道（Alpha），它的值叫作 Alpha 值，用来表示该像素如何产生特技效果。

图 3-7 标准 256 级灰度图像

图 3-8 标准真彩色图像

完全使用真彩色的图像需要大量的存储空间，因此在网络环境下的传输会很慢。由于人的视觉系统的颜色分辨率不高，一般 16 bit 色的图像就能满足人的视觉要求，所以通常情况下尽可能不使用真彩色而使用 16 bit 色的图像。

3.2.5 像素与分辨率

像素是指基本原色素及其灰度的基本编码。它是由图像（Picture）和元素（Element）这两个单词的字母所组成的，是用来计算数码影像的一种单位。如同摄影的相片一样，数码影像也具有连续性的浓淡色调，如果把影像放大数倍，会发现这些连续色调其实是由许多色彩相近的小方点所组成的，这些小方点就是构成影像的最小单位“像素”。这种最小的图形单元在屏幕上显示通常是单个的染色点。越高位的像素，其拥有的色板越丰富，越能表达颜色的真实感。

分辨率（Image Resolution）就是屏幕图像的精密度，是指显示器所能显示的像素的多少。由于屏幕上的点、线和面都是由像素组成的，显示器可显示的像素越多，画面就越精细，同样的屏幕区域内能显示的信息也越多，所以分辨率是个非常重要的性能指标之一。图像显示与输出时的清晰度，直接影响到图像的品质与外观，而最直接的影响因素就是分辨率。分辨率主要分为显示分辨率、图像分辨率、扫描分辨率和打印机分辨率等。

1. 显示分辨率

显示分辨率，是指单位长度内包含的像素点的数量，它的单位通常为像素/英寸（PPI）。分辨率为 1 920×1 080 的屏幕，每一条水平线上包含有 1 920 个像素点，共有 1 080 条线，即扫描列数为 1 920 列，行数为 1 080 行。分辨率不仅与显示尺寸有关，还受显像管点距、视频带宽等因素的影响。显示分辨率和刷新频率的关系比较密切，严格地说，只有当刷新频率为“无闪烁刷新频率”时，显示器才能达到最高的分辨率数，即这个显示器的最高分辨率。

2. 图像分辨率

图像分辨率，是指图像中存储的信息量。这种分辨率有多种衡量方法，典型的是以每英寸的像素数（Pixel Per Inch，PPI）来衡量，也有以每厘米的像素数（Pixel Per Centimeter，PPC）来衡量的。图像分辨率决定了图像输出的质量，图像分辨率和图像尺寸（高宽）的值一起决定了文件的大小，该值越大，图像文件所占用的磁盘空间也就越多。图像分辨率以比例关系影响着文件的大小，文件大小与其图像分辨率的平方成正比。如果保持图像尺寸不变，将图像分辨率提高一倍，则其文件大小增大为原来的四倍。

3. 扫描分辨率

扫描分辨率，是指在扫描一幅图像之前所设定的分辨率，它影响所生成图像文件的质量和使用性能。如果扫描图像用 640×480 像素的屏幕显示，则扫描分辨率不必大于一般显示器屏幕的设备分辨率，即一般不超过 120 dpi（dot per inch）。

多数情况下，扫描图像是为了通过高分辨率的设备输出。如果图像扫描分辨率过低，会导致输出的效果非常粗糙。但如果扫描分辨率过高，数字图像中会产生超过打印所需要的信息，不但减慢打印速度，而且在打印输出时会使图像色调的细微过渡丢失。

4. 打印机分辨率

打印机分辨率又称为输出分辨率，是指在打印输出时横向和纵向两个方向上每英寸最多能够打印的点数，通常以“点/英寸”即 dpi 表示。所谓最高分辨率，是指打印机所能打印的最大分辨率，也就是所说的打印输出的极限分辨率。平时所说的打印机分辨率一般指打印机的最大分辨率，目前一般激光打印机的分辨率均在 600×600 dpi 以上。某台打印机的分辨率为 360 dpi，是指在用该打印机输出图像时，在每英寸打印纸上可以打印出 360 个表征图像输出效果的色点。打印机分辨率的这个数越大，表明图像输出的色点越小，输出的图像效果就越精细。打印机色点的大小只与打印机的硬件工艺有关，与要输出图像的分辨率无关。

打印分辨率是衡量打印机打印质量的重要指标，它决定了打印机打印图像时所能表现的精细程度，它的高低对输出质量有重要的影响。分辨率越高，其反映出来可显示的像素个数也就越多，可呈现出更多的信息和更好更清晰的图像。

通常情况下，如果图像仅用于显示，可将分辨率设置为 96 dpi（与 PC 显示器的分辨率相同）；如果图像用于文本打印，则应将其分辨率设置为 600 dpi；对于照片打印而言，更高的分辨率意味着更加丰富的色彩层次和更为平滑的中间色调过渡，通常需要 1 200 dpi 以上的分辨率才可以实现。

3.2.6 图像数据量

图像数据量，即图像文件的大小，是指磁盘上存储整幅图像所占的字节数。在扫描生成一幅图像时，实际上就是按一定的图像分辨率和一定的颜色深度对模拟图片或照片进行采样，从而生成一幅数字化的图像。图像的分辨率越高、颜色深度越深，数字化后的图像效果越逼真、图像数据量越大。图像数据大小可用下面的公式来估算：

图像数据量 = 图像分辨率（宽×高）×颜色深度/8（Byte）

例如，一幅 800×600 的真彩色图像，未压缩的原始数据量为：

800×600×24/8=1 440 000 B=1 440 KB

显然，图像文件所需的存储空间较大。在数字媒体应用中，应考虑好图像容量与效果的关系。由于图像数据量很大，因此，需要采用数据压缩来减少文件的存储空间，以便于传输的流畅。

3.2.7 图像文件格式

要进行图像处理，必须了解图像文件的格式，即图像文件的数据构成。而图像文件格式决定了应该在文件中存放何种类型的信息，文件如何与各种应用软件兼容，文件如何与其他文件交换数据。图像处理技术人员经常要将图像处理文件存储为不同的格式，以方便在不同的软件中转换使用。常见的图像数据格式包括以下几种。

1. BMP 格式

BMP（Bitmap）是 Windows 中的标准图像文件格式，它以独立于设备的方法描述位图，能够被多种 Windows 应用程序所支持。BMP 图像文件格式支持 1、4、24、32、64 位的 RGB 位图。全彩色的图像存储时一般只能采取不压缩方式，而其他色彩模式可以选择压缩和不压缩两种方式。由于这种格式包含的图像信息较丰富，所以储存为 BMP 格式的图像不会失真，但所需容量会很大。

2. JPG/JPEG 格式

JPEG 是 Joint Photographic Expert Group（联合图像专家组）的缩写，文件扩展名为.jpg 或.jpeg，是最常用的图像文件格式，由一个软件开发联合会组织制定，是一种有损压缩格式，能够将图像压缩在很小的储存空间，图像中重复或不重要的资料会丢失，因此容易造成图像数据的损伤。

JPEG 压缩技术十分先进，它用有损压缩方式去除冗余的图像和彩色数据，在获得极高压缩率的同时还能展现十分丰富生动的图像。由于其高效的压缩效率和标准化要求，目前已广泛用于彩色传真、静止图像、电话会议、印刷及新闻图片的传送等。

3. GIF 格式

GIF 是 Graphics Interchange Format（图形交换格式）的缩写，是 CompuServe 公司（美国最大的在线信息服务机构之一）为了方便网络传送图像数据，在 1987 年开发的一种无失真压缩图像文件格式。GIF 格式的特点是压缩比高，磁盘空间占用较少，所以这种图像格式迅速得到了广泛的应用。最初的 GIF 只是简单地用来存储单幅静止图像，后来随着技术的发展，可以同时存储若干幅静止图像进而形成连续的动画，这是制作动画的基础。GIF 图像最多只能支持 256 种色彩的图像，但是在选用 Web 网页专用调色板时，就只剩下 216 种颜色了。

4. PSD 格式

PSD 是著名的 Adobe 公司的图像处理软件 Photoshop 的专用文件格式。它可以支持图层、通道、蒙版和不同色彩模式的各种图像特征，是一种非压缩的原始文件保存格式。PSD 文件有时容量会很大，但由于可以保留所有原始信息，在图像处理中对于尚未制作完成的图像，选用 PSD 格式保存是最佳的选择。在 Photoshop 所支持的各种图像格式中，PSD 的存取速度比其他格式快很多，功能也很强大。

5. TIFF 格式

TIFF（Tag Image File Format）是 Mac 中广泛使用的图像格式，是最复杂的一种位图文件格式。它由 Aldus 和 Microsoft 联合开发，最初是出于跨平台存储扫描图像的需要而设计的。它的特点是图像格式复杂、存储信息多。正因为它存储的图像细微层次的信息非常多，图像的质量也得以提高，故而非常有利于原稿的复制。该格式有压缩和非压缩两种形式，其中压缩可采用 LZW 无损压缩方案存储。由于 TIFF 格式结构较为复杂，兼容性较差，因此有时有些软件不能正确识别 TIFF 文件（现在绝大部分软件都已解决了这个问题）。TIFF 格式广泛应用于对图像质量要求较高的图片的存储与转换。由于它的结构灵活和包容性大，因此已成为图像文件格式的一种标准，绝大多数图像系统都支持这种格式。

6. PNG 格式

PNG（Portable Network Graphics）是一种新兴的网络图像格式。它是著名的 Macromedia 公司的 Fireworks 软件的默认使用格式。PNG 是目前保证最不失真的格式，它的一个特点是汲取了 GIF 和 JPG 二者的优点，存储形式丰富，兼有 GIF 和 JPG 的色彩模式；另一个特点是能把图像文件压缩到极限以利于网络传输，但又能保留所有与图像品质有关的信息，因为 PNG 是采用无损压缩方式来减少文件的大小，所以与牺牲图像品质以换取高压缩率的 JPG 有所不同；它的显示速度很快，只需下载 1/64 的图像信息就可以显示出低分辨率的预览图像。目前并不是所有的程序都可以用它来存储图像文件，但 Photoshop 可以处理 PNG 图像文件，也可以用 PNG 图像文件格式存储。

7. PDF 格式

PDF 是 Adobe 的 Portable Document Format（可移植文档格式文件）的缩写。它是由 Adobe Systems 在 1993 年用于文件交换所发展出的文件格式。PDF 可以包含矢量图和位图图形，还可以包含电子文档查找和导航功能。一般来说，Windows 下的位图文件 BMP 格式是目前使用的最广泛的文件格式之一。在应用程序设计中，应着重考虑图像的质量、图像的灵活性、图像的存储效率以及应用程序是否支持这种图像格式。PDF 是一种内置的压缩格式。使用 Adobe Distiller，结合同名的可移植打印机描述文件，可以将 Photoshop 文件转化成 PDF 文件直接打印。

当然，图像文件格式还有很多，这里不再一一列举。随着数字媒体技术的发展，会有越来越多新的文件格式出现。

3.3 图像处理软件 Photoshop CC

Photoshop CC 是美国 Adobe 公司开发并不断推陈出新的图像处理软件，它支持真彩色和灰度模式的图像，可以针对图像进行多种操作，如复制、粘贴、修饰、色彩调整、编辑、创建、合成、分色与滤镜等，并给出了许多增强图像的特殊手段，可广泛应用于美术设计、广告制作、计算机图像处理、旅游风光展示等领域，是计算机数字图像处理的有力工具。Photoshop CC 软件擅长对扫描或数码相机得到的图像素材进行创作编辑。

3.3.1 Photoshop CC 工作界面

启动 Photoshop CC，首先弹出来如图 3-9 所示的启动界面，检测完后即可进入 Photoshop CC 程序。

图 3-9　Photoshop CC 启动界面

启动 Photoshop CC 后，会显示如图 3-10 所示的工作界面。此工作界面是编辑、处理图像的操作平台，主要由菜单栏、选项栏、工具箱、图像窗口、状态栏、控制面板等几个部分组成。

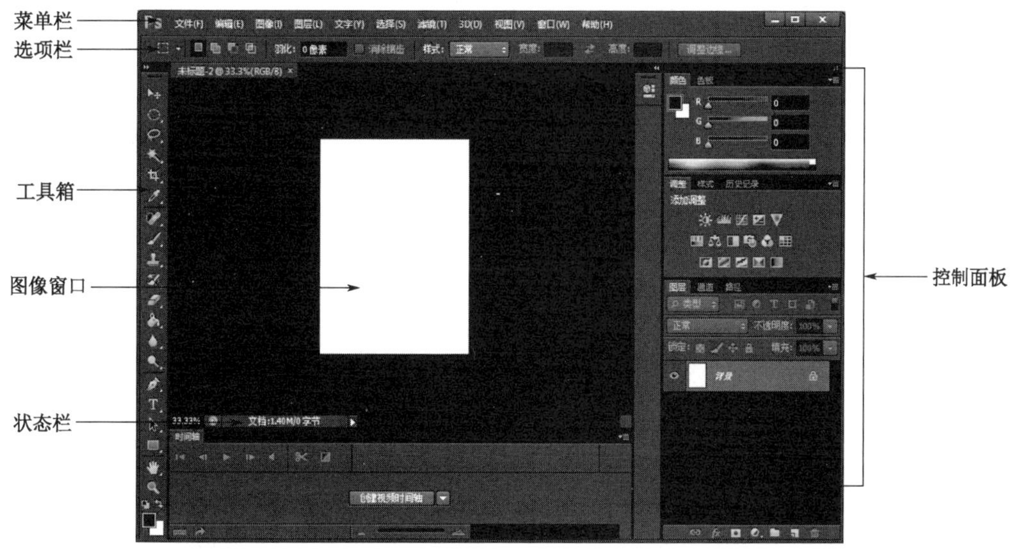

图 3-10　Photoshop CC 的工作界面

1. 菜单栏

菜单栏位于整个窗口的顶部，是 Photoshop CC 的重要组成部分，包含了图像处理中的各种操作命令和设置，单击主菜单可打开相应的子菜单。Photoshop CC 的菜单中包括文件（F）、编辑（E）、图像（I）、图层（L）、文字（Y）、选择（S）、滤镜（T）、3D（D）、视图（V）、窗口（W）和帮助（H）11 个功能各异的菜单与窗口控制按钮。该控制按钮包括窗口最小化、窗口最大化和关闭窗口三个选项，用于控制文件窗口的显示大小。如图 3-11 所示。

图 3-11　Photoshop CC 的菜单栏

当鼠标单击菜单栏某组后，相应的下拉菜单就显示出来。如果菜单内的命令显示为浅灰色，则表示该命令目前无法选择；如果菜单项右侧有“…”，则选择此项后将弹出与之有关的对话框；如果菜单项右侧有“”按钮，则表示还有下一级子菜单。

Photoshop CC 系统为大部分常用的菜单命令设置了快捷键，比如，复制（C）=Ctrl+C、粘贴（P）=Ctrl+V 和取消选择（D）=Ctrl+D 等，熟悉并掌握这些快捷键，可以大大提高工作效率。

Photoshop CC 菜单栏中各组的基本功能如下。

【文件】菜单。

“文件”菜单主要用于对处理或编辑的图像文件进行管理，包含了新建、打开、关闭、存储、导入、导出和打印等命令。

【编辑】菜单。

“编辑”菜单主要对当前的图像文件进行编辑和修改，以及设置预设选组等，包含了还原、剪切、复制、粘贴、清除、描边、变换、清理和预设等命令。

【图像】菜单。

“图像”菜单主要用于对图像文件色彩、色调进行调整，模式更改和图像大小的调整等，包括模式、调整、图像大小、画布大小、图像旋转、裁剪、计算、变量和分析等命令。

【图层】菜单。

“图层”菜单主要用于对图层进行操作和添加一些图层样式等，包括新建、图层样式、栅格化、排列、对齐、分布和合并图层等命令。

【文字】菜单。

“文字”菜单主要用于对文字的设置和操作，包括栅格化文字、转换为段落文本、文字变形和改变文字取向等命令。

【选择】菜单。

“选择”菜单主要用于对选区进行操作，包括取消选择、重新选择、反向、查找图层、修改、选取相似、变换选区、载入选区和存储选区等命令。

【滤镜】菜单。

“滤镜”菜单主要用于为图像添加一些特殊效果，包括风格化、模糊、扭曲、锐化、视频、像素化、渲染和杂色等命令。

【3D】菜单。

“3D”菜单主要用于为图像制作3D效果，包括从文件新建3D图层、从图层新建网格、拆分凸出、合并3D图层、绘图衰减和渲染等命令。

【视图】菜单。

“视图”菜单主要用于对程序窗口进行控制以及按照自己设置的方式进行工作，包括校样设置、校样颜色、屏幕模式、显示、标尺、对齐和锁定参考线等命令。

【窗口】菜单。

“窗口”菜单主要用于对整个窗口显示布局以及操作界面中各种面板窗口显示相关的管理，包括工作区、路径、时间轴、属性、通道、图层、颜色、工具和选组等命令。

【帮助】菜单。

“帮助”菜单主要用于提供Photoshop CC软件各种程序的帮助信息以及在线技术支持。

2. 选项栏

选项栏位于菜单栏的下方，它能提供在操作中选择工具箱中工具时的相关属性设置选项和控制参数。此栏具有很大的可变性，会随着工具的不同而发生相应的变化，能够很方便地设置工具的选项。没有选中任何工具时，系统默认的选项栏中则提供文档的一些版面布局信息，如图3-12所示。

图3-12　Photoshop CC的选项栏

3. 工具箱

工具箱默认的位置在图像窗口的最左侧，它集合了Photoshop CC软件绘图和编辑图像时要使用的各种工具，执行“窗口”→“工具”命令可以隐藏和打开工具箱；单击工具箱上方的双箭头按钮可以双排显示工具箱；再单击按钮，恢复工具箱单行显示；在工具箱中可以单击选择需要的工具；单击工具箱右下方的就可以打开该工具对应的隐藏工具。

工具箱中的主要工具按钮包括移动工具、选框工具、套索工具、选择工具、裁剪工具、吸管工具、修复工具、画笔工具、仿制图章工具、历史记录画笔工具、橡皮擦工具、渐变工具、模糊工具、减淡工具、钢笔工具、文字工具、路径选择工具、矩形工具、抓手工具、缩放工具、前景色和背景色设置，以及以快速蒙版模式编辑和更改屏幕模式等，如图3-13所示。

Photoshop CC工具箱中各组工具的基本功能见表3-2。

图3-13　Photoshop CC的工具箱

表 3-2　Photoshop CC 工具箱中各组工具的基本功能

工　具		基本功能
移动工具(V)		移动当前图层下的图像
选框工具组(M)	矩形选框工具　M	用于绘制矩形选框
	椭圆选框工具　M	用于绘制椭圆选框
	单行选框工具	用于绘制单行选框
	单列选框工具	用于绘制单列选框
套索工具组(L)	套索工具　L	用于选择不规则图像选取区域
	多边形套索工具　L	用于选取多边形选区
	磁性套索工具　L	可沿图像边缘选取区域
选择工具组(W)	快速选择工具　W	在图像中单击，可以快速选取与单击处颜色相似的图像，同时可以拖动指针来选择所需的区域
	魔棒工具　W	用于选择颜色相同或相近的整片的色块
裁剪工具组(C)	裁剪工具　C	框选需要的区域或对象，双击鼠标，删除图像的其余部分
	透视裁剪工具　C	用于框选任意四边形进行裁剪，同时可以纠正不正确的透视变形
	切片工具　C	用于将原图像分成许多的功能区域
	切片选择工具　C	可以任意地选择和修改切片的大小
吸管工具组(I)	吸管工具　I	用于吸取图像中的颜色
	3D 材质吸管工具　I	用于吸取 3D 材质纹理
	颜色取样器工具　I	用于校对并调整颜色
	标尺工具　I	用于测量图像的 X 坐标和 Y 坐标
	注释工具　I	用于添加注释文字
	计数工具　I	用于统计图像中对象的个数
修复工具组(J)	污点修复画笔工具 J	用于快速移去照片中的污点和其他不理想的部分
	修复画笔工具　J	按 Alt 键吸取源点，然后进行修复
	修补工具　J	选取修补的图像，移动到附近的位置，即可修补
	内容感知移动工具　J	是一个功能强大，操作非常容易的智能修复工具，具有感知移动和快速复制两大功能
	红眼工具　J	可以修复数码照片上的红眼
画笔工具组(B)	画笔工具　B	用于绘制具有画笔特性的线条
	铅笔工具　B	用于绘制硬边的曲线或直线
	颜色替换工具　B	使用此工具在图像中涂抹，能够用前景色替换当前颜色
	混合器画笔工具　B	可以用该工具的侧锋涂出大片模糊的颜色，也可以用笔尖画出清晰的笔触
图章工具组(S)	仿制图章工具　S	按 Alt 键取样，可以用取样处的图像遮盖目标区域
	图案图章工具　S	可以从图案库中选择图案或者用自己创建的图案进行涂抹或绘制
历史记录画笔工具组(Y)	历史记录画笔工具　Y	只对编辑过的图像起作用，用于恢复图像中被修改的部分
	历史记录艺术画笔工具　Y	用于绘制不同风格的油画质感图像
橡皮擦工具组(E)	橡皮擦工具　E	用于擦除图像中不需要的部分，并在擦过的地方显示背景图层的内容
	背景橡皮擦工具　E	用于擦除图像中不需要的部分，并使擦过的区域变成透明的
	魔术橡皮擦工具　E	在图像处单击，即可去除与单击处颜色相似的图像，并使擦过的区域变成透明的

续表

工　　具		基 本 功 能
渐变工具组(G)	渐变工具 G	用于在整个图像区域或图像选择区域填充两种或两种以上颜色间的渐变混合色
	油漆桶工具 G	用于在图像的确定区域内填充前景色
	3D 材质拖放工具 G	用于对 3D 文字和 3D 模型填充纹理效果
模糊工具组	模糊工具	用于降低图像中相邻像素的对比度，将较硬的边缘柔化，使图像变得柔和
	锐化工具	用于增加相邻像素的对比度，将模糊的边缘锐化，使图像聚焦变清晰
	涂抹工具	可模拟在湿颜料中拖移手指的动作，涂抹图像
减淡工具组(O)	减淡工具 O	也叫加亮工具，可以减淡图像的颜色
	加深工具 O	也叫减暗工具，可以加深图像的颜色
	海绵工具 O	用于调整图像中颜色的浓度，也就是专门吸除颜色，并将有颜色的部分变为黑白
钢笔工具组(P)	钢笔工具 P	可以绘制直线、曲线和任意图形
	自由钢笔工具 P	拖动鼠标，可以随意绘制图形
	添加锚点工具	可以为路径添加锚点
	删除锚点工具	可以删除路径中的锚点
	转换点工具	单击路径，可显示调节杆，调整调节杆，可改变曲线形状
文字工具组(T)	横排文字工具 T	用于输入横向文字
	直排文字工具 T	用于输入竖向文字
	横排文字蒙版工具 T	用于输入横向文字选区
	直排文字蒙版工具 T	用于输入竖向文字选区
选择工具组(A)	路径选择工具 A	用来整体选择路径和路径上的锚点，以及取消对路径和路径上锚点的选择
	直接选择工具 A	用来选择路径上的单个锚点并可以进行调整
矩形工具组(U)	矩形工具 U	用于绘制矩形
	圆角矩形工具 U	用于绘制圆角矩形
	椭圆工具 U	用于绘制椭圆
	多边形工具 U	用于绘制多边形
	直线工具 U	用于绘制直线
	自定形状工具 U	可以绘制属性栏中的各种形状
抓手工具组(H)	抓手工具 H	用于移动控制画面显示的位置，还可以按住空格键，来回拖动鼠标，进行自如移动
	旋转视图工具 R	用于在不破坏图像的情况下旋转画布，而不会使图像变形
缩放工具(Z)		可以放大或缩小图像以便于观察图像
默认前景色和背景色(D)		单击此按钮，可以恢复前景色为黑色，背景色为白色
切换前景色和背景色(X)		单击此按钮，可以切换前景色和背景色的颜色
设置前景色和背景色		分别单击前景色和背景色按钮，可以设置它们的颜色
以快速蒙版模式编辑(Q)		单击此按钮，选区显示为透明红色叠加表示方式，再次单击返回到标准选区模式
更改屏幕模式组(F)	标准屏幕模式 F	该模式下是默认视图，显示菜单栏、滚动条和其他屏幕元素
	带有菜单栏的全屏模式 F	该模式下可增大图像的视图，但保持菜单栏可见
	全屏模式 F	该模式下允许在屏幕范围内移动图像以查看不同的区域

4. 图像窗口

图像窗口位于选项栏的下方，状态栏的上方。只有在该区域内才能编辑和输出图像。如图 3-14 所示。

5. 状态栏

默认情况下，状态栏位于图像窗口的下方，用来显示当前图像放大的倍数和文件大小。要显示或隐藏状态栏，选取菜单栏的“窗口”→“状态栏”命令即可。单击状态栏上的▶按钮，相应的预览信息就会显示出来。例如：文档大小，显示当前打开文件的大小，以 KB 为单位；文档配置文件，显示了图像所使用的颜色配置文件的名称；文档尺寸，显示当前打开文件的尺寸，以厘米为单位；测量比例，是对图像之间比例的测量，以像素为单位；暂存盘大小，显示已用内存的大小；效率，显示各操作在内存中与磁盘间交换数据所需要的时间比；计时，显示从打开文件开始所有操作所花费的时间，以秒为单位；当前工具，显示工具箱中被激活的工具；等等（如图 3-15 所示）。

图 3-14　Photoshop CC 的图像窗口

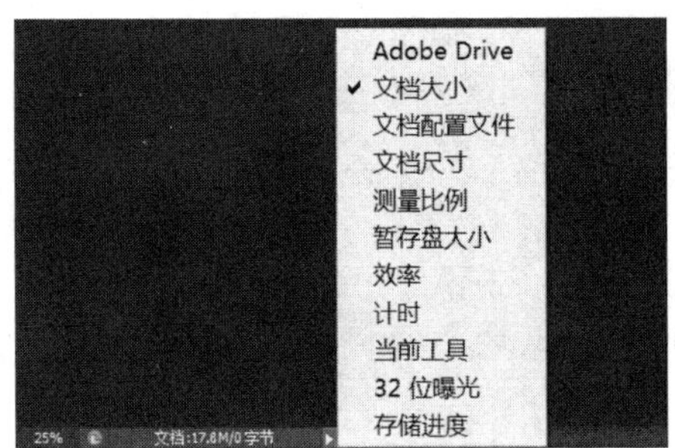

图 3-15　Photoshop CC 的状态栏

6. 控制面板

控制面板是 Photoshop CC 中进行颜色选择、编辑图层、编辑路径、编辑通道和撤消编辑等操作的主要功能面板，是工作界面的一个重要组成部分。一般情况下，Photoshop CC 的控制面板分别以缩略图按钮或显示面板的形式层叠在图像窗口的右侧，如图 3-16 所示。将鼠标指针停在一个选项卡上，按住鼠标并拖动可将其拖曳出来成为一个单独的面板，用此法也可将面板进行重组。每个面板都可以显示或隐藏起来。在实际操作中，为了留出更大的绘图、编辑空间，常常单击 Photoshop CC 右方的折叠为图标按钮▸▸，将面板折叠起来，如图 3-17 所示，再次单击该图标按钮可恢复控制面板。

Photoshop CC 图像的管理、编辑和处理操作都是在“图层”面板中实现的。如新建图层（图层组）、删除图层、设置图层属性、添加图层样式以及图层的调整编辑等。

Photoshop CC“图层”如同透明的复制纸，在复制纸上画出图像，并将它们叠加在一起，就可浏览到图像的组合效果。使用“图层”可以把一幅复杂的图像分解为相对简单的多层结构，并对图像进行分级处理，从而减少图像处理工作量并降低难度。通过调整各个

“图层”之间的关系，能够实现更加丰富和复杂的视觉效果。

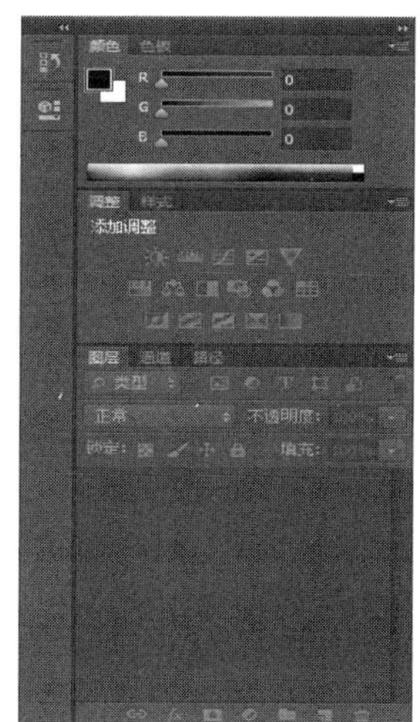

图 3-16　默认显示的控制面板

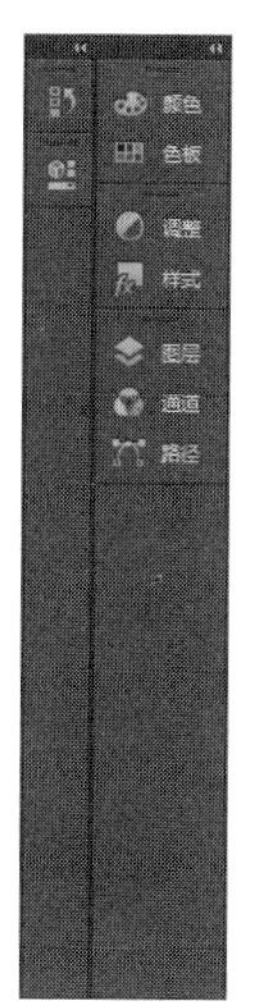

图 3-17　折叠的控制面板

“图层”控制面板在默认状态下位于工作界面的右下方，如果“图层”控制面板没有在程序中显示，那么可以选择菜单栏中的“窗口”→“图层”命令，打开“图层”控制面板，如图 3-18 所示。

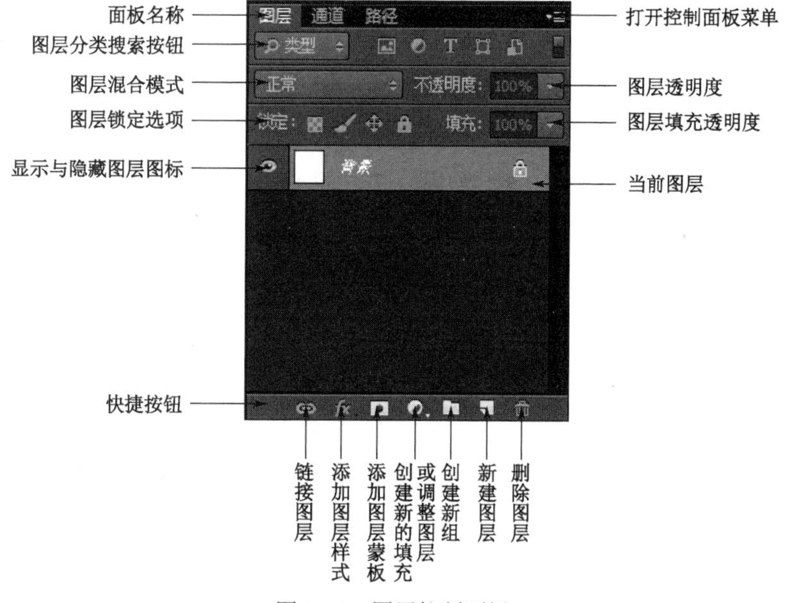

图 3-18　图层控制面板

3.3.2　页面设置

在实际操作中，Photoshop CC 软件的页面文件尺寸在新建时就要设置好。

选择菜单栏中的“文件”→“新建”命令，会弹出如图 3-19 所示的“新建”对话框。

“名称”选项后的文本框中可以输入新建图像的文件名。

“预设”选项后的下拉列表 ▾ 用于自定义或选择其他固定格式文件的大小。

“大小”选项是选择新建文档预设类型的大小，一般在“剪贴板”“默认 Photoshop 大小”和“自定”预设下处于灰色。

“宽度”和“高度”选项后的数值框中可以设置需要的宽度和高度的数值，在计量单位下拉表中可以选择不同的计量单位。

“分辨率”选项后的数值框中可以设置需要的分辨率，在分辨率单位下拉列表中可以设定为“像素/英寸”或者“像素/厘米”，一般在进行屏幕练习时，设定为 72 像素/英寸；在进行平面设计时，一般为 300 像素/英寸。每英寸像素越高，图像的效果越好，但图像的文件也越大，应根据需要设定合适的分辨率。

“颜色模式”选项后的下拉列表中可以选定需要的颜色模式，包括位图、灰度、RGB 颜色、CMYK 颜色和 Lab 颜色，在色彩深度下拉列表中可以选定可使用颜色的最大数量。

“背景内容”选项后的下拉列表用于选择不同的背景。

在“新建”对话框中有一个“高级”选项，这个选项是专用于设置“颜色配置文件”和“像素长宽比”的，通常情况下，默认设置即可。

所有选项设置完成后，单击“确定”按钮，新建页面。

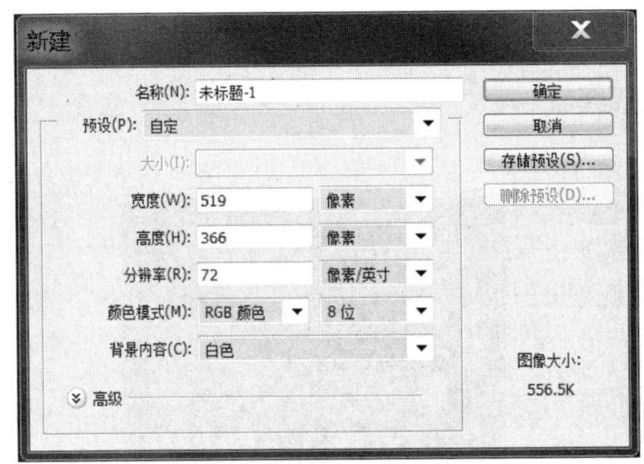

图 3-19　Photoshop CC 的“新建”对话框

3.3.3　本章实例

想要实现良好的图像处理效果，不但要求能够熟练使用工具箱中的各种工具，而且还要求能够综合运用所学的命令、功能、技巧和方法创作出更多、更好、更优秀的作品。下面通过相片处理、名片设计和公益广告设计这 3 个实例来实现图像效果的综合应用。

1. 相片处理

利用 Photoshop CC 软件的修复画笔工具、仿制图章工具、橡皮擦工具、画笔工具，以及滤镜、图层蒙版和混合模式等来处理一张相片。处理前后的效果如图 3-20、图 3-21 所示。

（1）祛痘的方法。

祛除痘痘既可以用污点修复画笔工具，也可以用仿制图章工具。

① 使用污点修复画笔工具。

A. 打开 Photoshop CC 软件，选择菜单栏中的“文件”→“打开”命令，打开要处理的相片，如图 3-22 所示。

B. 选择工具箱中的修复工具组→污点修复画笔工具，如图 3-23 所示。在选项栏里设置合适的大小，模式选择正常。然后直接在有痘痘的部位单击即可，这样痘痘就消失了，如图 3-24 所示。

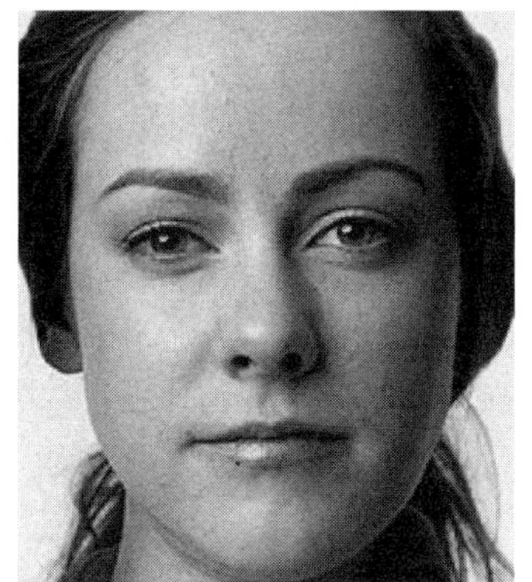

图 3-20 处理前

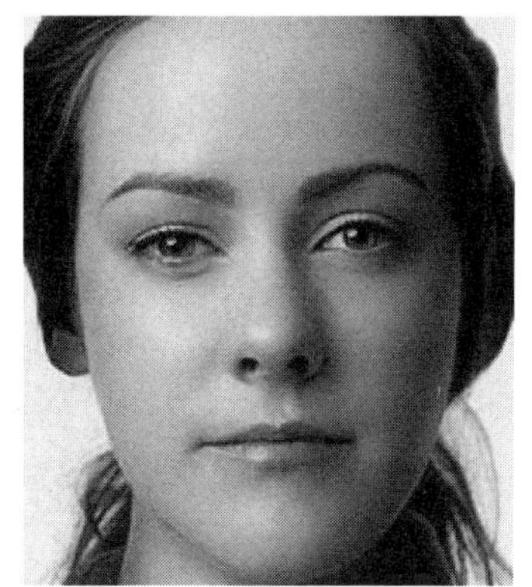

图 3-21 处理后

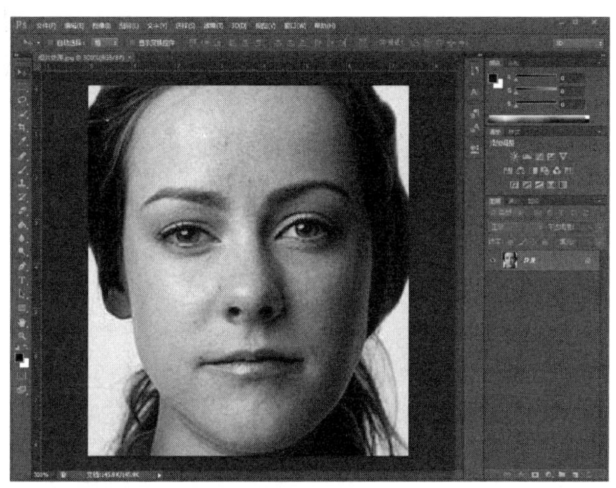

图 3-22 打开相片

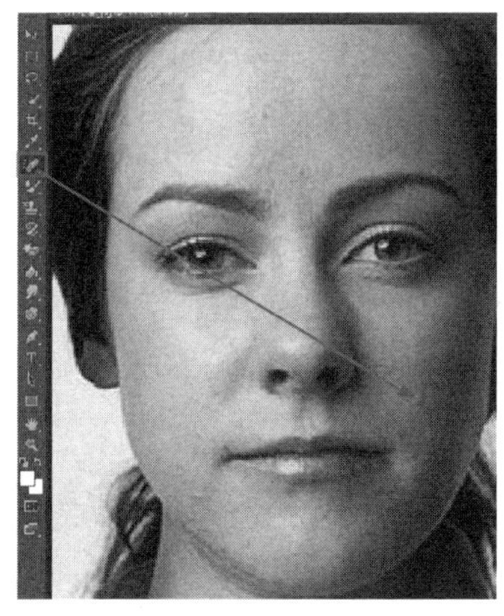

图 3-23 选择污点修复画笔工具

图 3-24 “污点修复画笔”工具消除痘痘后的效果

② 使用仿制图章工具。

选择工具箱中的图章工具组→仿制图章工具，如图 3-25 所示。在选项栏里设置合适的大小（能够将痘痘完全覆盖即可），模式选择正常。将画笔放到一块皮肤比较好的且与痘痘附近肤色一致的地方，按下 Alt 键并且单击，然后将鼠标光标移动到痘痘上，再次单击，即可祛除脸上的痘痘，如图 3-26 所示。需要注意的是，每使用一次都要重新按下 Alt 键选择。

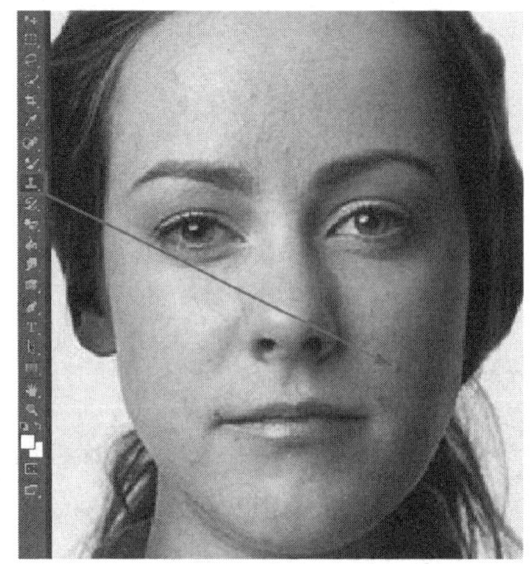
图 3-25　选择仿制图章工具

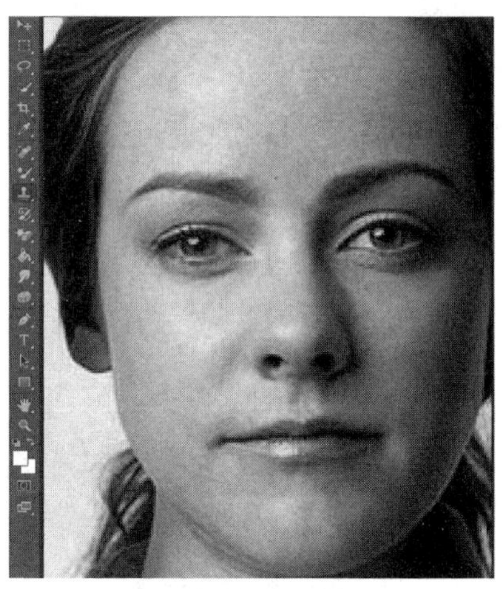
图 3-26　仿制图章工具祛除痘痘后的效果

（2）皮肤美白的方法。

① 选择菜单栏中的“文件”→“打开”命令，打开一张相片，拖动该相片到“创建新图层”按钮，复制一个背景图层，如图 3-27 所示。

图 3-27　打开并复制背景图层

② 将背景副本图层的小眼睛点掉，设置为不可见，如图 3-28 所示。将背景图层选中，选择“滤镜”→“模糊”→“高斯模糊”，如图 3-29 所示。调整高斯模糊的数值，具体的数值在人物脸部呈现虚化为止，不要太大，一般 3～5 之间即可，多尝试几次，单击“确定”按钮，如图 3-30 所示。

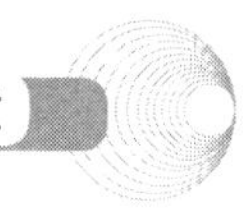

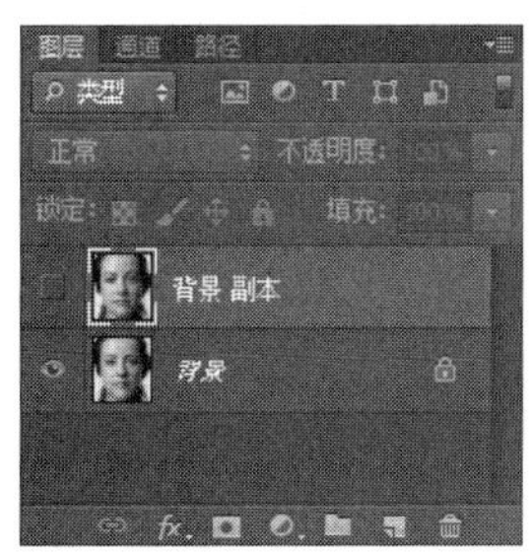

图 3-28 设置背景副本图层为不可见

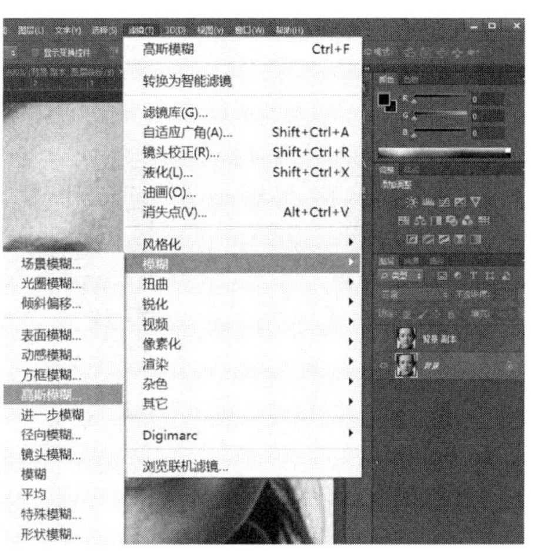

图 3-29 选择“高斯模糊”

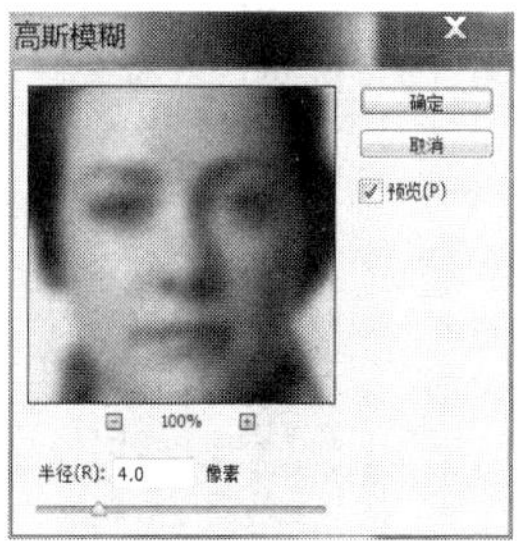

图 3-30 调整“高斯模糊”的数值

③ 单击背景副本图层的小眼睛使它变为可见，为背景副本图层“添加图层蒙版”，如图 3-31 所示。选择工具箱中的橡皮擦工具组→橡皮擦工具，前景色设置为白色（白色是擦出蒙版，黑色是添加蒙版，用白色擦过了可以用黑色将蒙版补回来），不透明度降低到 30%以下，较低的透明度可以帮助你把握磨皮的程度，擦完蒙版后的效果如图 3-32 所示。

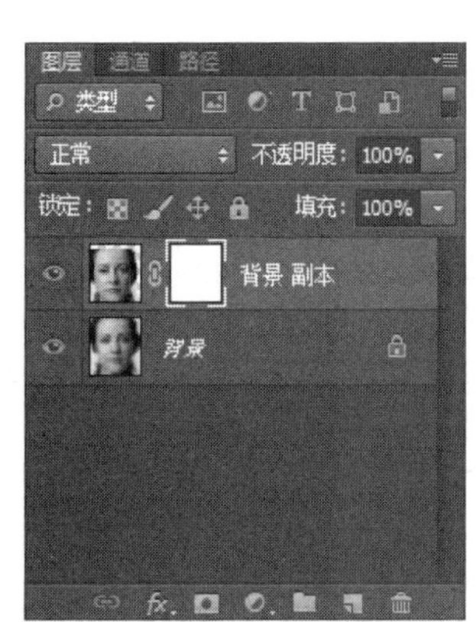

图 3-31 添加图层蒙版

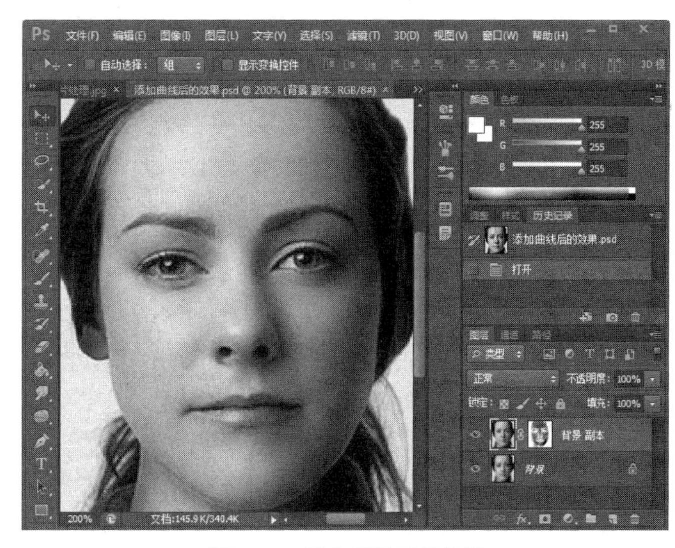

图 3-32 擦完蒙版后的效果

（3）添加唇彩的方法。

① 打开皮肤美白后的相片，选择工具箱中的画笔工具组→画笔工具，设置前景色为你想要的颜色，如图 3-33 所示。在图层右下方单击“创建新图层”按钮，新建一个“图层 1”，这一步很重要，Photoshop 作图的基本规范就是每个元素都最好在一个新图层上进行操作，如图 3-34 所示。

图 3-33　设置画笔的前景色

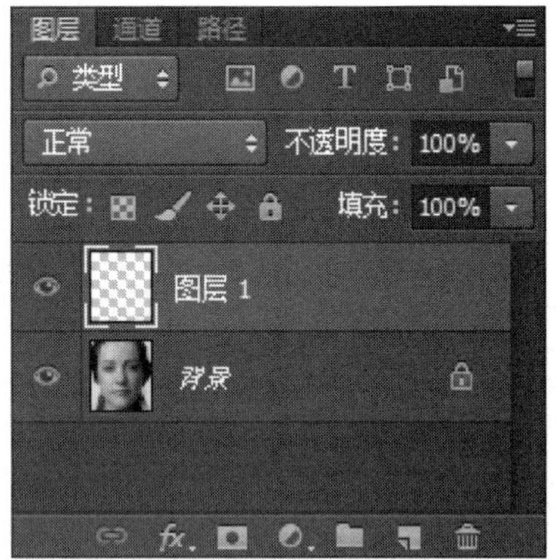

图 3-34　新建一个图层

② 选择工具箱中的缩放工具，在选项栏中选择“放大”按钮，放大相片，这样有利于在唇部进行绘画。调整画笔的大小，然后在唇部绘制，直到将整个唇部涂满为止，如图 3-35 所示。

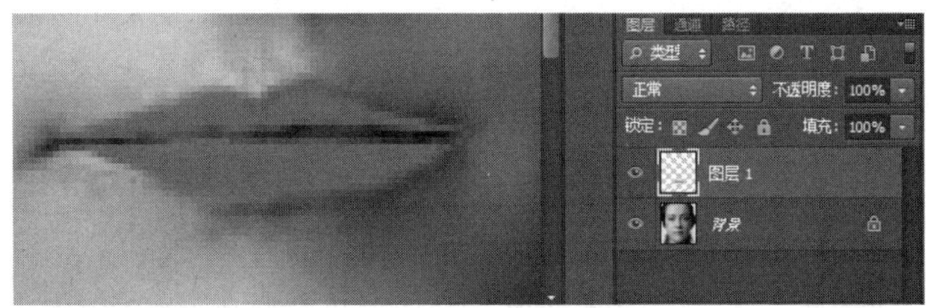
图 3-35　画笔工具绘制的唇部颜色

③ 选择混合模式为“柔光”，如图 3-36 所示。然后调整一下图层的不透明度和填充值，即完成唇彩添加，效果如图 3-37 所示。

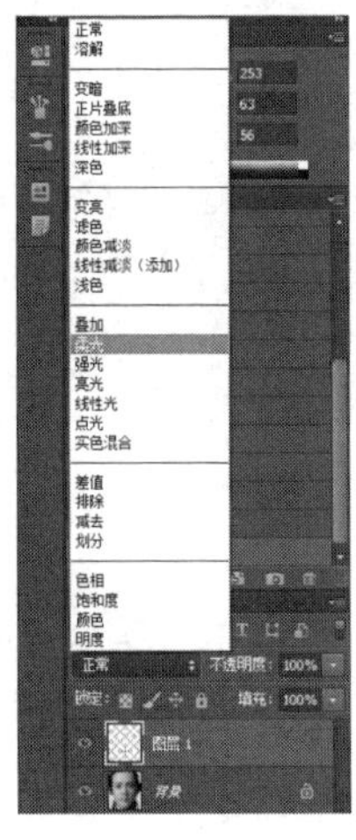
图 3-36　选择混合模式为“柔光”

图 3-37　添加唇彩后的效果

（4）瘦脸的方法。

① 打开添加唇彩后的相片，复制一层，选择菜单栏中的“滤镜”→“液化”命令，打开液化窗口，选择第一个小手形状的涂抹工具，画笔密度和压力都设为50，画笔大小根据实际画面需要调整，调整好之后直接在脸部向内拖动即可，如图3-38所示。

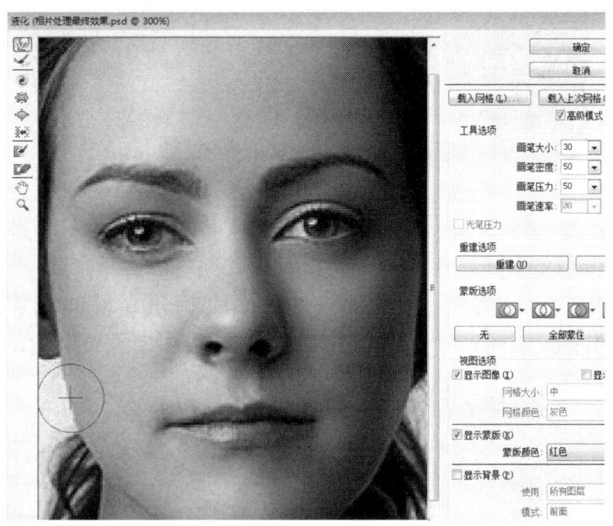

图3-38 设置“液化”窗口

② 慢慢涂抹，直到把脸型修到满意为止，修完后的效果如图3-39所示。

图3-39 瘦脸后的效果

2. 名片设计

利用Photoshop CC软件的移动工具、吸管工具、渐变填充工具、文本工具、矩形工具、抓手工具、缩放工具，以及图层、图层样式和自由变换等命令设计一款名片，如图3-40所示。

图 3-40　名片

（1）制作背景的底纹素材。

① 选择菜单栏中的“文件”→“打开”命令，打开准备好的图片，如图 3-41 所示。拖曳打开图片的背景到创建新图层按钮，得到背景副本图层，如图 3-42 所示。

图 3-41　打开图片

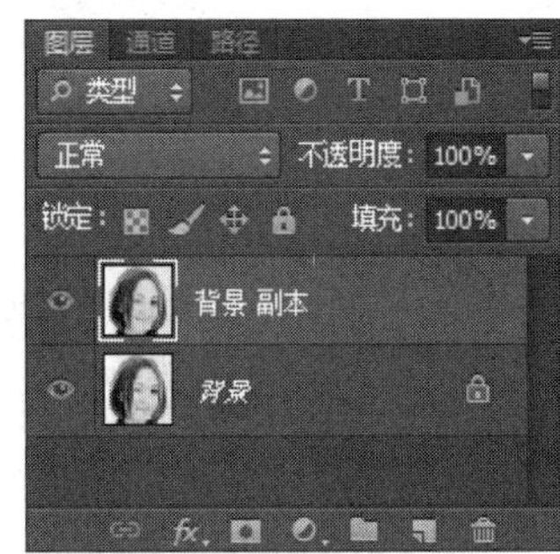

图 3-42　复制背景图层

② 选中背景副本图层，选择菜单栏中的“图像”→“调整”→“阈值”命令，调整适当的参数，如图 3-43 所示，单击“确定“按钮。选择菜单栏中的“图像”→“调整”→“色相/饱和度”命令，调整适当的参数，如图 3-44 所示，然后单击“确定”按钮。

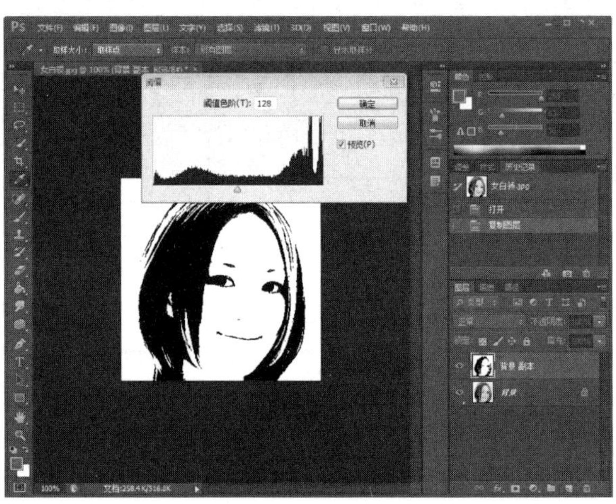

图 3-43　设置“阈值”

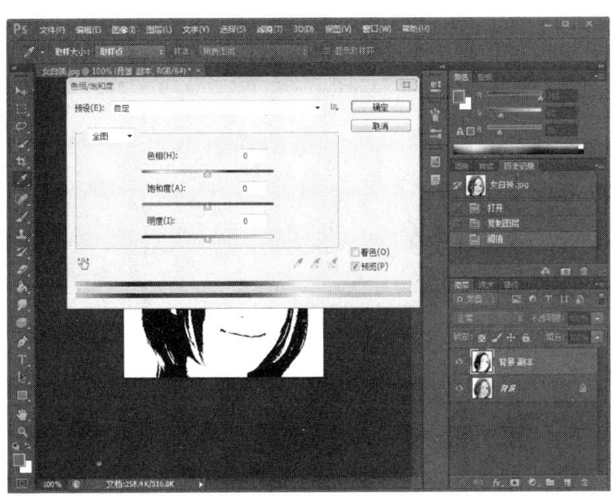

图 3-44 设置“色相/饱和度”

③ 拖曳背景副本到创建新图层按钮，得到背景副本 2，如图 3-45 所示。选中背景副本 2，选择菜单栏中的“图像”→“调整”→“阈值”命令，调整适当的参数，单击“确定”按钮。选择菜单栏中的“图像”→“调整”→“色相/饱和度”命令，调整适当的参数，单击“确定”按钮。最终效果如图 3-46 所示。

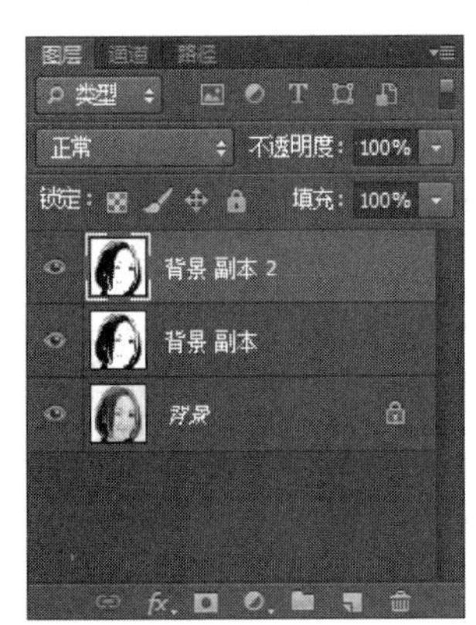

图 3-45 复制背景副本

图 3-46 背景副本 2 设置后的效果

④ 用上面的方法复制背景副本 3 和背景副本 4，以及设置它们的阈值和色相/饱和度，设置后的效果如图 3-47 所示。选中背景副本，并设置它的混合模式为“柔光”，如图 3-48 所示。

（2）制作背景。

① 选择菜单栏中的“文件”→“新建”命令，新建尺寸为 90 mm×50 mm，名称为“名片”的 RGB 文件，选择工具箱中的渐变工具组→渐变工具，在选项栏中选择“径向渐变”，模式为正常，单击“按可编辑渐变”，添加色标，并设置最左和最右色标的颜色值为 R=47、G=90、B=169，次左和次右色标的颜色值为 R=144、G=194、B=219，正中间色标的颜色值为 R=254、G=254、B=254，如图 3-49 所示。然后从左下角往右上角拖出渐变填充，效果如图 3-50 所示。

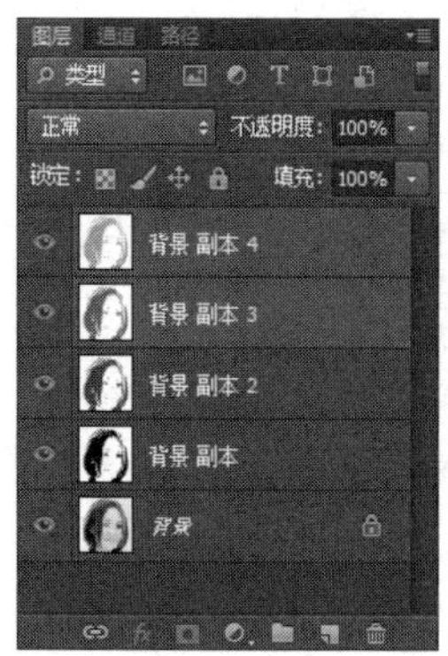

图 3-47　副本 3 和副本 4 设置后的效果

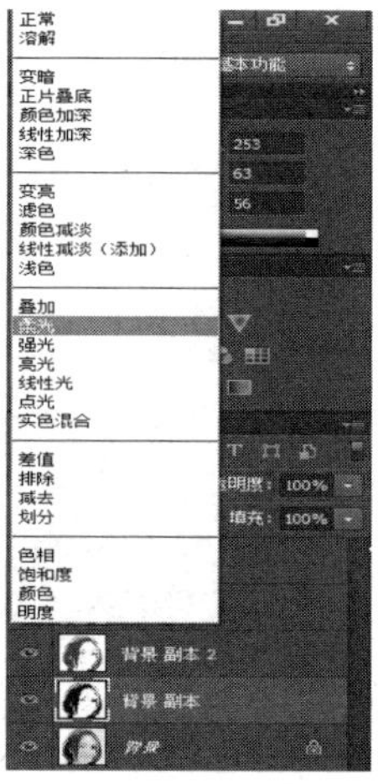

图 3-48　为背景副本添加“柔光”

图 3-49　设置“径向渐变”

图 3-50　“径向渐变”后的效果

② 用鼠标左键从标尺处拖出几根参考线到渐变背景图层上，然后分别拖动背景副本、背景副本 2、背景副本 3 和背景副本 4 到渐变背景图层左边，分别设置混合模式为“正片叠底”，不透明度为 80%，再拖背景副本 2 到背景和图层之间，设置该图层的混合模式为“正片叠底”，不透明度为 60%，如图 3-51 所示。

图 3-51　拖动副本图片到背景图层中

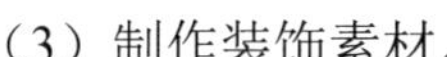

（3）制作装饰素材。

① 设置前景色为 R=47、G=90、B=169，选择“工具箱”→“矩形工具组”→“矩形工具”，在背景图层下方合适的位置绘制一个长条矩形，按住 Alt 键，用鼠标拖动长条矩形两次，就复制了两个相同的长条矩形，分别调整到合适的长和宽，合并三个长条矩形，然后双击该图层，调出“图层样式”→“斜面和浮雕”，具体设置如图 3-52 所示。设置混合模式为“差值”，按住 Alt 键用鼠标拖动合并的三个长条矩形，就复制了一个合并的长条矩形，选择菜单栏中的“编辑”→“变换”→“顺时针旋转 90°”，移到合适的位置，如图 3-53 所示。

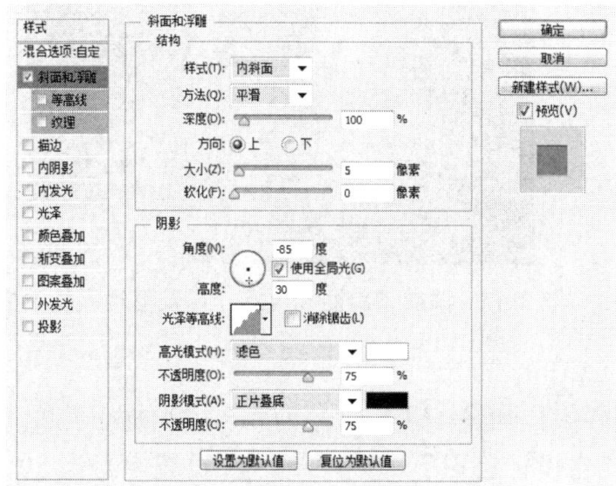

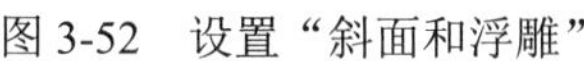

图 3-52　设置“斜面和浮雕”

图 3-53　添加长条矩形

② 选择菜单栏中的“文件”→“打开”命令，打开一张图片，再选择工具箱中的套索工具组→磁性套索工具，在图片中选中需要的对象蝴蝶，如图 3-54 所示。用工具箱中的“移动工具”，移动选中的对象蝴蝶到背景图层中，如图 3-55 所示。

图 3-54　选中需要的对象蝴蝶

图 3-55　移动选中的对象蝴蝶到背景图层中

③ 选中当前层，用工具箱中的橡皮擦擦除多余部分，双击该图层，调出“图层样式”→“斜面和浮雕”，具体设置如图 3-56 所示。设置该层的混合模式为“差值”，然后移到背景图层的右上角，按住 Alt 键，用鼠标拖动处理好的蝴蝶，就复制了一个相同的蝴蝶，用

编辑菜单栏里的“自由变换”调整复制蝴蝶的大小，然后再移动到左下角合适的位置，如图 3-57 所示。

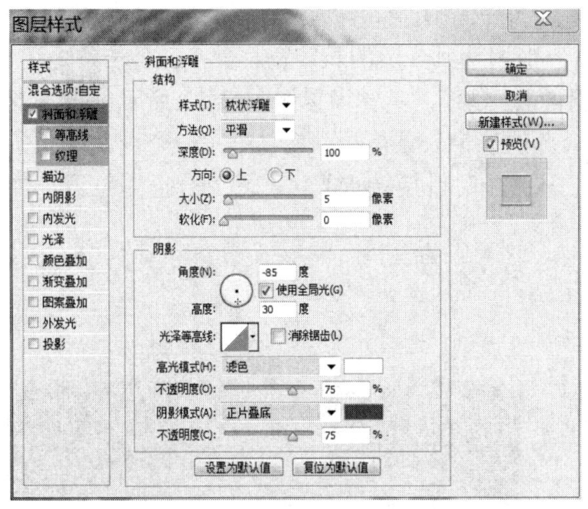

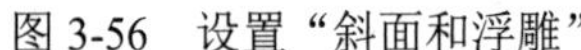

图 3-56　设置“斜面和浮雕”

图 3-57　添加“斜面和浮雕”以及移动后的效果

（4）添加文本素材。

① 选择工具箱中的文字工具组→横排文字工具，输入字号为 36，字体为隶书，颜色值为 R=47、G=90、B=169 的文字“艺蝶广告设计公司”，选中“艺蝶”设置字号为 50，双击该图层，调出“图层样式”→“斜面和浮雕”，具体设置如图 3-58 所示。然后选中图层样式里的“描边”，设置大小为 3 像素，颜色值为 R=144、G=194、B=219，位置为外部，如图 3-59 所示。

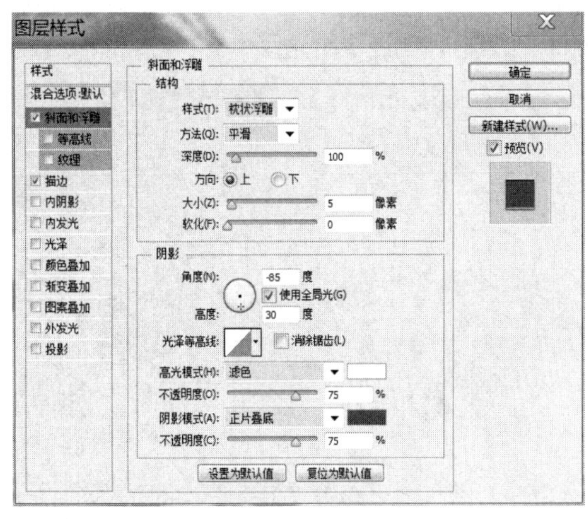

图 3-58　设置“斜面和浮雕”

图 3-59　添加“斜面和浮雕”及“描边”后的效果

② 选择工具箱中的文字工具组→横排文字工具，输入字号为 36，字体为华文行楷，颜色为黑色的文字“陈艺蝶”，双击该图层，调出“图层样式”→“外发光”，具体设置如图 3-60 所示。设置该图层的填充为 80%，设置后的效果如图 3-61 所示。

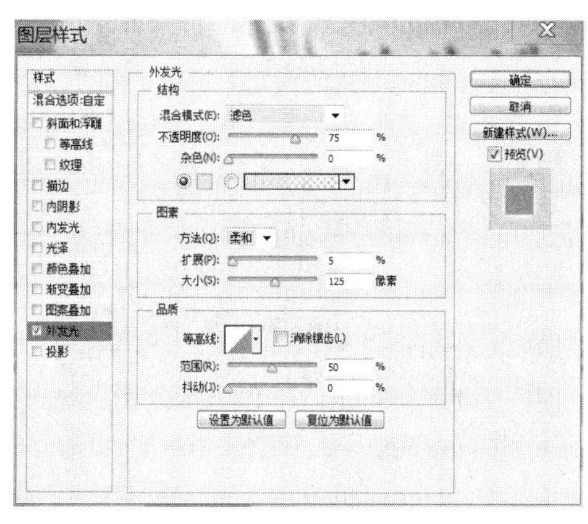

图 3-60　设置“外发光”

图 3-61　添加“外发光”后的效果

③ 选择工具箱中的文字工具组→横排文字工具，输入字号为 24，字体为华文楷体，颜色为黑色的文字“艺术总监”，双击该图层，调出“图层样式”→“描边”，具体设置如图 3-62 所示。设置该图层的填充为 80%，设置后的效果如图 3-63 所示。

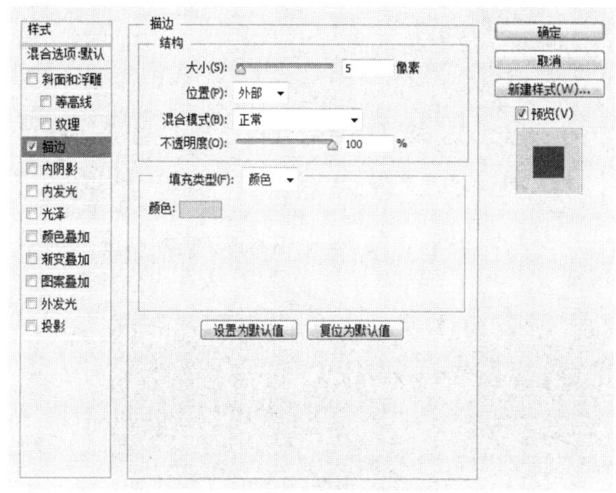

图 3-62　设置“描边”

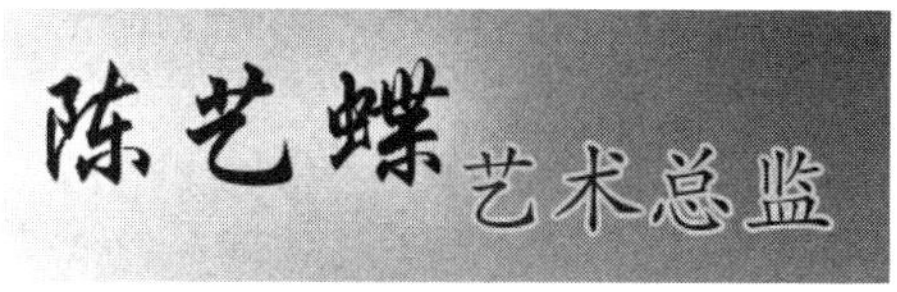

图 3-63　添加“描边”后的效果

④ 选择工具箱中的文字工具组→横排文字工具，输入字号为 10，字体为黑体，颜色为黑色的联系方式的内容，从菜单栏中调出字符和段落设置窗口，根据需要进行设置，如图 3-64 所示。设置后的效果如图 3-65 所示。

⑤ 选择工具箱中的文字工具组→横排文字工具，输入字号为 14，字体为黑体，颜色值为 R=47、G=90、B=169 的获奖情况内容，双击该图层，调出“图层样式”→“投影”，具体设置如图 3-66 所示。设置该图层的填充为 50%，设置后的效果如图 3-67 所示。

（5）完成的最终效果。

整体调整各图层的对象到合适的位置，合并全部图层进行保存，完成名片制作，最终效果如图 3-68 所示。

字符 段落
黑体
10点
12点
0
100
0%
100%
100%
0点
颜色：
美国英语
锐利

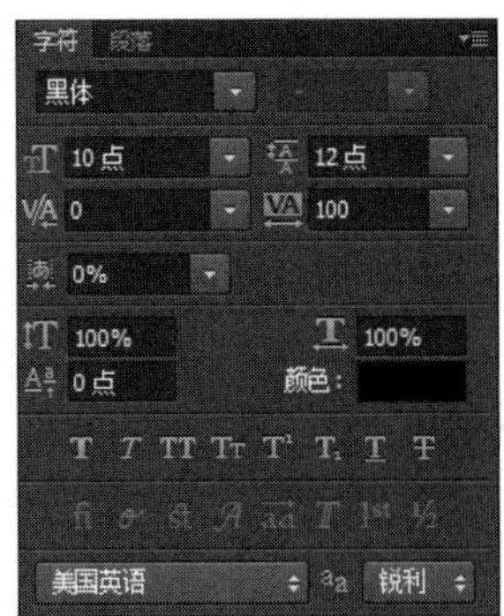

图 3-64　字符和段落设置窗口

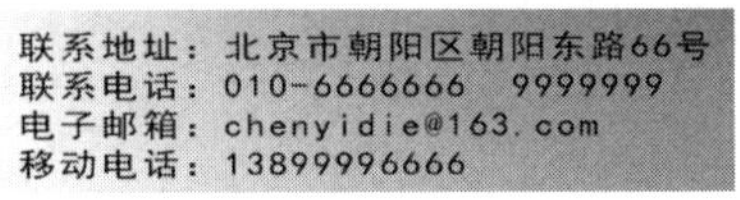

联系地址：北京市朝阳区朝阳东路66号
联系电话：010-6666666　9999999
电子邮箱：chenyidie@163.com
移动电话：13899996666

图 3-65　设置后的效果

图层样式
样式
混合选项:自定
斜面和浮雕
等高线
纹理
描边
内阴影
内发光
光泽
颜色叠加
渐变叠加
图案叠加
外发光
投影
投影
结构
混合模式(B): 正片叠底
不透明度(O): 75 %
角度(A): -85 度 使用全局光(G)
距离(D): 5 像素
扩展(R): 0 %
大小(S): 5 像素
品质
等高线: 消除锯齿(L)
杂色(N): 0 %
图层挖空投影(U)
设置为默认值
复位为默认值
确定
取消
新建样式(W)...
预览(V)

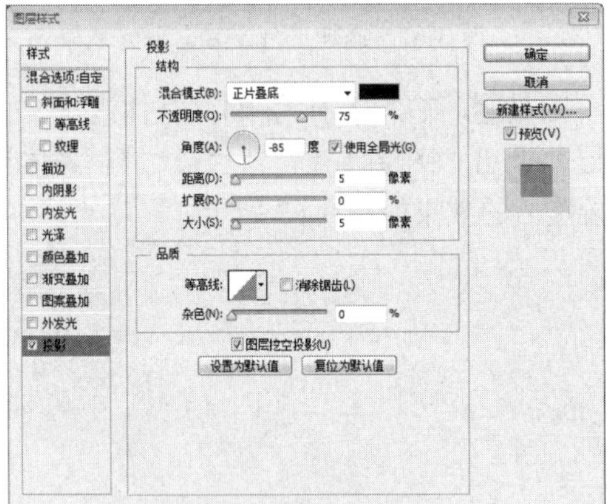

图 3-66　设置“投影”

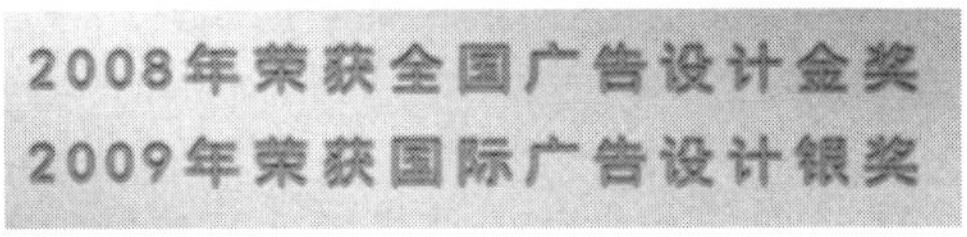

2008年荣获全国广告设计金奖
2009年荣获国际广告设计银奖

图 3-67　添加“投影”后的效果

艺蝶广告设计公司
陈艺蝶
艺术总监
联系地址：北京市朝阳区朝阳东路66号
联系电话：010-6666666　9999999
电子邮箱：chenyidie@163.com
移动电话：13899996666
2008年荣获全国广告设计金奖
2009年荣获国际广告设计银奖

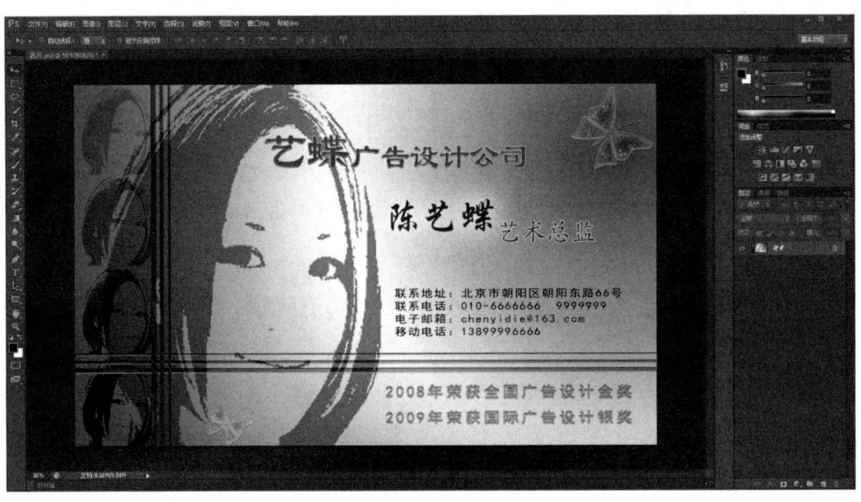

图 3-68　名片设计的最终效果

3．公益广告设计

利用 Photoshop CC 软件的移动工具、吸管工具、填充工具、文本工具、矩形工具、抓手工具、缩放工具，以及图层、图层蒙版和自由变换等命令设计一款关于酒驾的公益广告，如图 3-69 所示。

图 3-69　公益广告

（1）制作背景。

① 选择菜单栏中的“文件”→“新建”命令，新建尺寸为 150 mm×120 mm，名称为“公益广告”的 RGB 文件。设置前景色为 R=250、G=240、B=130，背景色为白色。选择菜单栏“滤镜”→“渲染”→“纤维”命令，打开后具体设置如图 3-70 所示，单击“确定”按钮后得到的效果如图 3-71 所示。

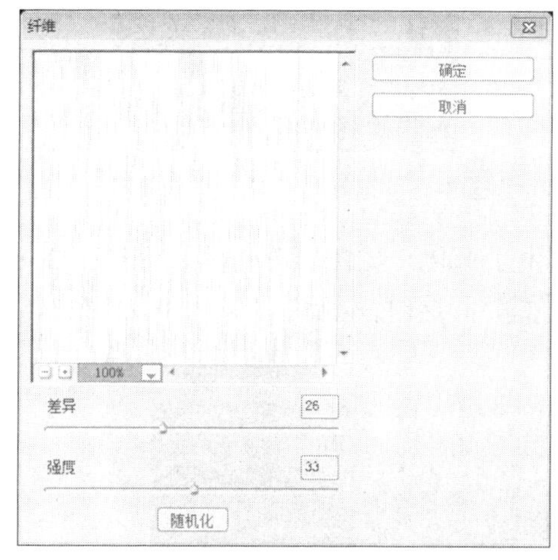

图 3-70　设置“纤维”

图 3-71　选择“纤维”后的效果

② 选择菜单栏中的“滤镜”→“模糊”→“表面模糊”命令，打开后具体设置如图 3-72 所示，单击“确定”按钮后得到的效果如图 3-73 所示。

③ 在“图层”控制面板中，单击“创建新的填充或调整图层”按钮，在弹出的菜单中选择“渐变”，打开“渐变”对话框，在对话框中设置渐变为“红色-绿色”，如图 3-74 所示。单击“确定”按钮，这时在“图层”控制面板中会出现一个调节层，如图 3-75 所示。

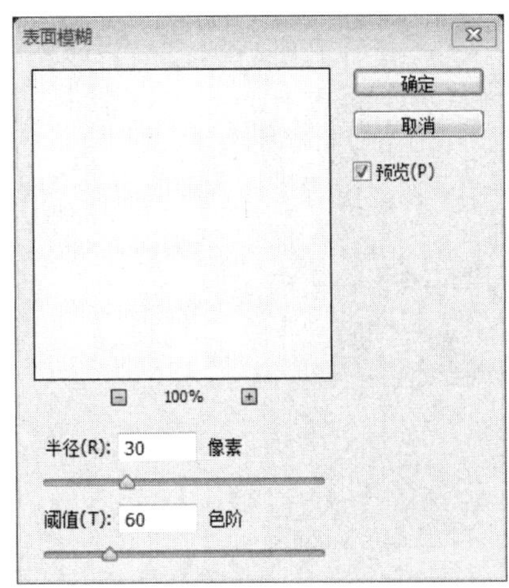

图 3-72　设置“表面模糊”

图 3-73　选择“表面模糊”后的效果

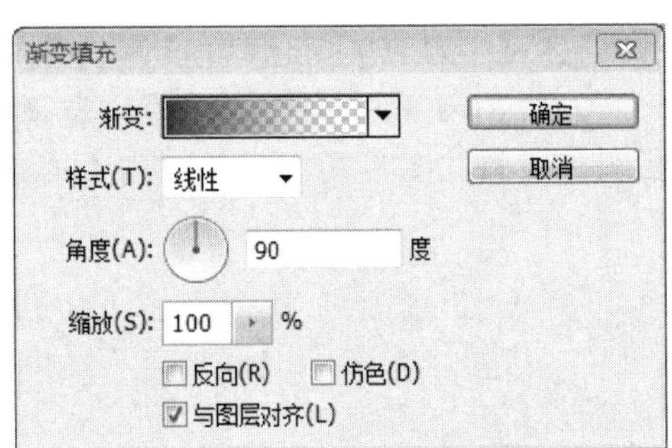

图 3-74　设置“渐变填充”

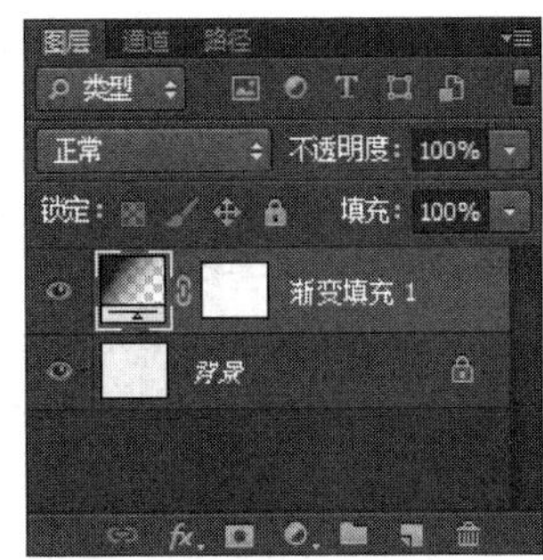

图 3-75　选择渐变填充后的调节层

④ 渐变填充后，图像窗口中的内容也已经发生了变化，如图 3-76 所示。按住 Alt 键，单击“图层”控制面板中的“图层蒙版缩览图”，这时图像窗口中将变为空白，如图 3-77 所示。

图 3-76　设置“渐变填充”后的效果

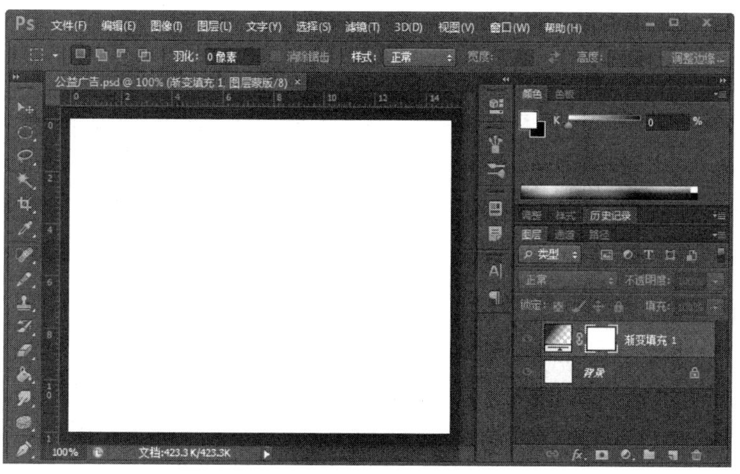

图 3-77 单击“图层蒙版缩览图”后的效果

⑤ 选择菜单栏中的“文件”→“打开”命令，打开一张汽车的图片，将车全部选中，选择菜单栏中的“编辑”→“复制”命令，将汽车素材置入剪切板，然后切换到主窗口中，选择菜单栏中的“编辑”→“粘贴”命令，将汽车素材粘贴到图层蒙版上，此时图像窗口与图层面板中的内容如图 3-78 所示。

图 3-78 将车素材置入剪切板中

⑥ 选择菜单栏中的“编辑”→“自由变换”命令，对置入的汽车素材进行变换，使其与主窗口一样大，如图 3-79 所示。在“图层”控制面板中单击背景图层，得到的图像混合效果如图 3-80 所示。

（2）制作表盘。

① 设置前景色为 R=180、G=200、B=200，新建一个图层，双击该图层的名称并更改为“表盘”，如图 3-81 所示。选择工具箱中的矩形工具组→矩形工具，在选项栏里选择工具模式为“像素”，在主窗口中绘制一个不带轮廓的矩形，如图 3-82 所示。

图 3-79　变换车素材与主窗口一样大

图 3-80　单击背景图层得到的图像混合效果

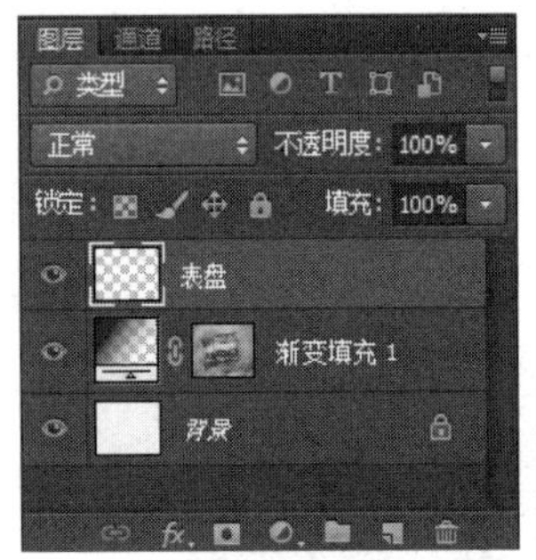

图 3-81　添加“表盘”图层

图 3-82　绘制矩形

② 双击“表盘”图层，调出“图层样式”→“斜面和浮雕”，具体设置如图 3-83 所示。单击“确定”按钮后的效果如图 3-84 所示。

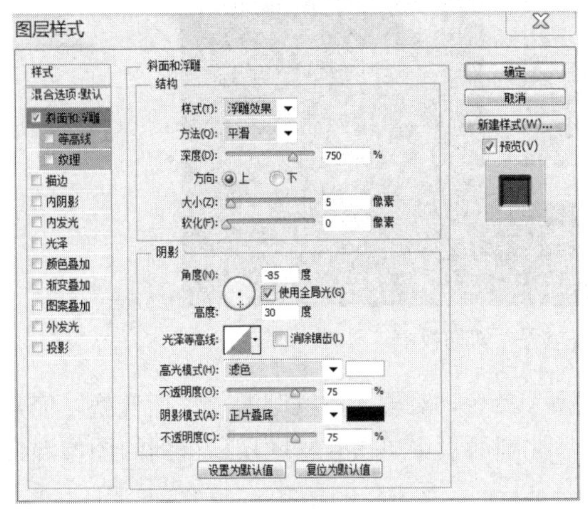

图 3-83　设置“斜面和浮雕”

图 3-84　添加了“斜面和浮雕”后的效果

③ 右击“表盘”图层，选择“栅格化图层样式”，将该层转化为“普通层”，这时控制面板中的变化如图 3-85 所示。选择工具箱中的选框工具组→矩形选框工具在表盘中拖出一个矩形选框，如图 3-86 所示。

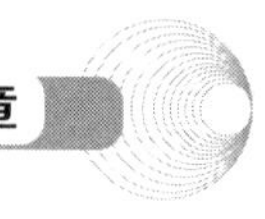

图 3-85 删格化“表盘”图层

图 3-86 拖出一个矩形选框

④ 选择菜单栏中的“滤镜”→“渲染”→“纤维”命令，打开后具体设置如图 3-87 所示，单击“确定”按钮后得到的效果如图 3-88 所示。

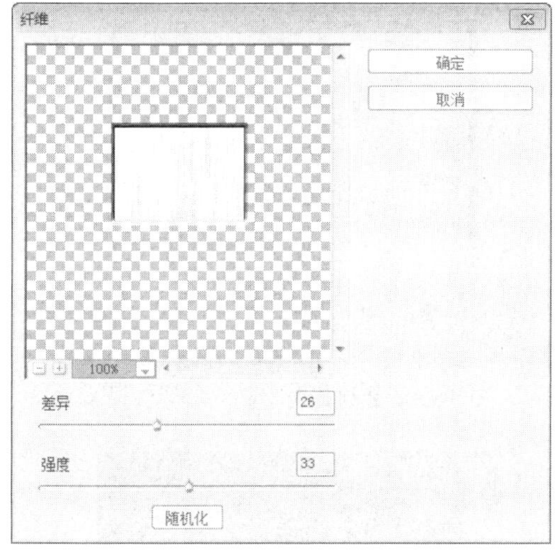

图 3-87 设置“纤维”

图 3-88 选择“纤维”后的效果

⑤ 设置前景色为 R=120、G=125、B=125，新建一个图层，选择工具箱中的矩形工具组→椭圆工具，在选项栏里选择工具模式为“像素”，在矩形上绘制一个不带轮廓的椭圆形，如图 3-89 所示。双击“椭圆形”图层，调出“图层样式”→“斜面和浮雕”命令，具体设置如图 3-90 所示。

⑥ 单击“确定”按钮后的效果如图 3-91 所示。选择菜单栏中的“编辑”→“自由变换”命令，对椭圆层进行大小和位置的变换，然后按住 Alt 键，并用鼠标拖动椭圆，这样就复制了椭圆，用同样的方法再拖动 3 次，并调整到合适的位置，如图 3-92 所示。

⑦ 单击“椭圆”图层和“表盘”图层以外其他图层前面的眼睛，暂时隐藏，选择菜单栏中的“图层”→“合并可见图层”命令，将所有可见的图层合并，这时“图层”控制面板如图 3-93 所示。单击“图层”控制面板中的“创建新图层”按钮，在原来图层的基础上会出现一个新的图层，即“图层 1”，如图 3-94 所示。

图 3-89　绘制椭圆

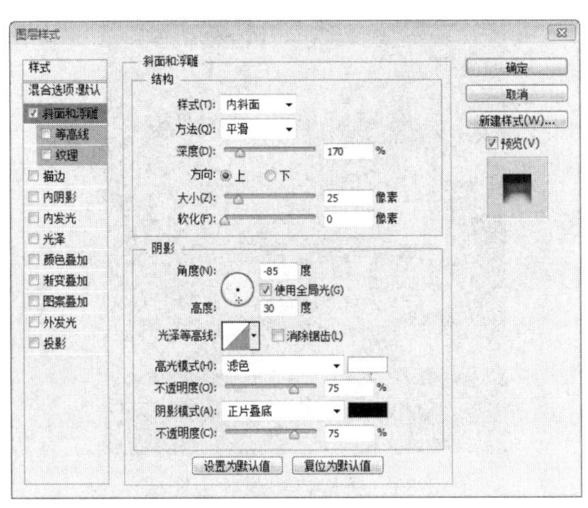

图 3-90　设置“斜面和浮雕”

图 3-91　添加了“斜面和浮雕”后的效果

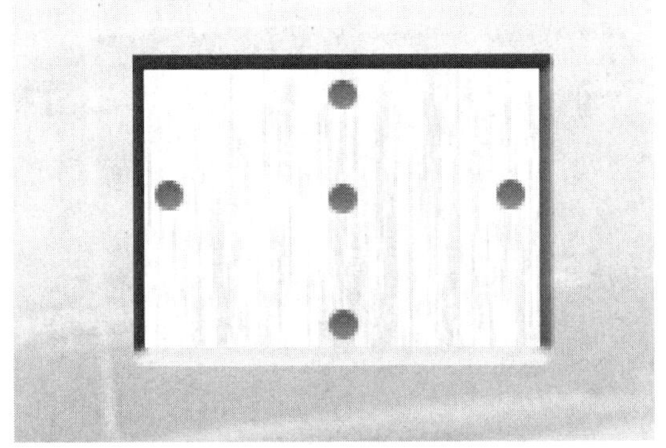

图 3-92　复制并调整椭圆后的效果

图 3-93　合并可见图层

图 3-94　新建“图层 1”

⑧ 选择工具箱中的画笔工具组→铅笔工具，在选项栏中设置“画笔预设”为 3，按住 Shift 键，在表盘的中心单击，然后再将光标移动到终点位置单击，这样分针就绘制好了，如图 3-95 所示。同样，在选项栏中设置“画笔预设”为 5，用绘制分针的方法绘制时针，如图 3-96 所示。

⑨ 选择菜单栏中的“图层”→“合并可见图层”命令，将所有可见的图层合并，然后

双击该图层的名称并更改为“时间”，如图 3-97 所示。单击隐藏图层前面的眼睛，效果如图 3-98 所示。

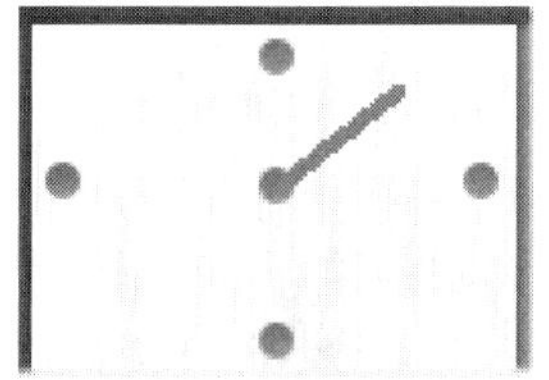

图 3-95　绘制分针

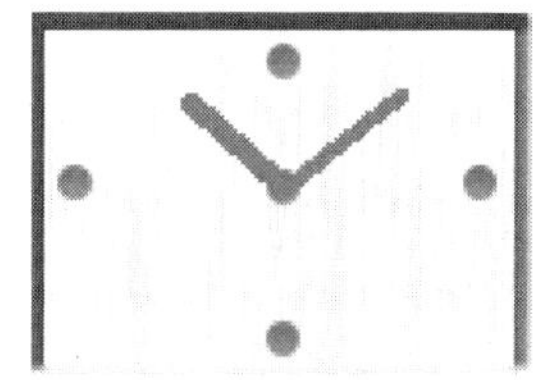

图 3-96　绘制时针

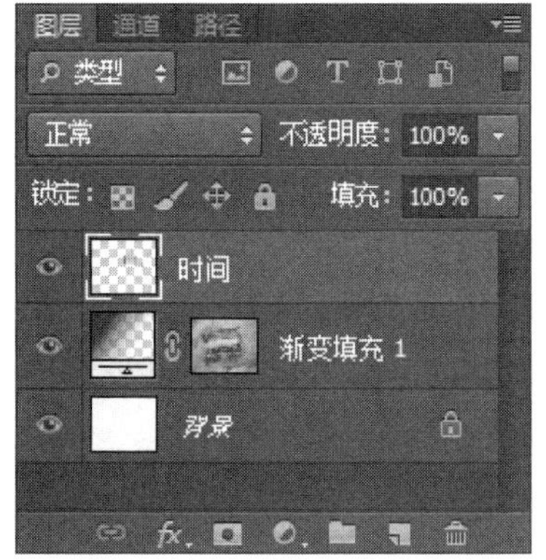

图 3-97　合并可见图层

图 3-98　打开隐藏图层后的效果

（3）制作最终效果。

① 选中“时间”图层，设置该图层的混合模式为“线性加深”，选择菜单栏中的“编辑”→“自由变换”命令，调整表盘的大小，并将表盘移到合适的位置，这时得到的效果如图 3-99 所示。打开“手”素材，并将其拖入图像文档中，选择菜单栏中的“编辑”→“自由变换”命令，调整手的大小，如图 3-100 所示。

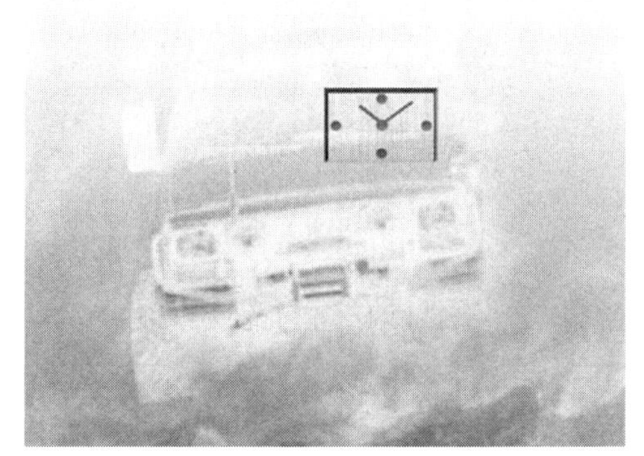

图 3-99　添加“线性加深”及调整表盘后的效果

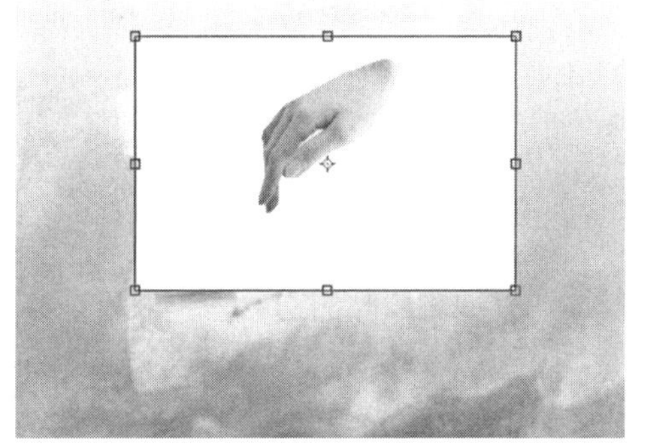

图 3-100　调整手的大小

② 应用变换后，选择工具箱中的选择工具组→魔棒工具，选中白色部分，如图 3-101 所示。按 Delete 键，删除白色部分，按“Ctrl+D”组合键取消选择，如图 3-102 所示。

③ 选中“手”图层，选择菜单栏中的“编辑”→“自由变换”命令，调整手的大小，

并将手移到右上角合适的位置，设置该图层的混合模式为“差值”，设置后的效果如图 3-103 所示。选择菜单栏中的“滤镜”→“渲染”→“镜头光晕”命令，打开“镜头光晕”对话框，具体设置如图 3-104 所示。

图 3-101　用“魔棒工具”选择

图 3-102　删除白色区域后的效果

图 3-103　设置混合模式为“差值”后的效果

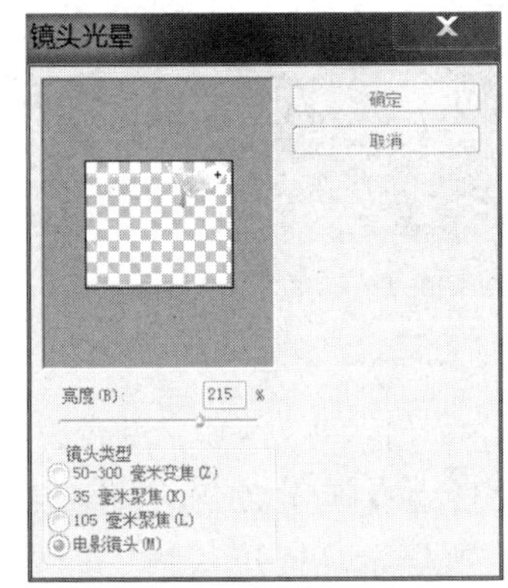

图 3-104　设置“镜头光晕”

④ 单击“确定”按钮后的效果如图 3-105 所示。选择菜单栏中的“图像”→“调整”→“反相”命令，合并手和表盘，选择“编辑”→“自由变换”命令，调整到合适的大小，如图 3-106 所示。

图 3-105　选择“镜头光晕”后的效果

图 3-106　选择“反相”调整后的效果

⑤ 选择工具箱中的画笔工具组→铅笔工具，在“选项栏”中设置画笔预设“大小”为14像素，如图3-107所示。设置前景色为红色，绘制一滩“血”，如图3-108所示。

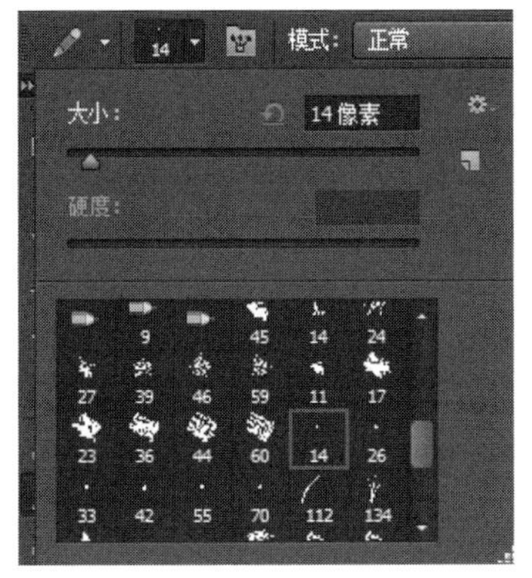

图3-107 设置画笔预设“大小”

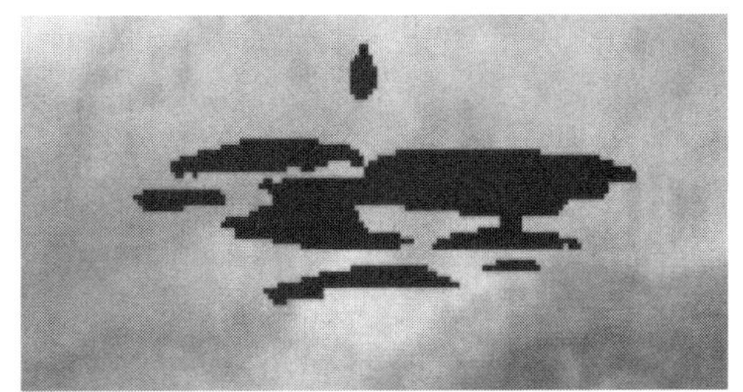

图3-108 绘制一滩“血”

⑥ 选中“血”图层，设置该层的内部不透明度“填充”为80%，如图3-109所示。用置入“手”的方法置入“酒瓶”，选择菜单栏中的“编辑”→“自由变换”命令，调整“酒瓶”的大小，并将“瓶口”移到图像窗口下方挨着“血”的合适的位置，设置该层的混合模式为“柔光”，设置后的效果如图3-110所示。

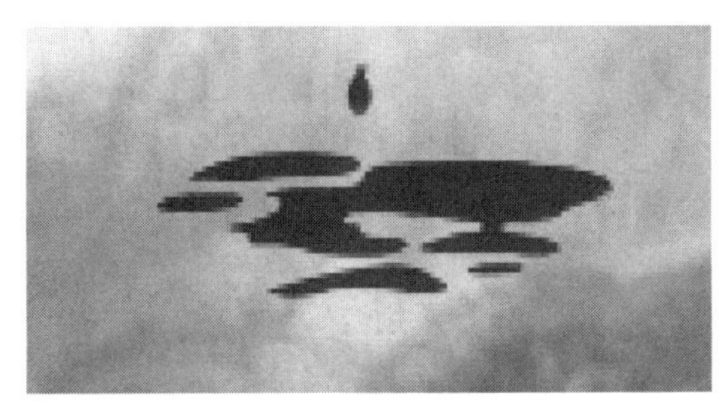

图3-109 设置“填充”为80%后的效果

图3-110 置入“酒瓶”后的效果

⑦ 选择工具箱中的“文字工具组→横排文字工具，在“图像窗口”输入字号为16，字体为黑体，颜色为R=3、G=239、B=254的文字“酗酒开车”，并在“字符”命令里调整合适的间距；继续选择工具箱中的文字工具组→直排文字工具，在“酗酒开车”下输入字号为13，字体为黑体，颜色为R=3、G=239、B=254的文字“是驶向死亡的选择”，合并两组字，双击该图层，调出“图层样式”→“描边”，设置描边大小为2，颜色为R=175、G=172、B=172，其他默认，效果如图3-111所示。

⑧ 完成“公益广告”设计，最终效果如图3-112所示。最后合并可见图层保存。

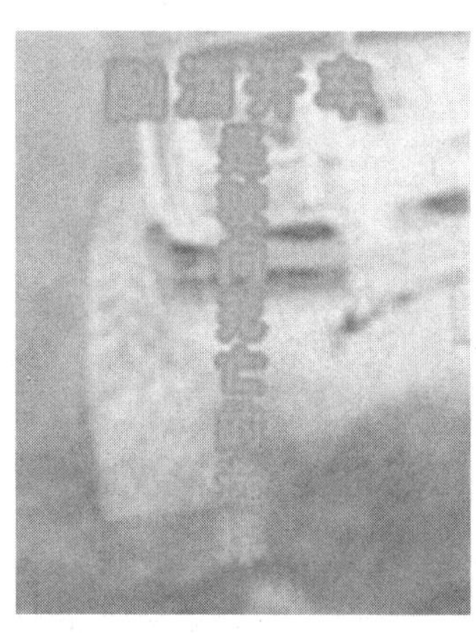
图 3-111　编辑处理好的“文字”

图 3-112　公益广告设计的最终效果

思考与练习

1. 当红光掺入白光之后，其色相、饱和度和亮度分别有什么变化?

2. 什么是色彩三要素，它的基本性质是什么?

3. 什么是三基色原理? 任何三种颜色都可以作为基色吗?

4. 构成位图图像的基本单位是什么?

5. 什么是图像? 它的基本特点是什么?

6. 位图图像的主要属性是什么?

7. 常用的图像文件格式有哪些? 各有什么特点?

8. Adobe 系列软件涵盖了所能想到的图片处理的各种效果，而在 Adobe 系列软件中，什么软件是最适合、最专业的照片处理软件?

9. 在 Photoshop CC 中可以对图像进行放大、缩小和旋转的是什么命令?

10. 利用“色相/饱和度”命令可以调整整个图像或图像中单个颜色成分的什么?

第 4 章　数字音频技术

声音是人类感知世界的重要媒体元素，无论是人际交流、音乐欣赏还是影视作品制作，声音的重要地位都是毋庸置疑的。动听的音乐、真实的音效以及精彩的旁白都能有力地烘托主题的气氛，因此数字音频技术在数字媒体技术中是十分重要的。

数字音频是一种利用数字化手段对声音进行录制、存放、编辑、压缩或播放的技术，它是随着数字信号处理技术、计算机技术、数字媒体技术的发展而形成的一种全新的声音处理手段。

4.1 音频的相关概述

声音是人们用来传递信息的一种方式，是携带大量信息的极其重要的媒体。大家在生活中经常会听到各种各样的声音，也经常利用计算机处理音频信息。而数字媒体技术的特点也正是交互式地综合处理文字、图像和声音等信息。随着数字媒体技术的发展，计算机处理数据的能力也在不断增强，用户可以通过为计算机增加硬件设备和识别软件来达到采集、处理以及输出声音的目的。

声音是由物体振动产生的声波，是通过介质（空气、固体、液体）传播并能被人或动物听觉器官所感知的波动现象。最初发出振动（震动）的物体叫声源。声音以波的形式振动（震动）传播。声音是声波通过物质传播形成的运动。声波通过人的听觉系统传到听觉神经，于是人便产生了听觉。声音属于听觉媒体，其频率范围在 20 Hz～20 kHz 之间，这个范围是可以被人耳识别的。

声音是振动的波，是随时间连续变化的物理量，声波波形图如图 4-1 所示。形成声音声波的重要特征有以下几项。

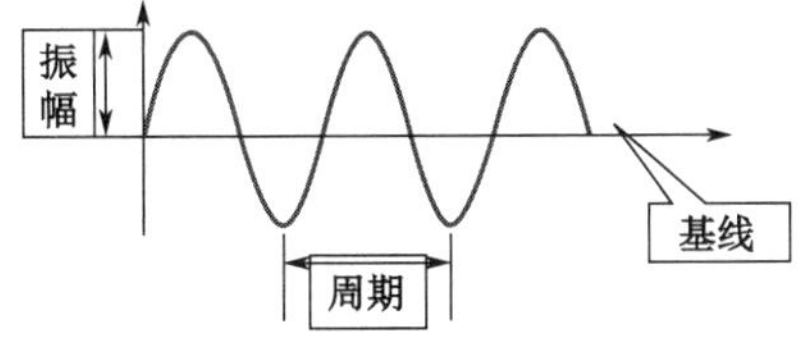

图 4-1　声波波形图

（1）振幅：振幅是指声波的高低幅度，表示声音的强弱。振幅用来定量研究空气受到压力的大小。

（2）周期：声波的振动是机械振动，是在一个位置附近做往复运动，每完成一次振动需要的时间称为周期，通常用 T 表示，单位是秒。

（3）频率：每秒所完成的振动次数称为频率，用来体现音调的高低，单位是赫兹（Hz）。通常用 f 表示，很显然，$T=1/f$。声源每秒振动的次数越多，频率就越高，听起来感觉越尖锐；声源每秒振动的次数越少，频率就越低，听起来感觉越低沉。

（4）带宽：带宽指频率覆盖的范围。只有单一频率的声音信号称为纯音。日常生活中所听到的声音几乎都是由多个频率组成的复合信号，声音信号的带宽就是用来描述组成复合信号的频带范围。

4.1.1 声音的基本特点

声音媒体有其自身的特点，主要表现在以下几个方面。

1. 声音的传播

声音依靠介质的振动进行传播。声源实际上是一个振动源，它使周围的介质（空气、液体、固体）产生振动，并以波的形式进行传播，人耳如果感觉到这种传播过来的振动，再反映到大脑，就意味着听到了声音。

当然在真空中，声音是不能传播的。声音在不同介质中传播的速度也是不同的，见表 4-1。声音的传播速度跟介质的反抗平衡力有关，反抗平衡力就是当物质的某个分子偏离其平衡位置时，其周围的分子就要把它挤回到平衡位置上，而反抗平衡力越大，声音就传播得越快。水的反抗平衡力要比空气的大，而铁的反抗平衡力又比水的大。

表 4-1　声音在不同介质中的传播速度

介　　质	速度（m/s）	介　　质	速度（m/s）
空气（15 ℃）	340	冰	3 160
空气（25 ℃）	346	软木	500
水（常温）	1 500	松木	3 320
海水（25 ℃）	1 530	尼龙	2 600
钢铁	5 200	水泥	4 800

声音的传播也与阻力和温度有关。

声音会因外界物质的阻挡而发生折射，例如人面对群山呼喊，就可以听得到自己的回声。另一个声音折射的例子是：声音晚上传播得要比白天远，这是因为白天声音在传播过程中遇到了上升的热空气，从而把声音快速折射到了空中；晚上冷空气下降，声音会沿着地表慢慢地传播，不容易发生折射。

声音在空气中的传播速度随温度的变化而变化，温度每上升/下降 5 ℃，声音的速度上升/下降 3 m/s。

声音的传播最关键的因素是要有介质，介质指的是所有固体、液体和气体，这是声音能传播的前提。所以，真空不能传声。物理参量与声源离观察者的距离、声源的震动频率和传播介质有关。

声音的传播速度随物质的坚韧性的增强而增快，随物质的密度减小而降低。例如：声音在冰中的传播速度比在水中快，因为冰的坚韧性比水的坚韧性强，但是水的密度大于冰，这减少了声音在水与冰的传播速度的差距。格式可写为：

$$c=\rho\times C$$

其中，c 表示声速；C 表示坚韧性（Coefficient of stiffness）；ρ 表示密度。

2. 声音的三要素

从听觉角度看，声音具有音调、音色和音强三个要素。就听觉特性而言，这三者决定了声音的质量。

（1）音调（Pitch）：代表声音的高低。音调是人耳对声音频率高低的感觉。也就是代表声音的高低（高音、低音），由声源振动“频率”所决定，振动频率越高，则声源发出的声音音调就高，反之，则音调就低。通常女同志讲话时，声带振动的频率比较高，因此我们听到的音调就高，有时还会有点儿“刺耳”。而男同志讲话时，声带振动的频率比较低，因此我们听到的音调就低，显得比较低沉。

但音调又不与频率成正比，通常用频率的倍数或对数关系表示音调。在音乐中音调主要是指音阶的变化，频率增加一倍，即增加一倍频程，音乐上称提高了一个八度。

（2）音色（Timbre）：又称音品，也就是用来描述声音品质的，它是一种具有特色的声音。声音分纯音和复音两种类型。纯音是指振幅和周期都为常数的声音；复音则是指频率和振幅不相同的混合声音，大自然中大部分声音都是复音。复音中的低频音“基音”，它是声音的基调。其他频率音称为谐音，也叫泛音。各种声源都有自己独特的音色，所以我们才能分辨出钢琴、小号、小提琴以及低音贝斯等乐器的声音。

（3）音强（Intensity）：声音的强度，也称响度，生活中常说的音量即是音强。音强是衡量声波在传播过程中声音强弱的物理量。音强与声音的振幅成正比，振幅越大，强度越大。唱盘、CD 激光盘以及其他形式声音载体中的声音强度是一定的，通过播放设备的音量控制，可改变聆听时的响度。如果要改变原始声音的音强，在把声音数字化以后，使用音频处理软件提高音强。

3. 声音频谱

声音频谱分为线性频谱和连续频谱。线性频谱是具有周期性的单一频率声波；连续频谱是具有非周期性的带有一定频带的所有频率分量的声波。纯粹的单音频率的声波只能在专门的设备中创造出来，声音效果单调而乏味。自然界中的声音几乎全部属于非周期性声波，这种声波具有广泛的频率分量，听起来声音饱满、音色多样且具有生气。

4. 声音的连续时基性

声音在时间轴上是连续信号，具有连续性和过程性，属于连续时基性媒体形式。构成声音的数据前后之间具有强烈的相关性。除此之外，声音还具有实时性，所以对处理声音的硬件和软件提出很高的要求。

4.1.2 数字音频的音质与数据量

这里的数字音频主要是指 WAV 格式的波形音频文件。数字音频的音质好坏，取决于采样频率的高低，表示声音的基本数据位数和声道形式。音质越好，则该文件的数据量越大。数据量与采样频率、数据位数以及声道数的关系如下：

$$数据量=采样频率\times数据位数\times声道数/8$$

1. 音质

“音质”是声音的质量，音质的好坏与音色和频率范围有关。悦耳的音色、宽广的频率范围，能够获得非常好的音质。影响音质的因素还有很多，常见的有以下几种。

（1）对于数字音频信号，音质的好坏与数据采样频率和数据位数有关。采样频率越低，位数越少，音质越差。

（2）音质与声音还和设备有关，音响放大器和扬声器的质量能够直接影响播放的音质。

（3）音质与信号噪声比有关。在录制声音时，音频信号幅度与噪声幅度的比值越大越好，否则，声音被噪声干扰，会影响音质。

2. 数据量

对于数字化声音而言，音质的好坏取决于采样频率的高低、表示声音的位数和声道形式。为了节省存储空间，通常在保证基本音质的前提下，可以采用稍低一些的采样频率。

一般而言，在要求不高的场合，人的语音采用 11 025 Hz 的采样频率、8 位、单声道就足够了；如果是乐曲，22 050 Hz 的采样频率、8 位、立体声形式已能满足一般播放场合的需要。当然，如果是乐曲欣赏，自然要追求高音质，只能采用 44 100 Hz 或更高的采样频率，数据量的问题则退到次要位置。

3. CD-DA 音频文件

CD-DA（CD-Digital Audio）音频文件是标准激光盘文件，又叫激光数字唱盘，其扩展名是“.cda”。这种格式的文件数据量大、音质好。在 Windows 操作系统中可使用 CD 播放器进行播放。某些计算机算法语言也支持 CDA 格式文件的播放，如 Visual Basic 语言。

4.1.3 声道数

声音通道的个数称为声道数，是指一次采样所记录产生的声音波形个数。记录声音时，如果每次生成一个声波数据，称为单声道；每次生成两个声波数据，称为双声道（立体声）。随着声道数的增加，所占用的存储容量也成倍增加。

单声道的声道数为 1 个声道；双声道的声道数为 2 个声道；立体声道的声道数默认为 2 个声道，也有 4 个声道的立体声道。

音箱所支持的声道数是衡量音箱档次的重要指标之一，下面分别介绍单声道、立体声和四声道环绕。

1. 单声道

单声道是比较原始的声音复制形式，早期的声卡采用比较普遍。当通过两个扬声器回放单声道信息的时候，可以明显感觉到声音是从两个音箱中间传递到我们耳朵里的。这种缺乏位置感的录制方式用现代的眼光看自然是很落后的，但在声卡刚刚起步时，已经是非常先进的技术了。

2. 立体声

单声道缺乏对声音的位置定位，而立体声技术则彻底改变了这一状况。声音在录制过程中被分配到两个独立的声道，从而达到了很好的声音定位效果。这种技术在音乐欣赏中尤为有用，听众可以清晰地分辨出各种乐器来自的方向，从而使音乐更富想象力，更加接近于临场感受。立体声技术广泛运用于自 Sound Blaster Pro 以后的大量声卡，成了影响深远的一个音频标准。时至今日，立体声依然是许多产品遵循的技术标准。

3. 四声道环绕

人们的探索是无止境的，立体声虽然满足了人们对左右声道位置感体验的要求，但是随着技术的进一步发展，大家逐渐发现双声道已经越来越不能满足需求。由于 PCI 声卡的出现带来了许多新的技术，其中发展最为神速的当数三维音效。三维音效旨在为人们带来一个虚拟的声音环境，通过特殊的 HRTF 技术营造一个趋于真实的声场，从而获得更好的游戏听觉效果和声场定位。而要达到好的效果，仅仅依靠两个音箱是远远不够的，所以立体声技术在三维音效面前就显得捉襟见肘了，但四声道环绕音频技术则很好地解决了这一问题。

四声道环绕规定了 4 个发音点：前左、前右，后左、后右，听众则被包围在这中间。同时还建议增加一个低音音箱，以加强对低频信号的回放处理，这就是如今的 4.1 声道音箱系统。就整体效果而言，四声道系统可以为听众带来多个不同方向的声音环绕，可以获得身临其境的听觉感受，给用户以全新的体验。如今四声道技术已经广泛融入于各类中高档音箱的设计中，成为未来发展的主流趋势。

4.2 音频数字化技术

声波是由机械振动产生的，话筒把机械振动转换成电信号。声音转换为电信号时，其在时间和幅度上都是连续的模拟信号。而计算机内的信息是按二进制形式保存的，为此我们需要把声音的模拟量转换成计算机可以存储的二进制数据格式。这就要求将无限的模拟音频信号转换成有限的离散数字序列，也就是把模拟声音变成“0”和“1”来表示，这个过程就是数字化。数字化是数字媒体的基础，离开数字化，数字媒体就没有意义了。模拟声音的数字化即模数转换（A/D 变换）需要经过采样、量化和编码 3 个步骤。

4.2.1 数字音频的采样

1. 采样定理

采样又称抽样和取样，它把时间上连续的模拟信号变成时间上离散的有限信号。由于这些有限信号是原模拟信号的子集，是抽取出来代表原信号的样值，因此这个过程称为采样、抽样或取样。数字化就是将连续信号变成离散信号。

2. 采样过程

数字音频采样的基本过程是，首先输入模拟声音信号，然后按照固定的时间间隔截取该信号的振幅值，每个波形周期内截取两次，以取得正、负向的振幅值。该振幅值采用若干位二进制数表示，从而将模拟声音信号变成数字音频信号。模拟声音信号是连续变化的振动波，而数字音频信号则是阶跃变化的离散信号。也就是每隔一定时间间隔在模拟声音的波形上取一个幅度值，把时间上的连续信号变成时间上的离散信号，声音的采样如图 4-2 所示。

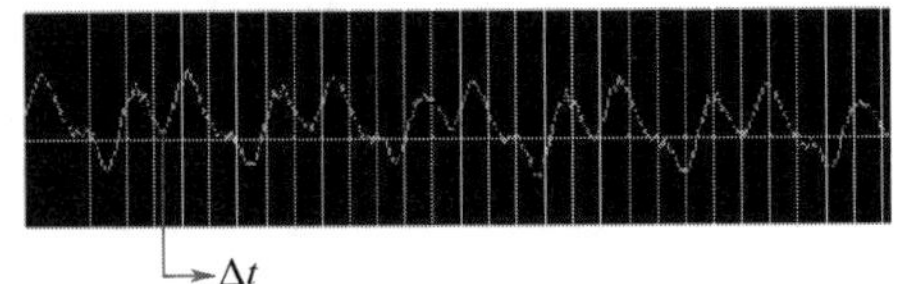

图 4-2　声音的采样

3. 采样频率

采样频率是指录音设备在一秒钟内对声音信号的采样次数，采样频率越高声音的还原就越真实、越自然。当然，采样的样本数量越多，数字化声音的数据量也越大。如果为了减少数据量而过分降低采样频率，音频信号增加了失真，那么音质就会变得很差。

采样频率的高低是根据奈奎斯特理论（Nyquist Theory）和声音信号本身的最高频率决定的。奈奎斯特理论指出，采样频率不应低于声音信号最高频率的 2 倍，这样才能把数字表达的音频还原。采样即抽取某点的频率值，在 1 秒钟内抽取的点越多，获取的频率信息越丰富。为复原波形，一次振动中必须有 2 个点的采样。人耳能够感觉到的最高频率为 20 kHz，因此要满足人耳的听觉要求，则需要至少每秒进行 40 k 次采样，用 40 kHz 表达，这个 40 kHz 就是采样频率。

音频数据的采样频率 $f_{采样}$ 与声音还原频率 $f_{还原}$ 的关系如下：

$$f_{采样}=2f_{还原}$$

从公式中可以看出，音频数据的采样频率是还原模拟声音频率的两倍。比如，要求还原的声音频率为 22 kHz，则采样频率应取 44 kHz。

在当今的主流声卡上，采样频率一般共分为 22.05 kHz、44.1 kHz、48 kHz 三个等级，22.05 kHz 只能达到 FM 广播的声音品质，44.1 kHz 则是理论上的 CD 音质界限，48 kHz 则更加精确一些。对于高于 48 kHz 的采样频率人耳已无法辨别出来了，所以在计算机上没有多少使用价值。

4.2.2　数字音频的量化

1. 量化定理

所谓量化，就是把经过抽样得到的瞬时值将其幅度离散，即用一组规定的电平，把瞬时抽样值用最接近的电平值来表示；或把输入信号幅度连续变化的范围分为有限个不重叠的子区间（量化级），每个子区间用该区间内一个确定数值表示，落入其内的输入信号将以该值输出，从而将连续输入信号变为具有有限个离散值电平的近似信号。也就是量化是对声波波形幅度的数字化表示，即用多少二进制位来表示声音波形的幅度，这实际上是在振幅轴上的离散化。

2. 量化过程

量化的过程是先将采样后的信号按整个声波的幅度划分成有限个区段的集合，然后把落入某个区段的样值归为一类，并赋予相同的量化值，声音的量化如图 4-3 所示。

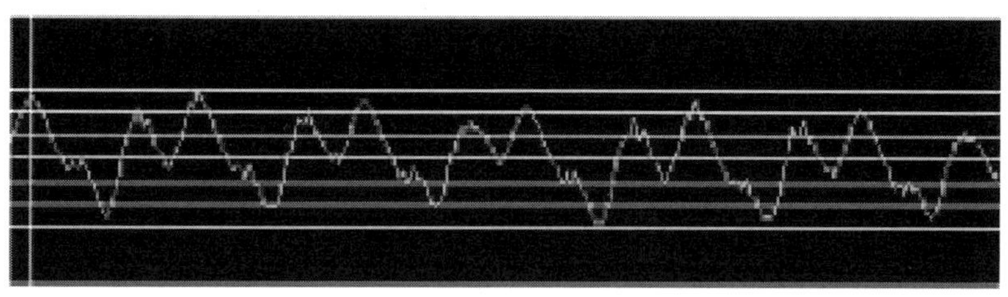

图 4-3 声音的量化

3. 量化位数

量化位数（n）是每个取样点能够表示的数据范围，是对采样后的幅值样本进行离散化处理，即将每一个样本归入到预先编排的量化等级上。量化位数决定了量化等级（M），即$M=2^n$。常用的量化位数为 8 bit、16 bit 和 24 bit 等。量化位数的大小决定了声音信号的动态范围，即声音最大强度与最小强度之间的差值。显然，量化位数越多，则量化精度越高。即量化后声音信号越接近原始信号，但数据量也越大。

4. 量化分类

量化可分为均匀量化和非均匀量化两类。前者的量化阶距相等，又称为线性量化，适用于信号幅度均匀分布的情况；后者量化阶距不等，又称为非线性量化，适用于幅度非均匀分布信号（如语音）的量化，即对小幅度信号采用小的量化阶距，以保证有较大的量化信噪比。对于非平稳随机信号，为适应其动态范围随时的变化，有效提高量化信噪比，可采用量化阶距自适应调整的自适应量化。在语音信号的自适应差分脉码调制（ADPCM）中就采用这种方法。通过量化进而实现编码，是数字通信的基础。

4.2.3 数字音频的编码

1. 编码定理

声音数据是以编码的形式存放和处理的。所以声波在采样和量化后，还需要编码。所谓编码，就是按照一定的数据格式把经过采样和量化得到的离散数据记录下来，并在有用的数据中加入一些用于纠错、同步和控制的数据（含数据的压缩）存放到计算机中。

2. 编码分类

根据编码方式的不同，音频编码技术分为三种：波形编码、参数编码和混合编码。一般来说，波形编码的话音质量高，编码速率也很高；参数编码的编码速率很低，产生的合成语音音质也不高；混合编码使用参数编码技术和波形编码技术，编码速率和音质介于它们之间。

（1）波形编码。

波形编码是指不利用生成音频信号的任何参数，直接将时间域信号变换为数字代码，使重构的语音波形尽可能地与原始语音信号的波形形状保持一致。波形编码的基本原理是在时间轴上对模拟语音信号按一定的速率抽样，然后将幅度样本分层量化，并用代码表示。

波形编码方法简单、易于实现、适应能力强并且语音质量好。不过因为压缩方法简单也带来了一些问题：压缩比相对较低，需要较高的编码速率。一般来说，波形编码的复杂程度比较低，编码速率较高，通常在 16 kbit/s 以上，质量相当高。当编码速率低于 16 kbit/s 时，音质会急剧下降。

最简单的波形编码方法是脉冲编码调制（Pulse Code Modulation，PCM），它只对语音信号进行采样和量化处理。优点是编码方法简单、延迟时间短、音质高，重构的语音信号与原始语音信号几乎没有差别。不足之处是编码速率比较高（64 kbit/s），对传输通道的错误比较敏感。

（2）参数编码。

参数编码是从语音波形信号中提取生成语音的参数，使用这些参数通过语音生成模型重构出语音，使重构的语音信号尽可能地保持原始语音信号的语义。也就是说，参数编码是把语音信号产生的数字模型作为基础，然后求出数字模型的模型参数，再按照这些参数还原数字模型，进而合成语音。

参数编码的编码速率较低，可以达到 2.4 kbit/s，产生的语音信号是通过建立的数字模型还原出来的，因此重构的语音信号波形与原始语音信号的波形可能会存在较大的区别，失真会比较大。而且因为受到语音生成模型的限制，增加数据速率也无法提高合成语音的质量。不过，虽然参数编码的音质比较低，但是保密性很好，一直被应用在军事上。典型的参数编码方法为线性预测编码（Linear Predictive Coding，LPC）。

（3）混合编码。

混合编码是指同时使用两种或两种以上的编码方法进行编码。这种编码方法克服了波形编码和参数编码的弱点，并结合了波形编码高质量和参数编码的低编码速率，因此能够取得比较好的效果。

4.2.4 数字音频的优势

经采样、量化和编码后，模拟音频信号变成数字音频信号。相对于模拟音频信号，数字音频信号有如下优势。

1. 精度高

模拟音频信号处理的精度主要由元器件决定，很难达到 0.001。而数字信号处理的精度主要决定于字长，14 位字长就可达到 0.000 1 的精度。

2. 无损失复制

数字音频信号可以不失真地进行无限次复制；而模拟信号由于是连续变化的，不管复制时的精确度多高，经多次复制后，误差就会积累变大，产生信号失真。

3. 利于编辑

由于数字音频可以在计算机上进行编辑，人们开发了一系列具有针对性的音频编辑软件，实现音频的剪切、混音等各种编辑。其操作简单、快捷，甚至可以对数字音频进行创造性的编辑、加工等，如模拟声音的延迟、添加室内混响等特性。

4. 多种存储选择

数字存储器种类繁多，价格层次多样，选择范围广。

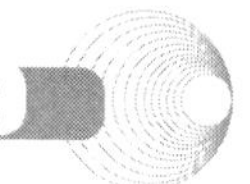

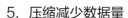

5. 压缩减少数据量

可充分使用压缩编码技术减少数据量，形成不同格式和质量的数字音频，可适应不同的处理和应用要求。

6. 保密性强

可以运用加密技术对数字音频信号加密。

7. 检索方便快捷

对于模拟音频，随机查找是不可能的事情；但是对于数字音频，可以方便快捷地检索。

8. 可靠性强

数字系统只有“0”和“1”两种信号，因而受周围环境的温度及噪声的影响较小。而模拟系统的各元器件都有一定的温度系数，且电平是连续变化的，易受温度、噪声、电感效应等的影响。

9. 易于大规模集成

由于数字化部件具有高度的规范性，便于大规模集成、大规模生产，而对电路参数要求不如模拟装置苛刻，故产品成品率高。

10. 适合于网络应用，便于信息传递和共享

数字音频是由一系列二进制数字组成的编码信号，它比模拟信号更精确、更易于处理、信号质量更好、音响效果更好、传输更稳定、抗干扰能力更强。再者，数字信号在处理上更灵活、传递中更抗干扰、加工更简易、存储更持久，甚至失真具有可修复特性等。这些优势使数字音频技术具有光明的应用前景。

4.3 声卡

声卡（Sound Card）也叫音频卡，是计算机数字媒体系统中最基本的组成部分，是实现声波/数字信号相互转换的一种硬件。声卡的基本功能是把来自话筒、磁带、光盘的原始声音信号加以转换，输出到耳机、扬声器、扩音机、录音机等声响设备，或通过音乐设备数字接口（MIDI）发出合成乐器的声音。

4.3.1 声卡的基本功能

声卡是计算机进行声音处理的适配器，它主要用来对不同来源的音频信号进行采集与回放。从 1987 年 ADLIB 公司推出了第一块具有真正意义的声卡开始，随后 Sound Blaster 推出第一次综合了音乐和音效的声卡。声卡的出现推动了数字媒体技术的发展，随着声卡的不断改进和完善，声卡的功能越来越强，应用也越来越广泛。从早期的简单发声到目前的网络可视电话的实现，无不说明声卡对于数字媒体计算机的重要性。

声卡的基本功能主要体现在以下几点。

（1）录制回放数字声音文件。音频信息有很多来源，如磁带录音机、CD、录像机等，

可在软件的控制下实现采集，将声音录入到计算机中，并以文件的形式存储在硬盘上。需要播放时，只需单击这些文件进行播放即可。声卡还可以利用 CD-ROM 驱动器完成对 CD、VCD 以及 MP3 音乐的播放。

（2）压缩和解压缩声音数据。在记录和回放声音数据文件时分别完成压缩和解压缩功能，为节省存储空间而压缩，以及为还原声音信号而解压缩。

（3）语音合成与语音识别技术。在相应软件的支持下，可让大部分声卡发声，如通过语音合成技术使计算机朗读文本、读英语单词和句子、奏音乐等。再者，可采用语音识别功能，语音识别的目的就是要让计算机能听懂人的语言，提取语义，使计算机能根据人的语言来控制命令的选择，如让操作者用口令指挥计算机工作等。

（4）A/D 转换（Analog to Digital Converter）与 D/A 转换（Digital to Analog Converter，数/模转换）。通过声卡及相应驱动程序的控制，采集来自话筒、收录机等音源的信号，将模拟量的自然声音转换为计算机可存储、处理的数字化声音。这个进行 A/D 转换的过程，就是模拟量和数字量的转换，简称模/数转换。再者，是 D/A 转换，它是将数字化的声音转换成模拟声音，送至音箱播放出来。

（5）控制各声源的音量和混音功能。声卡可以对各种音源进行组合，实现混响器的功能。同时通过对数字化的声音文件进行加工，以达到某一特定的音频效果。

（6）MIDI 音乐的合成。MIDI 用于解决各种电子乐器与计算机之间的数据通信问题。MIDI 规范不仅定义了计算机音乐程序、音乐合成器以及电子音乐设备交换音乐信号的方式，而且还规定了不同厂家的电子乐器与计算机连接的电缆和硬件以及设备间数据传输的协议。通过软件，计算机可以控制与之相连的外部乐器。

4.3.2 声卡的工作原理和基本结构

1. 声卡的工作原理

声卡从话筒或线性输入的声音中获取声音模拟信号，通过模数转换器（ADC），将声波振幅信号采样转换成一串数字信号，存储到计算机中。重放时，这些数字信号送到数模转换器（DAC），以同样的采样速度还原为模拟波形，放大后送到扬声器发声。

2. 声卡的基本结构

声卡由各种电子器件和连接器组成。电子器件用来完成各种特定的功能。连接器一般有插座和圆形插孔两种，用来连接输入输出信号。声卡的基本部件有如下几种。

（1）声音控制芯片。

声音控制芯片是从输入设备中获取声音模拟信号，通过模数转换器，将声波信号转换成一串数字信号，采样存储到计算机中。

（2）数字信号处理器。

DSP 芯片通过编程实现各种功能。它可以处理有关声音的命令、选择压缩和解压缩程序，增加特殊声效和传真 MODEM 等。大大减轻了 CPU 的负担，加速了数字媒体软件的选择。但是，低档声卡一般不安装 DSP 芯片，只有高档声卡才安装。

（3）FM 合成芯片。

低档声卡一般采用 FM 合成声音，以降低成本。FM 合成芯片的作用就是用来产生合

成声音。

（4）波形合成表。

在波表ROM中存放有实际乐音的声音样本，供播放MIDI使用。一般的中高档声卡都采用波表方式，可以获得十分逼真的使用效果。

（5）波表合成器芯片。

该芯片的功能是按照MIDI命令，读取波表ROM中的样本声音，合成并转换成实际的乐音。低档声卡没有这个芯片。

（6）跳线。

跳线是用来设置声卡的硬件设备，包括CD-ROM的I/O地址、声卡的I/O地址的设置。声卡上游戏端口的设置（开或关）、声卡的IRQ（中断请求号）和DMA通道的设置，不能与系统上其他设备的设置相冲突，否则，声卡会无法工作甚至使整个计算机死机。

4.3.3 声卡的分类

声卡发展至今，主要分为板卡式、集成式和外置式三种接口类型，以适应不同用户的需求，三种类型的产品各有优缺点。

1. 板卡式声卡

卡式产品是现今市场上的中坚力量，产品涵盖低、中、高各档次，售价从几十元至上千元不等。早期的板卡式产品多为ISA接口，由于此接口总线带宽较低、功能单一、占用系统资源过多，目前已被淘汰。PCI则取代了ISA接口成为目前的主流，它拥有更好的性能及兼容性，支持即插即用，安装使用都很方便。

2. 集成式声卡

声卡只会影响计算机的音质，而与PC用户较敏感的系统性能并没有什么关系。因此，大多数用户对声卡的要求都满足于能用就行，更愿意将资金投入到能增强系统性能的部分。虽然板卡式产品的兼容性、易用性及性能都能满足市场需求，但为了追求更加廉价与简便，于是出现了集成式声卡。

此类产品集成在主板上，具有不占用PCI接口、成本更为低廉、兼容性更好等优势，能够满足普通用户的绝大多数音频需求，自然就受到市场青睐。而且集成声卡的技术也在不断进步，PCI声卡具有的多声道、低CPU占有率等优势也相继出现在集成声卡上，它也由此占据了主导地位，占据了声卡市场的大半壁江山。

集成声卡大致可分为软声卡和硬声卡，软声卡仅集成了一块信号采集编码的Audio CODEC芯片，声音部分的数据处理运算由CPU来完成，因此对CPU的占有率相对较高。硬声卡的设计与PCI式声卡相同，只是将两块芯片集成在主板上。

3. 外置式声卡

外置式声卡是创新公司独家推出的一个新兴事物，它通过USB接口与计算机连接，具有使用方便、便于移动等优势。但这类产品主要应用于特殊环境，如连接笔记本计算机实现更好的音质等。目前市场上的外置声卡并不多。

4.3.4 声卡的安装和使用

声卡的安装包括内置式声卡的安装、外置式声卡的安装，以及软件的安装。

1. 内置式声卡的安装

（1）关机，断开电源，正对机器前面板。

（2）打开左侧挡板。

（3）用手或螺丝刀将螺丝取下。

（4）将左侧挡板拉下。

（5）观察机箱内部结构。

（6）找到 PCI 插槽（两个白色的均为 PCI 插槽）。

（7）将对准 PCI 插槽的机器后面的挡板取下。

（8）将声卡的金手指对准 PCI 插槽。

（9）平行用力将声卡插入，固定好。

（10）将面板处的螺丝拧紧。

（11）声卡安装完毕，将机箱左侧面板固定好，拧紧螺丝。

2. 外置式声卡的安装

外置式声卡一般是 USB 接口，一般用于音乐制作或网络 K 歌，外置式声卡很方便，一般无须驱动就可以应用，比如常见的 U 盘式外置声卡。这类声卡是无须驱动就可以直接运行的，用户只需要把它插在 USB 接口里，直接把耳麦插在这个外置式声卡的耳麦孔里即可。如果计算机的声卡坏了，又不想拆卸计算机，那么直接买个外置的小声卡插上就可以听到声音了。还有一些比较专业的声卡主要是作为录音方面的用具，相对而言就比较复杂了，这里不再阐述。

3. 软件的安装

声卡安装好之后，需要安装与之有关的软件，包括驱动程序和应用软件。通常 Windows 操作系统中支持即插即用功能，所以当安装完声卡并重新启动计算机后，系统能够自动识别声卡，并且提示需要安装驱动程序。在这些步骤都正确选择后，就可以利用各类与声音有关的应用软件处理音频信息了，如编辑软件、播放软件等。

4.4 数字音频文件格式

声音经过数字化，以音频文件的形式在数字媒体计算机中存储和处理，其中音频文件有多种格式，常见的有 CD、WAV、MP3、RA/RM/RMX、MIDI、WMA、AIFF、AU 等。

1. CD 格式

CD 格式是音质比较高的音频格式。标准 CD 格式也就是 44.1 kHz 的采样频率，速率 88 kbit/s，16 位量化位数。CD 存储采用音轨的形式，又叫“红皮书”格式，记录的是波形流，是一种近似无损的格式，因此它的声音基本上是忠于原声的。

2. WAV格式

WAV（Waveform Audio）格式是微软公司开发的一种声音文件格式，也叫波形声音文件，是最早的数字音频格式，被 Windows 平台及其应用程序广泛支持。WAV 格式支持许多压缩算法，支持多种音频位数、采样频率和声道，采用 44.1 kHz 的采样频率，16 位量化位数，跟 CD 一样，因对存储空间需求太大而不便于交流和传播。

3. MP3格式

MP3（Moving Picture Experts Group Audio Layer Ⅲ）是一种属于 MPEG 标准的声音压缩技术。这种压缩方式的全称叫 MPEG Audio Layer 3，所以人们把它简称为 MP3。MP3 能够以高音质、低采样率对数字音频文件进行压缩。换句话说，就是音频文件能够在音质丢失很小的情况下把文件压缩到更小的程度，因此可以非常好地保持原来的音质，人耳基本不能分辨出失真，音质几乎达到 CD 音质标准。由于其体积小、音质高的特点，使得 MP3 格式几乎成为网上音乐的代名词。

4. RA/RM/RMX格式

RA（RealAudio）是由 Real Networks 公司推出的一种新型流式音频文件格式。它包含在 RealMedia 中，主要适用于网络上的在线播放。Real 的音频文件格式主要有 RA（RealAudio）、RM（RealMedia）、RMX（RealAudio Secured）。这些格式的特点是可以随网络带宽的不同而改变声音的质量，在保证大多数人听到流畅声音的前提下，令带宽较富裕的听众获得较好的音质。

5. MIDI格式

MIDI 是 Musical Instrument Digital Interface 的缩写，又称乐器数字接口，是数字音乐/电子合成乐器的统一国际标准。它定义了计算机音乐程序、数字合成器及其他电子设备交换音乐信号的方式，规定了不同厂家的电子乐器与计算机连接的电缆和硬件及设备间数据传输的协议，可以模拟多种乐器的声音。MIDI 文件就是 MIDI 格式的文件，在 MIDI 文件中存储的是一些指令。把这些指令发送给声卡，由声卡按照指令将声音合成出来。

6. WMA格式

WMA（Windows Media Audio）是微软在互联网音频、视频领域的力作。WMA 格式是以减少数据流量但保持音质的方法来达到更高的压缩率目的，其压缩率一般可以达到 1∶18，生成的文件大小相当于 MP3 文件的一半。此外，WMA 还可以通过 DRM（Digital Rights Management）方案防止复制，或者加入限制播放时间和播放次数，甚至是播放机器的限制，可有力地防止盗版。

7. AIFF格式

AIFF 是 Audio Interchange File Format（音频交换文件格式）的英文缩写，是苹果公司开发的一种声音文件格式，被 Macintosh 平台及其应用程序所支持，Netscape Navigator 浏览器中的 LiveAudio 也支持 AIFF 格式，SGI 及其他专业音频软件包也同样支持 AIFF 格式。AIFF 支持 ACE2、ACE8、MAC3 和 MAC6 压缩，支持 16 位 44.1 kHz 立体声。

8. AU 格式

AU（Audition）文件是为 UNIX 系统开发的一种音乐格式，和 WAV 非常相像，是大多数音频编辑软件都支持的几种常见的音乐格式之一。在 JAVA 自带的类库中能得到播放支持。

4.5 数字音频编辑软件 Adobe Audition CS6

Adobe Audition 是一个专业音频编辑和混合环境软件，前身为 Cool Edit Pro。Adobe Audition 是专为在照相室、广播设备和后期制作设备方面工作的音频和视频专业人员设计的，可提供先进的音频混合、编辑、控制和效果处理功能。它最多混合 128 个声道，可编辑单个音频文件，创建回路并可使用 45 种以上的数字信号处理效果。Adobe Audition 是一个完善的多声道录音室，可提供灵活的工作流程并且使用简便。无论是要录制音乐、无线电广播，还是为录像配音，Adobe Audition 中恰到好处的工具均可提供充足动力，以创造可能的最高质量的丰富音频。

Adobe Audition CS6 在原来低版本的基础上增加了一些新的功能，主要体现在以下几个方面。

1. 操作更便捷

直观编辑、音效设计、加工与混合，和 mastering 工具等操作更快速，专门为电影、录像和广告工作流程进行了优化。简化工作流程，让软件的操作速度更快。

2. 实时剪辑伸展和实时无损伸展剪辑

预览更改和设置，并呈现更高质量的结果。调整速度和音高的 Varispeed 模式。

3. 强大的音高修正功能

手动或自动修正音高错误。

4. 更多新效果

通过新的效果 Pitch Bender、Generate Noise、Tone Generator、Graphic Phase Shifter 和 Doppler Shifter 等进行音效设计。

5. 更高效的工作面板

参数自动化，简化元数据和标记板，支持直接导入高清视频播放等。

4.5.1 Adobe Audition CS6 工作界面

启动 Adobe Audition CS6，首先弹出来如图 4-4 所示的启动画面。检测完后即可进入 Adobe Audition CS6 程序。

Adobe Audition CS6 界面与以前的版本相比，更加美观、专业和灵活。启动 Adobe

Audition CS6 后，会显示如图 4-5 所示的工作界面。此工作界面包括标题栏、菜单栏、工具栏、多种功能面板、编辑器、状态栏、电平和选区/视图等。

图 4-4　Adobe Audition CS6 启动画面

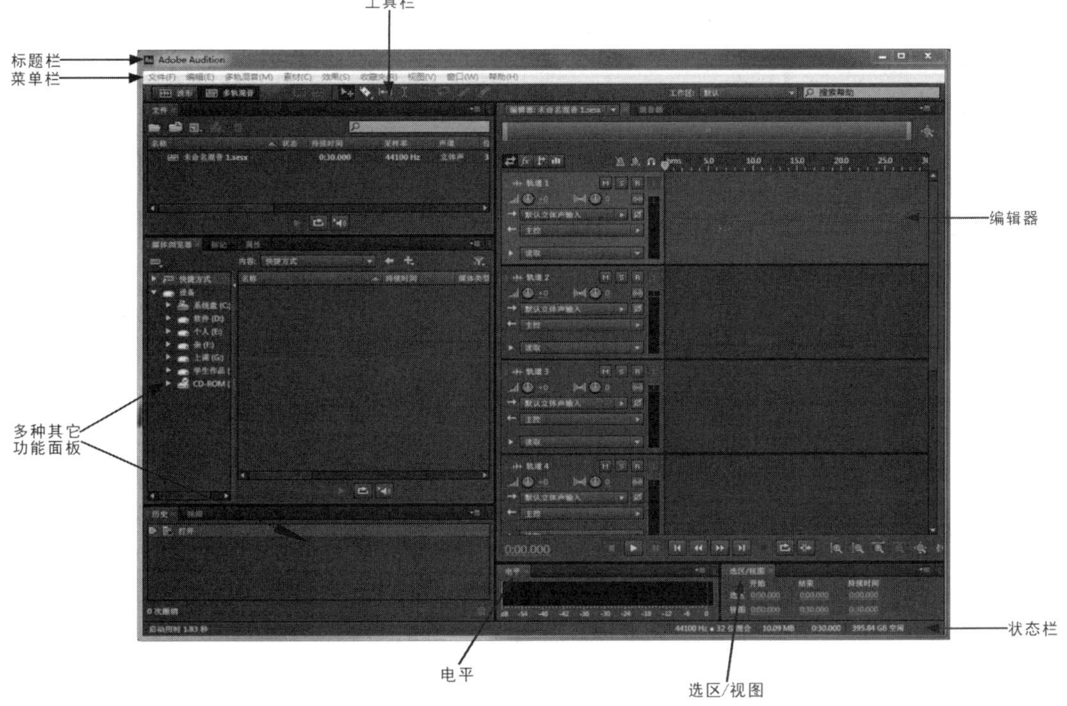

图 4-5　Adobe Audition CS6 的工作界面

1. 标题栏

标题栏位于整个窗口的顶部。它的左侧显示的是软件的图标和名称Adobe Audition，单击图标处会弹出快捷菜单，标题栏右侧显示的是最小化、最大化/向下还原和关闭按钮，如图 4-6 所示。

图 4-6　Adobe Audition CS6 的标题栏

2. 菜单栏

菜单栏位于标题栏的下面，是 Adobe Audition CS6 的重要组成部分，包含了声音编辑处理中的各种操作命令和设置，单击主菜单可打开相应的子菜单；Adobe Audition CS6 的菜单中包括文件（F）、编辑（E）、多轨混音（M）、素材（C）、效果（S）、收藏夹（R）、视图（V）、窗口（W）和帮助（H）9 个功能各异的菜单与窗口控制按钮，如图 4-7 所示。

文件(F) 编辑(E) 多轨混音(M) 素材(C) 效果(S) 收藏夹(R) 视图(V) 窗口(W) 帮助(H)

图 4-7 Adobe Audition CS6 的菜单栏

单击菜单栏某组后，相应的下拉菜单就会显示出来。如果菜单内的命令显示为浅灰色，则表示该命令目前无法选择；如果菜单项右侧有“…”，选择此项后将弹出与之有关的对话框；如果菜单项右侧有“ › ”按钮，则表示还有下一级子菜单。

Adobe Audition CS6 系统为大部分常用的菜单命令都设置了快捷键，比如，剪切（T）= Ctrl+X、复制（Y）=Ctrl+C 和粘贴（A）=Ctrl+V 等，熟悉并掌握这些快捷键，可以大大提高工作效率。

Adobe Audition CS6 菜单栏中各组的基本功能如下。

【文件】菜单。

“文件”菜单主要用于对编辑或处理的声音文件进行管理，包括新建、打开、从 CD 中提取音频、关闭、存储、导入、导出和退出等命令。

【编辑】菜单。

“编辑”菜单主要对当前的声音文件进行编辑处理，包括撤销、重做、工具、编辑声道、剪切、复制、粘贴、删除、波纹删除、选择、插入、批处理和转换采样类型等命令。

【多轨混音】菜单。

“多轨混音”菜单主要对多个轨道的声音文件进行混音和处理，包括轨道、插入文件、缩混为新文件、内部缩混到新建音轨、节拍器、启用关键帧编辑和播放素材重叠部分等命令。

【素材】菜单。

“素材”菜单主要对声音素材进行编辑和处理等，包括编辑源文件、拆分、重命名、编组、淡入/淡出、修剪时间选区和显示文件面板内的素材等命令。

【效果】菜单。

“效果”菜单主要用于为声音添加一些特殊效果，包括反转、匹配音量、振幅与压限、延迟与回声、调制、降噪/恢复、混响、时间与变调等命令。

【收藏夹】菜单。

“收藏夹”菜单主要用于收藏一些常用的效果命令，包括收藏过的声音效果、删除收藏效果、开始记录收藏效果和停止记录收藏效果等命令。

【视图】菜单。

“视图”菜单主要用于对程序窗口进行控制以及按照自己设置的方式进行工作，包括多轨编辑器、波形编辑器、CD 编辑器、频谱显示、放大/缩小（时间）、显示编辑器面板控制、显示素材、音量/声场/效果包络、时间显示、视频显示、波形通道、状态栏和测量等命令。

【窗口】菜单。

“窗口”菜单主要用于对整个窗口显示布局以及操作界面中各种面板窗口显示相关的管理，包括工作区、振幅统计、编辑、文件、历史、电平表、媒体浏览器、选区/视图控制和

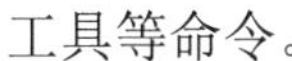

工具等命令。

【帮助】菜单。

“帮助”菜单主要用于提供 Adobe Audition CS6 软件各种程序的帮助信息以及在线技术支持。

3. 工具栏

工具栏位于菜单栏的下方，包含 2 个按钮、2 个显示、8 个工具以及工作区和搜索帮助。

（1）单击第一个按钮时，将进入波形编辑界面 波形（单轨界面），如图 4-8 所示；单击第二个按钮时，将进入多轨合成 多轨混音（多轨混音）界面，如图 4-9 所示。

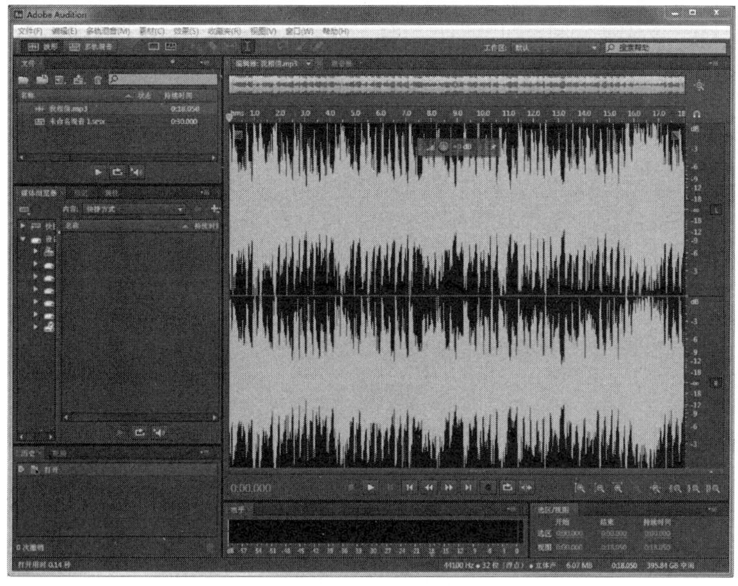

图 4-8 波形编辑界面

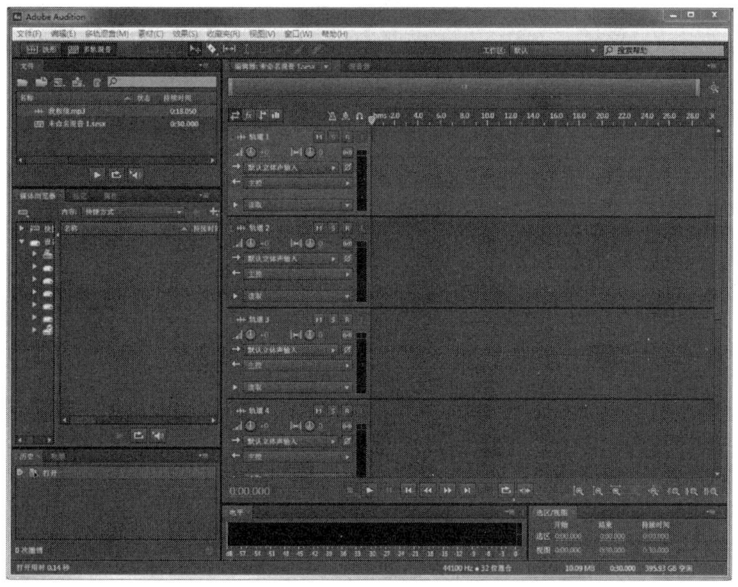

图 4-9 多轨合成界面

（2）在波形编辑界面下，单击“频谱频率显示■”，将进入频谱频率显示界面，如图 4-10 所示；单击“频谱音调显示■”，将进入频谱音调显示界面，如图 4-11 所示。

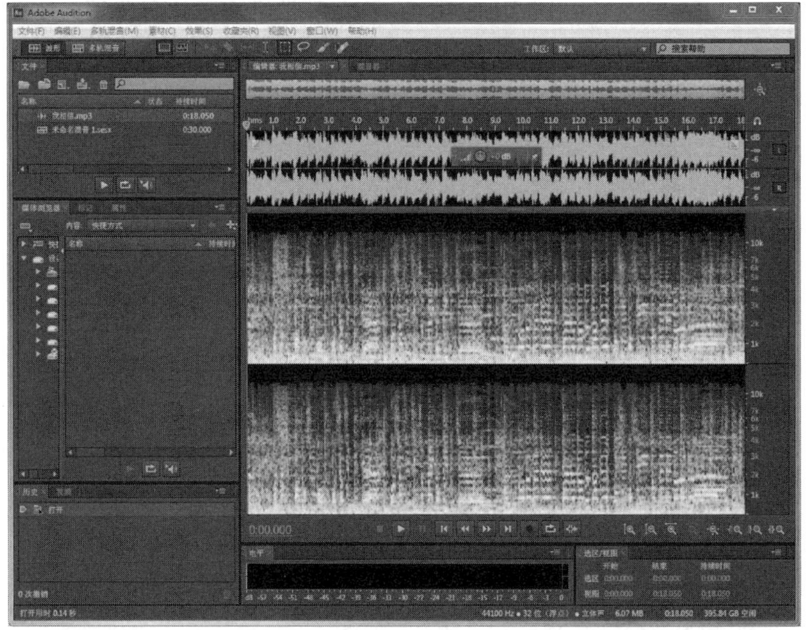

图 4-10　频谱频率显示界面

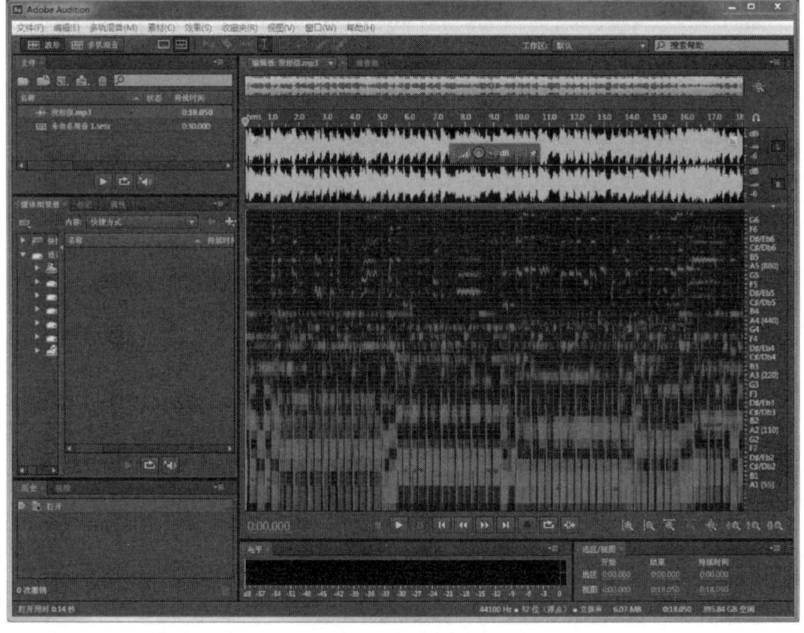

图 4-11　频谱音调显示界面

（3）Adobe Audition CS6 的工具不多，只有 8 个，但它集合了声音编辑处理时要使用的各种功能，选择“窗口”→“工具”命令可以隐藏和打开工具；在工具栏中可以单击选择需要的工具；单击工具箱右下方的■就可以打开该工具对应的隐藏工具。工具栏中主要工具按钮包含移动工具、选择素材剃刀工具、滑动工具、时间选区工具、框选工具、套索选择工具、笔刷选择工具和污点修复刷工具，这些工具有的只能在波形文件下使用，有的只能在多轨混音项目下使用，两者都可以使用的只有时间选区工具，Adobe Audition CS6 的工具栏如图 4-12 所示。

图 4-12 Adobe Audition CS6 的工具栏

Adobe Audition CS6 工具栏中各工具的基本功能见表 4-2。

表 4-2 Adobe Audition CS6 工具栏中各工具的基本功能

<table>
<tr><th colspan="2">工 具</th><th>基 本 功 能</th></tr>
<tr><td colspan="2">移动工具(V)</td><td>在多轨混音模式下移动当前编辑音频文件的时间线</td></tr>
<tr><td rowspan="2">选择素材剃刀工具(R)</td><td>选择素材剃刀工具</td><td>在多轨混音模式下给需要裁剪的音频块做切开标记</td></tr>
<tr><td>所有素材剃刀工具</td><td>在多轨混音模式下给所有需要裁剪的音频块做切开标记</td></tr>
<tr><td colspan="2">滑动工具（Y）</td><td>在多轨混音模式下滑动轨道中的音频文件</td></tr>
<tr><td colspan="2">时间选区工具（T）</td><td>在两种模式下选择轨道中音频文件的时间区域</td></tr>
<tr><td colspan="2">框选工具（E）</td><td>框选波形模式下的某一块音频文件</td></tr>
<tr><td colspan="2">套索选择工具（D）</td><td>任意选择波形模式下的音频文件</td></tr>
<tr><td colspan="2">笔刷选择工具（P）</td><td>选择波形模式下需要处理的音频文件</td></tr>
<tr><td colspan="2">污点修复刷工具（B）</td><td>修复波形模式下已选定需要处理的音频文件</td></tr>
</table>

（4）在工具栏的右侧有一个工作区下拉菜单，可以选择进入更多不同的界面，在工作区的右侧还有一个搜索帮助，如图 4-13 所示。

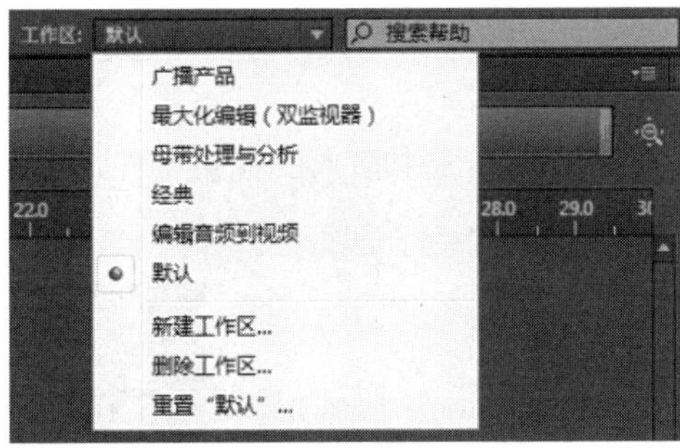

图 4-13 工作区下拉菜单和搜索帮助

4. 多种功能面板

多种功能面板是进行各种编辑和处理时的主要应用区域，面积较大。主要包括“文件”面板、“媒体浏览器”面板、“标记”面板、“属性”面板、“历史”面板和“视频”面板。

（1）“文件”面板用于显示在单轨界面和多轨界面中打开的声音文件和项目文件，同时文件面板具有管理相关编辑文件的功能，如新建、打开、导入、关闭和删除等操作，如图 4-14 所示。

（2）“媒体浏览器”面板用于查找和监听磁盘中的音频文件，一旦找到目标文件，可以通过双击或者拖曳的方式在单轨或者多轨界面中打开，如图 4-15 所示。

（3）“标记”面板用于对波形进行添加、删除和合并等操作，如图 4-16 所示。

（4）“属性”面板用于显示声音文件或者项目文件的相关信息，如图 4-17 所示。

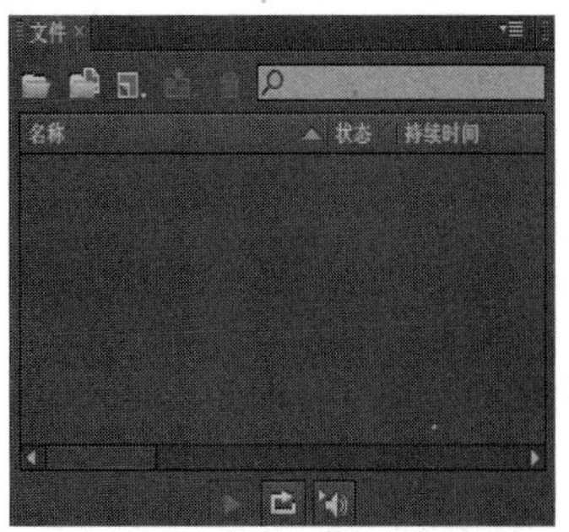

图 4-14　“文件”面板

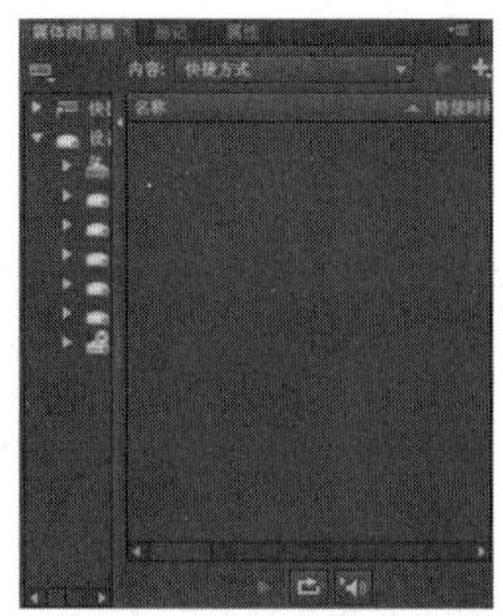

图 4-15　“媒体浏览器”面板

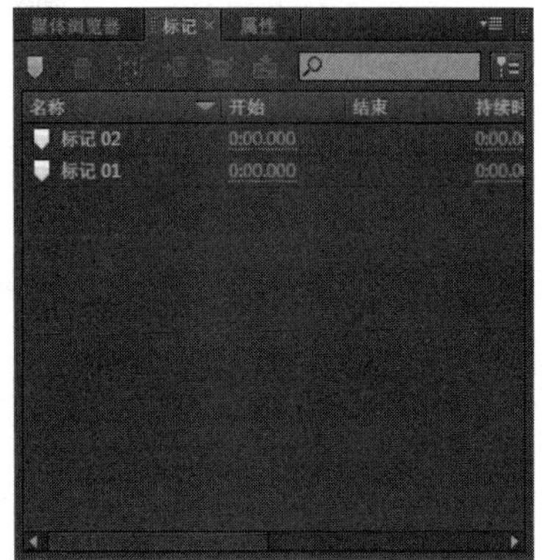

图 4-16　“标记”面板

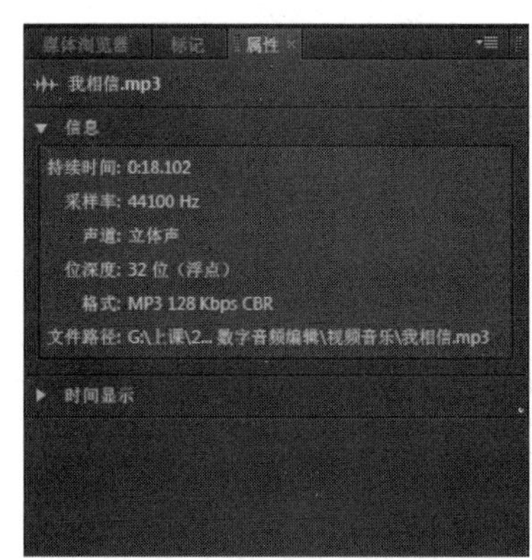

图 4-17　“属性”面板

（5）“历史”面板用于记录用户的操作步骤，可以通过选择列表框中的步骤名称恢复到某一指定步骤，如图 4-18 所示。

（6）“视频”面板用于监视多轨界面中插入的视频文件，主要用于配音中的画面监视，如图 4-19 所示。

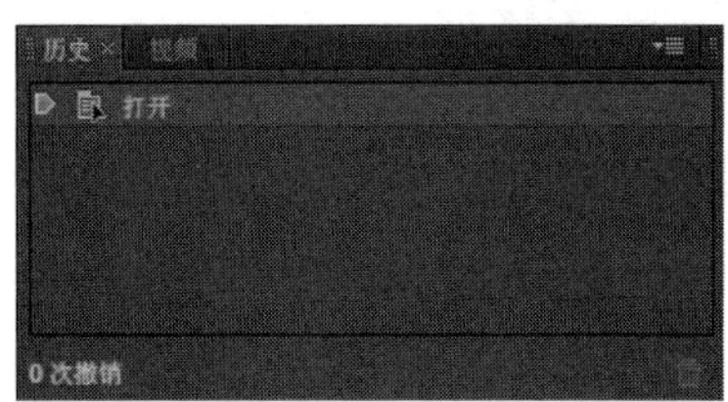

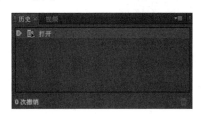

图 4-18　“历史”面板

图 4-19　“视频”面板

5. 编辑器

编辑器是对声音素材进行编辑、裁剪、移动、播放、调整、合并和处理等具体操作的主要面板，面积最大，如图 4-20 所示。

6. 状态栏

默认情况下，状态栏位于整个工作界面的最下方，用来显示正在编辑声音素材的状态信息，包括采样频率、当前占用空间及空闲空间等信息，如图 4-21 所示，方便用户了解当前的状态。

0:00.000

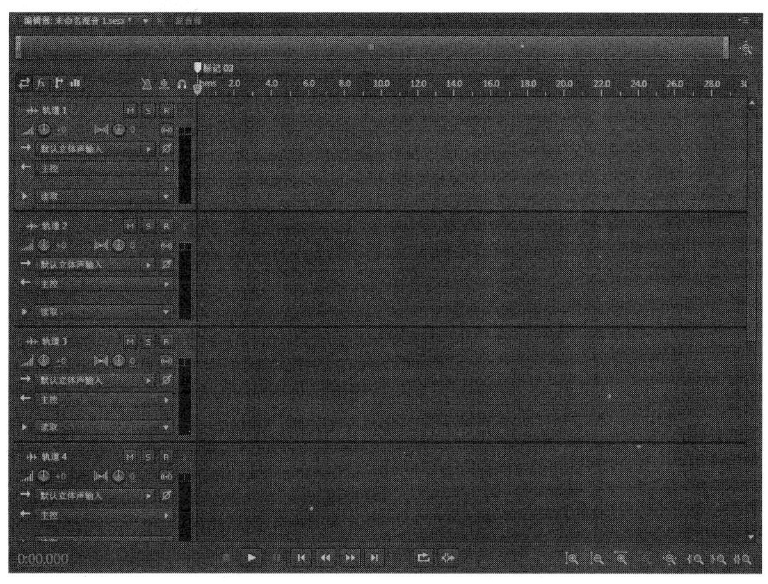

图 4-20 Adobe Audition CS6 的编辑器

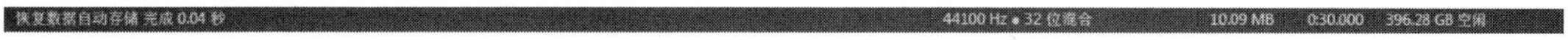

恢复数据自动存储 完成 0.04 秒
44100 Hz • 32 位混合
10.09 MB
0:30.000
396.28 GB 空闲

图 4-21 Adobe Audition CS6 的状态栏

7. 电平

“电平”面板位于编辑器和状态栏之间，它是声音监控器，当声音正在播放时，正常情况下是绿色的，如果出现爆音就会显示红色，而橙黄色是居于绿色和红色之间的临界点，如图 4-22 所示。

电平
dB
-54
-48
-42
-36
-30
-24
-18
-12
-6
0

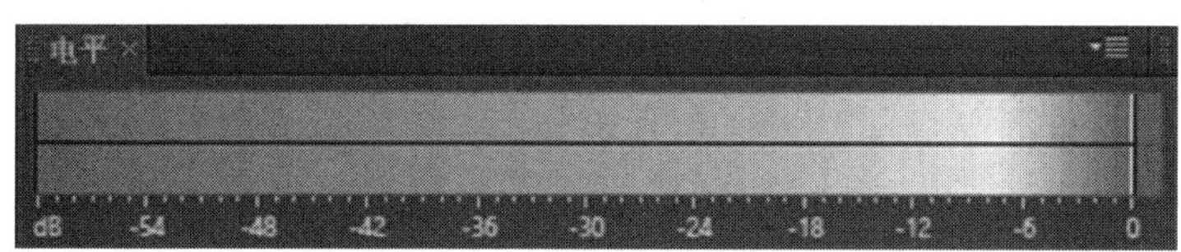

图 4-22 Adobe Audition CS6 的“电平”面板

8. 选区/视图

“电平”面板右侧是“选区/视图”面板，可以看到操作状态下开始、结束和持续时间，如图 4-23 所示。

选区/视图
开始
结束
持续时间
选区 0:35.524 2:20.000 1:44.475
视图 0:00.000 3:50.739 3:50.739

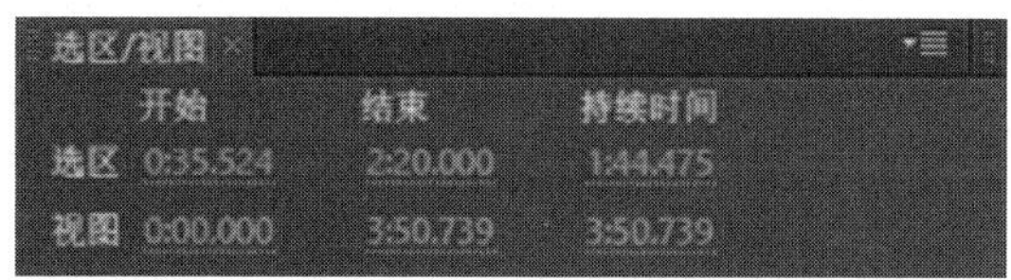

图 4-23 Adobe Audition CS6 的“选区/视图”面板

4.5.2 音频的录制

获取音频素材的方法和途径有很多，其中录制是极为常见且重要的手段之一。在录音时，应注意调整输入信号的强度，使其不超过录音设备的动态范围，否则将产生削顶失真，音感阻塞，严重时无法辨别声音的内容。信号强度过低，也不能获得满意的声音，原因是信号与噪声的比值小，噪声相对比较明显，影响了音质。

使用软件录制声音的一个重要指标是采样频率。采样频率越高，录制的声音质量越好，但记录声音的数据长度就越大，数据量也就随之增大。一般情况下，语音采用单声道形式，音乐采用立体声形式。在要求不高的场合，音乐也可采用单声道形式。

利用 Adobe Audition CS6 软件录制声音的步骤如下。

1. 在波形界面下录音

（1）把麦克风插入声卡的 MIC IN 插孔中，这时桌面显示插入了哪个设备的提示，选择“麦克风”单击“确定”按钮就可以了。

（2）选择菜单栏中的“文件”→“新建”→“音频文件”命令，打开如图 4-24 所示的新建音频文件界面，一般录制简单的声音按图 4-24 的设置就可以了。

图 4-24　Adobe Audition CS6 新建音频文件界面

（3）单击编辑器下面“走带”面板的红色录音按钮开始录音，这时声波窗口中出现波形，如图 4-25 所示。

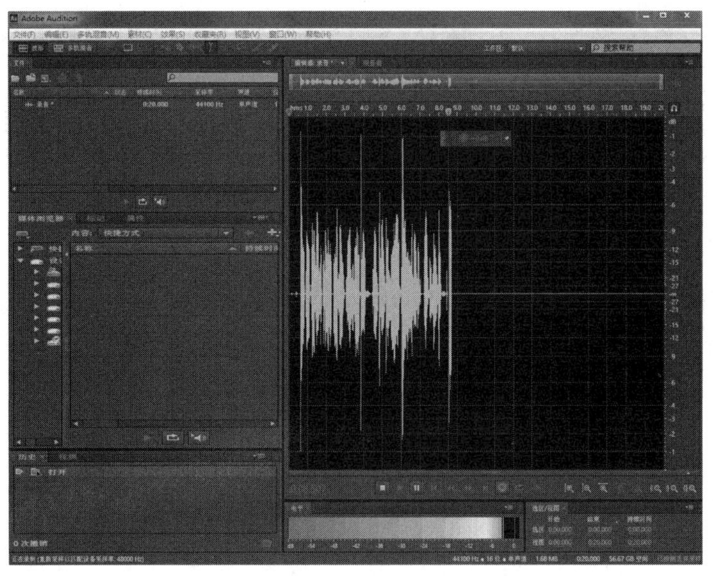

图 4-25　Adobe Audition CS6 波形录音界面

（4）单击“停止”按钮结束录音。

（5）选择菜单栏中的“文件”→“另存为”命令，选择合适的格式，输入文件名保存即可。

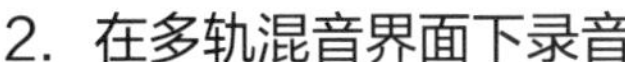

2. 在多轨混音界面下录音

（1）在麦克风插好的前提下，选择菜单栏中的“文件”→“新建”→“多轨混音项目”命令，打开如图 4-26 所示的新建多轨混音界面，一般录制简单的声音按图 4-26 的设置就可以了。

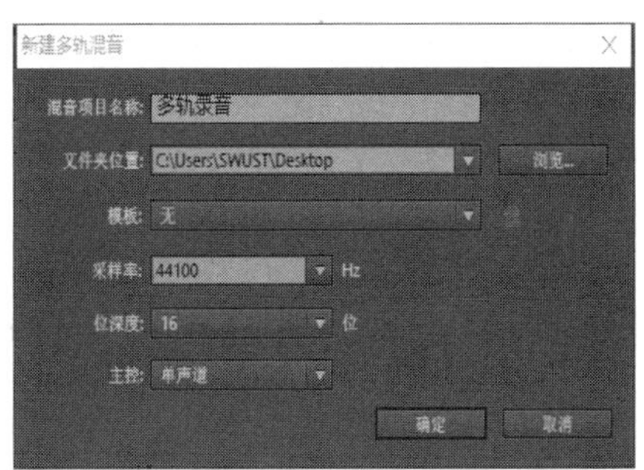

图 4-26 Adobe Audition CS6 新建多轨混音界面

（2）选择编辑器里需要录制的轨道，单击字母R，准备录制，再单击编辑器下面“走带”面板的红色录音按钮开始录音，这时该轨道的声波窗口中出现波形，如图 4-27 所示。

图 4-27 Adobe Audition CS6 多轨混音录音界面

（3）单击“停止”按钮结束录音。

（4）选择菜单栏中的“文件”→“导出”→“多轨缩混”→“完整混音”命令，选择合适的格式，输入文件名保存即可；或者双击该录音，转到波形界面，选择菜单栏中的“文件”→“另存为”命令，选择合适的格式，输入文件名保存也可以。

4.5.3 音频波形的编辑

对于音频文件，首先要学会一些基础操作，然后才能进行复杂的编辑。这些基础操作包括选择波形、复制、剪切、删除和裁剪波形段。

1. 选择波形

Adobe Audition CS6 中选择波形是最常见的操作，因为要进行的操作几乎都是针对选中波形进行的。

选择波形的顺序是：首先在波形图上用鼠标左键确定所选波形的开始，然后在波形图上用鼠标右键确定波形的结尾，这样就可以选择一段波形了，如图 4-28 所示。选中的波形以白底色和比原波形深的绿底显示。

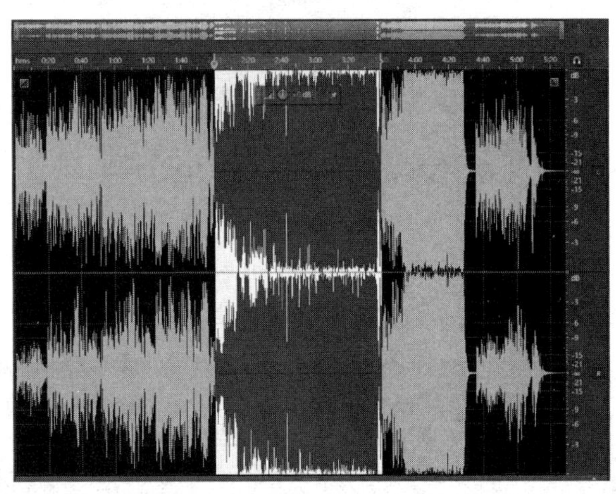

图 4-28　选择波形

2. 复制、剪切、删除和裁剪波形段

（1）复制波形段。

与其他 Windows 应用程序一样，复制和粘贴是先后进行的。首先，选中波形段以后，选择菜单栏中的“编辑”→“复制”命令，选中的波形即被复制；然后选中需要粘贴波形的位置，选择菜单栏中的“编辑”→“粘贴”命令，完成操作。

（2）剪切波形段。

剪切波形段与复制波形段类似，只是复制的时候使用复制命令，而剪切时使用剪切命令。首先，选中波形段以后，选择菜单栏中的“编辑”→“剪切”命令，选中的波形即被剪切；如果剪切的波形段存放到一个已经存在的波形文件中，则原有的声音被“挤”向后边；如果要放入一个新文件中，则应新建一个文件，再选择菜单栏中的“编辑”→“粘贴”命令即可。

（3）删除波形段。

先选中要删除的波形段，然后选择菜单栏中的“编辑”→“删除”命令即可，也可以直接按 Delete 键删除。

（4）裁剪波形段。

裁剪波形段和删除波形段类似，不同之处是，删除波形段是把选中的波形删除，而裁剪波形段是把未选中的波形删除，两者的作用可以说是相反的。选中要裁剪的波形段，选择菜单栏中的“编辑”→“裁剪”命令，选中的波形即被裁剪，裁剪以后，Adobe Audition CS6 会自动把剩下的波形放大显示，如图 4-29 所示。

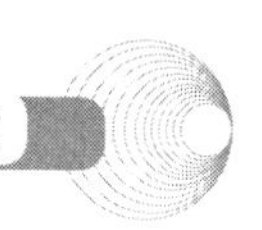

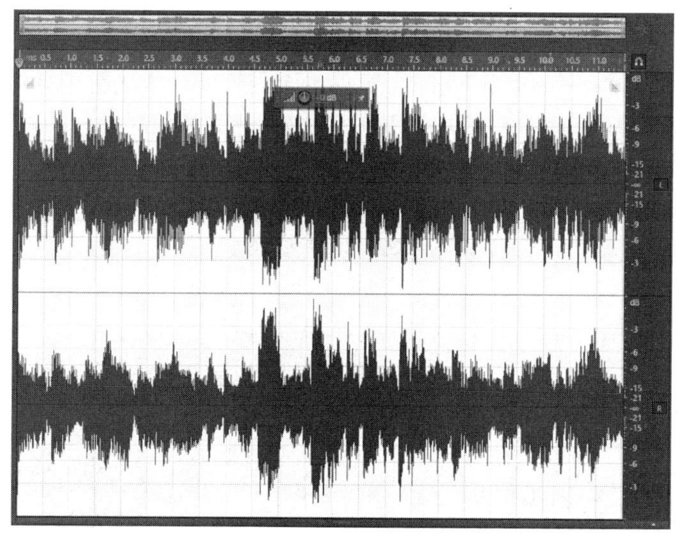

图 4-29 裁剪后的波形

4.5.4 音频特殊效果的编辑

前面介绍了如何复制、剪切、删除和裁剪等一些简单的处理，这些处理是最常用的，但如果想对一段声音进行更精密的处理，这些功能显然是远远不够的。在这一小节中，我们将介绍如何改变音频文件音量、音量淡入淡出效果的设置、声音的降噪处理、频率均衡控制、音频的变速与变调、延迟/回声/混响效果的制作和消除人声等效果。

1. 改变音频文件音量

音频的音量波形过小或过大，则需改变其大小以适应操作者的需要。Adobe Audition CS6 中改变音频音量大小的方法有两种：①使用“标准化”效果器。详细操作步骤是：选中音频波形，选择菜单栏中的“效果”→“振幅与压限”→“标准化”命令，弹出音量“标准化”对话框，设置参数，若提高音量则数值设置大于 100，若减小音量则数值设置小于 100，单击“确定”按钮，如图 4-30 所示。②使用“增幅”效果器。详细操作步骤是：选中音频波形，选择菜单栏中的“效果”→“振幅与压限”→“增幅”命令，弹出“效果-增幅”对话框，修改左右声道增益值，单击“预演播放/停止”按钮▶可试听效果，单击“效果-增幅”对话框右下角的“应用”按钮，即可确定应用该效果设置，如图 4-31 所示。

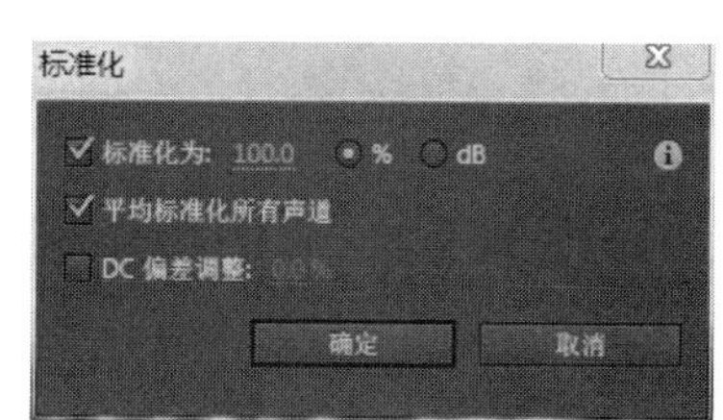

图 4-30 “标准化”对话框

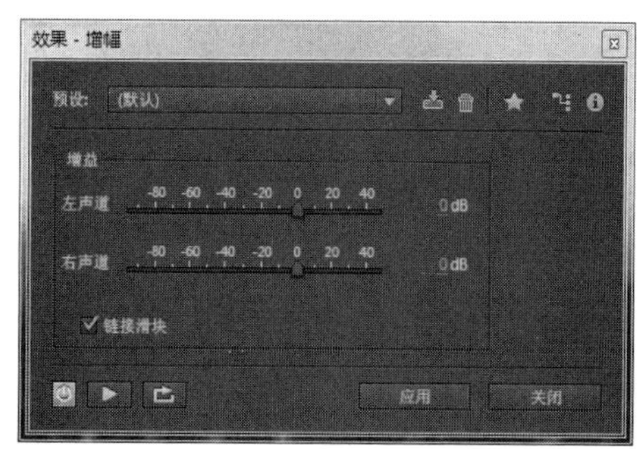

图 4-31 “效果-增幅”对话框

2. 音量淡入淡出效果的设置

音量淡入淡出是指在指定的时间内，音量由无到大或由大到无的变化过程。应用音频时，通常采用音量的淡入与淡出效果，即对音频文件开头和结尾的几秒添加淡入淡出效果。详细操作步骤是：选中音频文件的波形区域，选择菜单栏中的“效果”→“振幅与压限”→“淡化包络”命令，弹出“淡化包络”对话框，在“预设”选项中选择“平滑淡入”或“平滑淡出”。单击“预演播放/停止”按钮▶可试听效果，单击“确定”按钮，即可应用该效果设置，如图 4-32 所示。

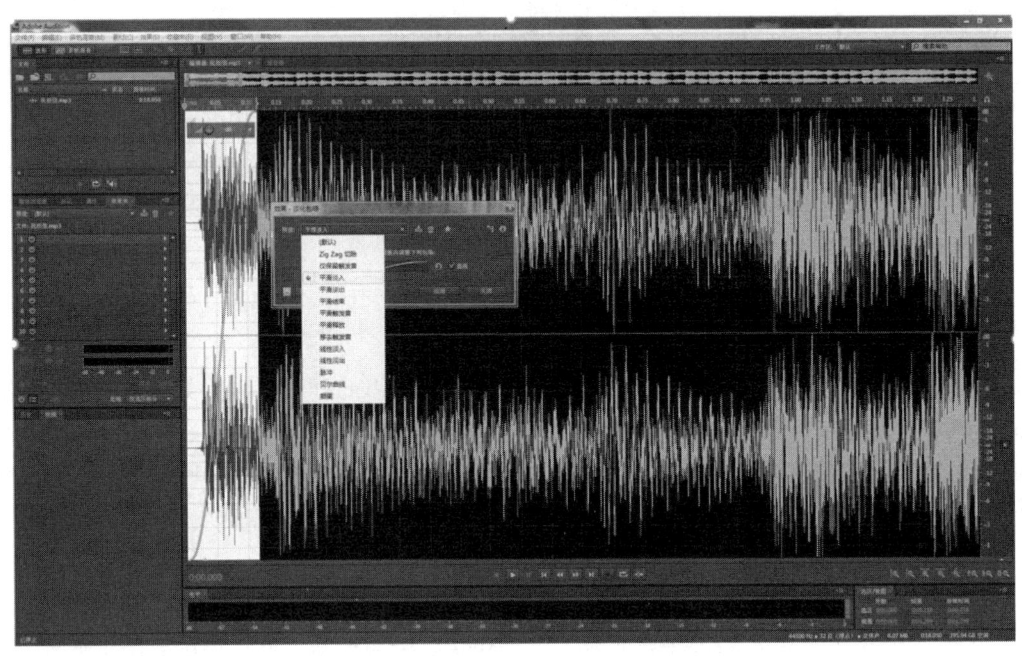

图 4-32　设置音量淡入淡出效果

3. 声音的降噪处理

通常从网络或光盘中获取的音频素材不需要降噪。而对于自己录制的音频，由于大部分使用者是在非专业录音设备的计算机中进行的，因此录音中会有很多噪声，需要对录音进行降噪。降噪有嘶声消除、采样降噪等多种方法，其中最常用且有效的方法是采样降噪。

采样降噪是指通过噪声采样获取当前环境噪声，然后将采样的环境噪声从录制的音频中减去的过程。采样降噪的详细操作通常需要以下 3 个环节：①噪声采样。利用麦克风录制环境音（噪声），选中录制的环境音波形，选择菜单栏中的“效果”→“降噪/恢复”→“降噪”命令，弹出“效果-降噪”对话框，单击“捕捉噪声样本”按钮，获取噪声样本，单击“保存”按钮保存噪声样本。②加载噪声样本。选择菜单栏中的“效果”→“降噪/恢复”→“降噪”命令，弹出“效果-降噪”对话框，单击“加载磁盘中的噪声样本”按钮，弹出“打开 Audition 噪声样本文件”对话框，选择并加载前期采样的噪声样本文件。单击“预演播放/停止”按钮▶可试听效果。③降噪。单击“效果-降噪”对话框右下角的“应用”按钮降噪，如图 4-33 所示。

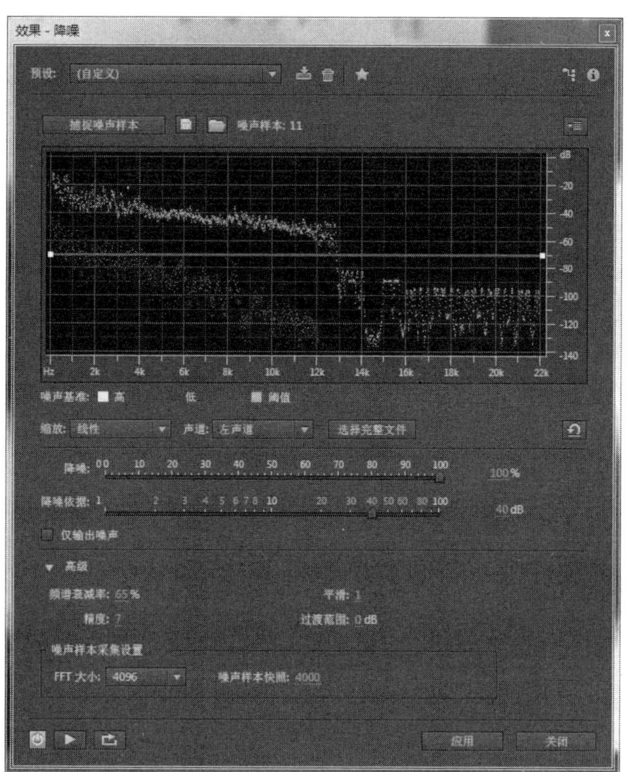

图 4-33　“效果-降噪”对话框

在对话框中，上方窗口的红色表示当前状态，绿色表示噪声，蓝线可以动态调节降噪程度。衰减是对噪声衰减后的分贝数，数值越低噪声就越小，对原音的破坏性也越大。其值一般在 20～40 dB 之间，因为低于 20 dB 的声音人耳几乎听不到，超过 40 dB 则容易察觉。精度的数值越大，噪声特征越明显，降噪时间越长，小于 7 dB 会产生抖动声。平滑的值越小噪声越低，对原音破坏越大。过渡范围，值越小噪声越小。FTF 的数值越大，图中点越密集，越小越稀松。噪声样本快照的值越高，获取精度越大，计算时间越长。

4. 频率均衡控制

频率均衡控制是指对声音素材的低音区、中音区、高音区的各个频段进行提升和衰减等控制，使声音的层次和频段分布更符合要求，这一技术从根本上改变了音频文件的固有频率均衡值。

频率均衡控制也就是利用 Adobe Audition CS6 的均衡器来增强或减弱某频段的信号，达到改变音色的目的。它主要包括 FFT 滤波、图示均衡器、参数均衡器等。采用均衡器可调节音频各频段的音量，使声音听起来更自然、清晰、富有表现力。接下来以“图示均衡器”为例详细介绍它的基本应用方法。切换到波形编辑模式，选中音频区间，选择菜单栏中的“效果”→“滤波与均衡”→“图示均衡器（*段）”命令，其中包括 10 段均衡（2 个八度）、20 段均衡（1 个八度）、30 段均衡（2/3 个八度）等选项，如图 4-34 所示。弹出“效果-图示均衡器”对话框，手动调整或选择预设参数，单击“预演播放/停止”按钮▶可试听效果，单击“效果-图示均衡器”对话框右下角的“应用”按钮完成操作，如图 4-35 所示。

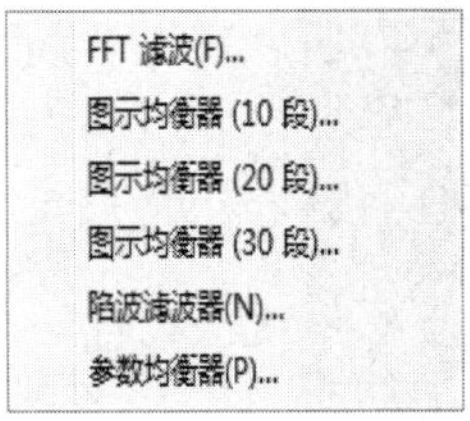

FFT 滤波(F)...
图示均衡器 (10 段)...
图示均衡器 (20 段)...
图示均衡器 (30 段)...
陷波滤波器(N)...
参数均衡器(P)...

图 4-34 “图示均衡器”子菜单

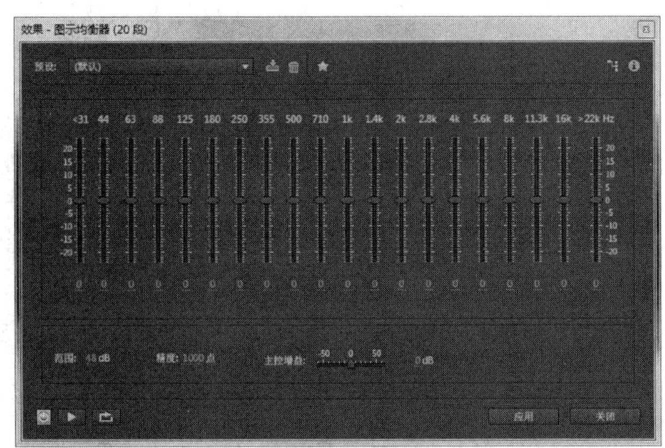

图 4-35 “效果-图示均衡器”对话框

5. 音频的变速与变调

变速是指改变音频的速率，加快或放慢音速。变调是指改变音频的声调，提高或降低声调。音频变速与变调的详细操作方法是：选中音频波形，选择菜单栏中的“效果”→“时间与变调”命令，弹出它的子菜单自动音调校正、手动音调校正和伸缩与变调选项，如图 4-36 所示。选择菜单栏中的“效果”→“时间与变调”→“伸缩与变调”命令，弹出“效果-伸缩与变调”对话框，可以选择预设效果，设置伸缩与变调参数，其中“伸缩”项可调整音频的播放速度，“变调”项可用于调整音频的声调，单击“预演播放/停止”按钮▶可试听效果，单击“效果-伸缩与变调”对话框右下角的“确定”按钮完成操作，如图 4-37 所示。

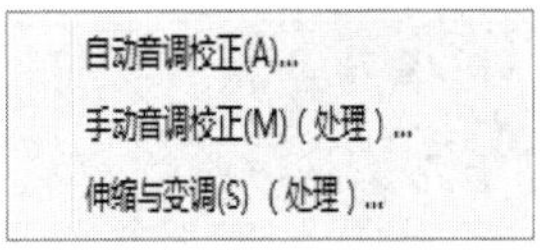

自动音调校正(A)...
手动音调校正(M)（处理）...
伸缩与变调(S)（处理）...

图 4-36 “伸缩与变调”子菜单

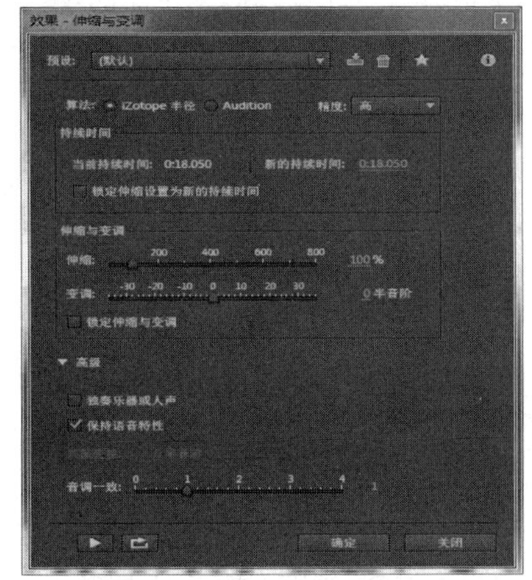

图 4-37 “效果-伸缩与变调”对话框

6. 延迟效果的制作

延迟是指使左、右声道的声音不同步产生的时间差。也可以说是指将音频输出信号的一部分反馈回输入端，使之延时播放，产生重复的回声效果。具体是将输入信号录制到数字化内存，经过一段短暂的时间后再读出，产生回旋、回声、合唱、立体声模拟等效果。设置延迟效果的详细操作步骤是：选中音频波形区间，选择菜单栏中的“效果”→“延迟与回声”→“延迟”命令，弹出“效果-延迟”对话框，手动调整或选择预设参数设置延迟效果，单击“预演播放/停止”按钮▶可试听效果，单击“效果-延迟”对话框右下角的“应用”按钮完成操作，如图4-38所示。其中延迟“预设”下拉列表包含“乡村摇滚”“山谷回声”“房间气氛”“空间回声”“结巴”“醉酒鼓手竞技”等多项内容，如图4-39所示。

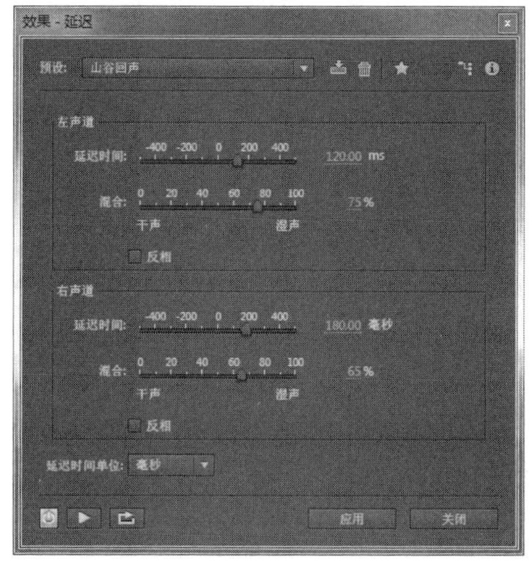

图4-38 “效果-延迟”对话框

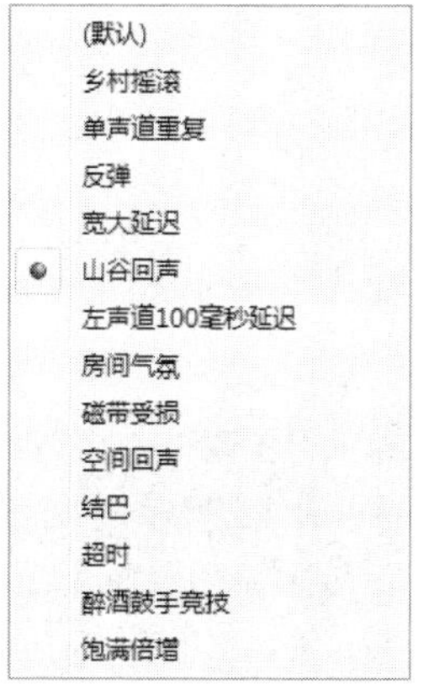

图4-39 延迟“预设”下拉列表

7. 回声效果的制作

回声是指由声波的反射引起声音的重复，亦可指反射回来的超声波信号。延迟的时间越大，回声的感觉就越强，而且可以通过均衡器来改变回声各个频率段声音的大小。设置回声效果的详细操作步骤是：选中音频波形区间，选择菜单栏中的“效果”→“延迟与回声”→“回声”命令，弹出“效果-回声”对话框，手动调整或选择预设参数设置回声效果，单击“预演播放/停止”按钮▶可试听效果，单击“效果-回声”对话框右下角的“应用”按钮完成操作，如图4-40所示。其中回声“预设”下拉列表包含“偶偶细语”“弹性电话”“无限循环”“毛骨悚然”“高通延迟”等多项内容，如图4-41所示。

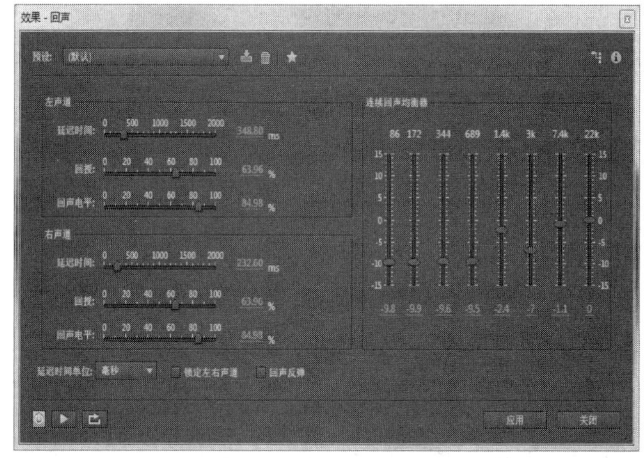

图4-40 “效果-回声”对话框

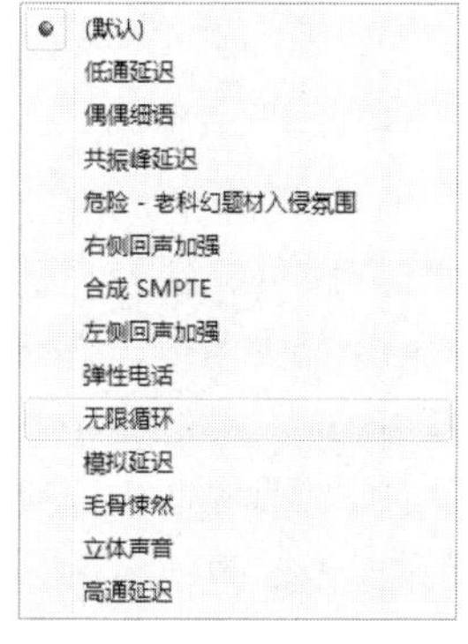

图4-41 回声“预设”下拉列表

8. 混响效果的制作

混响是指模拟声音在声学空间（如大房间或礼堂等）反射的过程。混响效果器通过某种算法，用滤波器建立一系列延时，模仿真实空间中声波遇到反射物后发生反射的音效。混响效果能改变声音的“干”“湿”程度，声音越湿，说明混响越大，效果感觉有些像“回声”，但稍有不同。Adobe Audition CS6 包含的混响效果有“卷积混响”“完全混响”“混响”“室内混响”“环绕声混响”，这里以“完全混响”为例学习设置混响的方法。设置混响效果的详细操作步骤是：选中音频波形区间，选择菜单栏中的“效果”→“混响”→“完全混响”命令，弹出“效果-完全混响”对话框，手动调整或选择预设参数设置完全混响效果，单击“预演播放/停止”按钮▶可试听效果，单击“效果-完全混响”对话框右下角的“应用”按钮完成操作，如图 4-42 所示。其中完全混响“预设”下拉列表包含“中型音乐厅”“剧院”“大会堂”“大厅”“演讲厅”等多项内容，如图 4-43 所示。

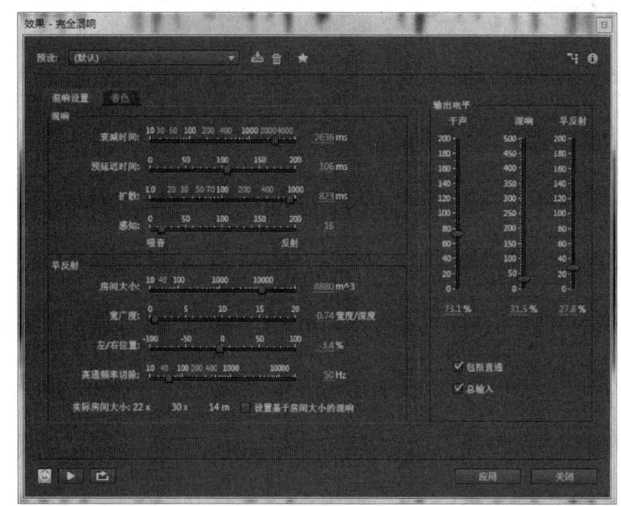

图 4-42 “效果-完全混响”对话框

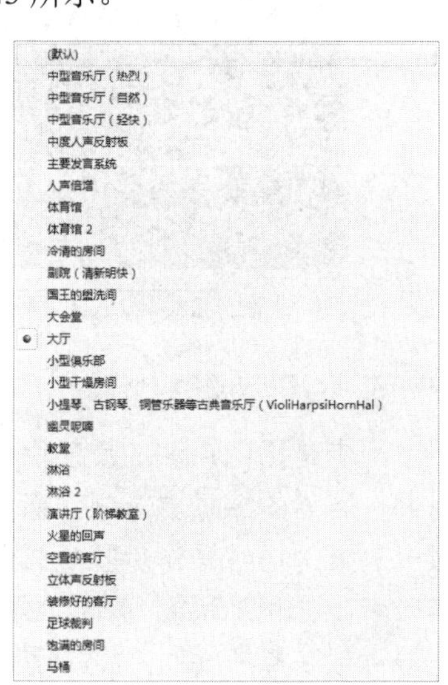

图 4-43 完全混响“预设”下拉列表

9. 消除人声

消除人声是指消除音频文件中的人声，仅保留伴奏音乐。利用 Adobe Audition CS6 消除音频文件中的人声，需要根据音频文件的具体情况而定。通常人声与伴奏音乐的合成有两种情况：一种是人声与伴奏音乐分左右声道独立存放；第二种是人声与伴奏音乐混合在一起，即左右声道中的声音完全一样。

（1）消除伴奏和独立存放于左右声道的人声。

对于伴奏和独立存储于左右声道的音频文件，通过播放音频文件测试左、右声道中哪个声道存放人声，选择存放人声的声道，删除其中的音频波形。判断伴音声道时，不同编辑模式下可选用不同的方法。波形编辑模式下，可按空格键播放音频文件，选择菜单栏中的“编辑”→“编辑声道”命令，弹出“编辑声道”子菜单，如图 4-44 所示。分别选择左、右声道试听，就可以确定人声所处的声道。多轨混音模式下，可向上或向下拖动“声像线”（左、右声道间蓝色线），改变声音输出声道，确定人声所处的声道，如图 4-45 所示。

√	所有声道(A)	Ctrl+Shift+B
√	L: 左声道(L)	Ctrl+Shift+L
√	R: 右声道(R)	Ctrl+Shift+R

图 4-44　“编辑声道”子菜单

图 4-45　声像线

（2）消除混合音频中的人声。

对于声道混合型音频文件（左、右声道声音相同），则需要利用效果器进行修饰，衰减或清除人声频率比较集中范围的信号。通常人声的频率范围以中频为主，气声和齿音主要在 6 000～18 000 Hz，甚至更高。消除混合音频中人声的详细操作方法是：选中音频区间，选择菜单栏中的“效果”→“立体声声像”→“中置声道提取”命令，弹出“效果-中置声道提取”对话框，手动调整频率参数或从预置选项中选择“人声移除”选项，如果男女声明确，可在频率范围选择男生/女生，单击“预演播放/停止”按钮▶可试听效果，单击“效果-中置声道提取”对话框右下角的“应用”按钮完成操作，如图 4-46 所示。其中中置声道提取“预设”下拉列表包含“人声移除”“扩大人声”“提高人声”等多个选项，如图 4-47 所示。这种方法虽然能消除大部分人声，但效果不理想，消除人声的效果与原音频文件有关。

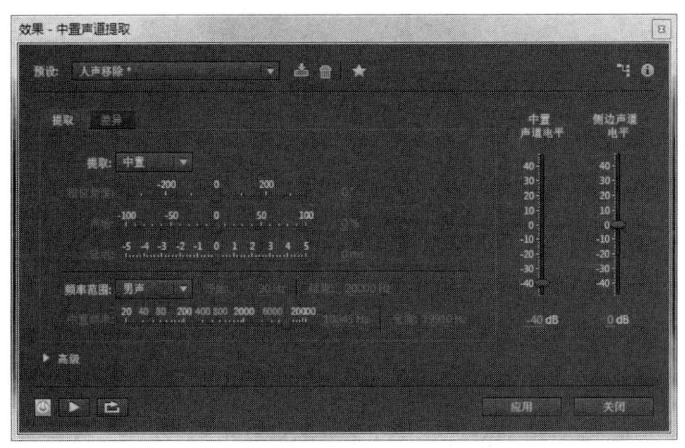

图 4-46　“效果-中置声道提取”对话框

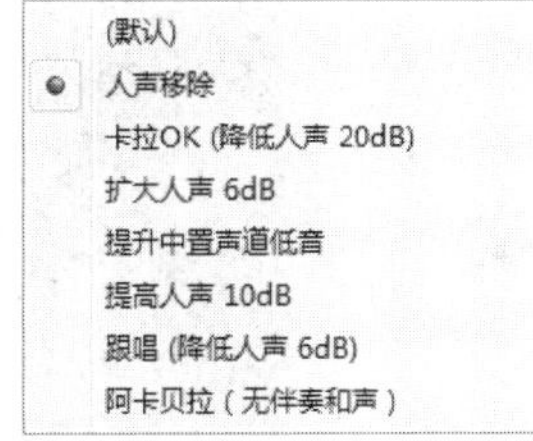

图 4-47　中置声道提取“预设”下拉列表

4.5.5　本章实例

想要实现良好的声音编辑处理效果，不但要求能够熟练使用工具栏中的各种工具，而且还要求能够综合运用所学的命令、功能、技巧和方法创作出更多、更好、更优秀的音频作品。下面通过铃声剪辑、音乐串烧制作、一人为多个角色配音、制作多种声音的混音效果，以及模拟一段语音、特殊效果声及音乐混合的电影原声这 5 个实例来讲解数字音频技术的应用。

1. 铃声剪辑

剪辑铃声，既可以利用“选区/视图”面板里的开始和结束时间来剪辑，也可以直接利用“走带”面板进行剪辑。

（1）利用“选区/视图”面板剪辑铃声。

① 双击文件面板/媒体浏览器/选择菜单栏里的“文件”→“打开”命令，找到需要剪辑的歌曲并导入进来，此时文件面板中会出现如图 4-48 中的显示。

名称
状态
持续时间
采样率
声道
成都.mp3
5:28.568
44100 Hz
立体声

图 4-48　导入音乐文件

② 回到编辑器界面，单击编辑器下面的“播放”按钮▶，整体听一遍，在听的过程中记住自己喜欢的高音部分时间段，听完以后可以根据“选区/视图”面板下设置开始和结束时间，时间设置好以后，该时间段的波形就被选中，如图 4-49 所示。注意，在选择时，为了提高精准性，可以放大显示波形。

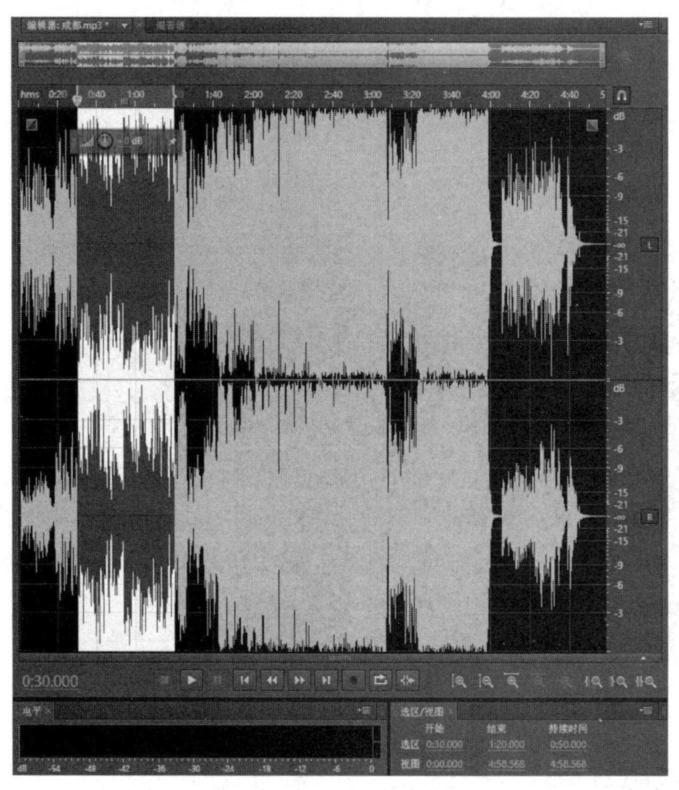

图 4-49　设置了开始和结束时间的波形

③ 选择菜单栏中的“编辑”→“复制为新文件”命令，试听一下，确认没有剪辑错，选择菜单栏中的“文件”→“另存为”命令，选择合适的格式，输入文件名保存即可。这样所需要的铃声就剪辑好了。

（2）利用“走带”面板剪辑铃声。

① 导入音乐，单击编辑器下面的“播放”按钮▶，整体听一遍，在听的过程中记住自己喜欢的高音部分时间段。第二次播放时，在先前记住的高音前单击编辑器下面的“暂停”按钮⏸，如图 4-50 所示。

② 用“时间选取工具”I选中需剪辑的音频波形，如图 4-51 所示。按 Delete 键，直接删除，后面不需要的音频波形用同样的方法删除，试听一下，确认没有剪辑错，选

择菜单栏中的“文件”→“另存为”命令，选择合适的格式，输入文件名保存即可。这样所需要的铃声就剪辑好了。

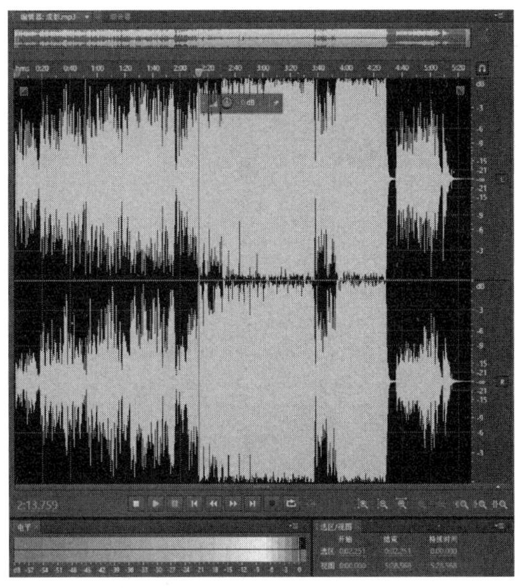

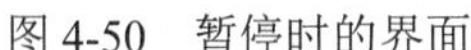
图 4-50　暂停时的界面

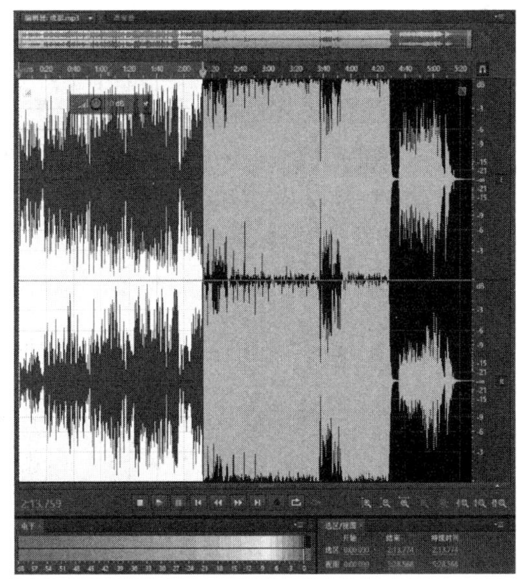
图 4-51　用“时间选取工具”选中需剪辑的音频波形

2. 音乐串烧制作

音乐串烧制作就是把已经准备好的几首 MP3 音乐文件结合到一起，形成一段自然而连贯的音乐。

（1）启用 Adobe Audition CS6 软件，选择菜单栏中的“文件”→“打开”命令，在弹出的“打开文件”对话框中选择 3 首音乐，然后单击“打开文件”对话框右下角的“打开”按钮，如图 4-52 所示。

图 4-52　打开准备的音乐文件

（2）在“文件”面板中双击“成都”文件名，让波形编辑器显示“成都”歌曲的波形。

（3）在 0～123 秒之间创建选区，然后右击，在弹出的快捷菜单中选择“复制”命令，将选择的波形复制到剪贴板中，如图 4-53 所示。

（4）选择菜单栏中的“文件”→“新建”→“音频文件”命令，在弹出的“新建音频文件”对话框中设置文件名为“音乐串烧”，采样率为“44 100 Hz”，声道为“立体声”，位深度为“16 位”，如图 4-54 所示。

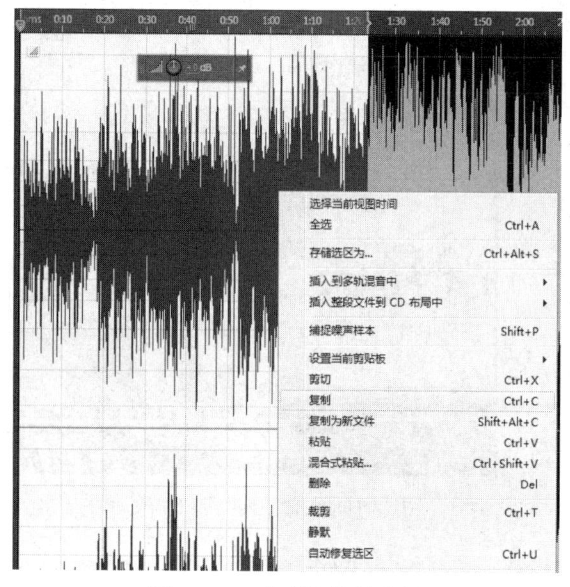

图 4-53 “复制”快捷菜单

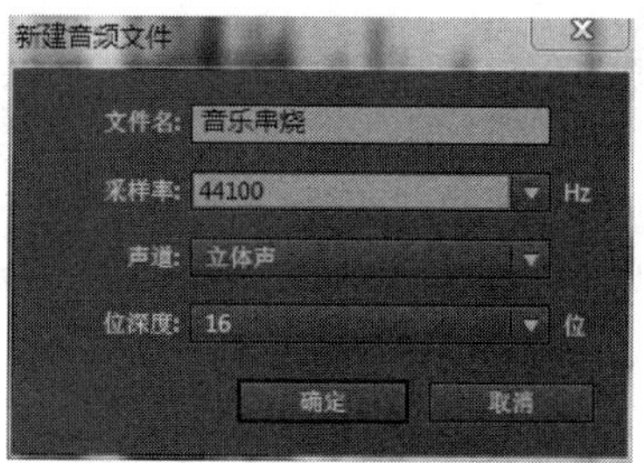

图 4-54 “新建音频文件”对话框

（5）选择菜单栏中的“编辑”→“混合式粘贴”命令，在弹出的“混合式粘贴”对话框中勾选“淡化”复选框，并设置淡化时间为 1 800 毫秒，如图 4-55 所示。

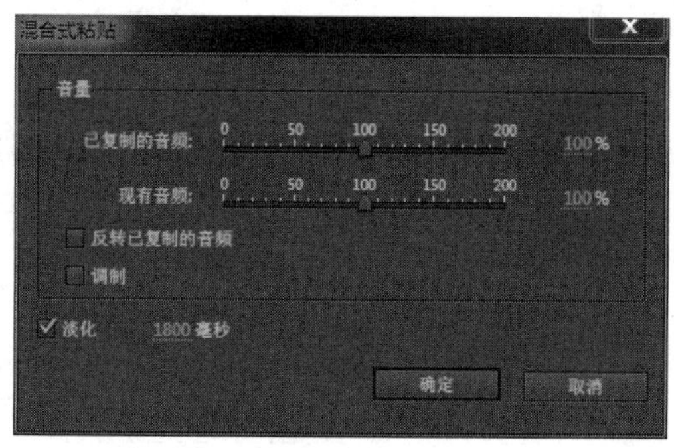

图 4-55 “混合式粘贴”对话框

（6）单击“混合式粘贴”对话框右下角的“确定”按钮，这样剪贴板中的内容就被粘贴过来了，波形编辑器中显示其波形内容。由于使用了混合式粘贴中的“淡化”功能，因此能够从波形振幅上看到开头的淡入效果和结尾的淡出效果，如图 4-56 所示。

（7）在“文件”面板中双击“夜空中最亮的星”文件名，在波形编辑器中显示“夜空中最亮的星”歌曲的波形内容。

（8）在 42～118 秒之间创建选区，然后右击，在弹出的快捷菜单中选择“复制”命令，将选择的波形复制到剪贴板中。

（9）在“文件”面板中双击“音乐串烧”文件名，切换至该文件。

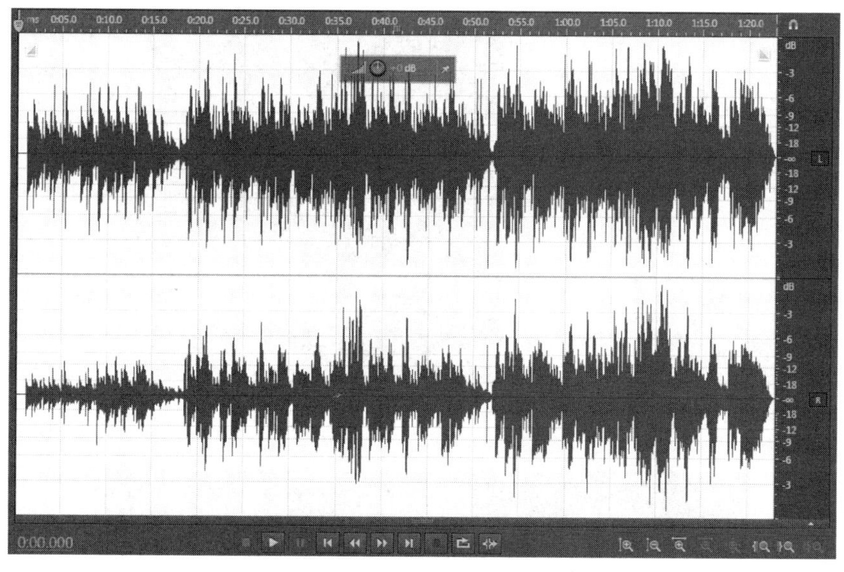

图 4-56 “淡化”后的效果

（10）在波形的结尾处单击，设置插入点，然后选择菜单栏中的“编辑”→“插入”→“静默”命令，如图 4-57 所示。

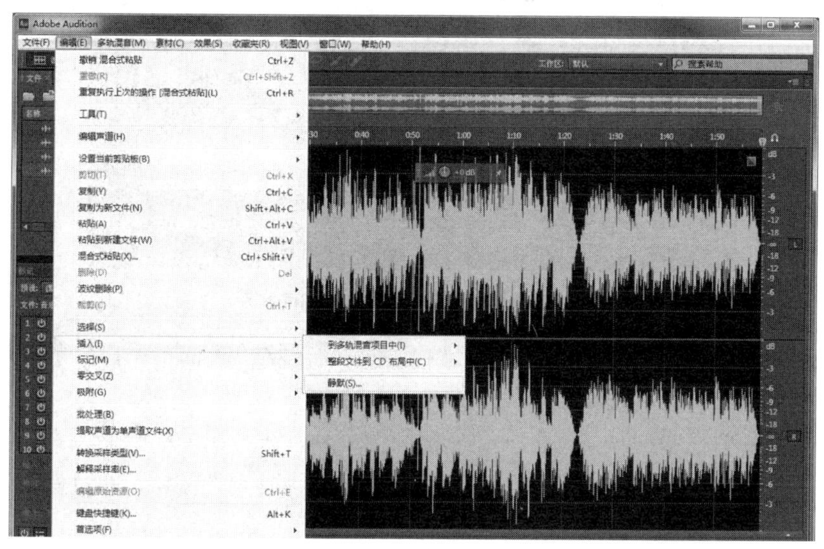

图 4-57 选择“静默”命令

（11）在弹出的“插入静默”对话框中设置持续时间为 36 秒，与剪贴板中的声音长度一致，如图 4-58 所示。

（12）单击“插入静默”对话框右侧的“确定”按钮，此时波形显示器中波形的结尾处多出来一段 36 秒时长的选区，如图 4-59 所示。

（13）按照步骤（5）操作，单击“确定”按钮后，剪贴板中“夜空中最亮的星”歌曲的部分声音就成功地粘贴过来了，如图 4-60 所示。

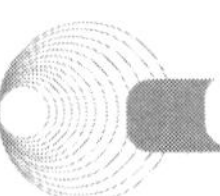

图 4-58 “插入静默”对话框

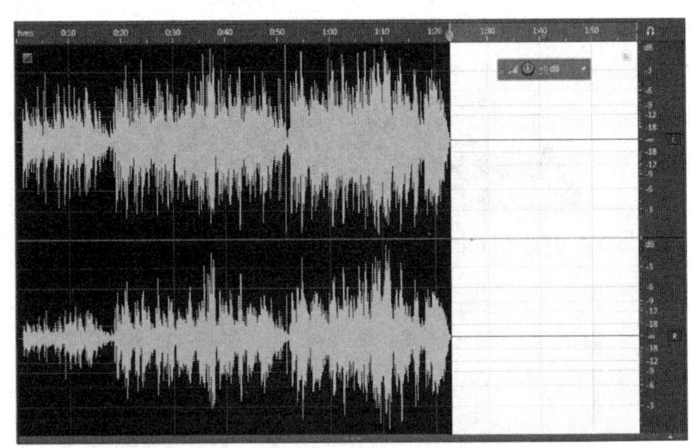

图 4-59 插入静默后的波形

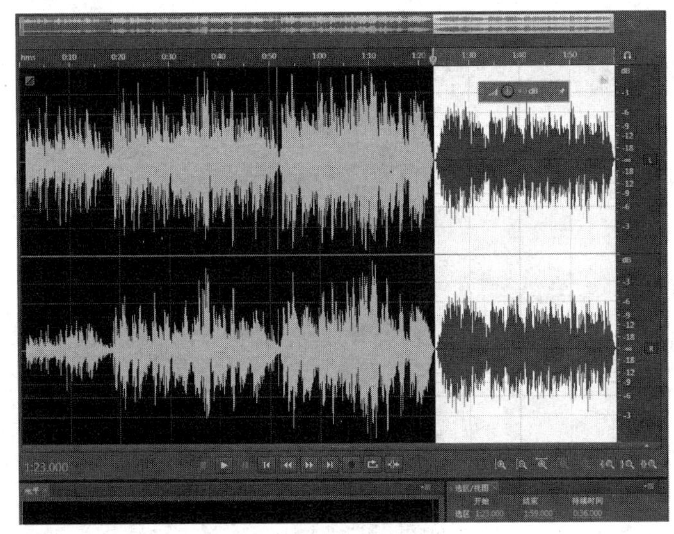

图 4-60 粘贴部分新歌曲后的效果

（14）同理，按照步骤（7）～步骤（13）的方法，将“我们不一样”歌曲中的一段音乐粘贴到“音乐串烧”的结尾处。

（15）选择菜单栏中的“文件”→“另存为”命令，在弹出的“存储为”对话框中设置格式为“MP3 音频”，单击“存储为”对话框右下角的“确定”按钮，即可保存，如图 4-61 所示。

（16）通过以上操作，一段自制的别有韵味的名为“音乐串烧”的 MP3 文件就完成了。

3. 一人为多个角色配音

一人为多个角色配音就是同一个人为多个不同对象所扮演的角色配音。

（1）把麦克风插入声卡的 MIC IN 插孔中，这时桌面会显示插入了哪个设备的提示，选择麦克风并单击“确定”按钮就可以了。

（2）启动 Adobe Audition CS6 软件，选择菜单栏中的“文件”→“新建”→“音频文件”命令，打开“新建音频文件”对话框，设置文件名为“多角色配音”，采样率为 44 100 Hz，单声道和 16 位深度的音频文件，如图 4-62 所示。

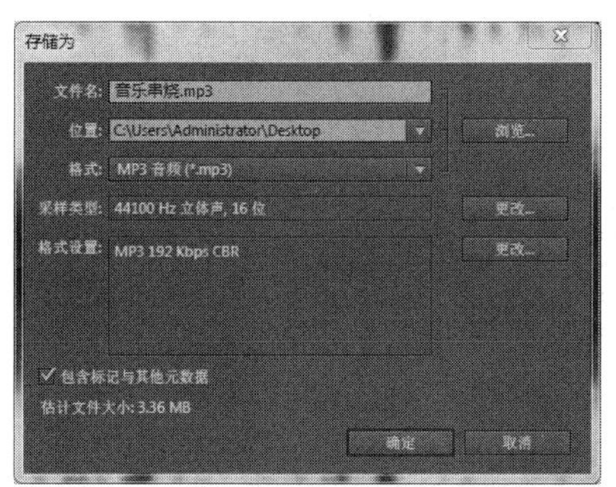

图 4-61 “存储为”对话框

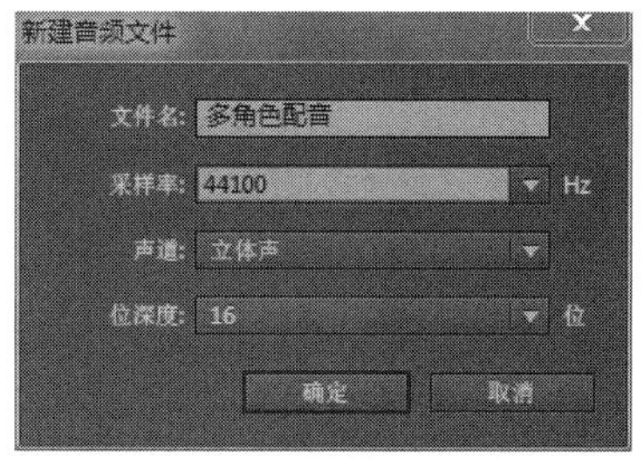

图 4-62 “新建音频文件”对话框

（3）单击编辑器下面“走带”面板的红色录音按钮开始录音。

按照下面描述的对话内容进行录音：

从前有片丛林，里面住着蜈蚣和蚂蚁，蜈蚣总是自以为是，到处夸耀自己可以战胜最凶猛的毒蛇。

有一天，他们见了面。蜈蚣得意忘形地说：“小东西，你可知道我的厉害?”“有什么了不起的，哼，就你这小小的个子。”蚂蚁说。

“我什么都不怕，就连蛇也怕我三分。”

正说着，一条小蛇爬了过来，蜈蚣立马跳了上去，小蛇果然像它说的那样直发抖，十分害怕。

蜈蚣围着小蛇转圈圈，弄得小蛇眼花缭乱，不知所措地张大嘴巴，这时，蜈蚣跳进他的嘴里，吃了小蛇的心，咬烂了小蛇的内脏，最后从尾巴钻了出来。

就这样，一条小蛇被蜈蚣从内部击溃了。蚂蚁看得目瞪口呆。

“这下子，你知道我的厉害了吧。”蚂蚁连忙点点头。

突然，一只螳螂出来了，蚂蚁直流冷汗：“这小东西可不好惹，别碰他。”

“也许，只有你才怕他。”

蜈蚣站在螳螂面前，显得十分高大，突然，螳螂飞快地挥动着自己锋利的大刀，一下子就把蜈蚣切得血肉模糊。

蚂蚁跑上去，笑道：“都是傲慢惹的祸呀，不听蚂蚁言，吃亏在眼前。”

不一会儿，蚂蚁就把蜈蚣吃掉了。

（4）音量调整。选择录制的全部波形，选择菜单栏中的“效果”→“振幅与压限”→“标准化”命令，弹出“标准化”对话框，保持默认值，单击“标准化”对话框右下角的“确定”按钮即可。此时，声音波形振幅变大，声音的音量被增大到合适的数值上。

（5）降噪处理。选中一段噪声波形，选择菜单栏中的“效果”→“降噪/恢复”→“捕捉噪声样本”命令。然后选择菜单栏中的“效果”→“降噪/恢复”→“降噪”命令，完成降噪工作；用同样的方法选择剩余有噪声的波形进行同样的降噪处理。

（6）改变音调。将蜈蚣的对白内容处理成儿童声音的效果，蚂蚁的对白内容处理成成年男人声音的效果，旁白部分不做任何改变。选中蜈蚣说话的波形，选择菜单栏中的“效果”→“时间与变调”→“伸缩与变调”命令，如图 4-63 所示。

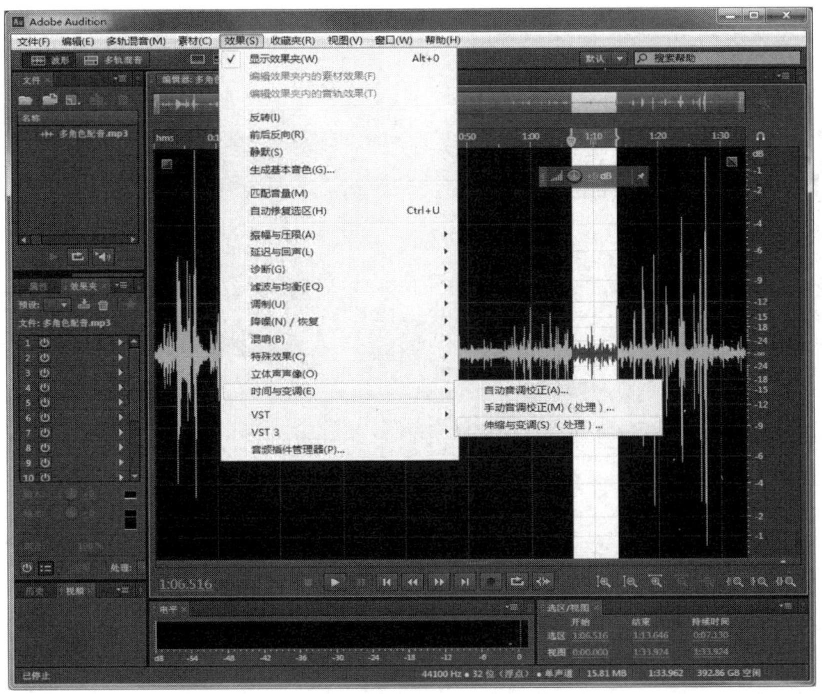

图 4-63　选择“伸缩与变调”命令

（7）在弹出的“效果-伸缩与变调”对话框中选择“预设”效果为“升调”，单击该对话框右下角的“确定”按钮，如图 4-64 所示。

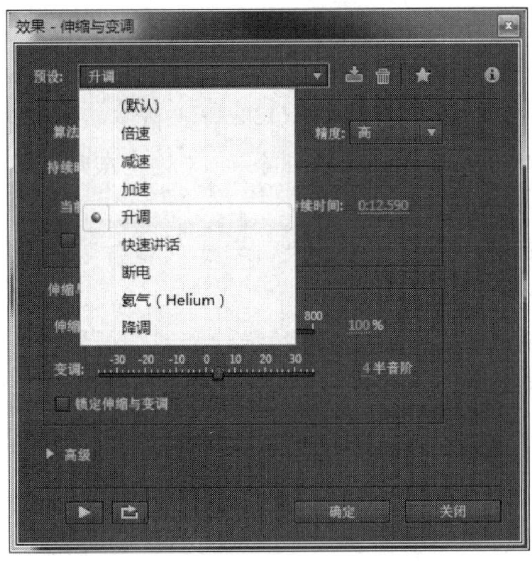

图 4-64　选择“升调”预设效果

（8）按照步骤（6）和步骤（7）的方法，将蜈蚣的其他对白内容也都处理成儿童声音的效果。

（9）选中蚂蚁的说话波形，选择菜单栏中的“效果”→“时间与变调”→“伸缩与变调”命令，在弹出的“效果-伸缩与变调”对话框中选择“预设”效果为“降调”，单击该对话框右下角的“确定”按钮，即可完成变调，如图 4-65 所示。

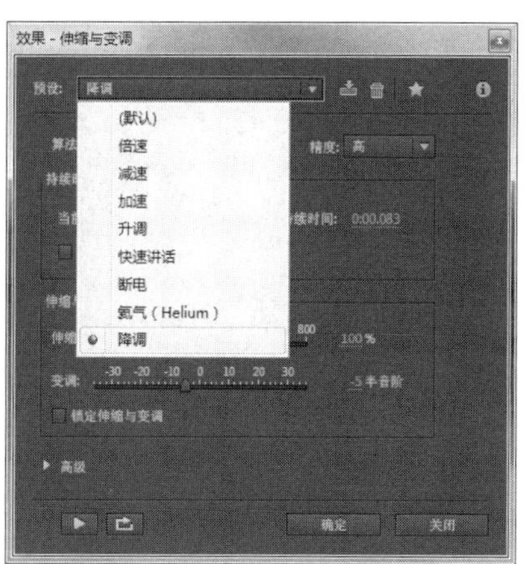

图 4-65　选择“降调”预设效果

（10）最后将文件保存起来，这个一人为多个角色配音的文件就完成了。

4. 制作多种声音的混音效果

制作多种声音的混音就是把多种声音素材分别放到多个轨道，每个声音素材都能在各自的轨道进行编辑，然后经过合成后缩混为一个成品。

（1）准备混音所需要的素材。

① 自行录制一段诗朗诵的音频文件。

② 在网上下载与诗朗诵风格相匹配的音乐文件和自然效果声素材。

（2）启动 Adobe Audition CS6 软件，切换至多轨编辑器界面，新建项目文件“配乐朗诵混音”。

（3）将诗朗诵、音乐和自然声导入。

（4）将准备好的素材分别拖曳至“声轨 1～声轨 4”中，如图 4-66 所示。

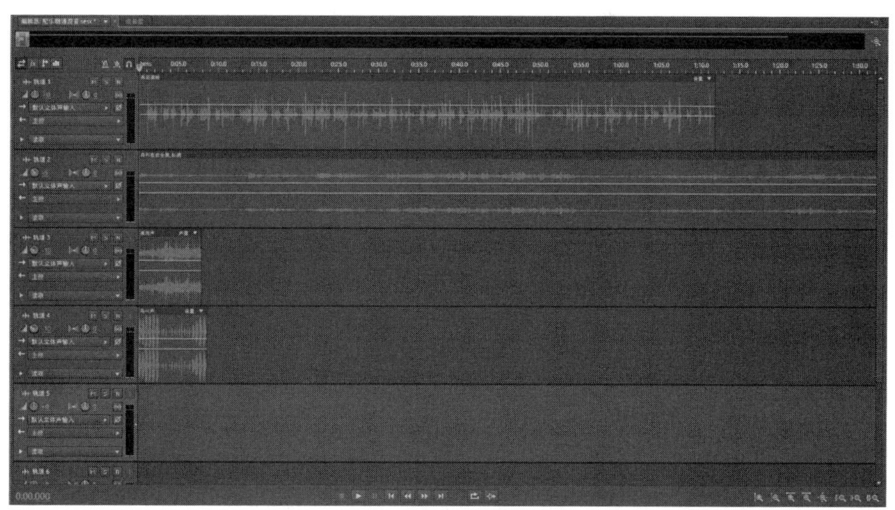

图 4-66　将准备好的素材拖曳至声轨

（5）调整各个音频块的位置和时长。将朗诵声向后移动一些，以制造一点前奏的感觉；将溪流声和鸟叫声都裁减至与前奏时长一致的长度，如图 4-67 所示。

图 4-67　裁剪调整好各音乐素材音频块

（6）这时，朗读音量偏小，配乐音量偏大，溪流声和鸟叫声的出现和消失都较为突然，因此，将“声轨 2”的配乐输出音量降低 5 分贝（在左边轨道面板中调整音量为-5 -5），将“声轨 3”和“声轨 4”的输出音量降低 10 分贝（在左边轨道面板中调整音量为-10 -10），并为“声轨 3”和“声轨 4”的溪流声和鸟叫声设置淡入、淡出效果（设置合适的淡入、淡出时间，用鼠标分别拖动波形中左上角和右上角的淡入、淡出标识符号），如图 4-68 所示。

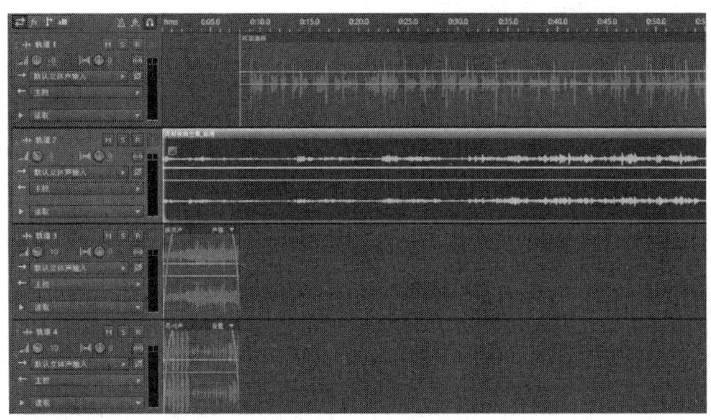

图 4-68　设置“声轨 3”和“声轨 4”的淡入淡出效果

（7）将“声轨 3”和“声轨 4”的溪流声和鸟叫声复制，然后在整个项目结尾处粘贴。再将“声轨 2”的配乐结尾处多余的波形删除，并设置淡出效果，如图 4-69 所示。

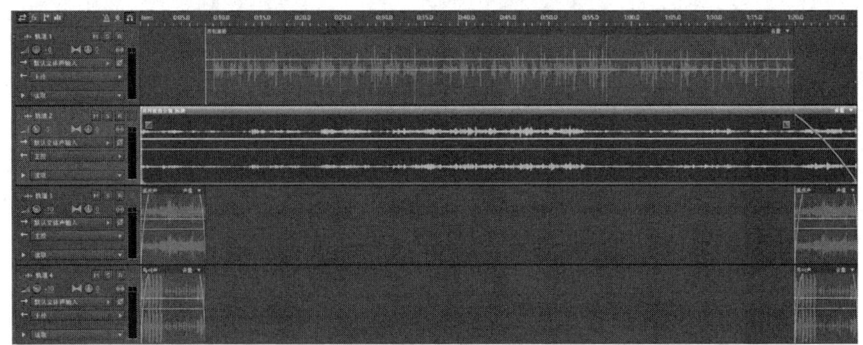

图 4-69　复制溪流声、鸟叫声和设置裁剪配乐后的效果

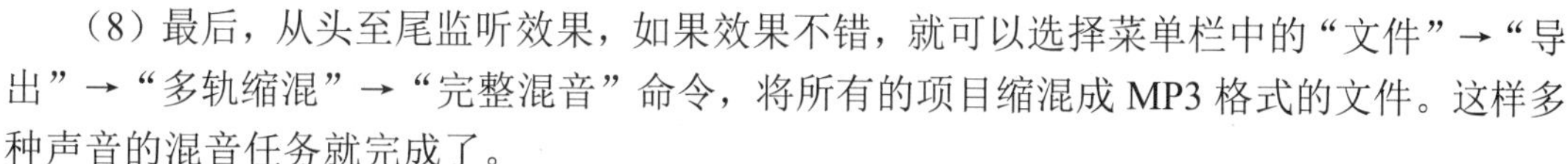

（8）最后，从头至尾监听效果，如果效果不错，就可以选择菜单栏中的“文件”→“导出”→“多轨缩混”→“完整混音”命令，将所有的项目缩混成MP3格式的文件。这样多种声音的混音任务就完成了。

5. 模拟一段语音、特殊效果声及音乐混合的电影原声

模拟一段语音、特殊效果声及音乐混合的电影原声，就是根据一部影片中的一段旁白，录制一段语音，然后加入一些旁白内容里涉及的特殊效果声，最后经过合成缩混为一个成品。

（1）素材的准备。

① 自行录制影片《重庆森林》中的一段旁白。

> 每个人都有失恋的时候，而每一次失恋，我都会去跑步，因为跑步可以将身体里的水分蒸发掉，而让我不那么容易流泪，我怎么可以流泪呢？在阿May心里，我可是一个很酷的男人。
>
> 我们分手的那天是愚人节，所以我一直当她是开玩笑，我愿意让她这个玩笑维持一个月。从分手的那一天开始，我每天买一罐5月1日到期的凤梨罐头，因为凤梨是阿May最爱吃的东西，而5月1日是我生日。我告诉我自己，当我买满30罐的时候，她如果还不回来，这段感情就会过期。
>
> 在1994年的5月1日，有一个女人跟我讲了一声“生日快乐”，因为这一句话，我会一直记住这个女人。如果记忆也是一个罐头的话，我希望这一罐罐头不会过期；如果一定要加一个日子的话，我希望她是一万年。

② 在网上下载或者自行录制旁白中所需要的特殊效果声和与之相匹配的音乐。

（2）启动Adobe Audition CS6软件，切换至多轨编辑器界面，新建项目文件“电影原声旁白”。

（3）导入准备好的所有素材。

（4）将配乐文件拖曳至“声轨1”，并将输出音量降低20%。

（5）将语音旁白拖曳至“声轨2”并监听语音内容。

（6）确定语音中涉及特殊效果声的位置，分别将特殊效果声拖曳至剩下的轨道中，并放置在恰当的时间位置上，调整好输出音量，如图4-70所示。

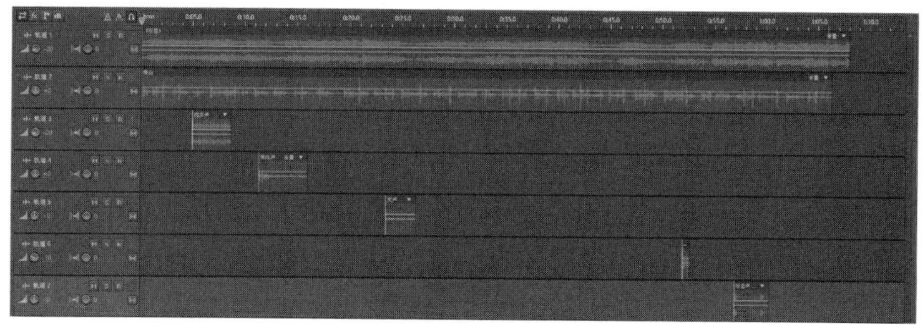

图4-70 拖曳特殊声音到合适的位置

（7）选中“轨道1”，为配乐文件的开头处和结尾处分别制作淡入和淡出效果，设置合适的淡入、淡出时间，用鼠标分别拖动波形中左上角和右上角的淡入◪、淡出◩标识符号。

用同样的方法，分别为几种特殊效果声制作淡入淡出效果，最终效果如图 4-71 所示。

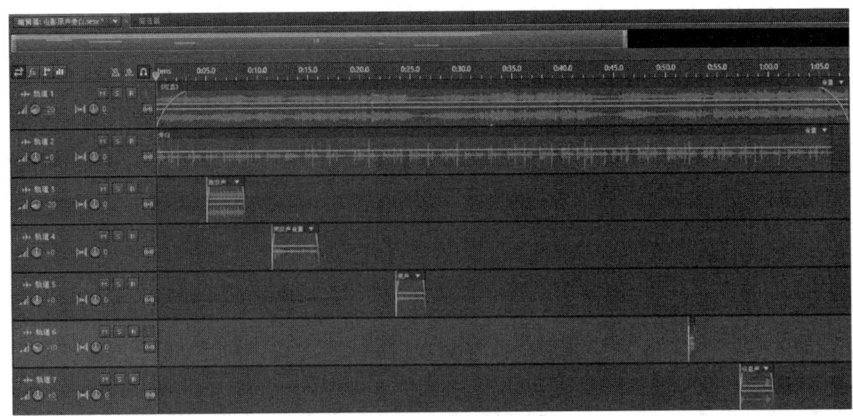

图 4-71　给配乐和特殊效果声制作淡入淡出效果

（8）监听全部轨道的声音，选择菜单栏中的“文件”→“导出”→“多轨缩混”→“完整混音”命令，将所有的项目缩混成 MP3 格式的文件。这样一段语音、特殊效果声和音乐混合的电影原声文件就制作好了。

思考与练习

1. 大多数人能够听到的频率范围是多少？
2. 阐述声卡应具有哪些基本功能。
3. 列举一些常见的声音文件格式，并简单说明比较。
4. 在 Adobe Audition CS6 中如何分别在波形和多轨混音界面下录音？
5. 在 Adobe Audition CS6 中如何编辑音频波形？
6. 在网上下载两首音乐，通过剪辑技术将其时间长度改为 35 秒，并保存为 MP3 格式。
7. 制作一段 3 首以上的音乐串烧文件，并进行淡入淡出效果的实现。
8. 准备一段对话，并为对话中的不同角色配音。
9. 自制一段有多种声音和朗诵的混音效果。
10. 为一部动画片制作一段背景音效。

第 5 章　计算机动画制作技术

随着计算机信息技术的发展，人们对计算机动画已不再陌生，从日常生活中的动画片到平常多媒体课件中的动画演示，人们逐渐接受了这种直观生动的媒体形式。计算机动画以其生动、形象和直观等特点，为多媒体课件和网页制作增添了无穷的活力，动画媒体可以使制作的数字媒体应用程序更加富有特色和感染力。计算机动画的关键技术体现在计算机动画制作软件和硬件上，计算机动画制作软件目前很多，虽然制作的复杂程度不同，但制作动画的基本原理是一致的。在众多的动画制作软件中，Flash CS6 是一款功能较多的、优秀的平面动画制作软件，它是一种交互式动画设计工具，可以将音乐、声效、动画以及富有新意的界面融合在一起，以制作出高品质的网页动态效果。

5.1　动画的相关概述

人们所说的传统动画片是产生于一个多世纪前的一种艺术形式，即会“动”的画。和电影一样，它是利用人类眼睛的“视觉暂留”现象，使一幅幅静止的画面连续播放，而看起来像在运动。传统动画片是用画笔画出一张张不动的，但又是逐渐变化着的连续画面，经过摄像机拍摄，然后以每秒 24 格的速度连续播放。当然也可以设定每张图片所停滞的时间，使不同的动画显示速度不同，这时所画的不动画面就在银幕上或荧屏里活动起来，就成了传统动画片。计算机动画是在传统动画的基础上，采用计算机图形图像技术而迅速发展起来的一门高新技术。

动画最早发源于 19 世纪上半叶的英国，兴盛于美国，中国动画则起源于 20 世纪 20 年代。动画是一门年轻的艺术，它是唯一有确定诞生日期的一门艺术，1892 年 10 月 28 日埃米尔·雷诺首次在巴黎著名的葛莱凡蜡像馆向观众放映光学影戏，标志着动画的正式诞生，所以埃米尔·雷诺也被誉为“动画之父”。从 20 世纪 60 年代起，计算机动画技术得到快速发展和应用，那时，美国的贝尔实验室和一些研究机构就开始研究用计算机实现动画片中间画面的制作和自动上色。这些早期的计算机动画系统基本上是二维辅助动画系统，也被称为二维动画。20 世纪七八十年代，计算机图形、图像技术的软、硬件都取得了显著的发展，使得计算机动画技术日趋成熟，三维辅助动画系统也开始研制并投入使用。如今，计算机动画已经有了较为完善的理论体系和产业体系，并以其独特的艺术魅力深受人们的喜爱。

5.1.1　动画的基本概念

动画的概念不同于一般意义上的动画片，动画是一种综合艺术，它是集合了绘画、电影、数字媒体、摄影、音乐、文学等众多艺术门类于一身的艺术表现形式。

动画（Animation）一词源自拉丁文字根 anima，意思为“灵魂”，动词 animate 是“赋予生命”的意思，引申为“使某物活起来”。所以动画可以定义为使用绘画的手法，创造生命运动的艺术。

事实上，动画是一种动态艺术，是把人物的表情和动作等变换分解成一系列内容相关又有所不同的画面，以一定速率连续放映，形成运动的画面。所以说，动画是运动的艺术，动画的关键是运动。

传统动画的画面是由大批的动画设计者手工绘制完成的。在制作动画时必须人工制作出大量的画面，一分钟动画所需要的画面在 720～1 800 张之间，用手工来绘制图像是一项工作量很大的工程，因此就出现了关键帧的概念。关键帧是由熟练的动画师绘制的主要画面，它之间的画面称为中间画面，中间画面则是由一般的动画师在关键帧基础上画出的。

随着计算机技术的发展，动画技术也从原来的手工绘制进入了计算机动画时代。使用计算机制作的动画，表现力更强，内容更丰富，制作过程也更简单。经过人们不断的努力，计算机动画已经从简单的图形变换发展到今天真实的模拟现实世界。

5.1.2 动画的视觉原理

动画是通过把人物的表情、动作、变化等分解后画成许多动作瞬间的画幅，再用摄影机连续拍摄成一系列画面，给视觉造成连续变化的图画。它的基本原理与电影、电视一样，当大家观看动画片时，画面中的人物和场景也是连续、流畅和自然变化的。其实每一段电影、电视或动画片，都是由一系列相似的画面组成的。动态图像之所以成为可能，是因为人类的眼睛具有“视觉暂留”的特性，这是医学上已经证明了的，也就是说当人的眼睛看到一幅画面或一个物体后，在 1/24 秒内不会消失。利用这一原理，在一幅画面还没有消失前播放下一幅画面，就会给人形成一种流畅的视觉变化效果。因此，电影采用了每秒 24 幅画面的速度拍摄播放，电视采用了每秒 25 幅（PAL 制，中央电视台的动画就是 PAL 制）或 30 幅（NSTC 制）画面的速度拍摄播放。如果以每秒低于 24 幅画面的速度拍摄播放，就会出现停顿现象。

动画的连续播放既指时间上的连续，也指图画内容上的连续。组成动画的每一个静态画面叫作“帧”(Frame)。动画的播放速度通常称为“帧速率”，简称“帧率”，以每秒播放的帧数表示，简称 FPS。帧率达到每秒 10 帧以上，就能产生连续运动感；帧率达到每秒 15 帧以上，运动画面就比较平滑流畅。一般在具体制作时都会根据应用范围来确定帧数。

随着动画的发展，除了动作的变化，还发展出颜色的变化、材料质地的变化、光线强弱的变化等形式的动画。

5.1.3 动画的分类

动画的分类没有统一的规定，不同资料上的分类结果不尽相同。不过，大致可以根据制作技术和手段、空间的视觉效果、播放效果和常用动画软件中用到的方法和技术等方面进行分类。

5.1.3.1 根据制作技术和手段分类

1. 以手工绘制为主的传统动画

以手工绘制为主的传统动画是一种平面动画，最初在纸上进行绘制，是最常见、最古老的动画形式。

传统手工绘制动画是由美术动画电影的传统制作方法移植而来的，以各种绘画形式作为表现手段，利用人眼的视觉暂留现象，用笔画出一张张逐渐变化并能清楚反映一个连续动态过程的静止画面，经过摄像机逐张地拍摄编辑，再以一定的速度放映，从而产生连续运动的错觉。

2. 以计算机制作为主的电脑动画

以计算机制作为主的电脑动画是计算机图形学和艺术相结合的产物，它是伴随着计算机硬件和图形算法高速发展起来的一门高新技术。

以计算机制作为主的电脑动画也叫计算机动画。它是依靠计算机技术和现代高科技技术生成的虚拟动画，是采用图形与图像的处理技术，借助于编程或动画制作软件生成的一系列景物画面，其中当前帧是前一帧的部分修改。它是一种计算机合成的数字媒体，而不是用摄像机拍摄的客观事物的影像。

5.1.3.2 根据空间的视觉效果分类

1. 二维动画（平面动画）

二维动画也称平面动画，顾名思义，是只有长和宽二维数据的动画。

二维动画是每秒24张的动画，需要手绘一张一张地画，当然在制作过程中也分为一拍二和一拍一。一拍一就是每秒24张，这种动画相当流畅，人物的动作很自然，典型的就是迪斯尼动画，大多采用一拍一；一拍二也就是每秒12张，没有24张的动画流畅，但是节约了一倍的时间，日本动画常常这样做，不过现在很多动画都是采用两者结合方式制作的，如一拍一加一拍二。二维动画还可以利用计算机填色、叠加、生成中间画、制作特效等。

2. 三维动画（立体动画）

三维动画也称立体动画，是含有长、宽、高三维数据的动画。

三维动画还可称为3D动画、空间动画或者模型动画，通过计算机持续模拟三维空间中的场景及场景中的人物，是具有立体动态效果的动画。之所以又叫模拟动画，是因为它利用计算机构造三维形体的模型。和二维动画中的物体截然不同，三维模型中的物体具有三维数据，有正面、侧面和反面。调整三维空间的视点，能够看到不同的内容。三维动画不受时间、空间、地点、条件、对象的限制，运用各种表现形式把复杂、抽象的节目内容、科学原理、抽象概念等用集中、简化、形象、生动的形式表现出来。

5.1.3.3 根据播放效果分类

1. 顺序动画

顺序动画是指严格按照时间发展的先后顺序播放的动画，它具有时间连续性的特点。

2. 交互式动画

交互式动画是指在动画作品播放时支持事件响应和交互功能的一种动画，也就是说，动画播放时可以接受某种控制。这种控制可以是动画播放者的某种操作，也可以是在动画制作时预先准备的操作。

这种交互性提供了观众参与和控制动画播放内容的手段，使观众由被动接受变为主动选择。

5.1.3.4 根据常用动画软件中用到的方法和技术分类

1. 帧动画

帧动画是由一幅幅连续的画面组成的图像或图形序列，这是产生各种动画的基本方法。

2. 造型动画

造型动画是对每个活动的对象分别进行设计，并构造每一对象的特征，然后用这些对象组成完整的画面，这些对象在设计要求下实时转换，最后形成连续的动画过程。

3. 路径动画

路径动画是由用户根据需要设定好一个路径后，使场景中的对象沿着路径进行运动，如模拟飞机的飞行、动物行走或奔跑等都可以使用路径动画来制作，如图 5-1 所示。

图 5-1　路径动画

4. 关键帧动画

关键帧动画是计算机动画中最基本、运用最广泛的制作方法，由用户根据需要设置好首末关键帧的位置和属性后，由计算机来生成中间的帧。

5. 变形动画

变形动画也叫形状补间动画，它是指元素的外形发生较大的变化，例如图形的移动、缩放、形状渐变、色彩渐变等动画，如图 5-2 所示。

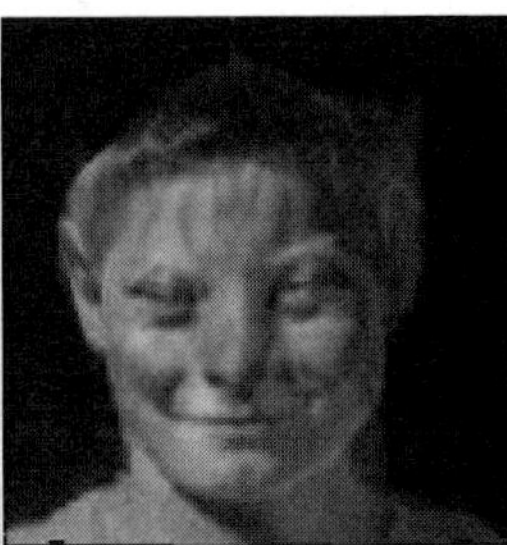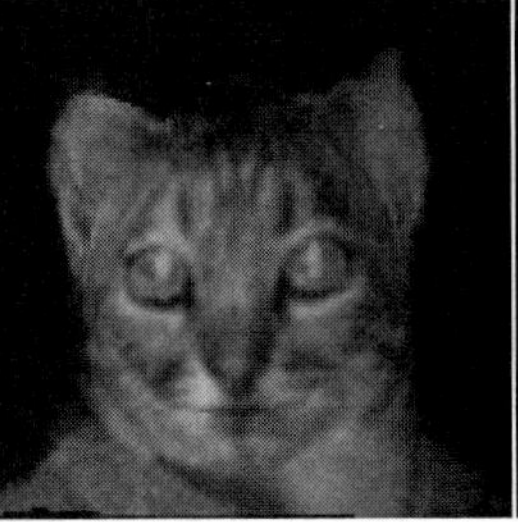

图 5-2　变形动画

5.1.4 动画的特点

这里动画的特点实际指的是它的制作特点，主要有以下几个方面的内容。

1. 动画的技术特性

动画的技术特性指的是用逐个制作工艺和逐个制作技术创造性的还原自然形态的技术手段，具体方法是通过对事物的运动过程和形态的分解，画出一系列运动过程的不同瞬间动作，然后进行逐张描绘、顺序编码、计算时间以及逐个制作等工艺技术处理过程。

2. 动画的工艺特性

动画具有严格的操作方法和技术分工，它不像其他艺术技巧，其综合工艺特性使得每一个工作环节不能产生完整的作品，只有把所有人的成果合起来才能形成一个完整的作品，所以说动画具有工艺的性质，是一种制作方法和加工程序。

3. 动画的审美特性

动画的形态可以说是一切造型艺术的运动形态，从早期的天真动画、活动漫画故事，到后来的追求三维立体空间的长篇剧情动画，以及作为艺术探索的短片，无论是商业动画还是作为功用目的性的科教动画、广告动画、网页动画、电影特技动画以及节目包装动画等，都不能忽视其作为造型艺术形象的动态审美共性。

4. 动画的功能特性

早期动画作为技术手段使得简单的线条和图形能够在银幕上活动，带给观众娱乐，娱乐观众，后来这种方法被用来做广告推销产品、科学教育片的制作以及农业技术推广片的特技。到了 20 世纪 40 年代，动画作为创作长篇剧情电影的手段而独树一帜，因成为电影的一种新型样式越来越受到重视，随着新科学技术的发展，动画的功能得到了广泛开发。

总之，计算机动画制作是一种高技术、高智力和高艺术性的创造性工作。

5.1.5 动画文件格式

随着现代科技的不断进步发展，计算机动画的应用也越来越广泛，由于应用领域不同，其动画文件也存在着不同类型的存储格式。以下是目前应用最广泛的几种动画格式。

1. GIF 文件格式（.gif）

GIF 文件格式的扩展名是.gif，是 Graphics Interchange Format（图像交换格式）的简称，它是由美国 CompuServe 公司在 1987 年所提出的图像文件格式，主要用于图像文件的网络传输，目的是能够在不同的平台上交流使用，是互联网上 WWW 的重要文件格式之一。

GIF 动画是网络上最为流行的小动画，支持透明色。GIF 图像格式除了一般的逐行显示方式，还增加了渐显方式，即在传输过程中，制作者可以先看到画面的大致轮廓，然后随着传输的进行而逐渐看清细节。

GIF 动画文件格式其实是图像文件格式，可以保存一幅图像，也可以保存多幅图像，每一幅画面都是一幅图像，并在显示时依次循环播放，因此产生动态效果，形成动画。由于这种文件格式采用 256 色，而且使用无损数据压缩方法中压缩率较高的 LZW 算法，因此文件很小，特别适合网络传输，并被广泛采用。目前网络上大量采用的小动画多为 GIF

格式的动画。

这种格式的文件由于是基于图像的格式，各浏览器均有这个格式的解码，所以在各浏览器中可以直接观看，不需要专门的软件。但是需要强调的是，GIF 文件格式无法存储声音信息，只能形成“无声动画”。

2. FLC 文件格式（.fli/.flc）

FLC 文件格式是 Autodesk 公司在其出品的 2D、3D 动画制作软件中采用的彩色动画文件格式，FLC 和 FLI 统称为 FLIC。其中，FLI 是最初的基于 320 像素×200 像素的动画文件格式，而 FLC 则是 FLI 的扩展，采用了更高效的数据压缩技术，其分辨率也不再局限于 320 像素×200 像素，支持 256 色，广泛应用于动画图形中的动画序列、计算机辅助设计和计算机游戏应用序列。

FLIC 文件采用行程编码（RLE）算法和 Delta 算法进行无损的数据压缩，首先压缩并保存整个动画系列中的第一幅图像，然后逐帧计算前后两幅图像的差异或改变部分，并对这部分数据进行 RLE 压缩，由于动画序列中前后相邻图像差别不大，因此可以得到相当高的数据压缩率。

FLC 文件格式仍然不能存储声音信息，也是一种“无声动画”格式。

3. SWF 文件格式（.swf）

SWF（Shock Wave Flash）是 Macromedia（现已被 Adobe 公司收购）公司的动画设计软件 Flash 的专用格式，被广泛应用于网页设计、动画制作等领域，SWF 文件通常也被称为 Flash 文件。

SWF 是一种矢量动画格式，由于其采用矢量图形记录画面信息，因此这种格式的动画在缩放时不会失真，而且还具有交互性和文件体积小等特点，非常适合描述由几何图形组成的动画，如教学演示等。它采用流媒体技术，可以一边下载一边播放，与网页格式的 HTML 文件充分结合，并能添加 MP3 音乐，形成二维“有声动画”，因此被广泛应用于网页上，成为一种“准”流式媒体文件。这类文件流行于网络，是网络上常见的动画类型之一。

另外，以.swf 为扩展名的 Flash 动画文件，能够使用 Flash Player 或者其他影音播放器打开，也能够使用带有 Flash 播放器插件的浏览器播放。

4. AVI 文件格式（.avi）

AVI 是音频视频交错（Audio Video Interleaved）的英文缩写，它是微软公司开发的一种符合 RIFF 文件规范的数字音频与视频文件格式。AVI 还是对音频、视频文件采用的一种有损压缩方式，该方式的压缩率较高，并可将音频和视频混合到一起。因此，尽管画面质量不是太好，但应用范围仍然非常广泛。AVI 信息主要应用在数字媒体光盘上，用来保存电视、电影等各种影像信息。有时也会出现在 Internet 上，供用户下载、欣赏新影片的精彩片段。

AVI 格式的文件既可以保存视频内容，也可以保存动画。

5. MOV 文件格式（.mov）

MOV 即 QuickTime 影片格式，它是苹果公司开发的一种音频、视频文件格式，用于存储常用数字媒体类型。当选择 QuickTime（*.mov）作为“保存类型”时，动画将保存为.mov 文件。该文件格式支持 256 位色彩，支持 RLE、JPEG 等领先的压缩技术，提供了 150 多

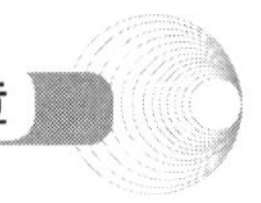

种视频效果和 200 多种 MIDI 兼容音响和设备的声音效果，能够通过网络提供实时的数字化信息流、工作流与文件回放。QuickTime 还用于保存音频和视频信息，具有先进的音频和视频功能，被众多计算机平台所支持。国际标准化组织（ISO）最近选择 QuickTime 文件格式作为开发 MPEG 4 规范的统一数字媒体存储格式。

6. DIR 文件格式（.dir）

Director 的动画格式，扩展名为.dir，也是一种具有交互性的动画，可加入声音，数据量较大，多用于数字媒体产品、游戏中。

5.2 二维动画制作软件 Flash CS6

Flash 是由 Macromedia 公司推出的交互式矢量图和 Web 动画的标准，由 Adobe 公司收购，是目前最为流行的且使用最广泛的二维动画制作软件。Flash 是一款用于矢量图创作和矢量动画制作的专业软件，主要应用在网页设计和数字媒体制作中，具有强大的功能且性能独特。Flash 制作的矢量图动画大大增加了网页和数字媒体设计的观赏性。

Flash 软件提供的物体变形和透明技术使得创建动画更加容易，交互设计让用户可以随心所欲地控制动画，用户有更多的主动权，优化的界面设计和强大的工具使 Flash 更简单实用。不仅如此，Flash 还具有以下特点。

（1）Flash 操作简单，硬件要求低，功能较强。制作 Flash 动画一般仅需一台普通的个人计算机和相关软件就能完成动画的制作。Flash 是集绘画、动画编辑、特效处理、文字、音效处理等操作于一身的动画制作软件。

（2）Flash 采用矢量绘图。同普通位图图像不同的是，矢量图无论放大多少倍都不会失真，因此 Flash 动画的灵活性较强。

（3）Flash 动画拥有强大的网络传播能力。由于 Flash 动画文件较小且是矢量图，而且采用的是流式播放技术，因此它的网络传输速度优于其他动画文件。

（4）Flash 动画具有交互性，能更好地满足用户的需求。可以在动画中加入滚动条、复选框、下拉菜单等各种交互组件，可以通过单击、选择等动作决定动画运行过程和结果。

（5）Flash 动画制作成本低、效率高。使用 Flash 制作的动画在减少了大量人力和物力资源消耗的同时，也极大地缩短了制作时间，使得 Flash 动画拥有了崭新的视觉效果。Flash 动画比传统的动画更加简易和灵巧，已经逐渐成为一种新兴的艺术表现形式。

（6）Flash 动画在制作完成后可以把生成的文件设置成带保护的格式，这样就维护了设计者的利益。

5.2.1 Flash CS6 工作界面

启动 Flash CS6，首先弹出来如图 5-3 所示的启动画面。检测完后即可进入 Flash CS6 程序。

图 5-3 Flash CS6 启动画面

Flash CS6 程序启动以后，会出现如图 5-4 所示的“欢迎”界面。界面中列出了一些常用的任务，左边是从模板创建各种动画文件，打开最近使用过的 Flash CS6 文档；中间是创建一个空白的新项目，如单击“ActionScript 3.0”按钮，可新建一个 Flash CS6 文档；右侧可以进入 Flash CS6 网站学习相关知识；下边是扩展功能及相关信息。若需隐藏“欢迎”界面，可勾选“不再显示”复选框。

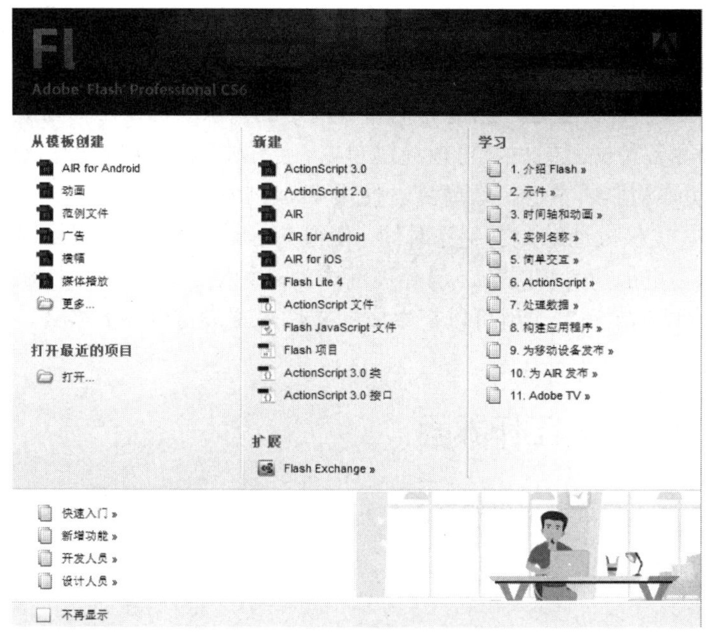

图 5-4 Flash CS6“欢迎”界面

单击欢迎界面“新建”任务下面的“ActionScript 3.0”选项就创建了一个新的动画文件。Flash CS6 的工作界面主要包括菜单栏、工具箱、时间轴面板、舞台和浮动面板等，如图 5-5 所示。

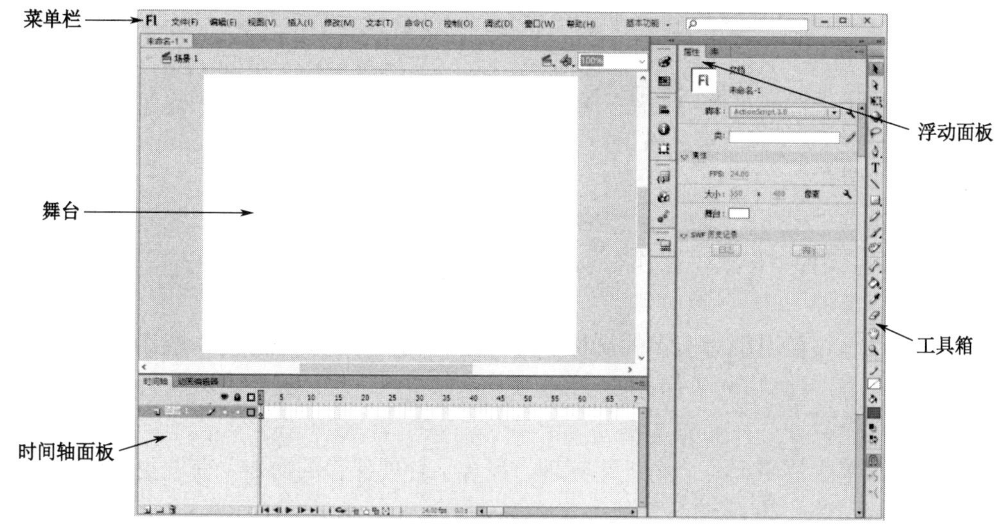

图 5-5 Flash CS6 的工作界面

1. 菜单栏

菜单栏位于整个窗口的顶部，是 Flash CS6 的重要组成部分，包含了动画组织操作中的各种命令和设置，单击主菜单可打开相应的子菜单。Flash CS6 的菜单中包括文件（F）、编辑（E）、视图（V）、插入（I）、修改（M）、文本（T）、命令（C）、控制（O）、调试（D）、窗口（W）和帮助（H）11 个功能各异的菜单、基本功能搜索和窗口控制按钮，该控制按钮包括窗口最小化、窗口还原、窗口最大化和关闭窗口四个选项，用于控制舞台的显示大小，如图 5-6 所示。

图 5-6 Flash CS6 的菜单栏

当单击菜单栏某组后，相应的下拉菜单就显示出来。如果菜单内的命令显示为浅灰色，则表示该命令目前无法选择；如果菜单项右侧有“…”，选择此项后将弹出与之有关的对话框；如果菜单项右侧有“ › ”按钮，则表示还有下一级子菜单。

Flash CS6 系统为大部分常用的菜单命令都设置了快捷键，比如：剪切（T）= Ctrl+X、复制（C）= Ctrl+C 和粘贴到中心位置（J）= Ctrl+V 等，熟悉并掌握这些快捷键，可以大大提高工作效率。

Flash CS6 菜单栏中各组的基本功能如下。

【文件】菜单。

“文件”菜单主要用于对操作的动画文件进行管理，包含了新建、打开、关闭、保存、导入、导出和打印等命令。

【编辑】菜单。

“编辑”菜单主要用于动画内容的编辑操作，包含了剪切、复制、粘贴到中心位置、选择性粘贴、直接复制、时间轴、编辑元件和自定义工具面板等命令。

【视图】菜单。

“视图”菜单主要用于对开发环境进行外观和版式设置，包含了放大、缩小、预览模式、标尺、网格、辅助线和隐藏边缘等命令。

【插入】菜单。

“插入”菜单主要用于插入性质的操作，包含了新建元件、补间动画、补间形状、传统补间、时间轴和场景等命令。

【修改】菜单。

“修改”菜单主要用于修改动画中的对象、场景等动画本身的特性，包含了文档、转换为元件、位图、元件、形状、合并对象、变形、对齐和组合等命令。

【文本】菜单。

“文本”菜单主要用于对文本的属性和样式进行设置，包含了字体、大小、样式、字母间距、检查拼写和字体嵌入等命令。

【命令】菜单。

“命令”菜单主要用于对命令进行管理，包含了管理保存的命令、获取更多命令、运行命令、导入动画 XML 和将动画复制为 XML 等命令。

【控制】菜单。

“控制”菜单主要用于对动画进行播放、控制和测试，包含了播放、测试影片、测试场景、循环播放和静音等命令。

【调试】菜单。

“调试”菜单主要用于对动画进行调试操作，包含了调试影片、继续、跳入、跳过、跳出和开始远程调试会话等命令。

【窗口】菜单。

“窗口”菜单主要用于打开、关闭、组织和切换各种窗口面板，包含了工具栏、时间轴、工具、属性、库、公用库、动作和工作区等命令。

【帮助】菜单。

“帮助”菜单主要用于提供 Flash CS6 软件各种程序的帮助信息以及在线技术支持。

2. 工具箱

工具箱默认的位置在图像窗口的最右侧，它集合了 Flash CS6 软件用于创建和编辑图像的各种工具。执行“窗口”→“工具”命令可以隐藏和打开工具箱；在工具箱中可以单击选择需要的工具；单击工具箱右下方的◢就可以打开该工具对应的隐藏工具；将鼠标光标指向工具箱的上端，单击并拖动即可改变工具箱在工作界面中的位置，如移到最左侧等。

工具箱中主要工具按钮包含选择工具、部分选取工具、任意变形工具、3D 旋转工具、套索工具、钢笔工具、文本工具、线条工具、矩形工具、铅笔工具、刷子工具、Deco 工具、骨骼工具、颜料桶工具、滴管工具、橡皮擦工具、手形工具、缩放工具、笔触颜色、填充颜色和交换颜色等，如图 5-7 所示。

图 5-7　Flash CS6 的工具箱

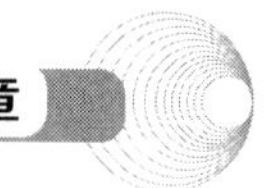

Flash CS6 工具箱中各组工具的基本功能见表 5-1。

表 5-1 Flash CS6 工具箱中各工具的基本功能

工 具		基 本 功 能
选择工具（V）		用来选择舞台中的对象，移动、改变对象大小和形状
部分选取工具（A）		用来选择加工矢量图形，增加和删除曲线节点，改变图形形状
任意变形工具组(Q)	任意变形工具（Q）	用来变换图形形状，具有缩放、旋转和移动等功能
	渐变变形工具（F）	改变渐变填充色彩的位置、大小、旋转和倾斜角度等
3D 旋转工具组（W）	3D 旋转工具（W）	3D 旋转功能只能对影片剪辑发生作用，它会在图像中央出现一个类似瞄准镜的图形，可以三维旋转
	3D 平移工具（G）	3D 平移功能只能对影片剪辑发生作用，它会在图像中央出现两根垂直箭头，可以平移
套索工具（L）		用来选择对象，特别是选择不规则的对象
钢笔工具组（P）	钢笔工具（P）	用来绘制矢量直线或曲线图形，且绘制后可配合选取节点工具来修整
	添加锚点工具（=）	单击矢量图形线条上的一点，可添加锚点
	删除锚点工具（-）	单击矢量图形线条上的锚点，可删除锚点
	转换锚点工具（C）	将直线锚点和曲线锚点相互转换
文本工具（T）		用来输入和编辑文字对象
线条工具（N）		用来绘制各种形状、粗细、长度、颜色和角度的直线
矩形工具组（R）	矩形工具（R）	用来绘制矩形，按住“Shift”键可绘制正方形
	椭圆工具（O）	用来绘制椭圆，按住“Shift”键可绘制椭圆
	基本矩形工具（R）	绘制的基本矩形有四个控制点，并可以调整控制点
	基本椭圆工具（O）	绘制的基本椭圆有两个控制点，并可以调整控制点
	多角星形工具	用来绘制正多角形和星形
铅笔工具（Y）		用拖动的方式绘制任意形状和粗细的矢量图形
刷子工具组（B）	刷子工具（B）	用于模拟水彩笔的笔触来绘制任意形状和粗细的矢量图形
	喷涂刷工具（B）	可以选择不同的颜色喷射粒子点
Deco 工具（U）		可以添加建筑物、粒子运动等高级动画效果
骨骼工具组（M）	骨骼工具（M）	在各种矢量图内部添加骨骼，可增加和旋转
	绑定工具（M）	可以修改骨骼自动关联有问题的锚点
颜料桶工具组（K）	颜料桶工具（K）	用当前颜色填充封闭图形内部的颜色
	墨水瓶工具（S）	用当前笔触颜色填充线条和轮廓颜色
滴管工具（I）		用来吸取选择点的色彩
橡皮擦工具（E）		用来擦除舞台上的图形和分离后的图像、文字等
手形工具（H）		用于移动控制画面显示的位置
缩放工具（Z）		可以放大或缩小图形以便于观察
笔触颜色		用来给铅笔、直线和对象的轮廓线绘制颜色
填充颜色		用来填充封闭图形内部的颜色
黑白颜色		默认笔触颜色为黑色，填充颜色为白色
交换颜色		单击旋转箭头，可以交换笔触颜色和填充颜色

3. 时间轴面板

默认情况下，Flash CS6 的时间轴面板位于舞台的下面。它用于组织和控制动画内容在一定时间内播放的层数和帧数。它还表示各帧的排列顺序和各层的覆盖关系，是 Flash CS6 的生命线。在时间轴面板下，还可以调整电影的播放速度，并把不同的图形作品放在不同图层的相应帧里，以安排电影内容的播放顺序。

时间轴面板由图层和帧区两部分组成，每层图像都有其对应的帧区，上一层的图像会覆盖下一层的图像。时间轴面板如图 5-8 所示，分为左右两个区域：左为图层控制区，右为帧控制区。

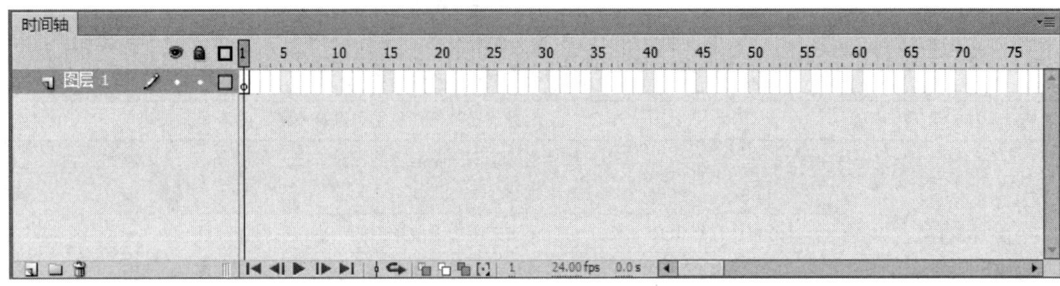

图 5-8　Flash CS6 的时间轴面板

4. 舞台

Flash CS6 的舞台就是默认的白色区域，也称场景，位于菜单栏和时间轴之间，如图 5-9 所示。所有的图画和操作都在这个白色的区域中实现，也只有这个区域的图像才能在动画中播放出来。

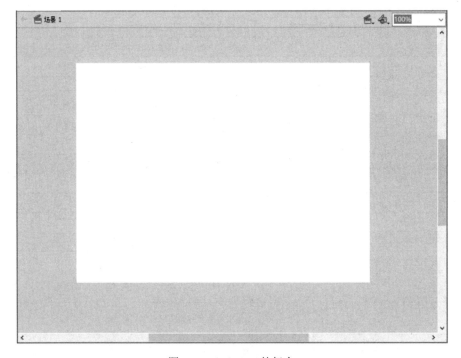

图 5-9　Flash CS6 的舞台

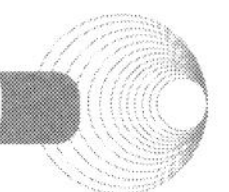

5. 浮动面板

Flash CS6 的浮动面板通常位于舞台的右侧，较常用的有“属性”“库”“颜色”“样本”“对齐”“动作”等，如图 5-10 所示。

图 5-10 Flash CS6 的浮动面板

常用浮动面板的主要功能分别如下。

(1)“属性”面板。Flash CS6 的“属性”面板默认情况下已经直接显示在右侧的面板上了，如果面板上没有，就选择菜单栏中的“窗口”→“属性”命令，或按“Ctrl+F3”组合键，打开“属性”面板。该面板可以直接设置影片的属性，如播放速度、大小、背景色等。因舞台上的对象不同，其属性设置也有所不同。

(2)“库”面板。Flash CS6 的“库”面板默认情况下已经直接显示在右侧的面板上了，如果面板上没有，就选择菜单栏中的“窗口”→“库”命令，或按“Ctrl+L”组合键，可以打开“库”面板。该面板用于存储创建的组件等内容，在导入外部素材时也可以导入“库”面板中。

(3)“颜色”面板。Flash CS6 的“颜色”面板默认情况下在舞台和属性之间的中缝里，如果中缝里没有，就选择菜单栏中的“窗口”→“颜色”命令，或按“Ctrl+Shift+F9”组合键，打开“颜色”面板。该面板用于给舞台上的对象设置笔触颜色和填充颜色，还可以选择不同的颜色类型，如线性渐变、径向渐变和位图填充等。

(4)“样本”面板。Flash CS6 的“样本”面板默认情况下在舞台和属性之间的中缝里，如果中缝里没有，就选择菜单栏中的“窗口”→“样本”命令，或按“Ctrl+F9”组合键，打开“样本”面板。该面板可以直接选择或者自定义样本颜色。

(5)“对齐”面板。Flash CS6 的“对齐”面板默认情况下在舞台和属性之间的中缝里，如果中缝里没有，就选择菜单栏中的“窗口”→“对齐”命令，或按“Ctrl+K”组合键，打开“对齐”面板。该面板可以为所选对象进行对齐、分布、匹配大小和间隔等操作。

（6）“动作”面板。Flash CS6 的“动作”面板默认情况下没有显示出来，可以直接选择菜单栏中的“窗口”→“动作”命令，或直接按 F9 键，打开“动作”面板。在该面板中，左侧以目录形式分类显示动作工具箱，右侧是参数设置区域和脚本编写区域。用户在编写脚本时，可以从左侧选择需要的命令，也可以直接在右侧编写区域中直接编写，如图 5-11 所示。

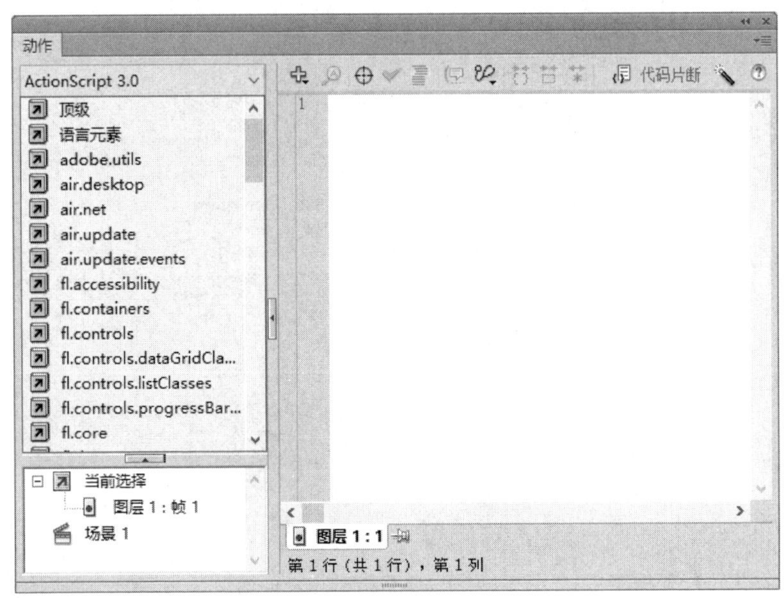

图 5-11　Flash CS6 的“动作”面板

5.2.2 Flash CS6 的常用术语

1. 帧

帧是决定物体运动的核心，是构成一部影片的基础，是 Flash 动画制作最基本的单位，Flash 中时间轴上每个小格就是一个帧。每个精彩的 Flash 动画都是由很多个精心雕琢的帧构成的，在时间轴上的每帧都可以包含需要显示的所有内容，包括图形、声音、各种素材和其他多种对象。

2. 关键帧

关键帧（▪▪▪▪▪▪）是指包含关键状态，定义动画状态变化的帧，即在时间轴上对舞台中存在的实例对象进行编辑的帧。关键帧是在时间轴中显示为黑色圆点的帧，是动画制作过程中最重要的帧类型。补间动画的制作就是通过关键帧内插的方法实现的。

在同一层中，在前一个关键帧的后面任一帧处插入关键帧，是复制前一个关键帧上的对象，并可对其进行编辑操作。在关键帧上可以添加帧动作脚本。尽量避免在同一帧处过多地使用关键帧，以减小动画运行的负担，使画面播放流畅。

3. 空白关键帧

空白关键帧（▫　▫▫）是指没有包含舞台上任何实例对象的关键帧，一旦在空白关键帧上绘制了内容，它就变成了关键帧。它还是在时间轴中显示为空心小圆圈的帧。

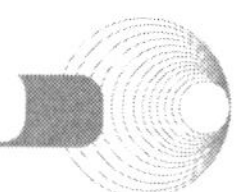

插入空白关键帧，可清除该帧后面的延续内容，还可以在空白关键帧上添加新的实例对象。在空白关键帧上也可以添加帧动作脚本。

4. 普通帧

普通帧（▪▭）是指在时间轴上能显示实例对象，但不能对实例对象进行编辑操作的帧，它在时间轴中显示为灰色填充的小方块，并且在连续普通帧的最后一帧中有一个空心矩形块。在普通帧上不能添加帧动作脚本。

5. 元件

元件是指在 Flash 中创建的、具有独立属性的对象。这些对象可以是图形、按钮或影片剪辑，它们都保存在“库”面板中。元件只需要创建一次，即可在整个文档中重复使用。

（1）影片剪辑是可以独立于主时间轴播放的动画剪辑，它不受当前场景中帧序列的影响，可以加入动作代码。影片剪辑元件通过“控制”菜单下的测试影片或测试场景命令才能观看到效果。

（2）按钮元件是 Flash 实现交互功能的重要组成部分，它的作用就是在交互过程中触发某一事件。按钮元件可以设置四帧动画，有“弹起”“指针经过”“按下”“单击”四个不同状态，可以加入动作代码。

（3）图形元件可以是单帧的矢量图、位图图像、声音或动画，它可以实现移动、缩放等动画效果，同时具有相对独立的编辑区域和播放时间，在场景中要受到当前场景帧序列的限制。它是依赖主时间轴播放的动画剪辑，不可以加入动作代码。

影片剪辑顾名思义可以存放影片（动画），当图形元件和影片剪辑都有动画时，把影片剪辑元件放到主场景时，会不停地循环播放。而把图形元件放到主场景，则不会播放。

6. 图层

图层是 Flash 中最基本也是最重要的概念，位于“时间轴”面板的左侧，它是指叠放动画对象的透明时间流程线。图层还可以理解为彼此重叠在一起的透明玻璃纸，透过上层可看到下层的动画对象，可在不同图层编辑动画对象，这些动画对象不会互相干扰。Flash 中使用图层并不会增加文件的大小，可更好地安排和组织图形、文字等动画对象。图层位置决定其动画对象的叠放顺序，上面图层所包含的动画对象总是处于前面。用鼠标左键可拖动图层调整其上下位置。图层一般可分为普通层、引导层和遮罩层 3 类。

普通层用于放置基本的动画制作元素，如矢量图形、位图、元件、实例等。制作动画的元素可分为静态元素和动态元素两种类型，静态元素是指矢量图形、位图等一系列本身不会产生动画的对象，动态元素是指一些本身可以产生动画的对象。

引导层用于辅助设置沿指定路径运动的动画效果。设计者可以在引导层中绘制出指定的曲线路径，该层下面与之相连接的被引导层中的对象则沿着此曲线路径运动。引导层在舞台中可以显示，但在输出电影时则不会显示。

遮罩层决定了与之相连接的被遮罩层的显示情况。遮罩层是 Flash 的一种图层，它是指通过遮罩层透视出下方指定图层画面产生的动画，它可以透过遮罩层对象透视被遮罩层画面。其中，遮罩层中对象区域透明，其他区域不透明。遮罩层对象可以是图形、文字、实例、影片剪辑等，每个遮罩层可有多个被遮罩层。

7. 补间动画

补间动画指的是做 Flash 动画时，在两个关键帧中间需要做“补间动画”，才能实现图画的运动；补间动画只能应用于影片剪辑元件，如果所选择的对象不是影片剪辑元件，则 Flash 会给出提示对话框，提示将其转换为元件。只有转换为元件后，该对象才能创建补间动画。

8. 补间形状

补间形状在 Flash 动画制作中占有很高的地位，通常的动画效果是从一个形状随着时间轴流逝变成另一个形状的动画。在补间形状中，在时间轴的一个特定帧上绘制一个矢量形状然后更改该形状，或在另一个特定帧上绘制另一个形状。然后，Flash 将内插中间帧的中间形状，创建一个形状变形为另一个形状的动画。特别注意：用补间形状时，参与动画的前后两个关键帧必须为分离状态，否则动画不能实现。

9. 传统补间

传统补间在 Flash 动画制作中应用最广泛。当需要在动画中展示移动位置、改变大小、旋转、改变色彩等效果时，就可以使用传统补间动画。在制作动作补间动画时，用户只需要对最后一个关键帧的对象进行改变，其中间的变化过程即可自动形成。要创建传统的补间动画，在需要创建的任意帧上右击，在弹出的快捷菜单中选择“创建传统补间”命令就可以了。

5.2.3 本章实例

想要实现良好的动画制作效果，不但要求能够熟练使用工具箱中的各种工具，而且还要求能够综合运用所学的命令、功能、技巧和方法创作出更多、更好、更优秀的动画作品。下面通过简单动画和综合动画实例来体现数字媒体动画制作技术的独到之处。

5.2.3.1 简单动画实例

1. 位移动画制作

位移动画是指在两个关键帧端点之间，通过改变舞台上实例的位置、大小和旋转角度等属性，并由程序自动创建中间过程的运动变化而实现的动画。它是 Flash 中最简单的动画，可使用“创建传统补间”命令创建位移动画。对象可以是元件，也可以是散件。但该对象在时间轴同一层所在位置的帧必须是关键帧。下面以图形水平移动、球体旋转、球体弹跳、球体渐隐渐显、心动和水滴为例制作位移动画。

（1）图形水平移动。

图形水平移动就是绘制一个图形，使其从一个地方水平移动到另外一个地方。本例将制作一个圆形，使其从左到右水平移动。

① 启动 Flash CS6 软件。

② 选择工具箱→椭圆工具，笔触颜色设置为“无”▨，填充颜色设置为“红色”，在舞台上绘制椭圆，如图 5-12 所示，这时候“时间轴”上图层 1 的第 1 帧由空心小圆圈变成了黑色小圆点，这说明第 1 帧上有图形变成关键帧了。

③ 在“时间轴”图层 1 的第 30 帧处，右击，在弹出的快捷菜单中选择“插入关键帧”

命令，或者按快捷键 F6，如图 5-13 所示。

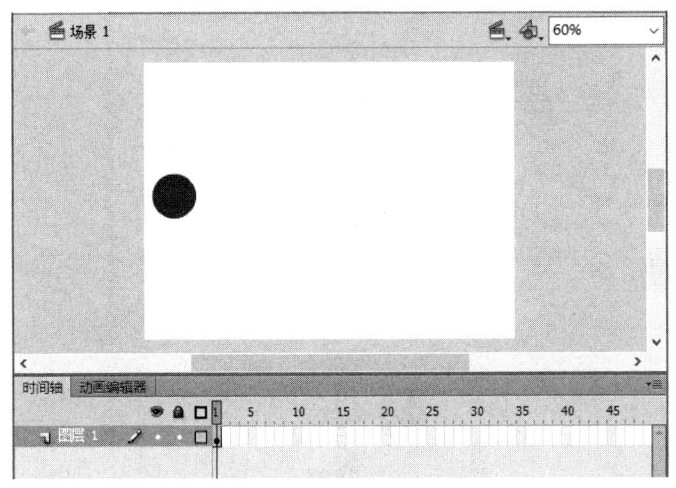

图 5-12　在舞台上绘制椭圆

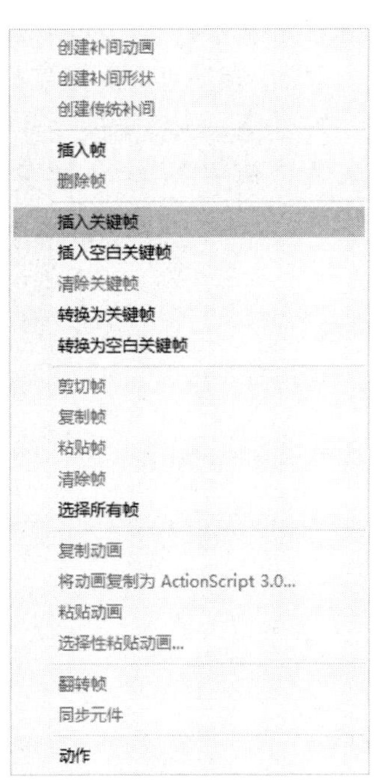

图 5-13　选择“插入关键帧”命令

④ 按住 Shift 键（图形水平移动不偏移），用鼠标拖动舞台上的图形到右侧合适的位置，如图 5-14 所示。

⑤ 在图层 1 的第 1～30 帧之间的任何一帧处右击，在弹出的快捷菜单中选择“创建传统补间”命令，如图 5-15 所示。

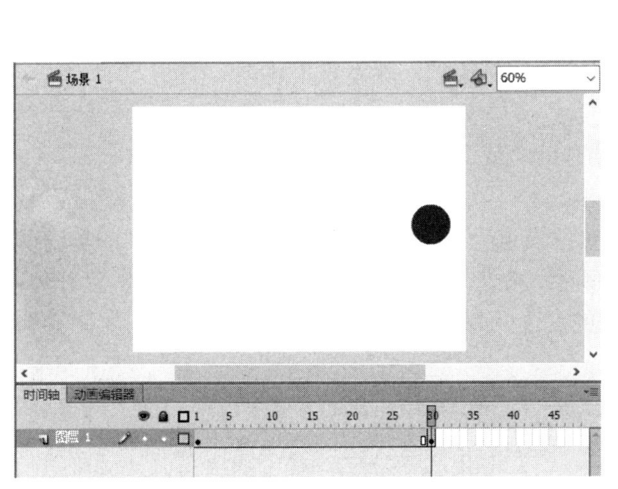

图 5-14　拖动图形到舞台右侧

图 5-15　选择“创建传统补间”命令

⑥ 按回车键，或者选择菜单栏中的“控制”→“测试影片”→“测试”命令，就可以测试图形水平移动的动画效果了，最终效果如图 5-16 所示。

⑦ 保存动画，选择菜单栏中的“文件”→“图形水平移动另存为”命令，弹出“另存为”对话框，选择更改文件名为“图形水平移动”，保存类型为“.fla”，单击“另存为”对话框右下角的“保存”按钮。

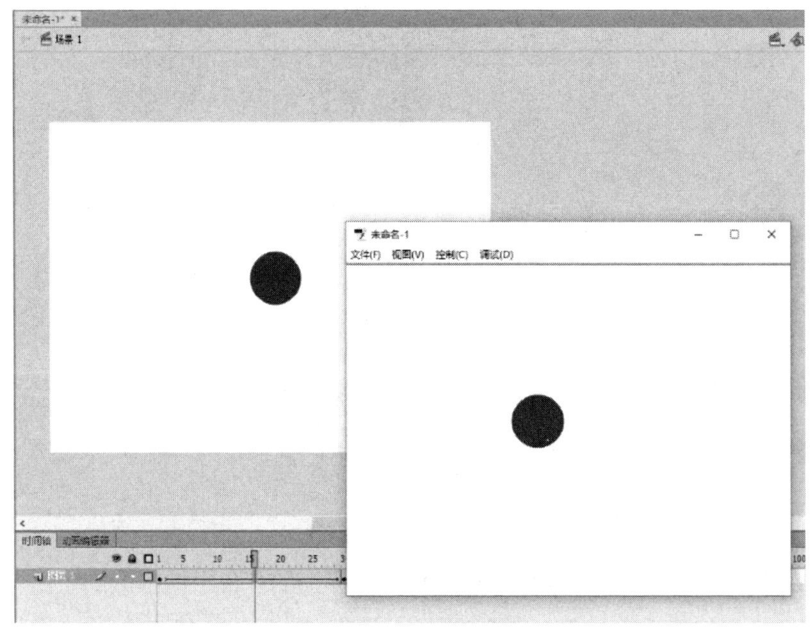

图 5-16 “图形水平移动”最终效果

⑧ 导出动画，如果确定不再修改，选择菜单栏中的“文件”→“导出”→“导出影片”命令，弹出“导出影片”对话框，选择更改文件名为“图形水平移动”，保存类型为“.avi”，单击“导出影片”对话框右下角的“保存”按钮，会弹出“导出 Windows AVI”对话框，在这个对话框里可以设置该动画的宽与高、视频格式和声音格式等，设置好以后，单击“导出 Windows AVI”对话框右上角的“确定”按钮。

以下实例操作的有些方法和保存方式跟本实例相同，就不再赘述。

（2）球体旋转。

球体旋转就是制作球体从左到右（顺时针）或者从右到左（逆时针）旋转。

① 启动 Flash CS6 软件。

② 选择工具箱中的椭圆工具，笔触颜色设置为“无”☐，继续选择工具箱中的填充颜色，单击颜色框，选择最下方的灰色球体颜色，按住 Shift 键在舞台上绘制一个正灰色球体；选择工具箱中的颜料桶工具，在灰色球体的左上角单击，以改变灰色球体的高光，如图 5-17 所示。

③ 在“时间轴”图层 1 的第 30 帧处，右击，在弹出的快捷菜单中选择“插入关键帧”命令；在图层 1 的第 1～30 帧之间的任何一帧处右击，在弹出的快捷菜单中选择“创建传统补间”命令；选择“属性”面板中的“补间”→“旋转”→“顺时针”或“逆时针”，如图 5-18 所示。

图 5-17 改变高光后的灰色球体

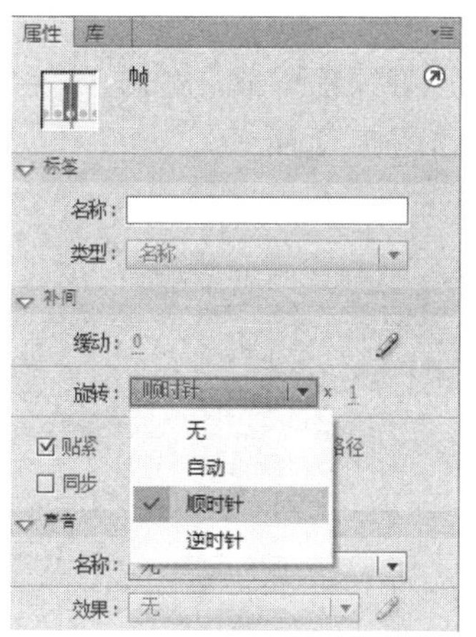

图 5-18 选择“顺时针”或“逆时针”

④ 按回车键，或者选择菜单栏“控制”→“测试影片”→“测试”命令，就可以测试球体旋转的动画效果了，最终效果如图 5-19 所示。

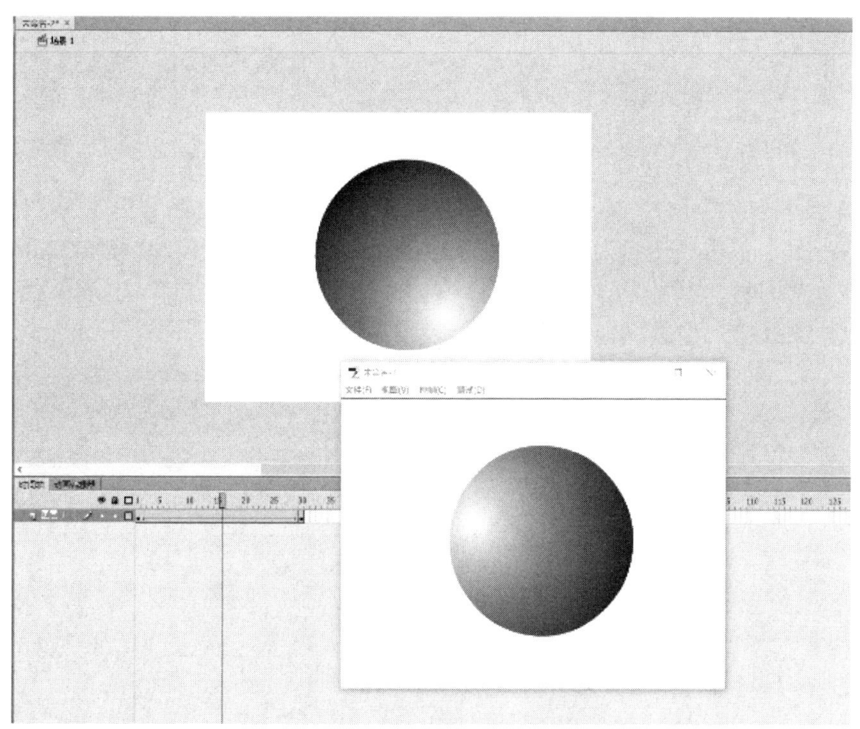

图 5-19 “球体旋转”最终效果

⑤ 保存和导出动画的方法，与前面实例相同。

（3）球体弹跳。

球体弹跳就是制作小球从上到下往返弹跳。

① 启动 Flash CS6 软件。

② 选择工具箱中的椭圆工具，笔触颜色设置为“无”☐，继续选择工具箱中的填充颜色，单击颜色框，选择最下方的绿色球体颜色，按住 Shift 键在舞台上绘制一个正绿色球体，

如图 5-20 所示。

③ 选择绿色球体，右击，在弹出的快捷菜单中选择“转换为元件”命令，或者按快捷键 F8，如图 5-21 所示。

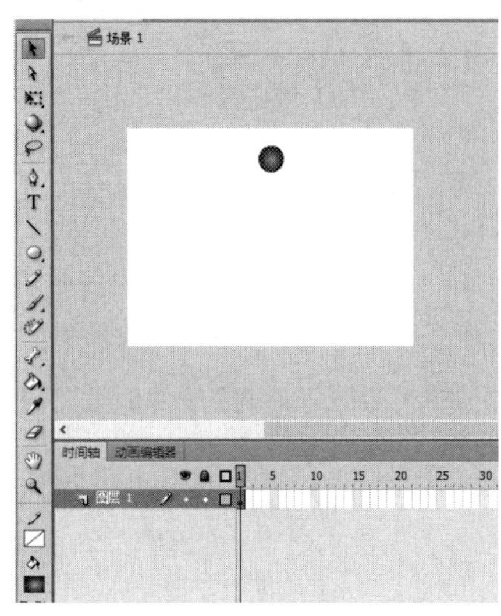

图 5-20　在舞台上绘制一个正绿色球体

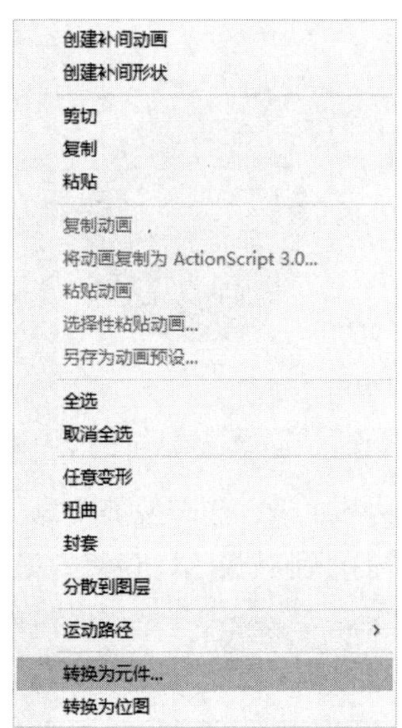

图 5-21　选择“转换为元件”命令

④ 确定“转换为元件”后会弹出“转换为元件”对话框，将名称更改为“球体弹跳”，类型为“图形”，单击“转换为元件”对话框右侧的“确定”按钮，如图 5-22 所示。

⑤ 在“时间轴”图层 1 的第 30 帧处，右击，在弹出的快捷菜单中选择“插入关键帧”命令；按住 Shift 键，用鼠标拖动舞台上的绿色球体到下边合适的位置，如图 5-23 所示。

图 5-22　设置“转换为元件”对话框

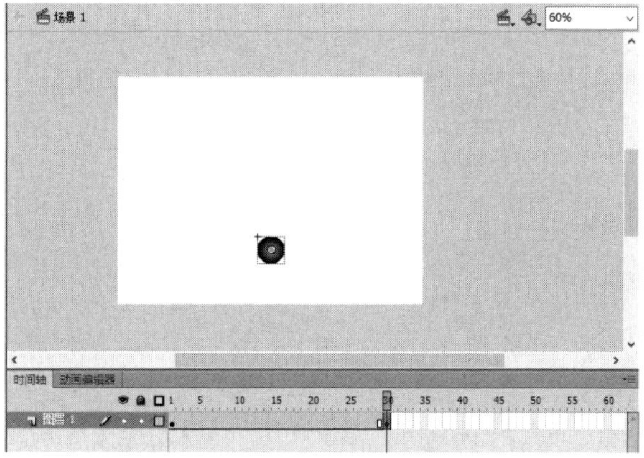

图 5-23　拖动绿色球体到舞台下边

⑥ 在图层 1 的第 1～30 帧之间的任何一帧处右击，在弹出的快捷菜单中选择“创建传统补间”命令；按回车键，或者选择菜单栏中的“控制”→“测试影片”→“测试”命令，就可以测试球体弹跳的动画效果了，最终效果如图 5-24 所示。

⑦ 保存和导出动画的方法，与前面实例相同。

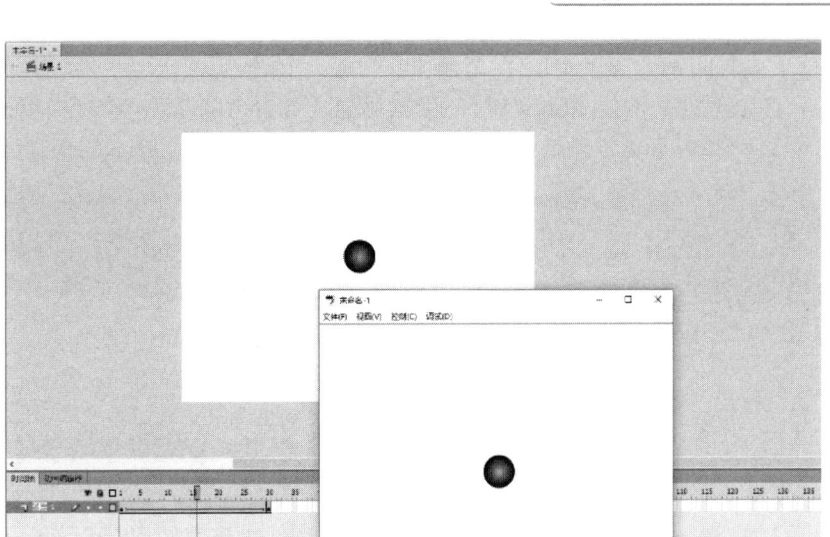

图 5-24 “球体弹跳”最终效果

（4）球体渐隐渐显。

球体渐隐渐显就是制作小球从左到右逐渐隐藏再逐渐显现的滚动。

① 启动 Flash CS6 软件。

② 选择工具箱中的椭圆工具，笔触颜色设置为“无”☐，打开“颜色”面板，填充颜色选择蓝色球体，设置颜色滑块左边为紫色，右侧为 80%的黑色，如图 5-25 所示；按住 Shift 键在舞台上绘制一个正紫色球体，如图 5-26 所示。

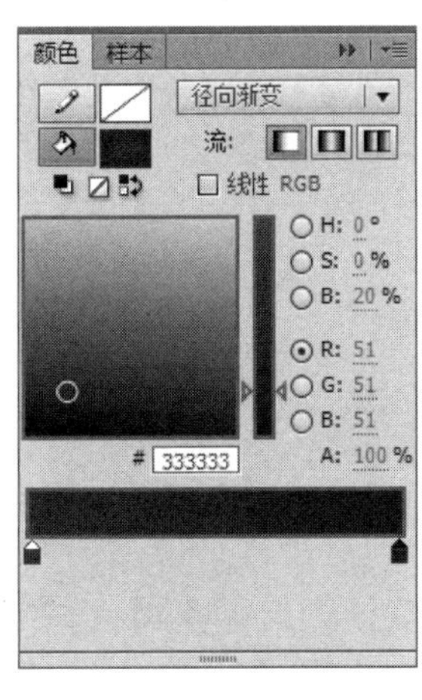

图 5-25 设置球体的颜色

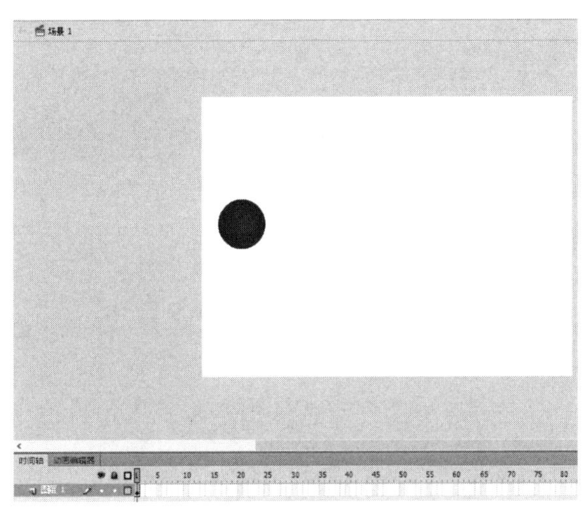

图 5-26 在舞台上绘制一个正紫色球体

③ 选择紫色球体，右击，在弹出的快捷菜单中选择“转换为元件”命令，转换成“图形”元件；在“时间轴”图层 1 的第 50 帧处，右击，在弹出的快捷菜单中选择“插入关键帧”命令；按住 Shift 键，用鼠标拖动舞台上的紫色球体到右侧合适的位置，如图 5-27 所示。

④ 继续在“时间轴”图层 1 的第 25 帧处，右击，在弹出的快捷菜单中选择“插入关键帧”命令，在该帧处，按住“Shift 键”，用鼠标拖动舞台上的紫色球体到中间合适位置；在图层 1 的第 1～25 帧和第 25～50 帧之间的任何一帧处右击，在弹出的快捷菜单中选择“创建传统补间”命令；在第 25 帧处，单击一下舞台上的紫色球体，选择“属性”面板中的“色彩效果”→“样式”→“Alpha”，设置“Alpha”值为 0%，如图 5-28 所示。

图 5-27 拖动紫色球体到舞台右侧

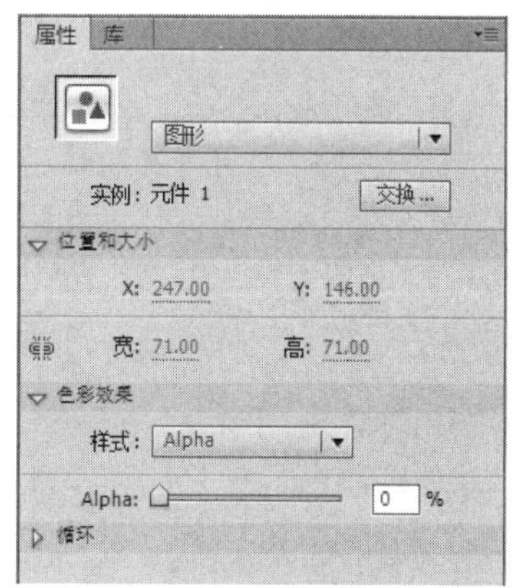

图 5-28 设置“Alpha”值为 0

⑤ 自此，球体渐隐渐显的操作已完成，按回车键，或者选择菜单栏中的“控制”→“测试影片”→“测试”命令，就可以测试球体弹跳的动画效果了，最终效果如图 5-29 所示。

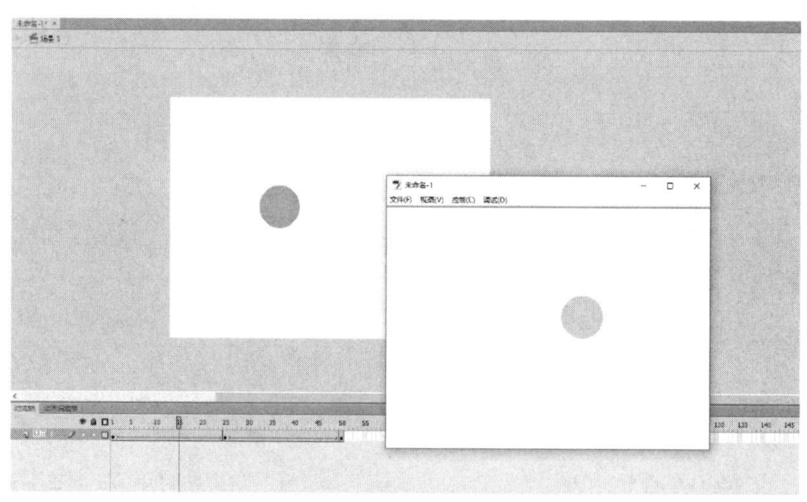

图 5-29 “球体渐隐渐显”最终效果

⑥ 保存和导出动画的方法，与前面实例相同。

（5）心动。

心动就是利用钢笔工具绘制心形，然后制作心形从大到小再从小到大收放的效果。

① 启动 Flash CS6 软件。

② 选择菜单栏中的“视图”→“标尺”命令，为舞台添加标尺，用鼠标分别移到水平和垂直的标尺上拖动一根辅助线到舞台中间合适的位置，如图 5-30 所示。

图 5-30　从“标尺”中拖出辅助线

③ 选择工具箱中的钢笔工具，设置笔触颜色为“黑色”，在舞台辅助线垂直交叉点开始绘制心形的左半部分，如图 5-31 所示；利用选择工具，选中左半部分图形，复制并粘贴，然后选择菜单栏中的“修改”→“变形”→“水平翻转”命令，把该图形调整为与原来图形对称，如图 5-32 所示。

图 5-31　心形左半部分的绘制　　图 5-32　复制调整后的心形

④ 选择工具箱中的“缩放工具”，放大心形的衔接点，看是否闭合，如果没有闭合，微调心形右半部分至闭合，然后打开“颜色”面板，选择颜色类型为“径向渐变”，交换左右滑块，设置颜色滑块左边为黄色，右侧为红色，继续选择工具箱中的“颜料桶工具”，给舞台上的心形填充“径向渐变”颜色，如图 5-33 所示。

⑤ 选择工具箱中的“选择工具，在心形上双击轮廓线，按 Delete 键删除，如图 5-34 所示。

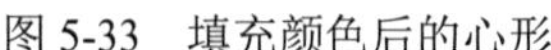

图 5-33　填充颜色后的心形

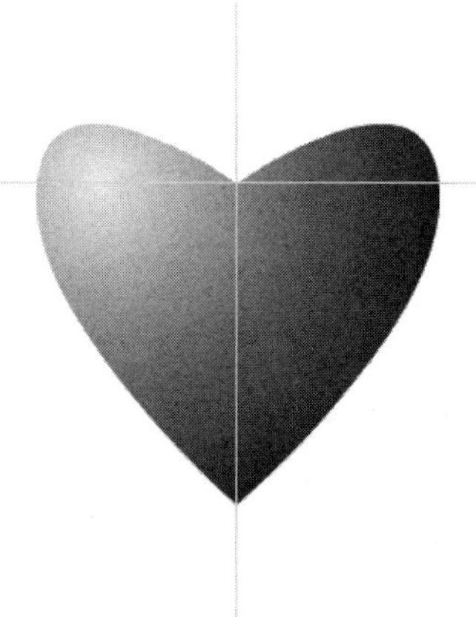

图 5-34　删除轮廓线后的心形

⑥ 用鼠标把舞台中的辅助线拖回到标尺上，然后按住 Shift 键放大心形，并转换心形为图形元件，在“时间轴”图层 1 的第 60 帧处，右击，在弹出的快捷菜单中选择“插入关键帧”命令，如图 5-35 所示。

⑦ 继续在“时间轴”图层 1 的第 30 帧处，右击，在弹出的快捷菜单中选择“插入关键帧”命令，选择工具箱中的任意变形工具，缩小心形，如图 5-36 所示。

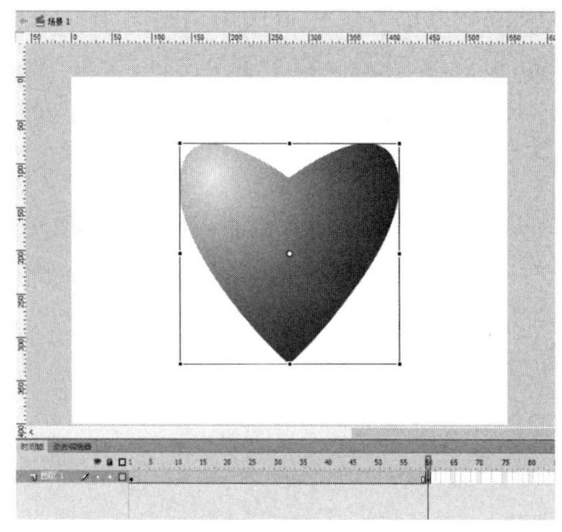

图 5-35　放大后的心形

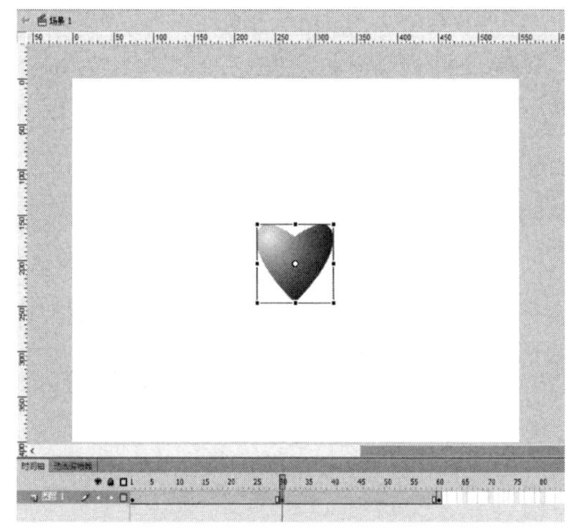

图 5-36　缩小后的心形

⑧ 在图层 1 的第 1～30 帧和第 30～60 帧之间的任何一帧处右击，在弹出的快捷菜单中选择“创建传统补间”命令；在第 30 帧处，选择工具箱中的任意变形工具，调整心形向左侧/右侧倾斜 30° 左右。

⑨ 自此，心动的操作已完成，按回车键，或者选择菜单栏中的“控制”→“测试影片”→“测试”命令，就可以测试心动的动画效果了，最终效果如图 5-37 所示。

⑩ 保存和导出动画的方法，与前面实例相同。

图 5-37　“心动”的最终效果

（6）水滴。

水滴就是利用钢笔工具绘制水滴，然后制作水滴从上到下掉落，以及水波纹从小到大再到无的显现效果。

① 启动 Flash CS6 软件。

② 选择工具箱中的钢笔工具，设置笔触颜色为“黑色”，在舞台上绘制水滴，并用选择工具、部分选取工具和删除锚点工具调整好水滴，如图 5-38 所示。

③ 打开“颜色”面板，选择颜色类型为“径向渐变”，交换左右滑块，设置颜色滑块左边为白色，右侧为天蓝色，继续选择工具箱中的颜料桶工具，给舞台上的水滴填充“径向渐变”颜色，如图 5-39 所示。

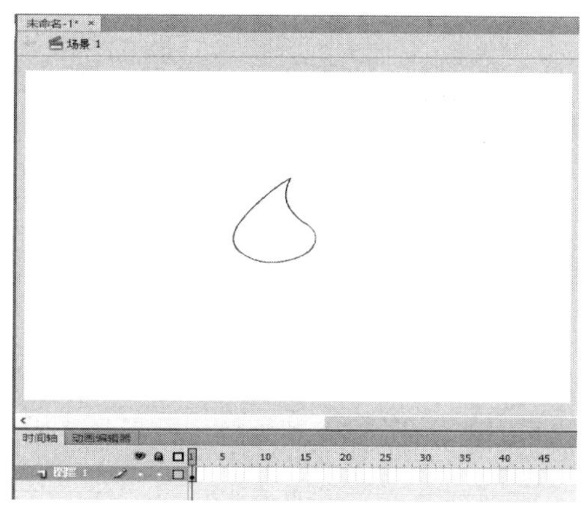

图 5-38　绘制调整好的水滴

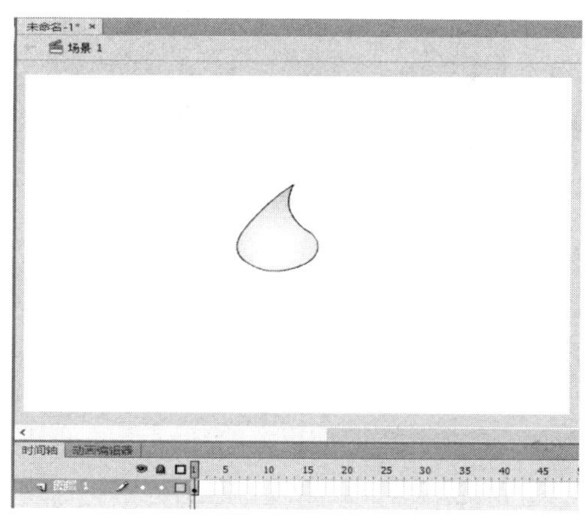

图 5-39　填充颜色后的水滴

④ 选择工具箱中的选择工具，在水滴上双击轮廓线，按 Delete 键删除；转换水滴为图形元件，继续选择工具箱中的任意变形工具，缩小水滴，并移动水滴到舞台上边合适的位置，如图 5-40 所示。

⑤ 在“时间轴”图层 1 的第 30 帧处，右击，在弹出的快捷菜单中选择“插入关键帧”命令，按住 Shift 键，用鼠标拖动舞台上的水滴到下边合适的位置，如图 5-41 所示。

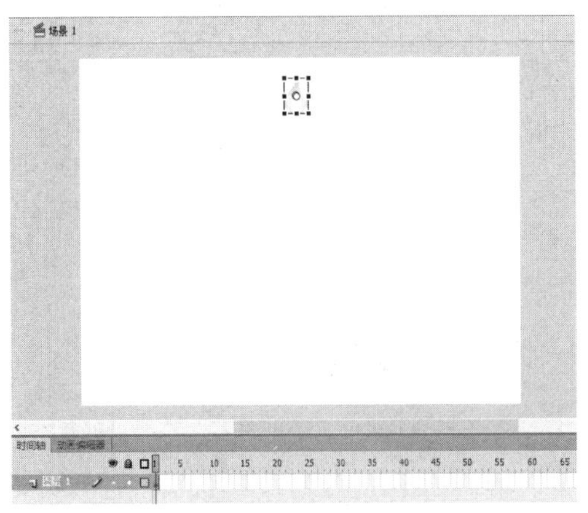
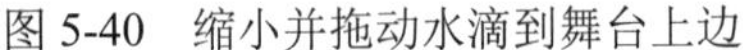

图 5-40　缩小并拖动水滴到舞台上边

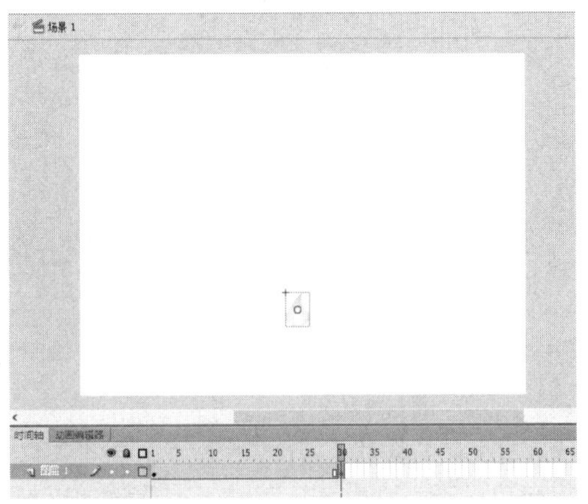

图 5-41　拖动水滴到舞台下边

⑥ 在第 30 帧处，选择工具箱中的椭圆工具，设置舞台背景为蓝色，笔触颜色为“白色”，填充颜色为“无”◪，在水滴处绘制一个白色的椭圆，如图 5-42 所示。

⑦ 选中椭圆，并转换为图形元件，选择菜单栏中的“剪切”命令，剪切该椭圆，在“时间轴”图层 1 的第 31 帧处，右击，在弹出的快捷菜单中选择“插入空白关键帧”命令，然后按住“Ctrl+Shift+V”组合键，在第 31 帧处进行“原位置粘贴”，如图 5-43 所示。

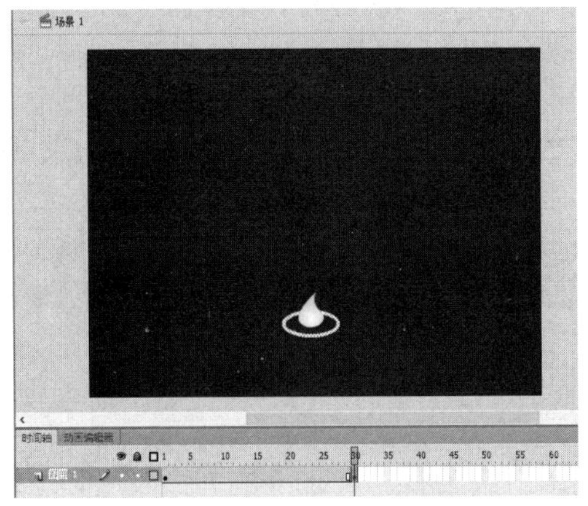

图 5-42　在水滴处绘制白色的椭圆

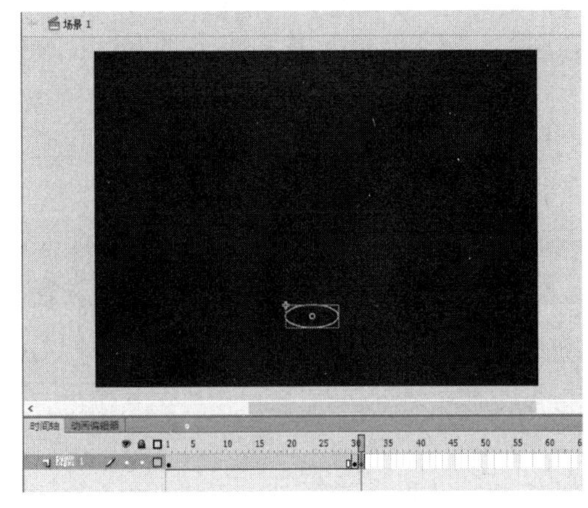

图 5-43　原位置粘贴后的椭圆

⑧ 在“时间轴”图层 1 的第 60 帧处，右击，在弹出的快捷菜单中选择“插入关键帧”命令，继续选择工具箱中的任意变形工具，按住 Shift 键，在第 60 帧处放大椭圆到合适，在 31 帧处，缩小椭圆到合适。

⑨ 在图层 1 的第 1～30 帧和 31～60 帧之间的任何一帧处右击，在弹出的快捷菜单中选择“创建传统补间”命令；在第 60 帧处，单击舞台上的椭圆，选择“属性”面板中的“色彩效果”→“样式”→“Alpha”，设置“Alpha”值为 0。

⑩ 单击图层 1 的第 1～30 帧之间的任何一帧，选择“属性”面板中的“补间”→“缓动”，设置“缓动”值为-100（负数越来越快，正数越来越慢）。

⑪ 自此，水滴的操作已完成，按回车键，或者选择菜单栏中的“控制”→“测试影片”→“测试”命令，就可以测试水滴的动画效果了，最终效果如图 5-44 所示。

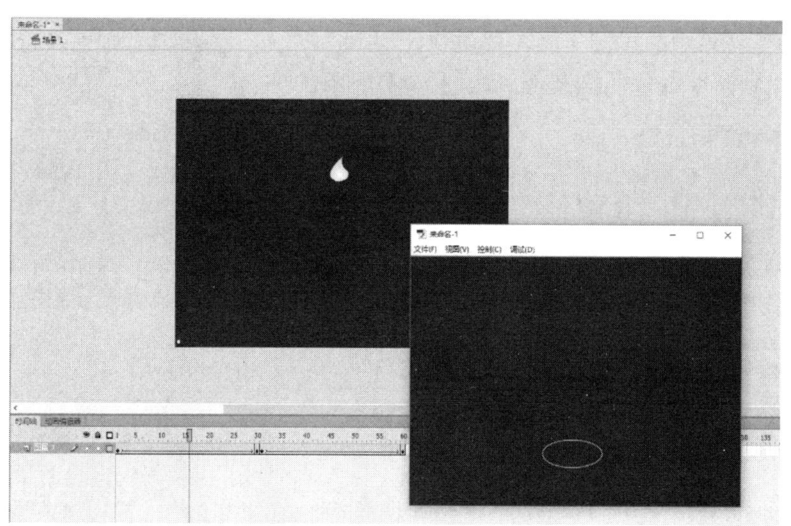

图 5-44 “水滴”最终效果

⑫ 保存和导出动画的方法，与前面实例相同。

2. 形变动画制作

形变动画是指通过改变基本图形的形状或色彩变化，并由程序自动创建中间过程的形状变化而实现的动画。形变动画中关键帧中的对象不能是元件、组合对象或位图对象，所以各关键帧中的对象，除直接绘制的图形外，其余对象需要分离。下面以矩形变圆形和文字变形为例制作形变动画。

（1）矩形变圆形。

矩形变圆形就是制作矩形变成圆形的效果。

① 启动 Flash CS6 软件。

② 选择工具箱中的矩形工具，笔触颜色设置为“无”☐，填充颜色设置为“红色”，在舞台左边绘制一个红色的矩形，如图 5-45 所示。

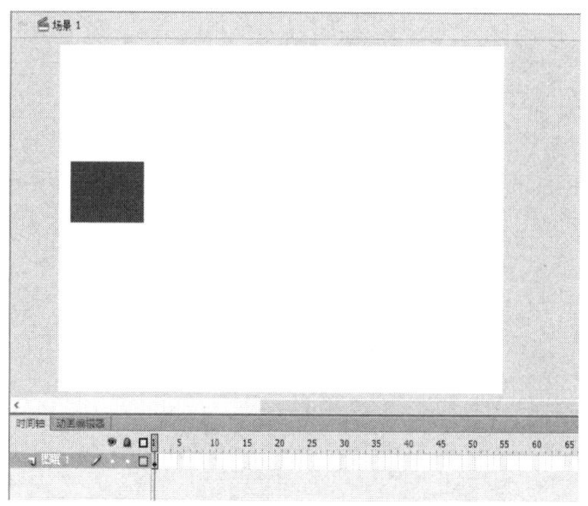

图 5-45 在舞台左边绘制红色矩形

③ 在“时间轴”图层 1 的第 30 帧处，右击，在弹出的快捷菜单中选择“插入空白关键帧”命令，或者按快捷键 F7，如图 5-46 所示。

④ 选择工具箱中的椭圆工具，笔触颜色设置为“无”▱，填充颜色设置为“绿色”，在舞台右侧绘制一个绿色的椭圆形，如图 5-47 所示。

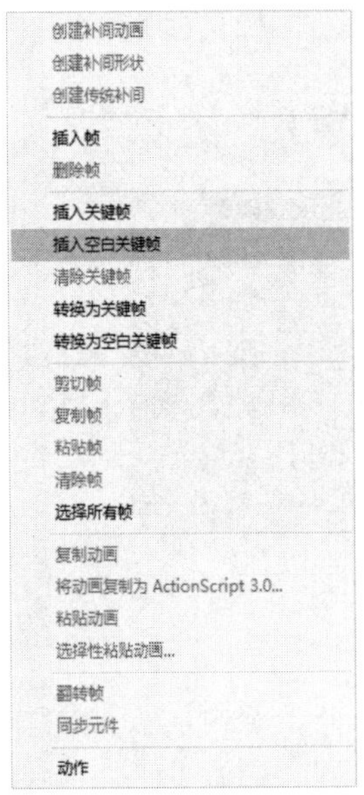

图 5-46　选择“插入空白关键帧”命令

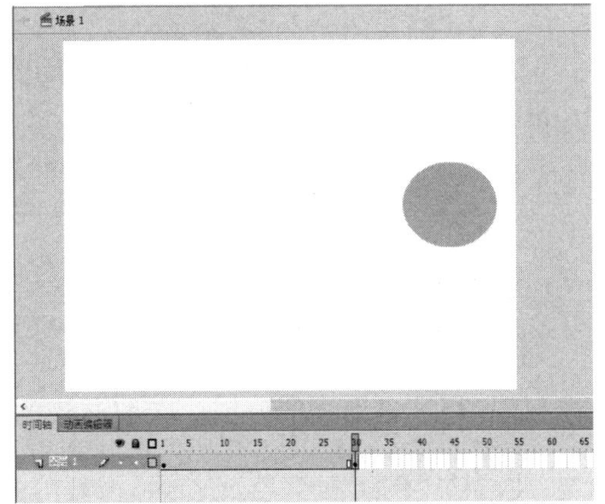

图 5-47　在舞台右侧绘制绿色椭圆形

⑤ 在图层 1 的第 1～30 帧之间的任何一帧处右击，在弹出的快捷菜单中选择“创建补间形状”命令，如图 5-48 所示。

⑥ 按回车键，或者选择菜单栏中的“控制”→“测试影片”→“测试”命令，就可以测试矩形变圆形的动画效果了，最终效果如图 5-49 所示。

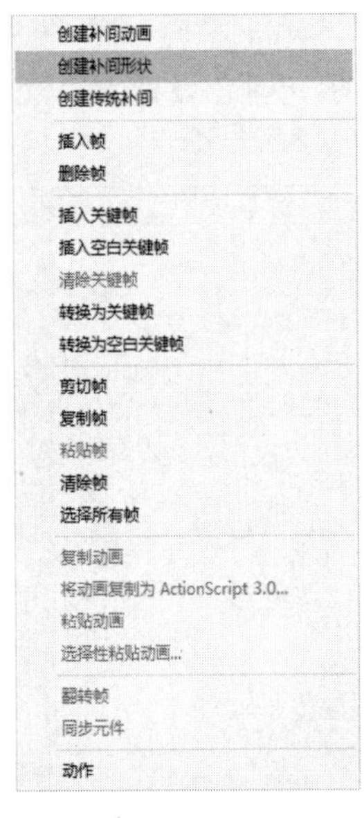

图 5-48　选择“创建补间形状”命令

图 5-49　“矩形变圆形”最终效果

⑦ 保存和导出动画的方法，与前面实例相同。

（2）文字变形。

文字变形就是制作一组文字的单个字体之间的变形效果。

① 启动 Flash CS6 软件。

② 选择工具箱中的文本工具，笔触颜色设置为“无”☐，填充颜色设置为“红色”，在舞台上输入文字“media”，选择“属性”面板中的“字符”，设置系列为“Arial”，样式为“Black”，大小为“130.0”点，字母间距为“20.0”，如图 5-50 所示；调整好的文字如图 5-51 所示。

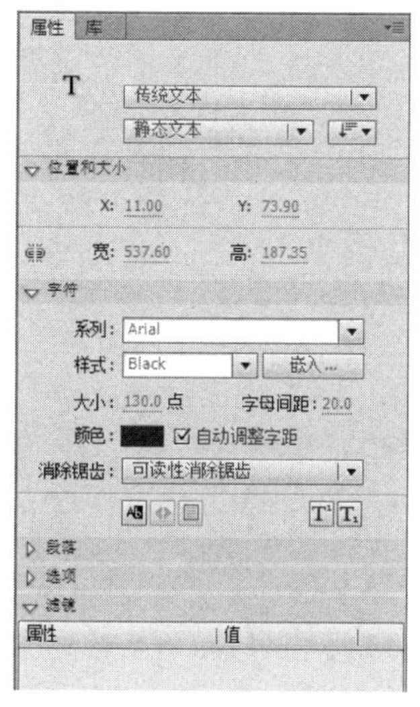

图 5-50 设置文字的字符

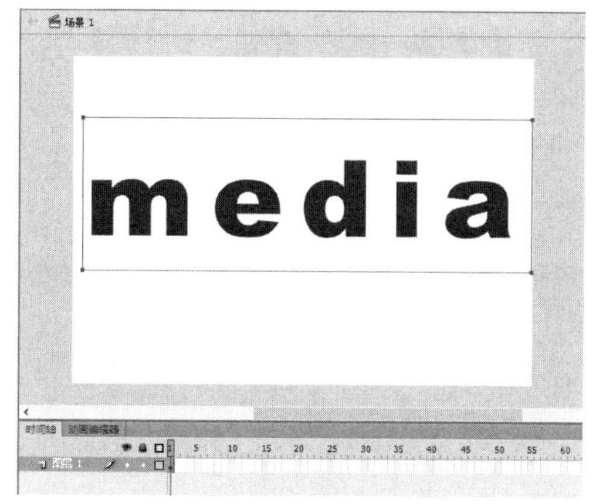

图 5-51 调整好的文字

③ 选中舞台上的文字“media”，右击，在弹出的快捷菜单中选择“分离”命令，如图 5-52 所示；然后再“分离”一次，文字分离两次后就变成散件了，如图 5-53 所示。

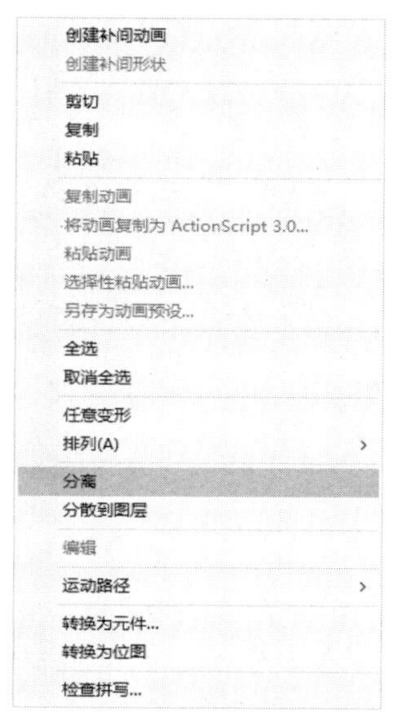

图 5-52 选择“分离”命令

图 5-53 打散后的文字

④ 选择工具箱中的填充颜色，给每个打散的单个文字填充不同的颜色，如图 5-54

所示。

⑤ 在“时间轴”图层 1 的第 5 帧、第 15 帧、第 20 帧、第 30 帧、第 35 帧、第 45 帧、第 50 帧和第 60 帧处，右击，在弹出的快捷菜单中选择“插入关键帧”命令。

⑥ 在图层 1 的第 1 帧和第 5 帧处删除文字“media”，第 15 帧和第 20 帧处删除文字“m、d、i、a”，第 30 帧和第 35 帧处删除文字“m、e、i、a”，第 45 帧和第 50 帧处删除文字“m、e、d、a”，第 60 帧处删除文字“m、e、d、i”，如图 5-55 所示。

图 5-54 给每个文字填充不同的颜色

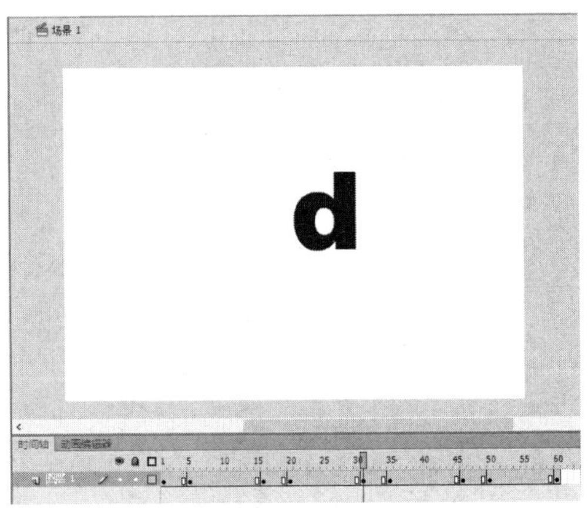

图 5-55 在不同的帧上删除其他文字

⑦ 在图层 1 的第 5～15 帧、第 20～30 帧、第 35～45 帧和第 50～60 帧之间的任何一帧处右击，在弹出的快捷菜单中选择“创建补间形状”命令。

⑧ 自此，文字变形的操作已完成，按回车键，或者选择菜单栏中的“控制”→“测试影片”→“测试”命令，就可以测试文字变形的动画效果了，最终效果如图 5-56 所示。

⑨ 保存和导出动画的方法，与前面实例相同。

图 5-56 “文字变形”最终效果

3. 逐帧动画制作

逐帧动画是一种常见的动画形式，其原理是在“连续的关键帧”中分解动画动作，也就是在时间轴的每帧上逐帧绘制不同的内容，使其连续播放而成动画。逐帧动画的每一帧都是关键帧。因为逐帧动画的帧序列内容不一样，不但给制作增加了负担而且最终输出的文件量也很大，但它的优势也很明显：逐帧动画具有非常大的灵活性，几乎可以表现任何想表现的内容，且它类似于电影的播放模式，很适合于表演细腻的动画。下面以倒计时和快速翻扑克为例制作逐帧动画。

（1）倒计时。

倒计时就是制作一组数字使其以帧为单位连续自动倒数的一种效果。

① 启动 Flash CS6 软件。

② 在“时间轴”面板下面设置帧数为 1.00，也可以在“属性”面板中设置 FPS 为 1.00，如图 5-57、图 5-58 所示。

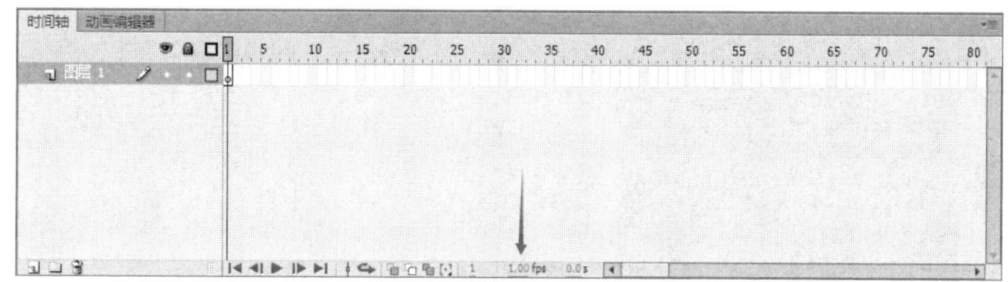

图 5-57　在时间轴面板下设置帧数

③ 选择菜单栏中的“导入”→“导入到舞台”命令，将准备好的显示器图片导入舞台；继续选择工具箱中的任意变形工具，将显示器图片调整到与舞台大小相同，如图 5-59 所示。

图 5-58　在属性面板中设置帧数

图 5-59　导入并调整好的显示器图片

④ 在“时间轴”面板下单击“新建图层”按钮，新建一个图层，如图 5-60 所示。

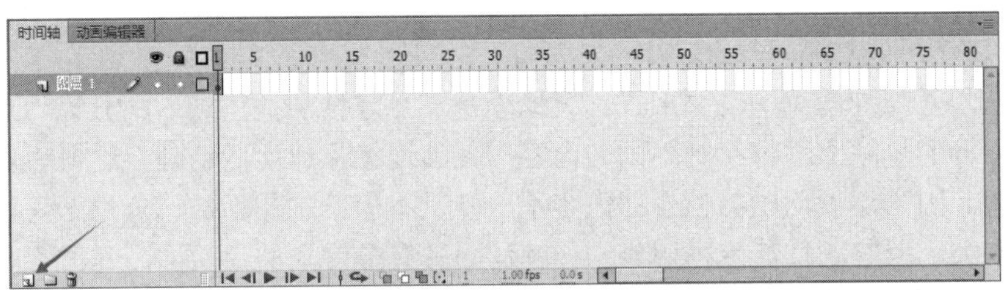

图 5-60　在时间轴面板下新建图层

⑤ 选择工具箱中的文本工具，笔触颜色设置为“无”，填充颜色设置为“红色”，在舞台上输入数字“5”，选择“属性”面板中的“字符”，设置系列为“Arial”，样式为“Black”，大小为“260.0”点，调整数字到显示器图片正中间，如图 5-61 所示。

⑥ 选中数字，选择“属性”面板中的“滤镜”，在滤镜左下角单击“添加滤镜”按钮，如图 5-62 所示。

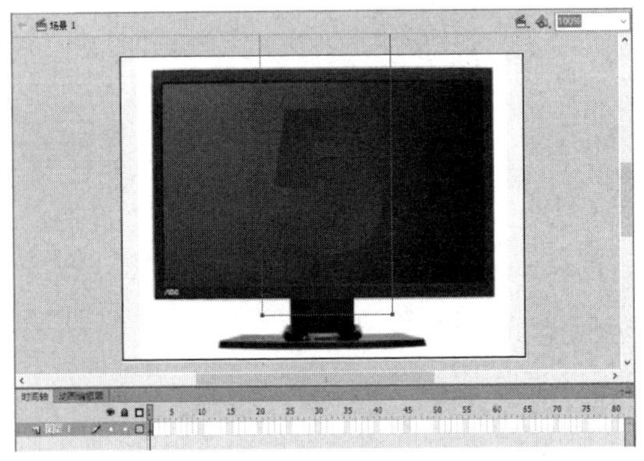

图 5-61　调整好的数字

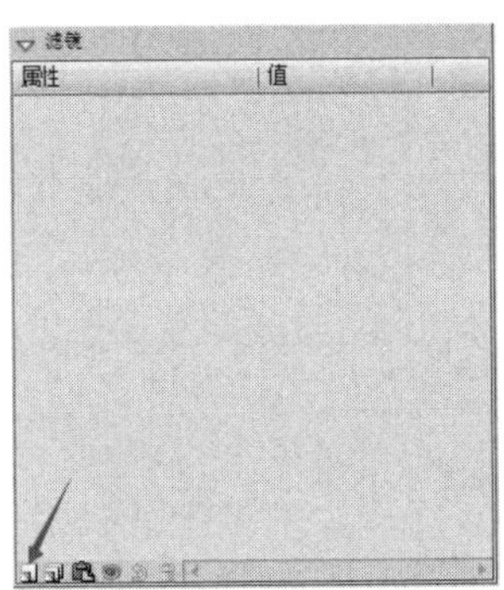

图 5-62　单击“添加滤镜”按钮

⑦ 在滤镜中，分别设置“投影”“发光”“渐变斜角”滤镜效果，直到满意为止，如图 5-63 所示。

⑧ 在“时间轴”图层 1 的第 2 帧插入关键帧，选择工具箱中的文本工具把第 2 帧的“5”修改为“4”，然后继续在第 3 帧、第 4 帧、第 5 帧处用相同的操作方法分别将数字修改为“3”“2”“1”，如图 5-64 所示。

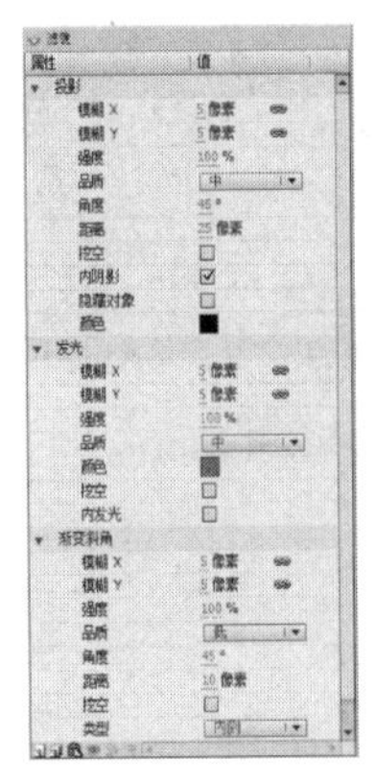

图 5-63　设置滤镜效果

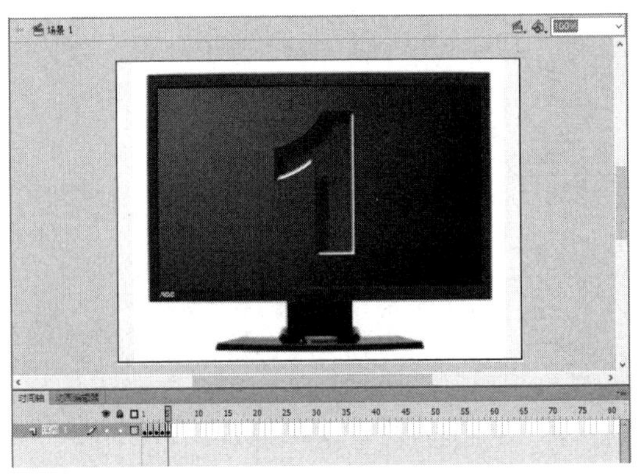

图 5-64　在对应的帧处调整数字

⑨ 自此，设置倒计时的操作已完成，按回车键，或者选择菜单栏中的“控制”→“测试影片”→“测试”命令，就可以测试倒计时的动画效果了，最终效果如图 5-65 所示。

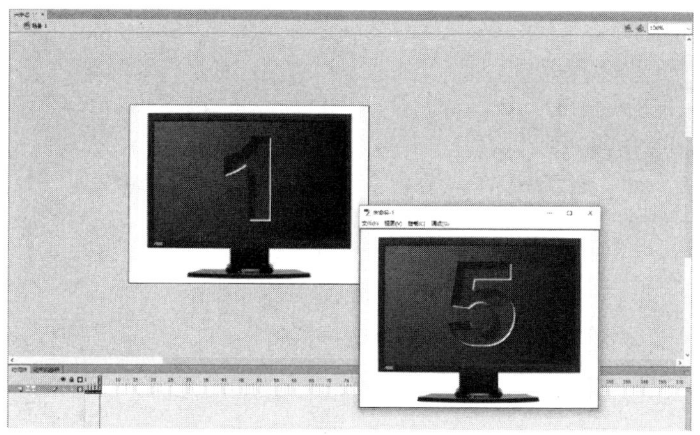

图 5-65 “倒计时”最终效果

⑩ 保存和导出动画的方法，与前面实例相同。

（2）快速翻扑克。

快速翻扑克就是制作一组扑克牌以帧为单位连续自动翻下一张扑克的效果。

① 启动 Flash CS6 软件。

② 在“时间轴”面板下面设置帧数为 12.00，或者在“属性”面板中设置 FPS 为 12.00；选择菜单栏中的“导入”→“导入到库”命令，将准备好的扑克图片导入库面板，如图 5-66 所示。

③ 选择“属性”面板中的“属性”，设置舞台大小与扑克图片大小一致，如图 5-67 所示。

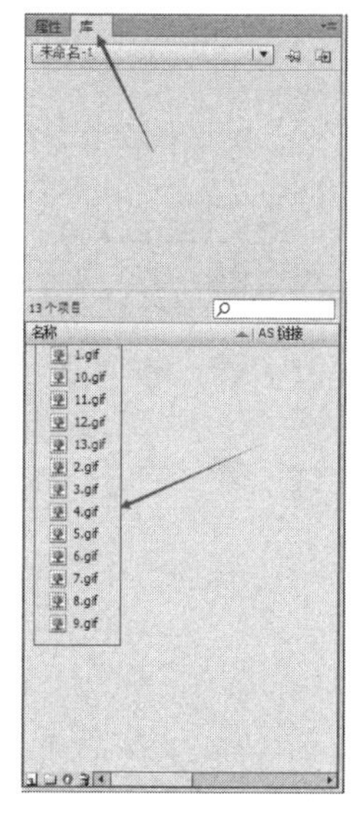

图 5-66 导入素材到库面板

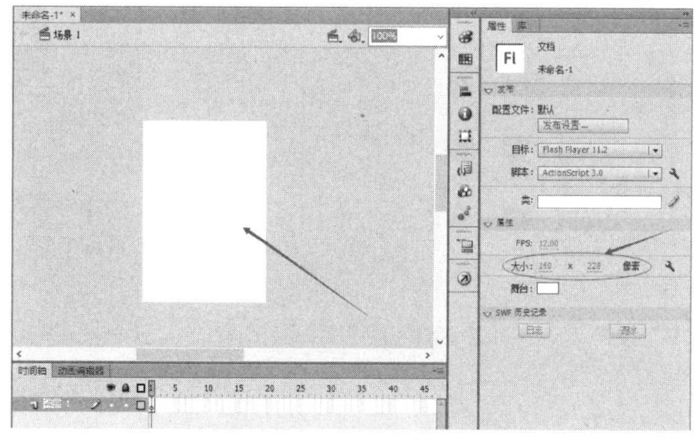

图 5-67 设置舞台大小

④ 拖动素材 1 到舞台上，选择“对齐”面板，设置该素材与舞台水平、垂直对齐，勾

选“与舞台对齐”，如图 5-68 所示；素材与舞台对齐后的效果如图 5-69 所示。

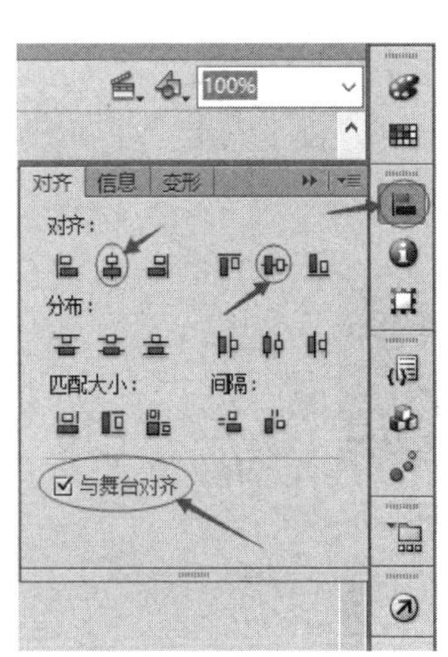

图 5-68　设置素材与舞台对齐

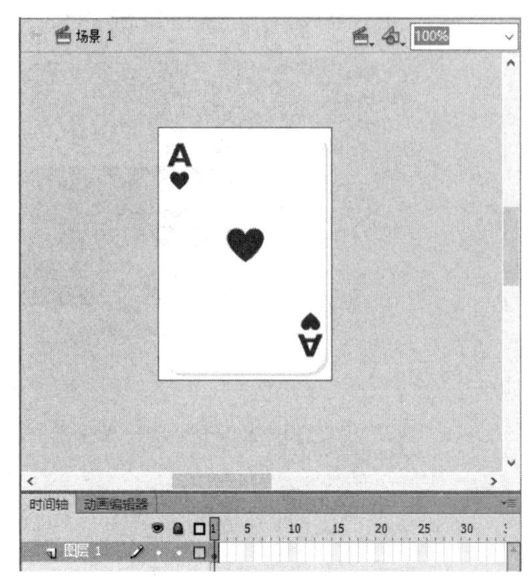

图 5-69　素材与舞台对齐后的效果

⑤ 在“时间轴”图层 1 的第 2 帧插入空白关键帧，拖动素材 2 到舞台上，对齐设置方法与素材 1 相同；用同样的方法拖动剩下的素材到舞台上，并设置好，效果如图 5-70 所示。

⑥ 自此，快速翻扑克的设置操作已完成，按回车键，或者选择菜单栏中的“控制”→“测试影片”→“测试”命令，就可以测试快速翻扑克的动画效果了，最终效果如图 5-71 所示。

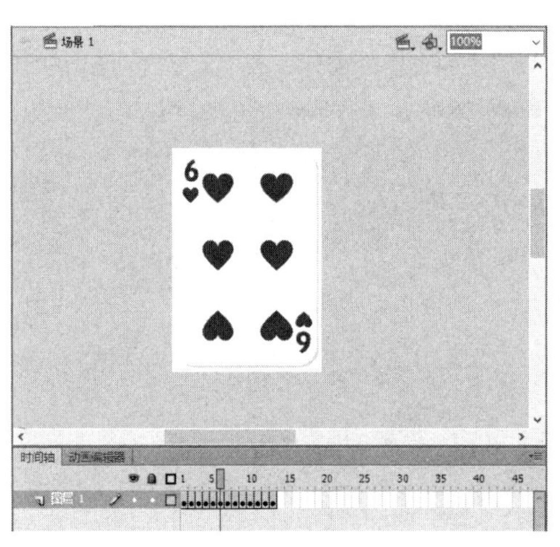

图 5-70　设置好所有素材

图 5-71　“快速翻扑克”最终效果

⑦ 保存和导出动画的方法，与前面实例相同。

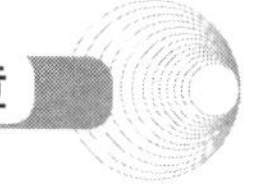

4. 引导层动画制作

制作动画时，经常要创建一些物体沿固定路线运动的动画，引导层就是为创建这种动画提供物体运动轨迹的，这个轨迹可以是直线、斜线、圆弧和不规则曲线中的任意一种。引导层动画由引导层和被引导层组成，引导层用来放置对象运动的路径，通常位于上方图层；被引导层用来放置运动的对象，通常位于下方图层。动画播放时，引导层中的路径不会显示出来。按照引导层发挥的功能不同，可以将引导层分为普通引导层和传统运动引导层两种类型。

（1）普通引导层（引导层）。

普通引导层主要用于辅助静态对象定位，并且可以不使用被引导层而单独使用，层上的内容不会被输出，和辅助线差不多。

（2）传统运动引导层。

传统运动引导层主要用于绘制对象的运动路径，可以将图层链接到同一个运动引导层中，使图层中的对象沿引导层中的路径运动，此时该图层将位于运动层下方并成为被引导层。下面以飞机曲线上升和自行车走环线为例制作引导层动画。

① 飞机曲线上升。

飞机曲线上升就是制作飞机沿着一根曲线逐渐上升的运动效果。

A. 启动 Flash CS6 软件。

B. 选择工具箱中的文本工具，笔触颜色设置为“无”☐，填充颜色设置为“蓝色”，在舞台上输入字母“j”，选择“属性”面板中的“字符”，设置系列为“Webdings”，大小为“100.0”点，这时字母“j”就变成一架飞机了，如图 5-72 所示。

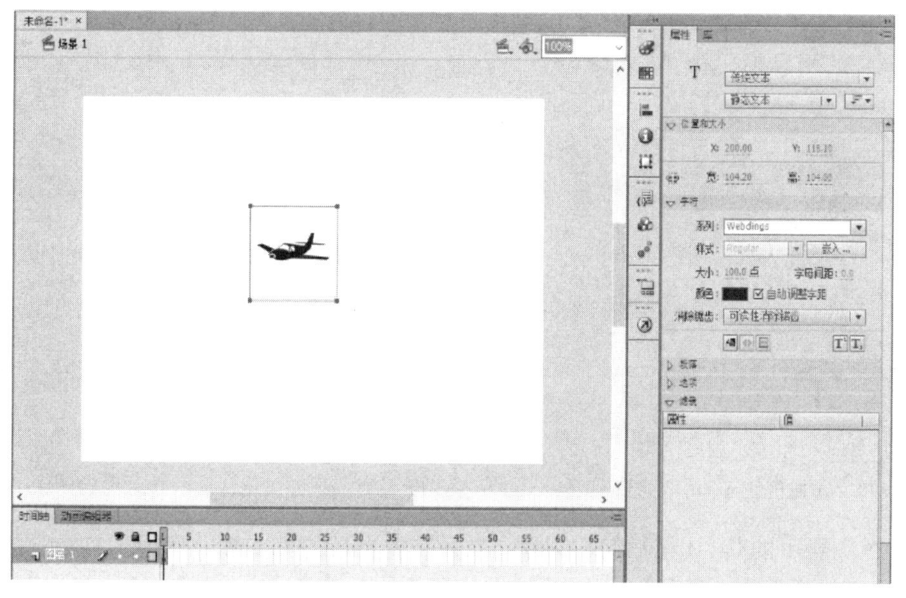

图 5-72　输入字母并设置成飞机

C. 选中飞机，并转换为图形元件，然后选择菜单栏中的“修改”→“变形”→“水平翻转”命令，将飞机水平镜像，继续选择工具箱中的任意变形工具，将飞机调整到合适的角度，并移动到左下角合适的位置，如图 5-73 所示。

图 5-73　调整并移动飞机

D. 右击图层 1，在弹出的快捷菜单中选择“添加传统运动引导层”命令，如图 5-74 所示；添加传统运动引导层后的图层如图 5-75 所示。

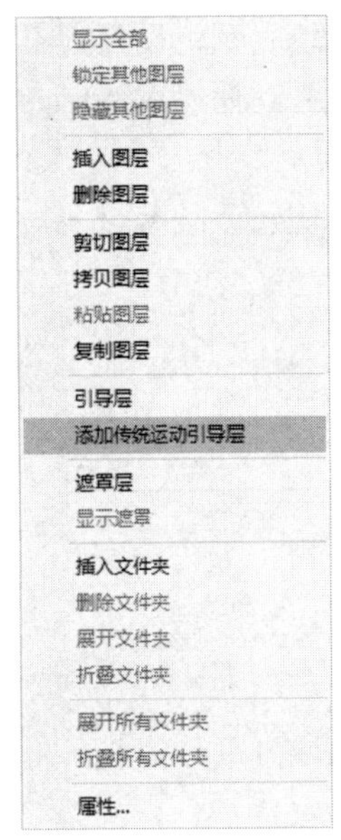

图 5-74　选择“添加传统运动引导层”命令

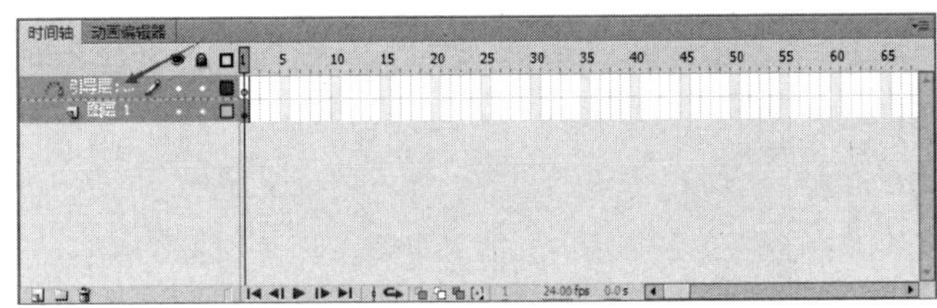

图 5-75　添加传统运动引导层后的图层

E. 在图层 1 的第 30 帧插入关键帧；然后在引导层的第 1 帧，选择工具箱中的钢笔工具，设置笔触颜色为“黑色”，填充颜色为“无”☐，在舞台上绘制一条曲线作为引导线，如图 5-76 所示。

F. 在引导层的第 30 帧插入帧；选中工具箱下面的“贴紧至对象”；在图层 1 的第 1 帧将飞机的中心点与引导线的起始点重合，在图层 1 的第 30 帧将飞机的中心点与引导线的终点重合，如图 5-77 所示。

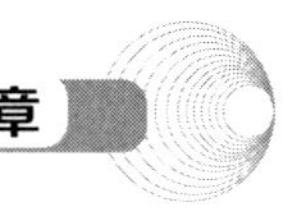

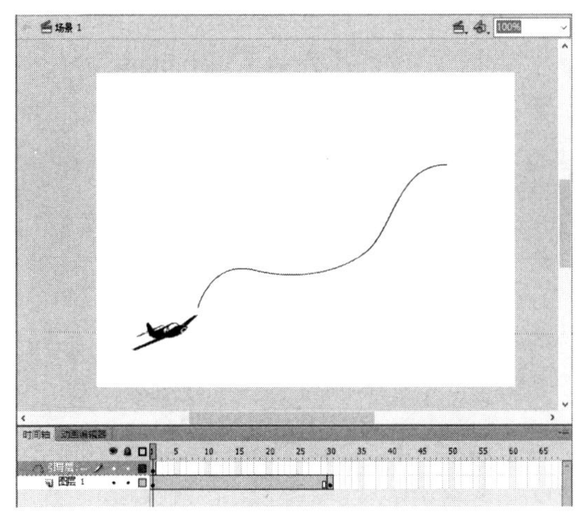

图 5-76 绘制曲线作为引导线

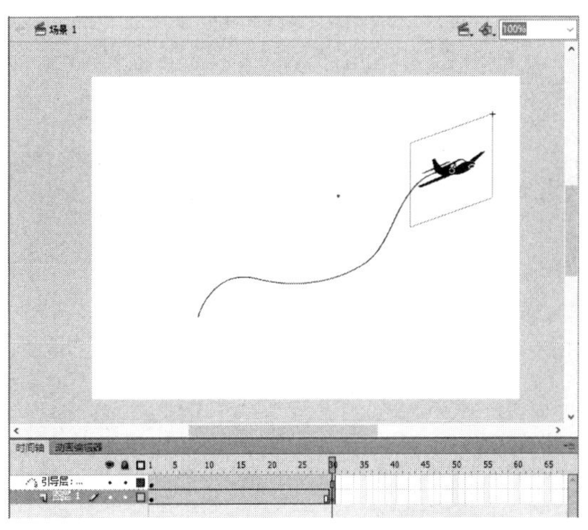

图 5-77 飞机的中心点与引导线的终点重合

G. 在图层 1 的第 1～30 帧之间的任何一帧处右击，在弹出的快捷菜单中选择“创建传统补间”命令；如果输出不需要有引导线，则单击引导层眼睛对应的点，使其变为红×，这样导出后就不会有引导线了。自此，飞机曲线上升的设置操作已完成，按回车键，或者选择菜单栏中的“控制”→“测试影片”→“测试”命令，就可以测试飞机曲线上升的动画效果了，最终效果如图 5-78 所示。

H. 保存和导出动画的方法，与前面实例相同。

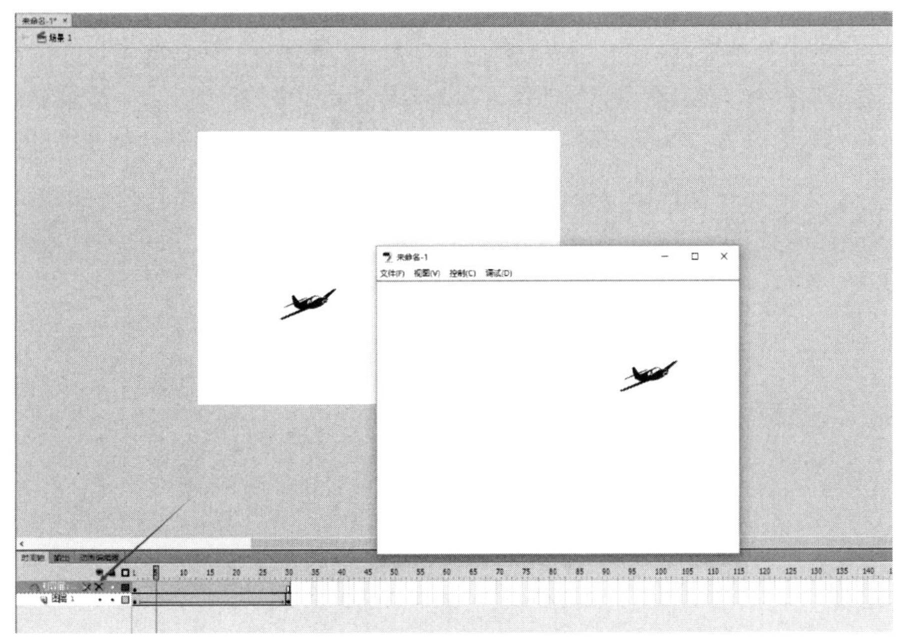

图 5-78 “飞机曲线上升”最终效果

② 自行车走环线。

自行车走环线就是制作自行车绕着环线行走的运动效果。

A. 启动 Flash CS6 软件。

B. 选择工具箱中的文本工具，笔触颜色设置为“无”☐，填充颜色设置为“红色”，在舞台上输入字母“b”，选择“属性”面板中的“字符”，设置系列为“Webdings”，大小为“100.0”点，这时字母“b”就变成一辆自行车了，如图 5-79 所示。

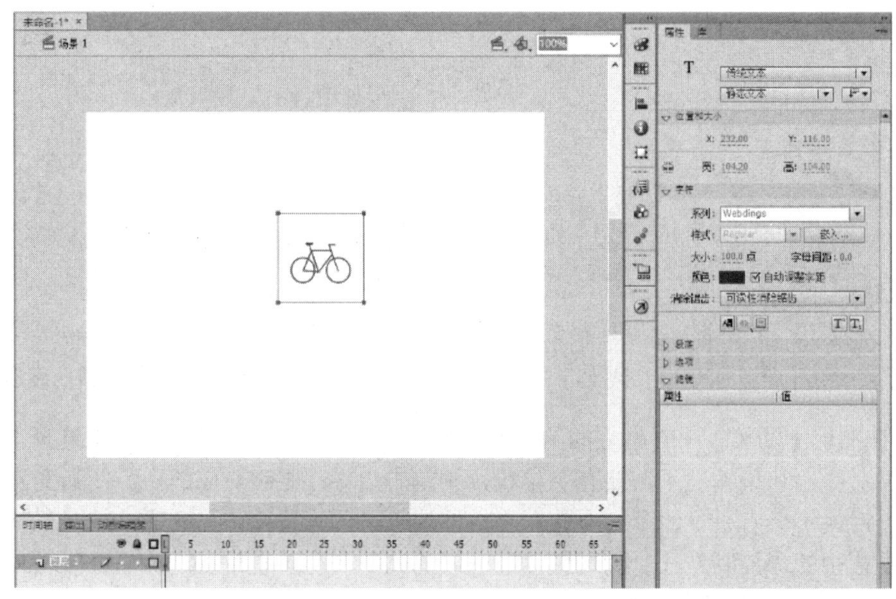

图 5-79　输入字母并设置成自行车

C. 选中自行车，并转换为图形元件；然后把自行车移动到舞台边上合适的位置。

D. 在图层 1 的第 30 帧插入关键帧；右击图层 1，在弹出的快捷菜单中选择“添加传统运动引导层”命令，然后在引导层的第 1 帧，选择工具箱中的椭圆工具，设置笔触颜色为“黑色”，填充颜色为“无”☐，在舞台上绘制一个圆形路径作为引导线，如图 5-80 所示。

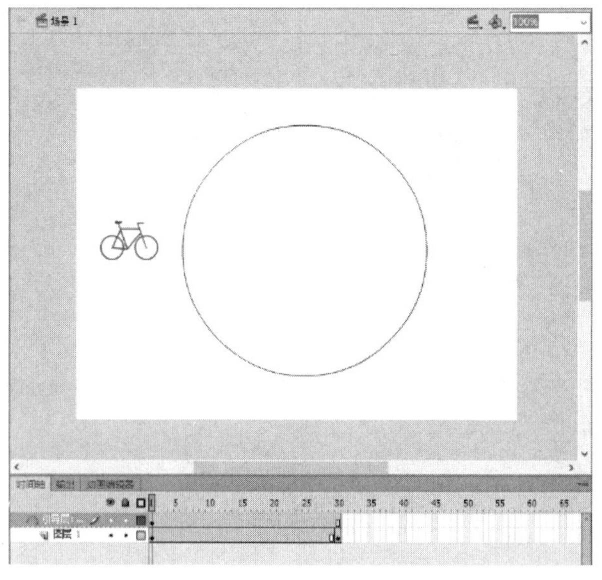

图 5-80　绘制圆形路径作为引导线

E. 选择工具箱中的选择工具，在圆形路径上选择一小截并删除，如图 5-81 所示。

F. 选中工具箱下面的“贴紧至对象”🧲；在图层 1 的第 1 帧将自行车的中心点与引导线的起始点重合，在图层 1 的第 30 帧将自行车的中心点与引导线的终点重合，如图 5-82 所示。

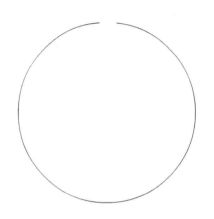

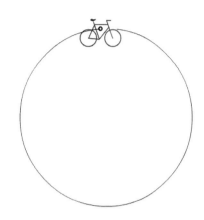

图 5-81　删除圆形路径的一小截

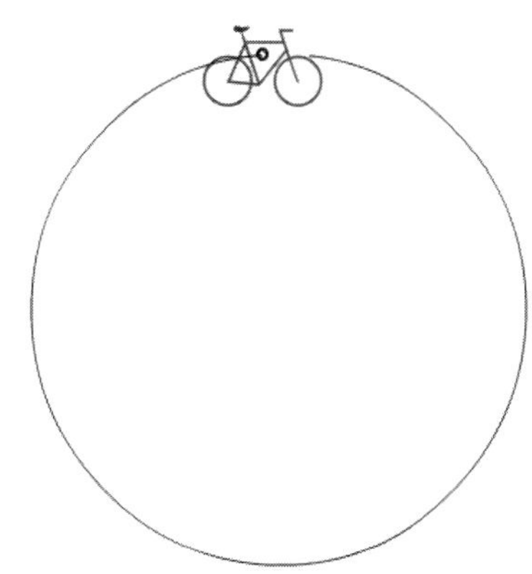

图 5-82　自行车的中心点与引导线的终点重合

G. 在图层 1 的第 1～30 帧之间的任何一帧处右击，在弹出的快捷菜单中选择“创建传统补间”命令；单击图层 1 的第 1～30 帧之间的任何一帧，选择“属性”面板中的“补间”，勾选“补间”下的“同步”和“调整到路径”，如图 5-83 所示。

H. 如果输出不需要有引导线，则单击引导层眼睛对应的点，使其变为红×，这样导出后就不会有引导线了。自此，自行车走环线的设置操作已完成，按回车键，或者选择菜单栏中的“控制”→“测试影片”→“测试”命令，就可以测试自行车走环线的动画效果了，最终效果如图 5-84 所示。

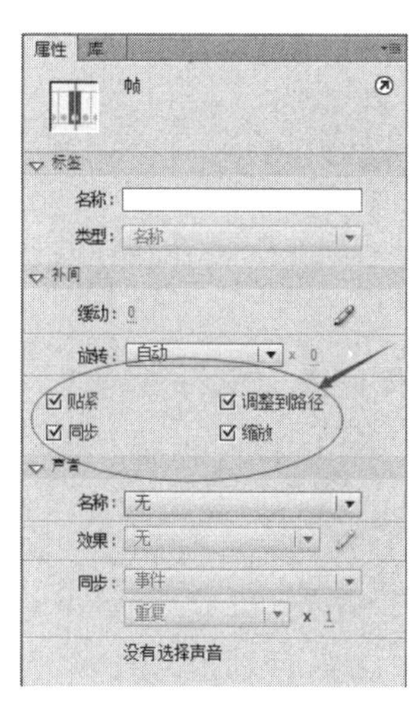

图 5-83　勾选补间下的对应选项

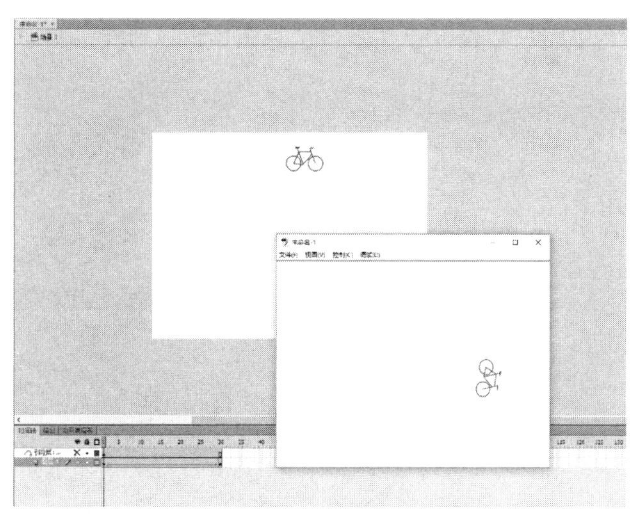

图 5-84　“自行车走环线”最终效果

I. 保存和导出动画的方法，与前面实例相同。

5. 遮罩层动画制作

遮罩层动画是指通过设置遮罩层及其关联图层中对象的位移、形变来产生一些特殊的动画效果。遮罩层是 Flash 的一种图层，遮罩层可透过遮罩层对象透视被遮罩层画面。其中，遮罩层中对象区域透明，其他区域不透明。若将多个图层设置为被遮罩层，则将该图层拖到遮罩层下方，或在遮罩层下方新建图层。下面以百叶窗和探照灯为例制作遮罩层动画。

（1）百叶窗。

百叶窗就是利用图形元件和影片剪辑元件来制作一种像百叶窗一样的遮罩效果。

① 启动 Flash CS6 软件。

② 在图层 1 的第 1 帧，选择菜单栏中的“文件”→“导入”→“导入到舞台”命令，导入 1 张图片；选择“对齐”面板，选择匹配宽和高、水平中齐和垂直中齐，如图 5-85 所示。

③ 新建图层 2，在图层 2 第 1 帧，导入第 2 张图片，处理方法和第 1 张图片相同。然后新建图层 3，锁定图层 1 和图层 2，如图 5-86 所示。

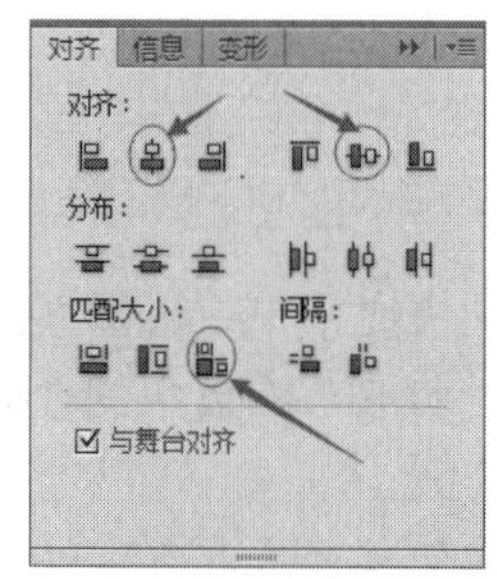

图 5-85　设置图片与舞台匹配对齐

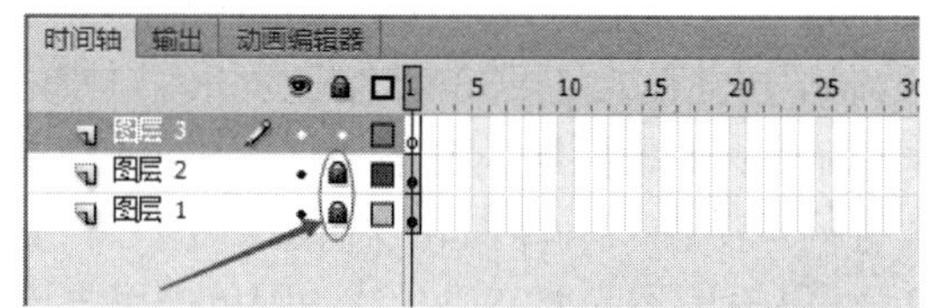

图 5-86　锁定图层 1 和图层 2

④ 选择工具箱中的矩形工具，笔触颜色设置为“无”▱，填充颜色设置为“蓝色”，在图层 3 第 1 帧绘制一个矩形，选择“对齐”面板，设置该矩形与舞台匹配宽度，并移到舞台中间，如图 5-87 所示；选择该矩形，转换为图形元件，删除。

图 5-87　绘制与舞台一样宽的矩形

⑤ 选择菜单栏中的“插入”→“新建元件”命令，在“创建新元件”对话框里，选择类型为“影片剪辑”元件，新建影片剪辑元件 2，如图 5-88 所示。

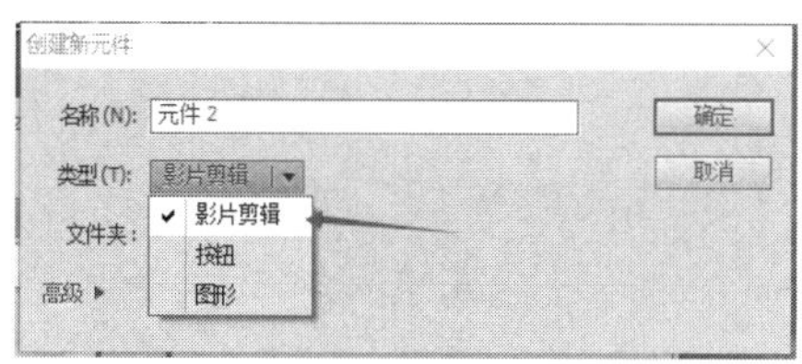

图 5-88　新建“影片剪辑”元件

⑥ 拖动“库”里的元件 1 到舞台上，设置该元件与舞台“水平中齐”和“垂直中齐”；在图层 1 的第 20 帧和第 40 帧插入关键帧，在第 20 帧处，选择工具箱中的任意变形工具，缩小该矩形的高度，如果不够，继续选择工具箱中的缩放工具，放大该矩形，继续缩小高度，然后还原大小；最后在图层 1 的第 1～20 帧和第 20～40 帧之间的任何一帧处右击，在弹出的快捷菜单中选择“创建传统补间”命令，如图 5-89 所示。

⑦ 选择菜单栏中的“插入”→“新建元件”命令，在“创建新元件”对话框里，选择类型为“影片剪辑”元件，新建影片剪辑元件 3；拖动“库”里的元件 2 到舞台上，设置该元件与舞台“水平中齐”和“垂直中齐”；按住 Alt 键，并按住鼠标左键拖动复制元件 2，设置元件 3 与原舞台大小一致，如图 5-90 所示。

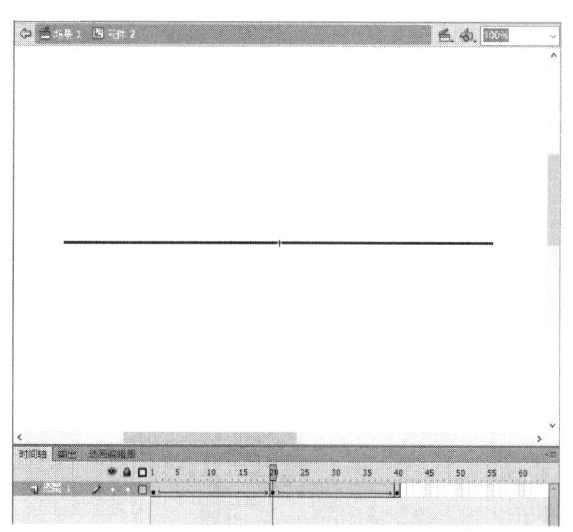

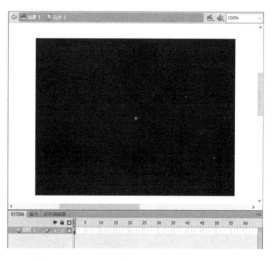

图 5-89　制作元件 2 的动态效果

图 5-90　设置元件 3 与原舞台大小一致

⑧ 回到“场景 1”，在图层 3 的第 1 帧，拖动“库”里的元件 3 到舞台上，设置该元件与舞台“水平中齐”和“垂直中齐”；右击图层 3，在弹出的快捷菜单中选择“遮罩层”命令。

⑨ 自此，百叶窗的设置操作已完成，按回车键，或者选择菜单栏中的“控制”→“测试影片”→“测试”命令，就可以测试百叶窗的动画效果了，最终效果如图 5-91 所示。

⑩ 导出动画。在导出动画之前解锁所有图层，然后选择菜单栏中的“文件”→“导出”“导出影片”命令，弹出“导出影片”对话框，选择更改文件名为“百叶窗”，保存类型为“.swf”，单击“导出影片”对话框右下角的“保存”按钮。

图 5-91 “百叶窗”最终效果

（2）探照灯。

探照灯就是制作一种设定图形经过的地方才有对象显示出来的遮罩效果。

① 启动 Flash CS6 软件。

② 在图层 1 的第 1 帧，选择菜单栏中的“文件”→“导入”→“导入到舞台”命令，导入一张图片；选择“对齐”面板，选择匹配宽和高、水平中齐和垂直中齐。

③ 在图层 1 的第 90 帧，右击，在弹出的快捷菜单中选择“插入帧”命令，或者按快捷键 F5，这样该图片在 90 帧之内会一直显示。

④ 新建图层 2，在图层 2 的第 1 帧，选择工具箱中的椭圆工具，笔触颜色设置为“无”☐，填充颜色设置为“红色”，在舞台上绘制圆形，然后把该圆形转换为图形元件，如图 5-92 所示。

图 5-92 在图片背景上绘制圆形元件

⑤ 在图层 2 的第 30 帧、第 60 帧和第 90 帧，分别插入关键帧，然后在这几帧上移动该圆形到另一个位置，如图 5-93 所示。

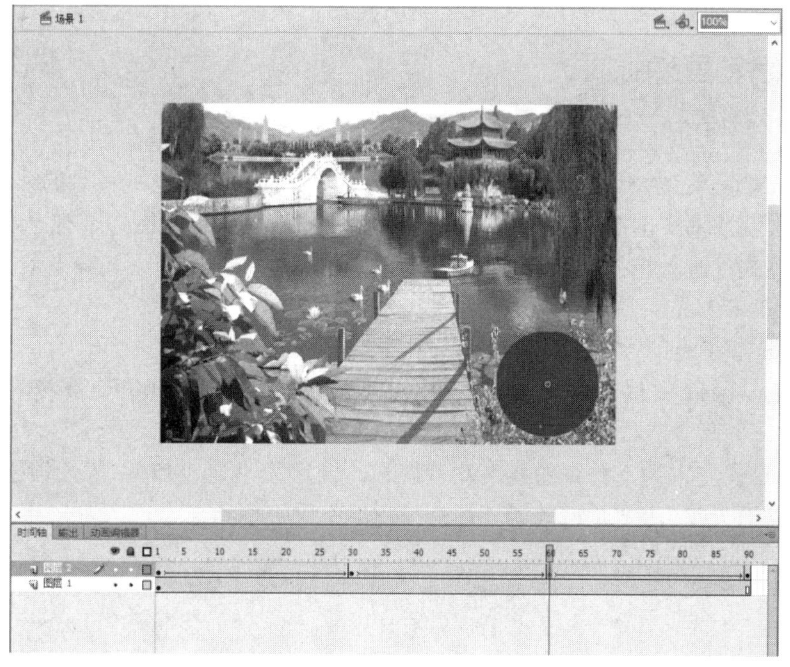

图 5-93　在指定的帧上移动圆形

⑥ 在图层 2 的第 1～30 帧、第 30～60 帧和第 60～90 帧之间的任何一帧处右击，在弹出的快捷菜单中选择“创建传统补间”命令。

⑦ 右击图层 2，在弹出的快捷菜单中选择“遮罩层”命令。自此，探照灯的设置操作已完成，按回车键，或者选择菜单栏中的“控制”→“测试影片”→“测试”命令，就可以测试探照灯的动画效果了，最终效果如图 5-94 所示。

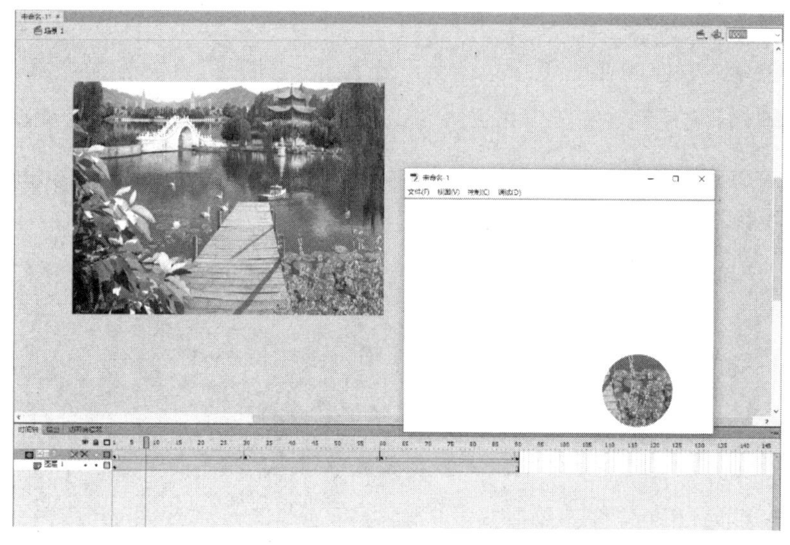

图 5-94　“探照灯”最终效果

⑧ 导出动画。在导出动画前解锁所有图层，然后选择菜单栏中的“文件”→“导出”→“导出影片”命令，弹出“导出影片”对话框，选择更改文件名为“探照灯”，保存类型为“.swf”，单击“导出影片”对话框右下角的“保存”按钮。

5.2.3.2 综合动画实例

1. MTV 制作

MTV 的 M 是英文 Music（音乐）的第一个字母，而 TV 是电视视频的缩写，MTV 可直译为音乐电视。本实例的 MTV 就是利用 Flash CS6 软件制作有图像、有声音，像音乐电视一样的交互式动画效果。

（1）制作 MTV 的片头。

① 安装一款 Flash 文本特效动画制作软件“swftext”。

② 启动 swftext 软件，在“剪辑”里设置片头的宽度为“200”，高度为“550”，如图 5-95 所示。

③ 分别设置文本为“神奇的九寨欢迎您！”，文字大小为“45”，背景颜色为“绿色”，背景特效为“满天星”，文本特效为“爆炸”，如图 5-96 所示。

图 5-95 设置片头的大小

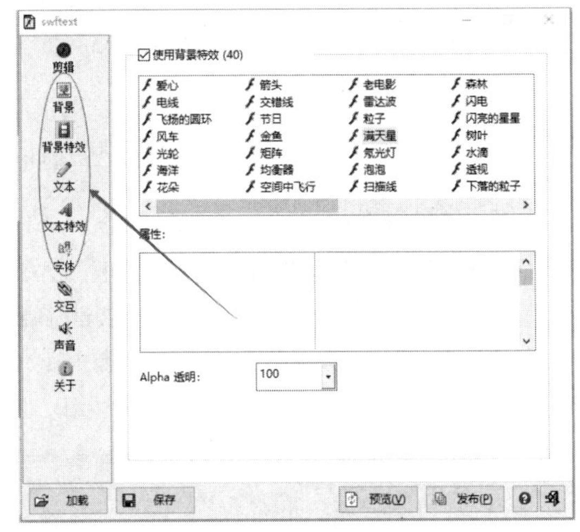

图 5-96 设置背景和文本

④ 设置好以后，单击“swftext”对话框右下角的“发布”按钮，选择导出为 GIF 文件，最终效果如图 5-97 所示。

图 5-97 “片头”最终效果

（2）制作 MTV。

① 启动 Flash CS6 软件，选择“ActionScript 2.0”，新建一个文档。

② 选择工具箱中的矩形工具，笔触颜色设置为“无”▨，填充颜色设置为“深绿色”，在舞台上绘制矩形，调整该矩形的颜色为深绿色到白色的“线性渐变”；选中该矩形，选择菜单栏中的“修改”→“变形”→“顺时针旋转 90°”命令；在对齐面板中调整该矩形与舞台“匹配宽度”和“顶对齐”，在“属性”面板里设置该矩形的高度为“200”。

③ 选择工具箱中的文本工具，笔触颜色设置为“无”▨，填充颜色设置为“深绿色”，在矩形上输入文字“神奇的九寨”，设置文字大小为“60”，字体为“黑体”，字母间距为“22”；分别设置该文字“投影”和“发光”的滤镜效果，具体设置如图 5-98 所示。

④ 同时选中矩形和文字，将其转换名称为“背景上”的图形元件，转换后的效果如图 5-99 所示。

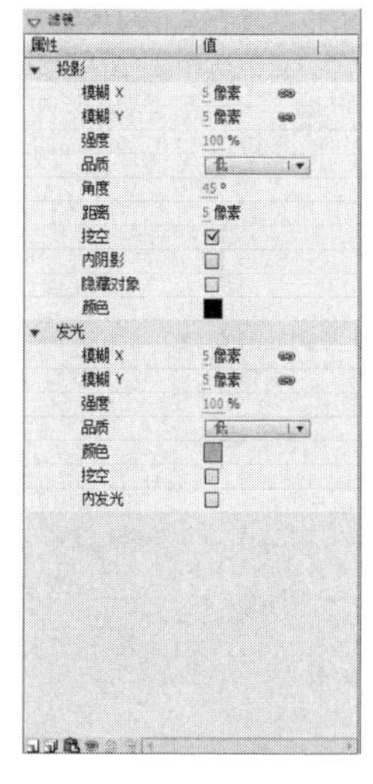

图 5-98 给文字设置滤镜效果

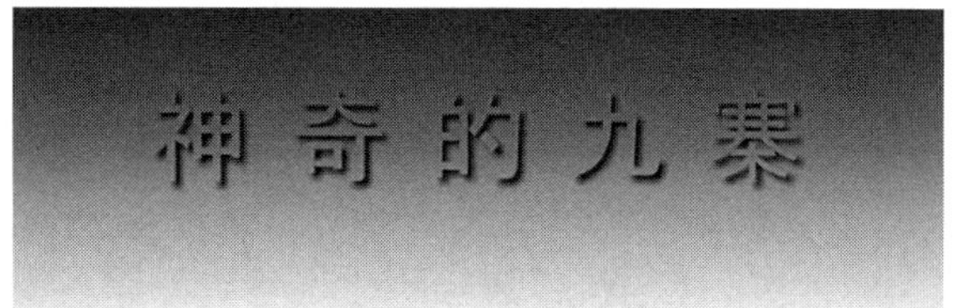

图 5-99 制作好的“背景上”图形元件

⑤ “背景下”元件的制作和“背景上”一样，只是渐变方向相反，不需要添加文字。

⑥ 新建图层 2，并修改图层 1 和图层 2 为“背景上”和“背景下”；然后在两个图层的第 30 帧插入关键帧，并分别压缩 2/3 与顶部和底部对齐，在压缩时，先选择“任意变形工具”，移动图形的中心点到顶部或者底部的中间，按住 Alt 键，压缩该矩形，压缩后的效果如图 5-100 所示；在“背景上”和“背景下”的第 1～30 帧之间的任何一帧处右击，在弹出的快捷菜单中选择“创建传统补间”命令；特别注意：后续有多少对象，“背景上”和“背景下”就要一直插入帧，直到所有动态效果编辑完成为止。

⑦ 新建图层 3，并修改为“按钮”，在第 1 帧，选择“矩形工具”，笔触颜色设置为“无”▨，填充颜色设置为“深绿色”，在“属性”面板上设置矩形选项的矩形边角半径为“10”，如图 5-101 所示。

⑧ 转换圆角矩形为“按钮”元件，双击该元件，进入按钮操作界面；新建图层 2，并输入文字“play”，颜色填充为“白色”；在图层 1 和图层 2 的第 2 帧插入关键帧，设置圆角矩形的颜色为“蓝色”，文字颜色为“橙黄色”；继续在图层 1 和图层 2 的第 3 帧插入关键帧，设置圆角矩形的颜色为“灰色”，文字颜色为“淡绿色”，如图 5-102 所示。

图 5-100　压缩后的“背景上”和“背景下”

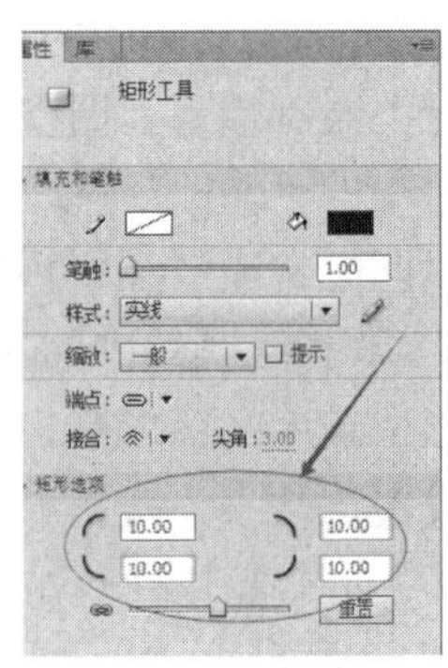

图 5-101　设置矩形的边角半径

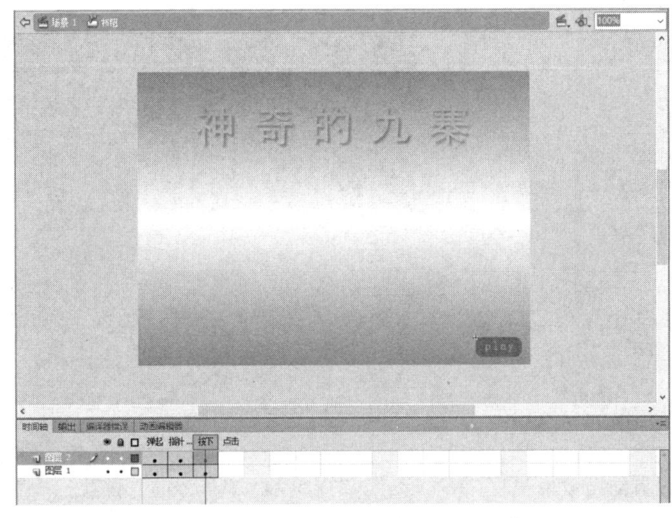

图 5-102　设置按钮

⑨ 回到场景。选择按钮层，右击第 1 帧，设置“动作”为“stop()”；如图 5-103 所示；继续右击舞台上的按钮，设置“动作”为：

```
on(release){
   play();
}
```

如图 5-104 所示。

⑩ 测试一下，看设置是否成功，有无错误代码，如果显示有错误代码，则说明代码输入操作有误，需要再重新输入，注意标点符号都不能错。

⑪ 新建图层 4 并重命名为“动画区 1”；导入片头到库，并在库里重命名为“片头”；在第 1 帧拖片头到舞台中间水平垂直对齐，如图 5-105 所示，调整片头的高度，移动“动画区 1”到“背景上”下面一层；在库里双击片头，看它一共有多少帧，然后回到场景，在片头对应的层插入与片头长度一致的帧数，延长“背景上”和“背景下”的帧数与片头长度一致。

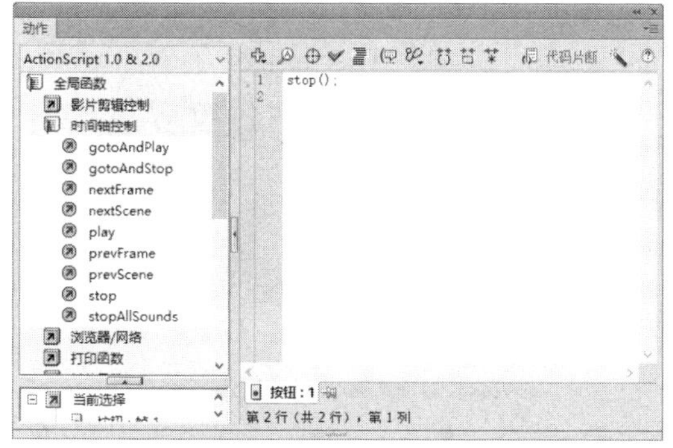

图 5-103 设置停止动作

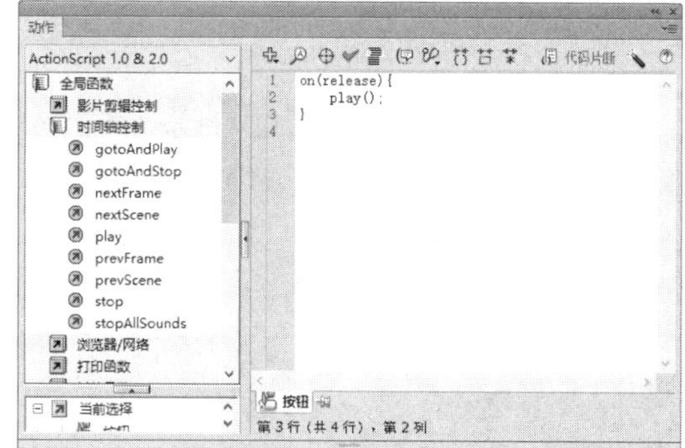

图 5-104 设置打开动作

⑫ 导入风景图片到库，在动画区 1 的第 126 帧处插入空白关键帧，拖入风景 1 图片到舞台合适的位置，然后分别在第 225 帧、第 325 帧、第 425 帧和第 525 帧插入关键帧，并在这几帧处调整风景 1 图片的位置，如图 5-106 所示。

⑬ 在动画区 1 的第 126～225 帧、第 225～325 帧、第 325～425 帧和第 425～525 帧之间的任何一帧处右击，在弹出的快捷菜单中选择“创建传统补间”命令；在第 525 帧处设置风景 1 图片的“Alpha”值为“0”。

图 5-105 导入片头到舞台中间

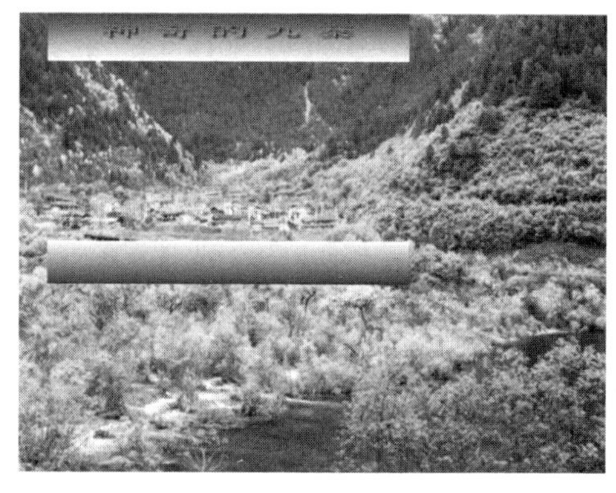

图 5-106 在舞台上调整风景 1 图片

⑭ 在动画区 1 上新建一个图层，并重命名为“动画区 2”；在该层的 520 帧插入空白关键帧，拖风景 2 图片到舞台左边，调整该图片的宽为“374”，高为“272”，如图 5-107 所示。

⑮ 在动画区 2 的第 540 帧插入关键帧，把风景 2 图片移到舞台正中间，这个可以在“对齐”面板里设置好；然后分别在第 590 帧和第 640 帧插入关键帧，在第 540～590 帧之间设置为“顺时针”旋转，第 590～640 帧之间设置为“逆时针”旋转；在第 590 帧处放大该图片与舞台尺寸相同，在第 640 帧处设置风景 2 图片的“Alpha”值为“0”；最后在第 520～540 帧、第 540～590 帧和第 590～640 帧之间的任何一帧处右击，在弹出的快捷菜单中选择“创建传统补间”命令，把动画区 2 图层移到按钮上面，如图 5-108 所示。

⑯ 在动画区 2 上面新建两个图层，分别修改名称为“动画区 3”和“动画区 4”；然后分别在这两层的第 635 帧处插入空白关键帧，从库里拖风景 3 和风景 4 图片到舞台的左、右侧，设置两张图片的宽为 275，高不变，如图 5-109 所示。

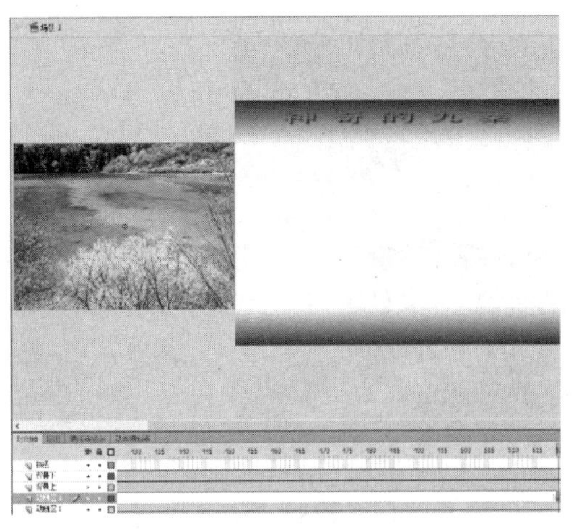

图 5-107　拖风景 2 图片到舞台左边

图 5-108　在不同的帧上调整风景 2 图片

⑰ 在动画区 3 和动画区 4 图层的第 635～685 帧和第 685～735 帧之间的任何一帧处右击，在弹出的快捷菜单中选择“创建传统补间”命令；然后在动画区 3 图层的第 635～685 帧之间设置为“顺时针”旋转，第 685～735 帧之间设置为“逆时针”旋转；在动画区 4 图层的第 635～685 帧之间设置为“逆时针”旋转，第 685～735 帧之间设置为“顺时针”旋转；最后在这两个图层的第 735 帧处设置 Alpha 值为 0，整体设置后如图 5-110 所示。

图 5-109　拖风景 3 和风景 4 图片到舞台左、右侧

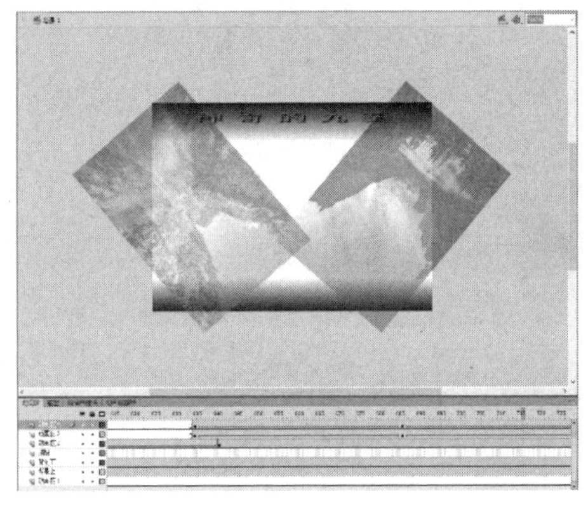

图 5-110　设置风景 3 和风景 4 图片的旋转效果

⑱ 在动画区 2 的第 730 帧处插入空白关键帧，拖风景 5 图片到舞台中间，并设置宽为 550，高为 310，坐标位置的 X 为 0，Y 为 50；继续在第 731～735 帧处插入空白关键帧，在对应的帧拖入风景 6、风景 7、风景 8、风景 9 和风景 10 图片到舞台上，处理设置方法和风景 5 图片相同，最终效果如图 5-111 所示。

⑲ 因逐帧动画显示太快，所以分别给风景 5～风景 10 所在的关键帧上按 F5 键加 4 帧，然后复制这 6 帧，分 3 次粘贴到后面，同时选中后面 12 帧，右击，在弹出的快捷菜单中选择“翻转帧”命令，如图 5-112 所示。

图 5-111 给几张图片设置逐帧动画

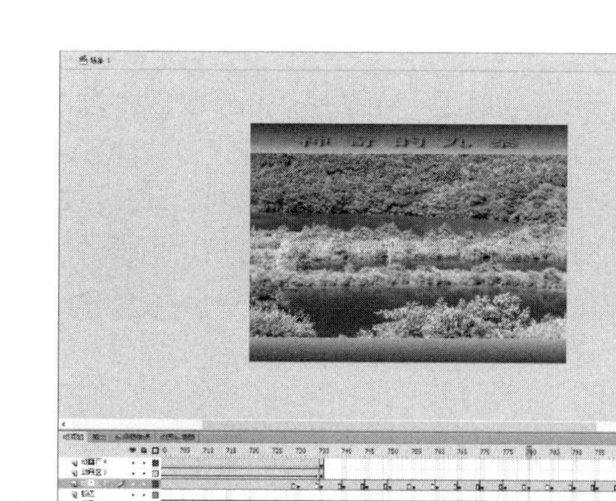

图 5-112 设置图片的复制和翻转帧

⑳ 在动画区 1 的第 850 帧插入空白关键帧，从库中拖风景图片到舞台上合适的位置，然后分别在第 950 帧、第 1 050 帧、第 1 150 帧和第 1 200 帧插入关键帧，并在这几帧处调整风景图片的位置，如图 5-113 所示。

㉑ 在动画区 1 的第 850～950 帧、第 950～1 050 帧、第 1 050～1 150 帧和第 1 150～1 200 帧之间的任何一帧处右击，在弹出的快捷菜单中选择“创建传统补间”命令；在第 1 200 帧处设置风景图片的“Alpha”值为“0”。

㉒ 在动画区 1 的第 1 201 帧处插入空白关键帧，输入文字“谢谢观赏！”，设置文字大小为“89”，字母间距为“9”，滤镜效果为“渐变斜角”，设置后的效果如图 5-114 所示。

图 5-113 在不同的帧上调整风景图片

图 5-114 输入并设置文字“谢谢观赏！”

㉓ 在动画区 1 的第 1 250 帧和第 1 295 帧处插入关键帧，在第 1 250 帧处用任意变形工具放大文字；在动画区 1 的第 1 201～1 250 帧和第 1 250～1 295 帧之间的任何一帧处右击，在弹出的快捷菜单中选择“创建传统补间”命令。

㉔ 整体测试一下，如果觉得画面布局、大小、位置等不是很满意，可以在对应的帧上调整，直到满意为止。

㉕ 在动画区 4 上新建一个图层，并修改名称为“音乐”层，在音乐层第 1 帧导入音乐到舞台，在“属性”面板中设置声音效果为“淡入”，同步为“数据流”“循环”模式，如

图 5-115 所示。

㉖ 在音乐层上新建一个图层，并修改名称为“歌词”层，然后在歌词层根据音乐的歌词，在对应的帧处插入空白关键帧，粘贴或者输入歌词，设置歌词的字体系列为“隶书”，大小为“26”，字母间距为“9”，颜色为“天蓝色”；然后在前一句歌词结尾处，再插入空白关键帧，粘贴或输入第二句歌词，剩下的歌词做相同处理，如图 5-116 所示。

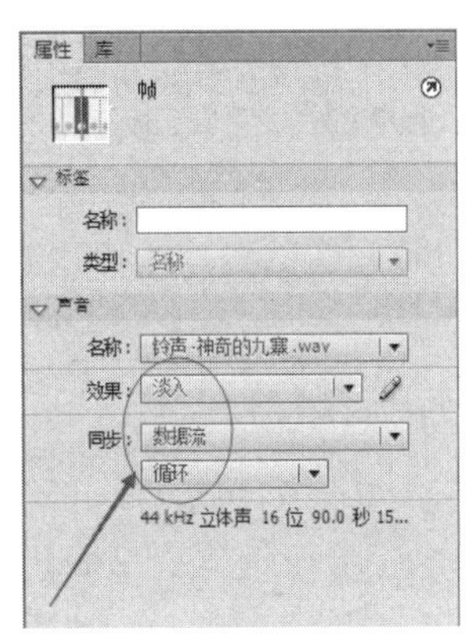

图 5-115　设置声音属性

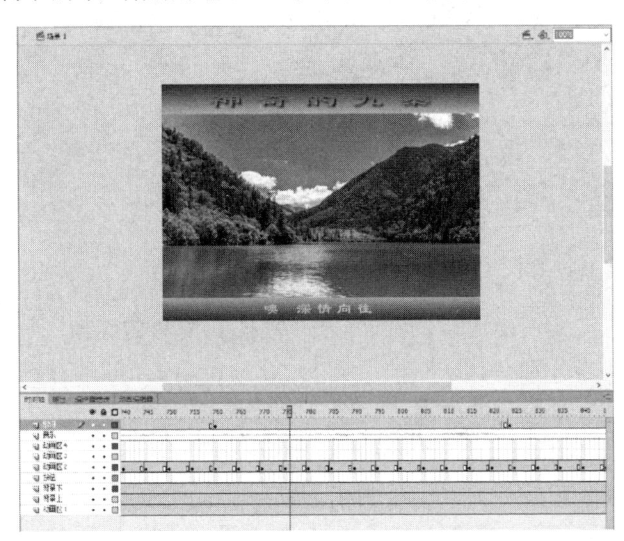

图 5-116　在歌词层输入歌词

㉗ 自此，MTV 制作已完成，按回车键，或者选择菜单栏中的“控制”→“测试影片”→“测试”命令，就可以测试 MTV 的动画效果了，最终效果如图 5-117 所示。

图 5-117　“MTV 制作”最终效果

㉘ 导出 MTV 制作的影片。选择菜单栏中的“文件”→“导出”→“导出影片”命令，弹出“导出影片”对话框，选择更改文件名为“MTV 制作”，保存类型为“.swf”，单击“导

出影片”对话框右下角的“保存”按钮。

2. 广告条制作

广告条制作就是利用 Flash CS6 软件制作一幅新颖、独特、有吸引力的横幅设计。

（1）启动 Flash CS6 软件，选择“ActionScript 2.0”，新建一个文档。

（2）设置舞台大小为“700 像素×90 像素”，颜色为“紫色”，如图 5-118 所示。

（4）选择工具箱中的文本工具，笔触颜色设置为“无”☐，填充颜色设置为“白色”，字体设置为“华文行楷”，在舞台上输入大小为 56 点的文字“数字媒体技术”，然后将该文字转换为图形元件，并与舞台水平垂直对齐，如图 5-119 所示。

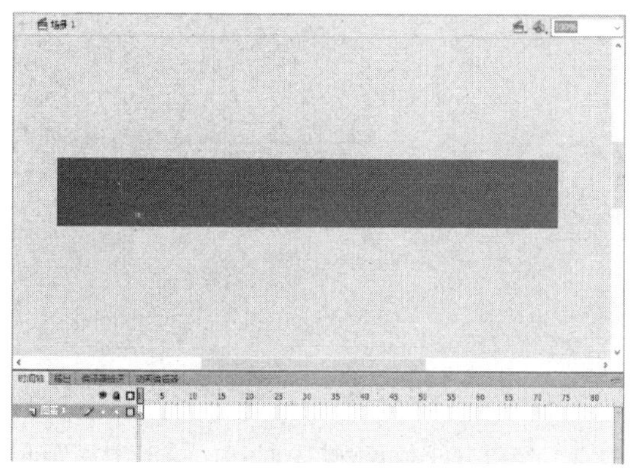

图 5-118　设置舞台的大小和颜色

图 5-119　输入并设置文字

（4）在图层 1 的第 30 帧插入关键帧，然后在第 1 帧选择“任意变形工具”缩小文字，在图层 1 的第 1～30 帧之间的任何一帧处右击，在弹出的快捷菜单中选择“创建传统补间”命令；继续在图层 1 的第 15 帧插入关键帧，选择“属性”面板中的“色彩效果”→“色调”，设置色调颜色为“灰色”，如图 5-120 所示。

（5）在图层 1 的第 40 帧插入关键帧，并放大该文字，设置“Alpha”为“0”，在图层 1 的 30～40 帧之间的任何一帧处右击，在弹出的快捷菜单中选择“创建传统补间”命令，如图 5-121 所示。

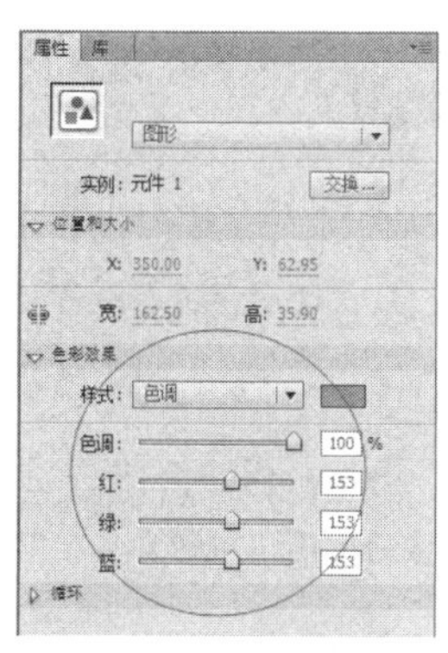

图 5-120　设置色调颜色

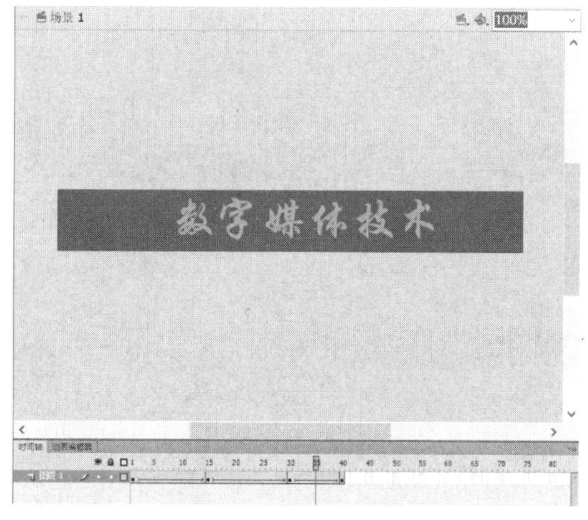

图 5-121　设置文字的变化

（6）新建图层 2，并将图层 2 移到图层 1 下面，在图层 2 的第 35 帧插入空白关键帧，选择工具箱中的矩形工具，笔触颜色设置为“无”▱，填充颜色设置为“白色”，在舞台右上方绘制一个矩形，锁定图层 1，如图 5-122 所示。

（7）选中白色矩形，在“颜色”面板中选择颜色类型为“线性渐变”，在颜色设置块中间添加一个色块，设置左中右 3 个色块都为“白色”，但左右两个色块的 Alpha 值为 0，中间色块的 Alpha 值为 100%，如图 5-123 所示。

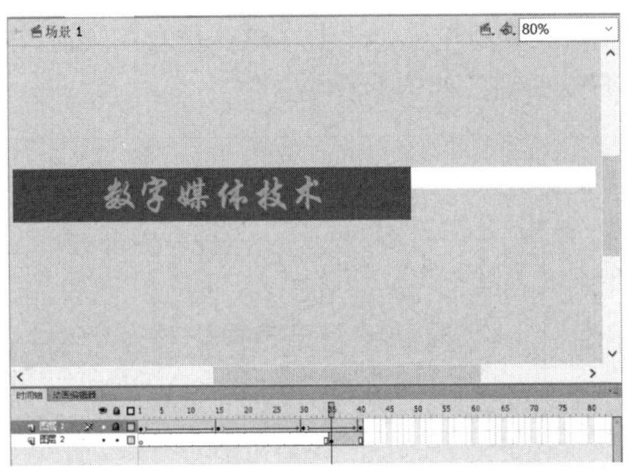

图 5-122　在舞台右上方绘制矩形

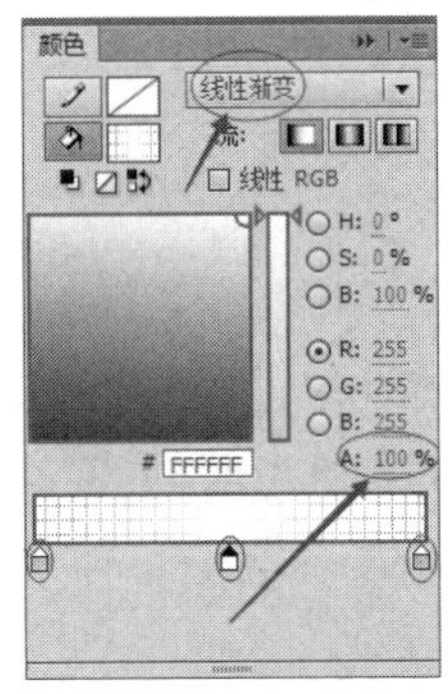

图 5-123　设置矩形的线性渐变

（8）将矩形转换为图形元件，在图层 2 的第 45 帧处插入关键帧，按住 Shift 键把矩形移到舞台左上角，在图层 2 的第 35～45 帧之间的任何一帧处右击，在弹出的快捷菜单中选择“创建传统补间”命令，如图 5-124 所示。

（9）新建图层 3，并移到图层 2 下面，在图层 3 的第 35 帧插入空白关键帧，复制图层 2 的第 35 帧，然后在图层 3 的第 35 帧按“Ctrl+Shift+V”组合键，原位置粘贴图层 2 的第 35 帧，隐藏图层 2，在图层 3 的第 35 帧移动矩形到舞台左下方合适的位置，用任意变形工具缩小矩形，在图层 3 的第 45 帧插入关键帧，按住 Shift 键把矩形移到舞台右下角，在图层 3 的第 35～45 帧之间的任何一帧处右击，在弹出的快捷菜单中选择“创建传统补间”命令，显示图层 2，如图 5-125 所示。

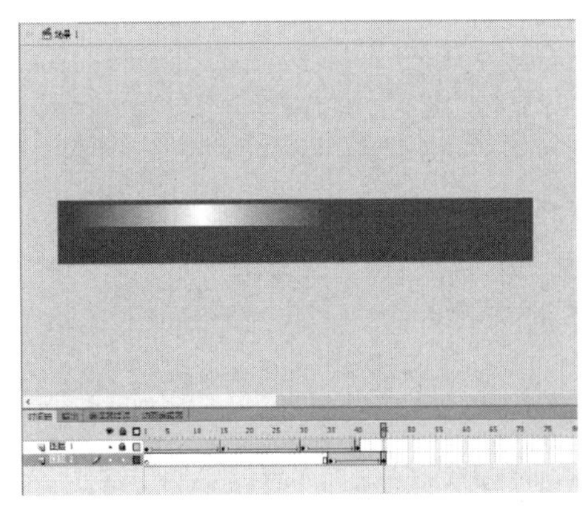

图 5-124　移动矩形到舞台左上角

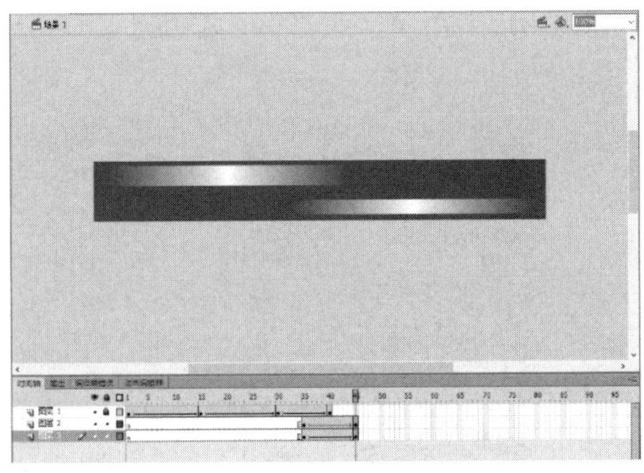

图 5-125　移动小矩形到舞台右下角

（10）在图层 2 和图层 3 的第 55 帧插入关键帧，然后在两层的 55 帧处缩小并拉长矩形，最后在两层的第 55 帧处设置矩形的 Alpha 值为 0，如图 5-126 所示。

（11）在图层 1 的第 41 帧插入空白关键帧，让之前的文字消失；在第 50 帧插入空白关键帧，输入大小为“30”，字体系列为华文行楷的“理论与实践相结合”的文字，并移到舞台左上角的矩形上；复制该文字，并用“成就你多面手的梦想”替代，然后移到舞台右下角矩形上；在图层 1 的第 70 帧插入帧，延长文字的显示，如图 5-127 所示。

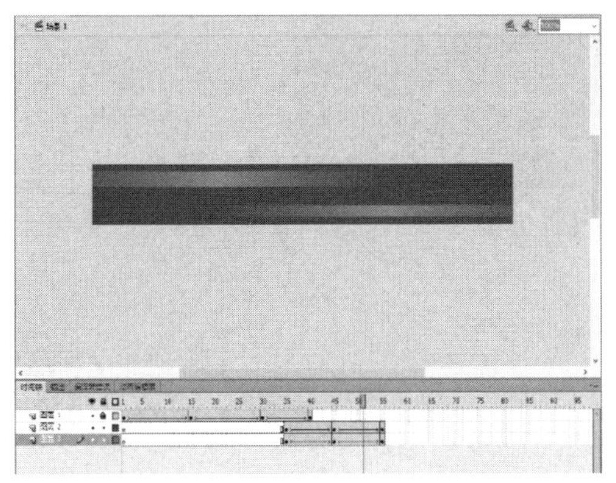

图 5-126 设置缩小拉长两个矩形

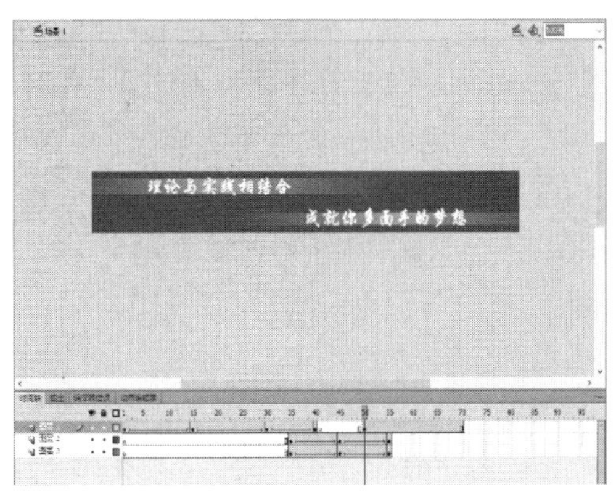

图 5-127 在两个矩形上添加文字

（12）新建一个图层 4，并将其移到图层 3 下面；隐藏其他几个图层，选择工具箱中的矩形工具，笔触颜色设置为“无”☐，填充颜色设置为“白色”，在舞台右上方绘制一个矩形；用部分选取工具和选择工具调整形状为圆锥形；然后选中该图形，在“颜色”面板中选择颜色类型为线性渐变，设置左右 2 个色块都为“白色”，但左侧色块的 Alpha 值为 0，右侧色块的 Alpha 值为 100%；选择工具箱中的任意变形工具→渐变变形工具，将该图形调整为下深上浅的线性渐变效果，如图 5-128 所示。

（13）将圆锥形转换为图形元件，并选择对齐点为下边中间点，如图 5-129 所示；删除该图形。

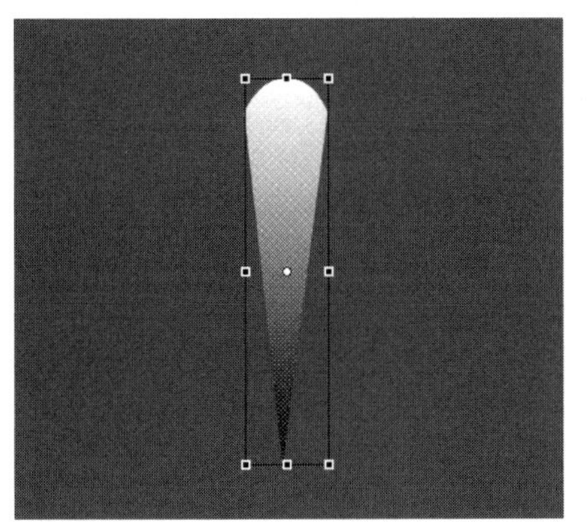

图 5-128 调整矩形并改变颜色方向

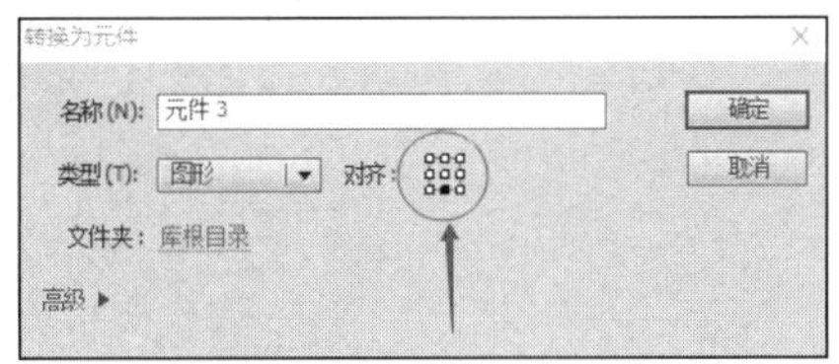

图 5-129 转换为图形元件的对齐点选择

（14）选择菜单栏中的“插入”→“新建元件”命令，创建一个影片剪辑元件 4，拖图形元件 3 到舞台，并设置水平垂直对齐，选中该图形往上移动一点距离；然后在该影片剪辑图层的第 60 帧插入关键帧，并在“属性”面板里设置该图形的坐标位置 X 不变，Y 为 −500；在该图层的第 1～60 帧之间的任何一帧处右击，在弹出的快捷菜单中选择“创建传统补间”命令，如图 5-130 所示。

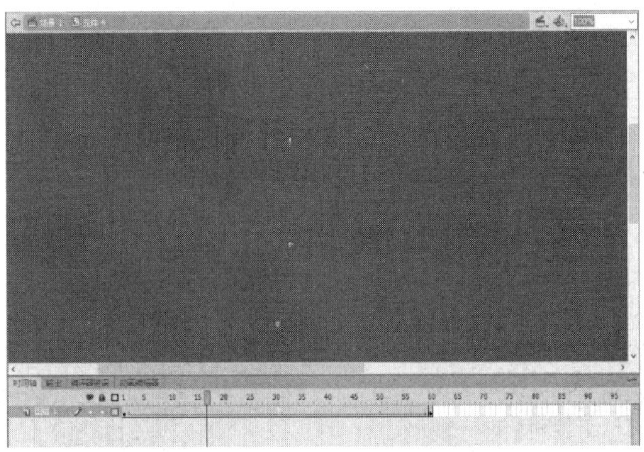

图 5-130　设置影片剪辑元件 4

（15）回到场景 1 中，在图层 4 的第 1 帧拖影片剪辑元件 4 到舞台中间，并设置水平垂直对齐，然后往上移动一点距离，在属性里设置它的名称为“ray”。

（16）右击图层 4 的第 1 帧，设置动作代码如下：

```
sum=0
_root.onEnterFrame=function(){
   num=5+random(10)
   for(i=0;i<num;i++)
   {tmp=sum+i
   ray._rotation=random(40)*9
   ray.duplicateMovieClip("ray"+tmp,tmp);

      }
      sum=sum+num

  }
```

如图 5-131 所示。

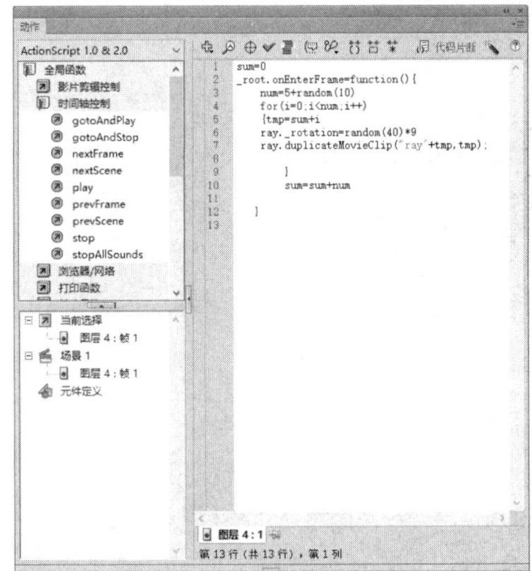

图 5-131　设置 ray 的动作代码

（17）自此，广告条制作已完成，按回车键，或者选择菜单栏中的“控制”→“测试影片”→“测试”命令，就可以测试广告条的动画效果了，最终效果如图 5-132 所示。

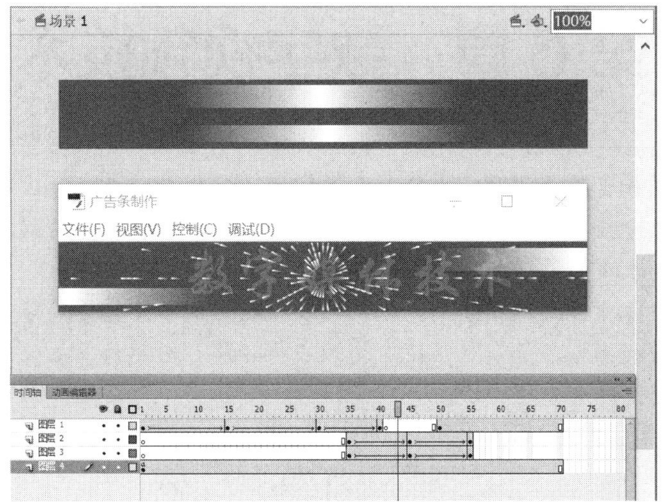

图 5-132　“广告条制作”最终效果

（18）导出“广告条制作”的影片。选择菜单栏中的“文件”→“导出”→“导出影片”命令，弹出“导出影片”对话框，选择更改文件名为“广告条制作”，保存类型为“.swf”，单击“导出影片”对话框右下角的“保存”按钮。

思考与练习

1. 什么是动画？动画是怎样形成的？
2. 数字媒体动画包括哪些类型？各有什么特点？
3. 什么是视觉暂留？视觉暂留的基本原理是什么？
4. 常用的动画文件格式及其应用范围是什么？
5. 矢量动画制作软件 Flash CS6 的界面由哪几个部分组成？各部分的基本功能是什么？
6. 什么是帧、关键帧、空白关键帧和普通帧？
7. 简述位移动画、形变动画、逐帧动画、引导层动画和遮罩层动画，并分别创作一组。
8. Flash CS6 源文件和影片文件的扩展名分别是什么？
9. 制作一组校园风光 MTV，要求有片头、有控制按钮、有音乐，至少 15 张图片。
10. 制作一组广告条，选材不限。

第6章　数字视频技术

视觉是人类感知世界最重要的途径。人类接收的信息70%都是通过视觉来获取的，其中视频是一种信息量最丰富、最直观、最生动、最具体地承载信息的媒体。在数字媒体应用领域中，视频是表现力最强的一种媒体，应用非常广泛。

在数字媒体技术中，视频信息的获取及处理无疑占有举足轻重的地位，而计算机和网络技术的结合使得视频信息的高效、快速处理成为可能，利用计算机处理数字视频信息是数字媒体技术研究的一个重要领域。

6.1 视频概述

视频（Video）就其本质而言，实际上是内容相关且随时间变换的一组动态图像。常用于表现电影、演唱会、纪录片、历史资料、生活资料等方面的内容。就原理而言，和动画没有本质的区别。

视频每秒钟播放的画面有多有少，其中播放的每幅画面都称为帧（Frame）。帧是构成视频信息的基本单元，播放的速度就是帧频，也叫帧率或帧速，表示每秒钟播放帧的数量，单位是 f/s。帧率过低时，会感觉到图像在闪烁，或者图像的动作是跳跃、不连续的。典型视频信号的帧频有 24 f/s，25 f/s 和 30 f/s 等。常见的视频信号是电影和电视影像。

视频信息具有实时性强、数据量大、时间上数据连续、相邻帧之间具有很强的相关性和对错误的敏感性比较低等特点。

数字技术不断渗入到视频信号处理中，使电视技术这种信息传播手段也开始向数字化过渡。所谓数字视频信号指的是在视频信号产生、处理、记录与重放、传送与接收中采用的均是数字信号，即在时间轴上和幅度轴上都离散的信号。计算机处理的信号是数字信号，可以直接进行存储、编辑和传输，是模拟视频信号发展的必然，因此，在介绍数字视频技术之前，首先介绍模拟视频、模拟电视信号及制式。

6.1.1 模拟视频

目前许多视频的处理仍然是模拟方式。模拟视频（Analog Video）是指由连续的模拟信号组成的视频图像，以前人们所接触的电影、电视都是模拟信号，之所以将它们称为模拟信号，是因为它们模拟了表示声音、图像信息的物理量。

摄像机是获取视频信号的来源，早期的摄像机以电子管作为光电转换器件，把外界的光信号转换为电信号。摄像机前的被拍摄物体的不同亮度对应不同的亮度值，摄像机电子管中的电流会发生相应的变化。模拟信号就是利用这种电流的变化来表示或者模拟所拍摄的图像，记录下它们的光学特征，然后通过调制和解调，将信号传输给接收机，通过电子

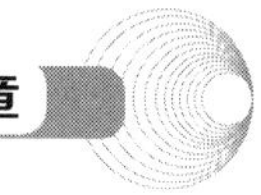

枪显示在荧光屏上，还原成原来的光学图像。这就是电视广播的基本原理和过程。

模拟信号的波形模拟着信息的变化，其特点是幅度连续（连续的含义是在某一取值范围内可以取无限多个数值）。其信号波形在时间上也是连续的，因此它又是连续信号。

1. 模拟视频的特点

模拟视频有其自身的特点，它以模拟电信号的形式进行记录，并依靠模拟调幅的手段在空间传播，它通常使用盒式磁带录像机将视频作为模拟信号存放在磁带上。模拟视频技术成熟、价格低、系统可靠性较高，但它不适宜进行长期存放，不适宜进行多次复制。随着时间的推移，录像带上的图像信号强度会逐渐衰减，造成图像质量下降、色彩失真等现象。

2. 模拟视频信号的类型

模拟视频信号主要包括亮度信号、色度信号、复合同步信号和伴音信号。为了实现模拟视频在不同环境下的传输和连接，通常提供如图 6-1 所示的四种信号类型。

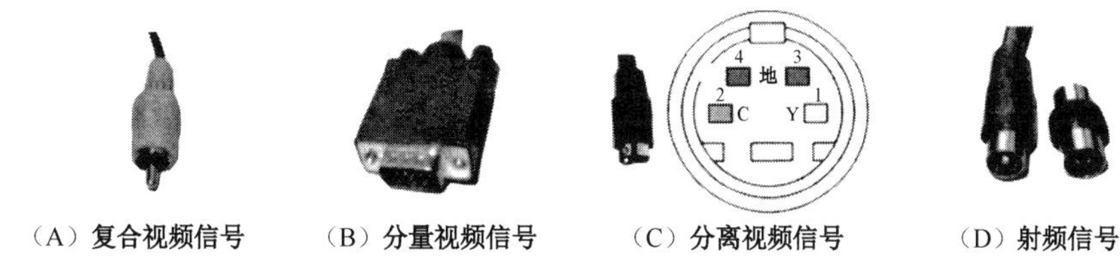

图 6-1 四种信号类型

（1）复合视频信号。

复合视频信号（Composite Video Signal）是指包含亮度信号、色差信号和所有定时信号的单一模拟信号，其接口外形如图 6-1（1）所示。这种类型的视频信号不包含伴音信号，带宽较窄，一般只能提供 240 线左右的水平分辨率。大多数视频卡都提供这种类型的视频接口。

（2）分量视频信号。

分量视频信号（Component Video Signal）是指每个基色分量作为独立的电视信号。每个基色既可以分别用 R、G、B 表示，也可以用亮度-色差表示，如 Y、I、Q 或 Y、U、V 等。使用分量视频信号是表示颜色的最好方法，但需要比较宽的带宽和同步信号。计算机输出的 VGA 视频信号即为分量形式的视频信号，其接口外形如图 6-1（2）所示。

（3）分离视频信号。

分离视频信号（Separated Video，S-Video）是分量视频信号和复合视频信号的一种折中方案，它将亮度 Y 和色差信号 C 分离，既减少了亮度信号和色差信号之间的交叉干扰，又可提高亮度信号的带宽，其具体接口外形如图 6-1（3）所示。大多数视频卡均提供这种类型的视频接口。

（4）射频信号（高频信号）。

为了实现模拟视频信号的远距离传输，必须把包括亮度信号、色度信号、复合同步信号和伴音信号在内的全电视信号调制成射频信号，每个信号占用一个频道。当视频接收设备（如电视机）接收到射频信号时，先从射频信号中解调出全电视信号，再还原成图像和声音信号。射频信号的接口外形如图 6-1（4）所示，一般在 TV 卡上提供这种接口。

为了便于模拟视频的处理、传输和存储，国际上形成了相关的模拟视频标准——广播视频标准，来规范和统一模拟视频体系。

6.1.2 模拟电视信号

模拟电视信号，是指电视信号中除了图像信号，还包括同步信号。所谓同步是指摄像端（发送端）的行、场扫描步调要与显像端（接收端）扫描步调完全一致，即要求同频率、同相位才能得到一幅稳定的画面。一帧电视信号称为一个全电视信号，它又由奇数行场信号和偶数行场信号顺序构成。

任何时候，电信号只有 1 个值，也就是一维的，但视频图像通常是二维的，将二维视频图像转换为一维电信号是通过光栅扫描实现的，所以电视信号图像就是使用光栅扫描的方法在显示器上显示图像的。扫描线首先从显示器的顶部开始扫描，经过一个水平回归期后到下一行，然后一行一行地向下扫描，直到显示器的最底部，最后经过一个垂直回归期返回到顶部的起点，重新开始扫描。电视扫描就是显示图像的方式。电视扫描方式主要有逐行扫描和隔行扫描两种。

逐行扫描：在逐行扫描中，电子束从显示屏的左上角一行接一行地扫到右下角，然后返回显示屏的起点，重新开始扫描。在显示屏上扫描一遍就形成一幅完整的图像，在此称为视频中的一帧。连续不断地扫描，形成连续不断的图像序列，从而形成动态的视频影像，如图 6-2 所示。

隔行扫描：隔行扫描主要应用于电视信号的发送与接收。这种方式把一帧电视信号分为奇数场和偶数场分别传送。隔行扫描是先进行 1、3、5 等奇数行扫描，所有的奇数行扫描完毕后，再进行 2、4、6 等偶数行扫描。同一帧中所有扫描的奇数行构成一场，称为奇数场；所有偶数行构成一场，称为偶数场。在这种扫描方式下，一幅画面由两场组成，如图 6-3 所示。

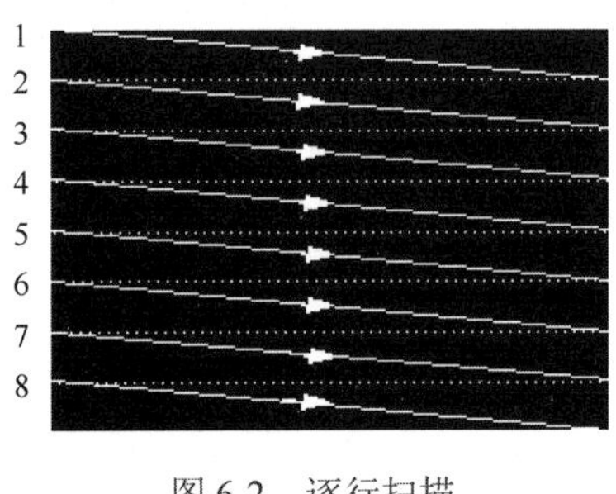

图 6-2　逐行扫描

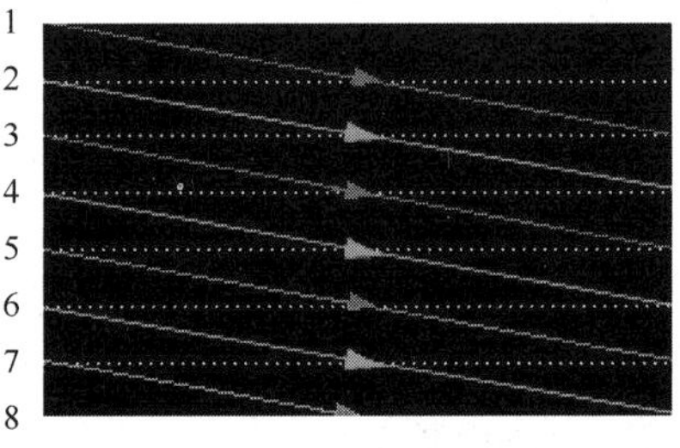

图 6-3　隔行扫描

6.1.3 制式

电视信号的标准简称制式，可以简单地理解为用来实现电视图像或声音信号所采用的一种技术标准。也就是电视台和电视机共同实行的一种处理视频和音频信号的技术标准，只有技术标准一样，才能够实现电视机的信号正常接收。犹如家里的电源插座和插头，规格一样才能插在一起，比如中国的插头就不能插在英国规格的电源插座里。只有制式一样，才能顺利对接。

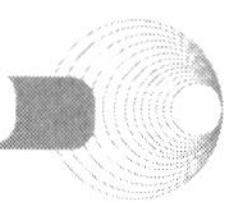

电视节目的视频信号是一种模拟信号，由视频模拟数据和视频同步数据构成，用于接收端正确地显示图像。信号的细节取决于应用的视频标准或者“制式”。目前，国际上流行的视频制式主要有NTSC制、SECAM制和PAL制，我国主要使用PAL制，以25帧/秒播放；而大多数国家则采用NTSC制，以30帧/秒播放，画面更加流畅，质量更高。这几种制式的标准定义了彩色电视机对视频信号的解码方式，不同的制式其彩色处理方式、屏幕扫描的频率都有不同的规定。因此，计算机处理视频信号的制式必须与其相连接的视频设备的制式相同，否则会明显降低视频图像的质量。

1. NTSC制式

NTSC（National Television System Committee）制式是最早的彩电制式，1952年由美国国家电视标准委员会制定。它采用正交平衡调幅的技术方式，故也称为正交平衡调幅制。美国、加拿大等大部分西半球国家，以及中国的台湾地区、日本、韩国、菲律宾等均采用这种制式。其优点是解码线路简单、成本低。

2. SECAM制式

SECAM是法文的缩写，意为顺序传送彩色信号与存储恢复彩色信号制，是由法国在1956年提出、1966年制定的一种彩电制式。它克服了NTSC制式相位失真的缺点，采用时间分隔法来传送两个色差信号。使用SECAM制式的国家主要集中在法国、东欧和中东一带。其优点是在三种制式中受传输中的多径接收的影响最小，色彩最好。

3. PAL制式

PAL（Phase Alternation Line）制式，采用逐行倒相正交平衡调幅的技术方法，克服了NTSC制式相位敏感造成色彩失真的缺点。其优点是对相位偏差不敏感，并在传输中受多径接收而出现重影彩色的影响较小，是最成功的一种彩色电视制式，但电视机电路和广播设备比较复杂。

准确标识一种电视制式，是由彩电制式+/+黑白制式而成，如我国内地采用的是PAL/D、K制式，香港采用的是PAL/I制式。内地和香港虽然彩电制式一样，但由于黑白制式不一样，所以还是不能完全兼容接收，用内地电视机看香港电视，伴音是噪声，图像也有一些干扰，像调谐不准的样子。

电视的制式是从拍摄记录节目信号时就开始的，所以电视台、录像带、录像机、影碟片、影碟机也都是有制式的。过去的电视机只能有一种制式，后来由于大规模集成电路的发展，使电视机的主电路芯片可以做得很小，为了接收方便，从20世纪90年代起，全球研制生产了全制式彩电，就是什么制式的电视信号都能接收和播放，并且能自动判断制式、自动切换电路。

6.2 视频数字化技术

视频数字化是将模拟视频信号经模数转换和彩色空间变换转换为计算机可以处理的数字信号，计算机要对输入的模拟视频信息进行采样和量化，并经编码变成数字化图像。

视频数字化有复合数字化和分量数字化两种方法。

复合数字化：用一个高速模/数转换器对电视信号进行数字化，然后在数字域中进行分离亮度和色差信号，以获得所希望的 YUV（PAL 制式、SECAM 制式）分量或 YIQ（NTSC 制式）分量，最后转换成 RGB 分量数据，这种方法称为复合数字化。

分量数字化：先从复合彩色电视信号中分离出亮度信号和两个色差信号，得到 YUV 或 YIQ 分量，然后用 3 个模/数转换器对 3 个分量分别进行数字化，数字化后再转换成 RGB 空间，这种方法称为分量数字化。

采用数字传输视频信号和用计算机处理视频信号，首先要解决的问题是将视频信号数字化（它涉及视频信号的扫描、采样、量化和编码）。

6.2.1 数字视频的采样

数字视频的采样就是在每条水平扫描线上，等间隔地抽取视频图像的值，并只处理和传输这些采样值。

因为视频就是一组图像序列，所以数字视频的采样就是对序列图像中的每一帧逐一进行采样。图像采样就是将二维空间上模拟的连续亮度或色彩信息，转化为一系列有限的离散数值来表示。

对视频采样首先满足采样定理，由于视频内容是在时间上变化的，在采样时也需要考虑时间性，满足采样定理；其次采样频率必须是行频的整数倍，这样就可以保证每行有整数个取样点，同时要使得每行取样点数目一样多，具有正交结构，便于数据处理；最后要满足两种扫描制式，也就是逐行扫描和隔行扫描。

根据电视信号的特征，亮度信号的带宽是色度信号带宽的两倍。因此其数字化时可采用颜色采样法，即对信号的色差分量的采样率低于对亮度分量的采样率。用 Y∶U∶V 来表示 YUV 三分量的采样比例，则数字视频的采样格式分别有 4∶1∶1、4∶2∶2 和 4∶4∶4 三种。电视图像既是空间的函数，也是时间的函数，而且又是隔行扫描式，所以其采样方式比扫描仪扫描图像的方式要复杂得多。分量采样时采到的是隔行样本点，要把隔行样本组合成逐行样本，然后进行样本点的量化，YUV 到 RGB 色彩空间的转换，等等，最后才能得到数字视频数据。

6.2.2 数字视频的量化

经过采样后的视频图像，只是空间上的离散像素阵列，而每个像素的值仍是连续的，必须将它转化为有限个离散值，这个过程称为量化。如果像素值等间隔分层量化，则称为均匀量化；若使用非等间隔进行分层量化，则称为非均匀量化；若采样后图像的亮度序列中的每个亮度值分别用上述方法进行量化，则这种量化方法称为标量量化；若将图像亮度序列的每 K 个样点合成一组，形成 K 维空间的 1 个矢量，然后对此矢量进行量化，则将它称为矢量量化。模拟值和量化值间的误差称为量化误差或量化失真。在图像亮度平坦区域，这种量化噪声看起来像颗粒状，故称为颗粒噪声，量化带来的另一种严重失真称为伪类现象。显然，量化噪声和伪类现象都与量化精度有关，量化越精细，量化噪声越小，伪类现象就越不严重。

但这是以增加电平数为代价得来的。最佳量化的目标是使用最少的电平数实现最小量化误差。设计最佳量化器的方法有两种：一种是客观的计算方法，它根据量化误差的均方值为最小的原则，计算出判决电平和量化器输出的电平值；另一种是主观准则设计方法，它根据人眼的视觉特性设计量化器。视频信号的数字编码视频信号是一种有灰度层次的图像信号，视频信号数字编码的实质是：在保证一定质量信噪比要求或主观评价得分的前提下，以最少比特数表示视频图像。对标量量化来说，通常先对视频信号进行线性 PCM 编码，其信噪比与量化比特数的关系为：当每像素的编码比特数每增加或减少 1 时，其信噪比约增加或减少 6 dB。

6.2.3 数字视频的编码

模拟视频经采样、量化后，须转换成数字符号才能进行存储、传输等操作，这一过程称为编码。编码过程就是将量化的取样值用一组二进制码表示。例如，量化级别为 256 级，可以用二进制数 00 000 000～11 111 111 这 256 个数分别表示。

经过采样、量化和编码后，模拟视频信号就变成由一系列“0”和“1”组成的数据流。而它又是在时间和空间上均变化的视频信号，数据量非常大，这给存储、传输和处理都带来了困难。因此，不得不考虑到视频压缩编码技术。数字视频编码分为帧内压缩编码和帧间压缩编码两部分。

帧内压缩（Intraframe Compression）也称空间压缩（Spatial Compression）。当压缩一帧图像时，仅考虑本帧的数据而不考虑相邻帧之间的冗余信息，这实际上与静态图像压缩类似。帧内一般采用有损压缩算法，达不到很高的压缩比。

帧间压缩（Interframe Compression）也称时间压缩（Temporal Compression），是基于许多视频或动画的连续前后两帧具有很大的相关性（连续的视频其相邻帧之间具有冗余信息）的特点来实现的。通过比较时间轴上不同帧之间的数据实施压缩，进一步提高压缩比。一般是无损压缩。

信息压缩就是从时间域、空间域两方面去除冗余信息。在通信理论中，编码分为信源编码和信道编码两大类。所谓信源编码，是指将信号源中多余的信息除去，形成一个适合传输的信号。为了抑制信道噪声对信号的干扰，往往还需要对信号进行再编码，使接收端能够检测或纠正数据在信道传输过程中引起的错误，这就是信道编码。

视频流传输中最为重要的编码解码标准有国际电联的 H.26x 系列、运动静止图像专家组的 M-JPEG 和国际标准化组织运动图像专家组的 MPEG-x 系列标准。

6.2.4 数字视频的优势

（1）信号的数字化精度主要表现在一个信号由模拟量转变为数字量之后。

（2）集成电路可以应对复杂的数字功能，这使得非常专业的信号处理技术变得简单和经济。

（3）数字信号能够被储存在记忆设备中，这种可存储性带来了信号间制式和标准转换上的便利。

（4）利用视频数据压缩技术，传输数字化视频比传输等量的模拟视频所需的频带宽度要小得多。

（5）在质量相当的前提下，数字设备要比模拟设备价格便宜，而且伴随集成电路的价格下降，数字设备将会越来越便宜。

6.3 视频卡

视频卡是数字媒体计算机用来获取图像的关键性硬件。在个人计算机发展的较长一段时间里，很少进行视频图像的处理。随着数码产品的不断增多，人们在拍摄富有动感的图像时也很想利用计算机对所拍摄的画面进行再加工，以达到自己想要的理想效果。随着视频卡技术的不断成熟，价格不断下降，使得更多的人能利用它来编辑自己的视频作品了。

6.3.1 视频卡的功能

数字媒体计算机中处理活动图像的适配器称为视频卡，它是用来将各种源设备中的视频信息采集到计算机中，并进行压缩编码从而形成数字视频序列，然后再通过 PCI 接口将压缩的视频信息传送到主机上，并利用相应的软件进行处理的工具。

视频卡的种类繁多，而且有些性能也相互交错，所以在市面上会看到各种各样的视频卡。从功能上看主要有视频采集卡、视频压缩卡、视频输出卡和电视卡等。

1. 视频采集卡

通常所说的视频卡主要指视频采集卡。视频采集卡又称视频捕捉卡，安装在计算机扩展槽中，能进行捕捉和采集模拟视频信号并将其数字化，以及诸如存储、编辑、缩放和保存等功能的操作。它可以将模拟摄像机、录像机、LD 视盘机、电视机输出的视频信号等输出的视频数据或者视频和音频的混合数据输入计算机。视频采集卡能在捕捉视频信息的同时获得伴音，使音频部分和视频部分在数字化时同步保存、同步播放。

视频采集卡按照其用途可以分为广播级视频采集卡、专业级视频采集卡、民用级视频采集卡。

（1）广播级视频采集卡。

广播级视频采集卡一般都带有分量输入/输出接口，它的最高采集分辨率一般为 768×576（均方根值），PAL 制，或 720×576（CCIR-601 值），PAL 制 25 帧/秒，或 640×480/720×480，NTSC 制 30 帧/秒，最小压缩比一般在 4∶1 以内。这一类产品的特点是采集的图像分辨率高，视频信噪比高，可以达到数字演播室的质量标准；缺点是视频文件庞大，每分钟数据量至少为 200 MB。因此这类卡一般用于电视台或对电视节目质量要求较高的部门。

（2）专业级视频采集卡。

专业级视频采集卡的级别比广播级视频采集卡的性能稍微低一些，分辨率两者是相同的，但压缩比稍微大一些，其最小压缩比一般在 6∶1 以内，输入/输出接口为 AV 复合端子与 S 端子。这类卡一般用于制作节目的小型公司、工厂和学校等。

（3）民用级视频采集卡。

民用级视频采集卡与广播级视频采集卡和专业级视频采集卡相比，性能较差，所采集

的画面分辨率也较低，它的动态分辨率一般最大为384×288，PAL制25帧/秒。这类卡主要适合于影视爱好者利用计算机编辑自己拍摄的片子。

2. 视频压缩卡

视频压缩卡能将摄像机和录像机播放的模拟信号数字化，并按照MPEG-1标准进行压缩编码，生成格式为“.mpeg”的压缩文件。视频压缩卡是VCD制作系统的核心，它的好坏直接决定了视频的质量。视频压缩卡的主要功能是将静止和动态的连续图像按照国际压缩标准进行数据压缩和还原。视频信号数字化后数据带宽很高，通常在20 Mbit/s以上，因此计算机很难对其进行保存和处理。采用压缩技术以后通常数据带宽可以降到1～10 Mbit/s，这就可以将视频信号保存在计算机中并做相应的处理。常用的算法是由ISO制定的，即JPEG和MPEG算法。

常见的压缩卡有硬件压缩卡和软件压缩卡，硬件压缩卡的压缩比一般不超过1∶6，而软件压缩卡就不同了，它的压缩比因软件而定，所以几比几就没有标准了。硬件压缩卡的优点就是不需要占用PC资源，故较低配置的计算机也可以采集出质量较高的视频图像（VCD/DVD），而软件压缩就不同了，它需要有较高配置的计算机来处理视频压缩卡。

3. 视频输出卡

视频输出卡的功能是将计算机显卡输出的VGA视频信号转换为标准的视频信号，输出到电视机或录像机上，可以是PAL和NTSC两种制式输出，从而把电视变成计算机的显示器，或将其通过录像机录制到录像带上。对计算机的VGA显示卡输出的以RGB形式表示的视频数据进行编码，将其转换成可供电视机或录像机输入和显示的复合视频信号的接口卡叫视频输出卡。

根据接口方式，视频输出卡可分为两大类：一类为内置式插卡，这种卡只能用于台式计算机，并且需要一个专用的空闲扩展槽；另一类为外接盒式，它的一端用线与VGA卡相连，另一端就是组合视频输出，它不仅能用于台式计算机，还能用于笔记本电脑。

经过计算机加工处理的视频数据以视频文件的格式进行存储和交流，但不能以录像带的形式进行传播或者直接在电视机上收看。

4. 电视卡

电视卡顾名思义就是通过个人计算机来看电视，它通过内置的模拟/数字转换芯片将模拟电视信号转换成计算机能识别的数字信号，经过处理之后就能使电视画面呈现在计算机的显示屏上，同时还能够录制电视节目。

电视卡是一种笼统的简称，基本上可以分为四种：电视盒、PCI电视卡、USB电视盒和视频转换盒。

（1）电视盒。

盒状，有VGA接口，可与计算机的显示器直接连接，不需要接计算机主机，有天线接口，面板的按钮有电视调台的相关功能。性能指标有：电视接收台数/分辨率/是否遥控/是否带音箱/是否支持液晶。

（2）PCI电视卡。

需要打开计算机主机箱，插在计算机主板的PCI插槽中，可以在计算机上看电视，一般具有采集图片和录像功能，有的还可以制作VCD。性能指标有：接口/输入信号/视频捕捉文件格式/电视接收台数/分辨率/是否遥控。

（3）USB 电视盒。

USB 电视盒插在计算机的 USB 插槽中，使其能在计算机上看电视，一般具有采集录像功能。

（4）视频转换盒。

视频转换盒一头插在计算机的 VGA 槽中，一头用 AV 或 S 端子与电视连接，使计算机的内容显示在电视上。性能指标有：接口/分辨率/是否遥控。

6.3.2 视频卡的安装

视频卡的安装非常重要，它是决定视频操作成败的关键因素，因此，视频卡的每个安装环节都必须仔细、周到，具体操作如下。

（1）断开计算机主机的电源和需要断开的连线，打开主机的侧面挡板，你会看到里面最大的一块板子，也就是主板。

（2）在主板的下方会有插槽，即 PCI 插槽。大多数的插槽是乳白色的，大板一般会有 5 个插槽，小板一般会有 3 个。

（3）把视频卡插进任一 PCI 插槽里，如果 PCI 插槽中已经安装了其他的卡，那么最好和这个卡隔开一个插槽。

（4）用螺丝固定好视频卡。装好主机的侧面挡板连接好相应的连线和主机电源。

（5）开机，如果是 1 394 采集卡和 Windows 系统，那么系统会自动认出视频卡，如果不是那就把视频卡附送的光盘放入光驱，安装视频卡所需要的驱动和一些程序。

（6）右击“我的电脑”，单击“属性”面板中的“硬件”→“设备管理器”，看里面有没有显示黄色的问号。如果没有黄色的问号，表示视频卡安装正确，可以使用；如果有黄色的问号，表示视频卡没有安装好或者驱动没有安装好，或者有其他方面的问题。

在解决了上述问题后，视频卡就可以工作了。建议在使用视频卡之前，熟读视频卡的使用说明。

6.3.3 视频卡的选择

由于不同的视频卡其作用也不同，所获得图像的标准也不一样，相应的价格也有较大的差异，因此用户应该根据自己的使用目的来挑选适用的视频卡。在选购时要明确使用目的，同时也要考虑效果、分辨率、视频格式、功能和价格等因素。比如，需要处理高质量的视频，那么最好选用广播级或专业级的视频卡，这种卡功能强、效果好，可以提供较多的接口端子，并且能连接多种视频设备。这种视频的硬件压缩能力、实时处理能力都很好，采集的图像色彩、亮度和对比度的失真最小，且支持多种视频格式，在播放动态视频时可获得较高的分辨率，但是价格也比较高。

如果只是兴趣爱好，想在家用计算机上制作一些自己喜欢的小视频，那么选择民用级的视频卡就可以了。民用级的视频卡一般只提供少量的接口，比如 DV IEEE 1 394 接口、S-Video 端子和复合 AV 端子，功能也比专业级视频卡少，但是价格相对要便宜得多。

6.4 数字视频文件格式

数字视频文件格式是指视频保存时的格式。视频是计算机中数字媒体系统中的重要一环，为了适应储存视频的需要，人们设定了不同的视频文件格式来把视频和音频放在一个文件中，以方便同时回放。在数字媒体中，常见的数字视频文件格式有 AVI、MPEG、WMV、RM / RMVB、MOV、ASF 等。

1. AVI 格式

AVI（Audio Video Interactive）格式是微软公司于 1992 年 11 月推出的，是一种音频视频交错记录的数字视频文件格式，扩展名为.avi。所谓音频视频交错，就是将视频和音频交织在一起存储，独立于硬件设备，同步播放。这种视频格式的优点是兼容好、调用方便，而且图像质量好，可以跨多个平台使用；其缺点是体积过于庞大，压缩标准不统一。最普遍的现象就是高版本 Windows 媒体播放器无法播放采用早期编码编辑的 AVI 格式视频，而低版本 Windows 媒体播放器又无法播放采用最新编码编辑的 AVI 格式视频，所以我们在进行一些 AVI 格式的视频播放时常会出现由于视频编码问题而造成的视频不能播放，或即使能够播放，但存在不能调节播放进度和播放时只有声音没有图像等一些莫名其妙的问题。如果用户在 AVI 格式视频播放时遇到这些问题，可以通过下载相应的解码器来解决。

AVI 格式应用广泛，不过主要应用在数字媒体光盘上，用来保存电影、电视和动画等各种影像文件。由于在 AVI 文件中，运动图像和伴音数据以交织的方式存储，这种文件结构不仅解决了音频和视频的同步问题，而且具有通用和开放的特点。

2. MPEG 格式

MPEG（Moving Picture Experts Group）格式是国际标准组织（ISO）认可的媒体封装形式，受到大部分机器的支持。其储存方式多样，可以适应不同的应用环境。MPEG 的控制功能丰富，可以有多个视频（角度）、音轨、字幕（位图字幕）等。这种视频格式的优点是解压速度快、兼容性好、图像和音响的质量也非常好。MPEG 格式的扩展名为.mpeg、.mpg、.dat，包括 MPEG-1、MPEG-2 和 MPEG-4 在内的多种视频格式。

MPEG 文件格式通常用于视频的压缩，其压缩的速度非常快，而解压缩的速度几乎可以达到实时的效果。目前市面上的产品大多将 MPEG 的压缩/解压缩操作做成硬件式配卡的形式，如此一来可达到 1.5～3.0 Mbit/s 的效率，可以在个人计算机上播放 30 帧/秒全屏幕运动视频图像的电影，并且其文件大小仅为 AVI 文件的六分之一。

3. WMV 格式

WMV（Windows Media Video）格式是微软公司将其名下的 ASF（Advanced Systems Format）格式升级而成的一种流媒体格式，希望取代 QuickTime 之类的技术标准以及 WAV、AVI 之类的文件。WMV 格式也是一种独立于编码方式在 Internet 上实时传播数字媒体的技术标准。

WMV 格式的主要优点包括本地或网络回放、可扩充的媒体类型、部件下载、可伸缩的媒体类型、流的优先级化、多语言支持、环境独立性、丰富的流间关系及扩展性等，其文件扩展名为.wmv。在同等视频质量下，WMV 格式的体积非常小，很适合在网上播放和传输。

WMA 格式音乐文件的突出特点是其不仅提供了比 MP3 音乐文件更大的压缩比，而且在音乐文件的还原方面做得也一点儿不差。

4. RM / RMVB 格式

RM（Real Media）格式是 Real Networks 公司开发的一种流媒体视频文件格式，可以根据网络数据传输的不同速率制定不同的压缩比率，从而实现在低速率的网络上进行视频文件的实时传送和播放，这种数字视频格式的文件扩展名是.rm。它采用音频/视频流和同步回放技术，能够在网络上以 28.8 kbit/s 的传输速率提供立体声和连续视频，是目前网络上最流行的跨平台客户/服务器结构流媒体应用格式。

RMVB 是一种视频文件格式，其中的 VB 是指 Variable Bit Rate（可变比特率）。较上一代 RM 格式画面要清晰很多，原因是降低了静态画面下的比特率，所以 RMVB 格式实际上是由 RM 视频格式升级延伸出的新视频格式，文件扩展名为.rmvb。

RM / RMVB 文件格式是一种流式文件，可以边下载边播放；压缩比大；具有内置字幕和无须外挂插件支持等优点。RM，尤其是可变比特率的 RMVB 格式，体积很小，受到网络下载者的欢迎。

5. MOV 格式

MOV 格式的视频文件可以采用不压缩或压缩两种方式，Video 格式编码适用于采集和压缩模拟视频，支持 16 位图像深度的帧内压缩和帧间压缩，帧率每秒 10 帧以上，具有较高的压缩比率和较完美的视频清晰度等特点，但是其最大的特点还是跨平台性，即不仅能支持 macOS 操作系统，也能支持 Windows 操作系统。因其具有跨平台、存储空间要求小等技术特点，得到了业界的广泛认可。QuickTime 用于保存音频和视频信息，它不仅支持 macOS 操作系统，也能支持 Windows 操作系统。

6. ASF 格式

高级串流（Advanced Streaming Format，ASF）格式是 Microsoft 为了和 Real Media 格式竞争而设计的一种网络流式视频文件格式，文件扩展名为.asf。ASF 是微软公司 Windows Media 的核心，可以直接使用 Windows 自带的 Windows Media Player 对其进行播放。这是一种包含音频、视频、图像以及控制命令脚本的数据格式，以网络数据包的形式传输，实现流式数字媒体内容发布，是一个可以在网络上实现实时播放的标准。其中视频部分采用最先进的 MPEG-4 压缩算法，音频部分采用的是比 MP3 更好的压缩格式 WMA。

利用 ASF 文件可以实现点播功能、直播功能以及远程教育，具有本地或网络回放、可扩充的媒体类型等优点。

随着科技的不断发展，今后还会有更多的视频文件格式出现。

由于不同的播放器支持不同的视频文件格式，或者计算机中缺少相应格式的解码器，或者一些外部播放装置（如 ASF 格式手机、MP4 等）只能播放固定的格式，因此就会出现

视频无法播放的现象。在这种情况下就要使用格式转换器软件来弥补这一缺陷。

比如，刚出厂的计算机通常只能播放微软固定的 WMV 格式的视频，而无法播放 AVI 格式，因此要使用 WMV 格式转换器将 AVI 格式转换成 WMV。在计算机中安装 AVI 格式的解码器同样可以解决这一问题。

手机自带的播放器只能播放 3 GP 格式的视频，因此要使用 3 GP 格式转换器。

有时候在互联网上传视频时也有格式限制，如果遇到无法上传的视频，用格式转换器转换成规定的格式就能解决无法上传的问题。

6.5 数字视频编辑软件 Adobe Premiere Pro CS6

Adobe Premiere 是由 Adobe 公司开发的一款常用的视频编辑软件，具有较好的画面质量和兼容性，并且可以与 Adobe 公司推出的其他软件相互协作。目前，这款软件广泛应用于广告制作和电视节目制作中。Adobe Premiere Pro CS6 相对于先前的版本，功能更强大、更高效，专业工具更完善，制作影视节目的过程更简单、更容易操作。

6.5.1 Adobe Premiere Pro CS6 工作界面

启动 Adobe Premiere Pro CS6，首先弹出来如图 6-4 所示的启动画面。检测完后即可进入 Adobe Premiere Pro CS6 程序。

图 6-4 Adobe Premiere Pro CS6 启动画面

Adobe Premiere Pro CS6 程序启动以后，会出现如图 6-5 所示的“欢迎使用 Adobe Premiere Pro”界面。在该界面中，除固定的“新建项目”“打开项目”“帮助”图标外，还列出了“最近使用项目”的常用文件。

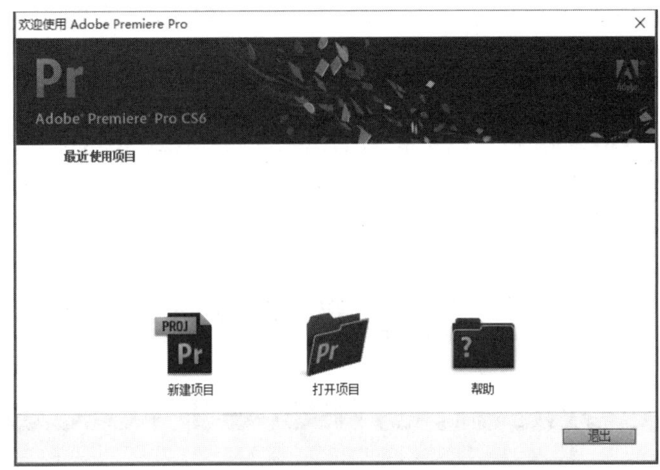

图 6-5　Adobe Premiere Pro CS6 欢迎界面

新建项目：单击此文件，可以创建一个新的项目文件进行视频编辑。

打开项目：单击此文件，可以开启一个在计算机中已有的项目文件。

帮助：单击此文件，可以开启软件的帮助系统，查阅需要的说明内容。

当需要开始一项新的编辑工作时，选择“新建项目”，会弹出如图 6-6 所示的“新建项目”对话框，在“新建项目”对话框中可以设置活动与字幕安全区域、视频的显示格式、采集格式，以及设置项目存放的位置和项目的名称。

在“新建项目”对话框右下角单击“确定”按钮会弹出如图 6-7 所示的“新建序列”对话框，在该对话框中可选择制式和给序列命名。

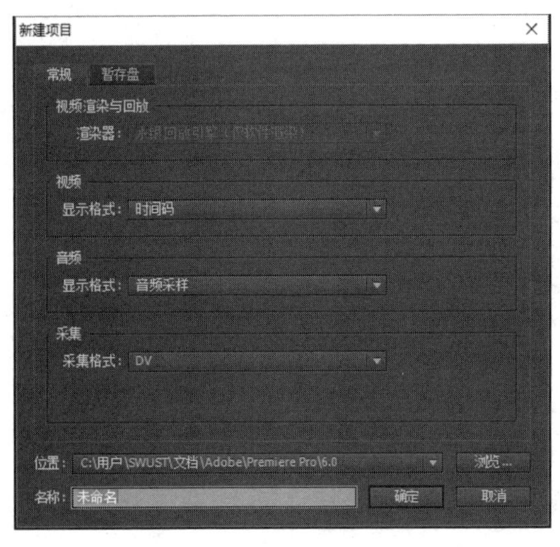

图 6-6　“新建项目”对话框

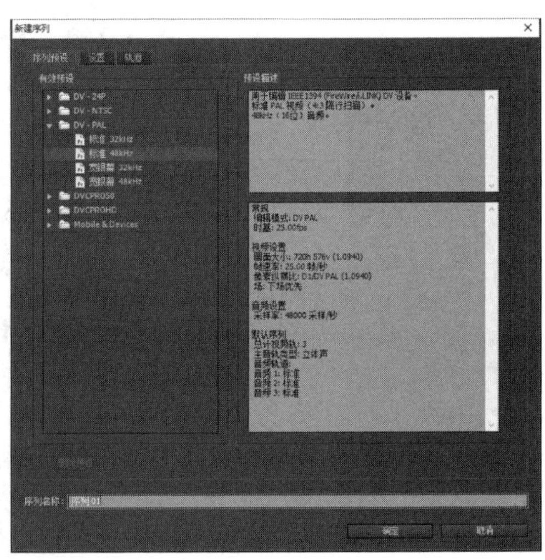

图 6-7　“新建序列”对话框

单击“新建序列”对话框右下角的“确定”按钮，即可进入 Adobe Premiere Pro CS6 的工作界面，如图 6-8 所示。此工作界面包括标题栏、菜单栏、特效控制台窗口、监视器窗口、项目窗口、工具栏和时间线窗口等。

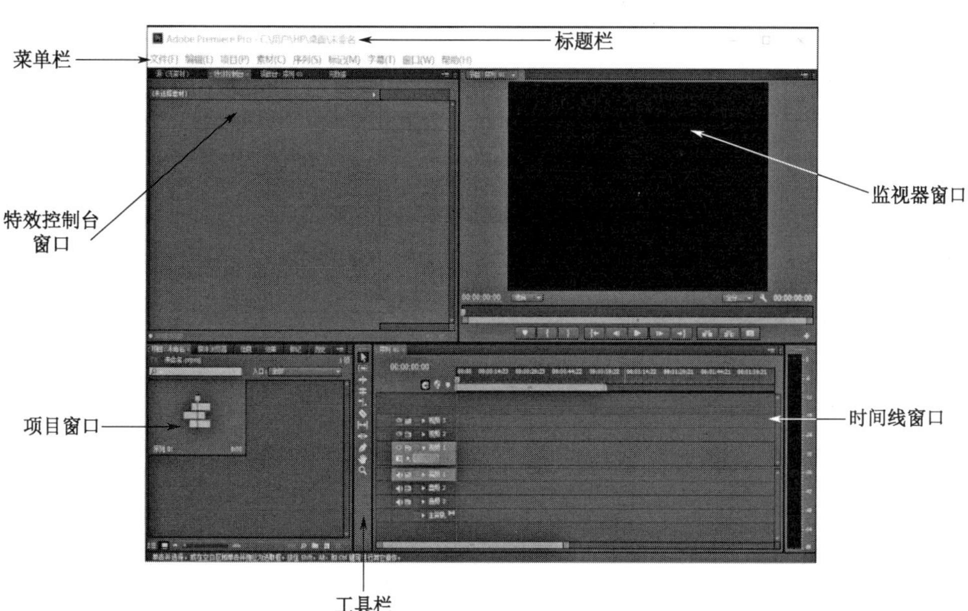

图 6-8　Adobe Premiere Pro CS6 的工作界面

1. 标题栏

标题栏位于整个窗口的顶部。它的左侧显示的是软件的图标、软件的名称 Adobe Premiere Pro 和存储位置，单击图标处会弹出快捷菜单；标题栏右侧显示的是最小化、最大化和关闭按钮，如图 6-9 所示。

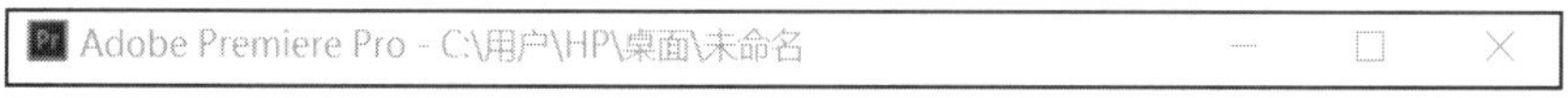

Adobe Premiere Pro - C:\用户\HP\桌面\未命名

图 6-9　Adobe Premiere Pro CS6 的标题栏

2. 菜单栏

菜单栏位于标题栏的下面，是 Adobe Premiere Pro CS6 的重要组成部分，包含了视频编辑处理中的各种操作命令和设置，单击主菜单可打开相应的子菜单；Adobe Premiere Pro CS6 的菜单中包括文件（F）、编辑（E）、项目（P）、素材（C）、序列（S）、标记（M）、字幕（T）、窗口（W）和帮助（H）9 个功能各异的菜单与窗口控制按钮，如图 6-10 所示。

文件(F)　编辑(E)　项目(P)　素材(C)　序列(S)　标记(M)　字幕(T)　窗口(W)　帮助(H)

图 6-10　Adobe Premiere Pro CS6 的菜单栏

单击菜单栏某组后，会显示相应的下拉菜单。如果菜单内的命令显示为浅灰色，则表示该命令目前无法选择；如果菜单项右侧有“…”，选择此项后将弹出与之有关的对话框；如果菜单项右侧有“▸”按钮，则表示还有下一级子菜单。

Adobe Premiere Pro CS6 菜单栏中各组的基本功能如下。

【文件】菜单。

“文件”菜单主要用于对编辑或处理的视频文件进行管理。该菜单包括新建、打开项目、关闭项目、关闭、存储、采集、导入、导出和退出等命令。

【编辑】菜单。

“编辑”菜单包含可以在整个程序中使用的标准编辑命令。该菜单包括撤销、重做、剪切、复制、粘贴、清除、波纹删除、全选、取消全选、查找、标签和首选项等命令。

【项目】菜单。

“项目”菜单提供了改变整个项目属性的命令。使用这些最重要的命令可以设置压缩率、画幅大小和帧速率。该菜单包括项目设置、链接媒体、自动匹配序列、导入批处理列表、导出批处理列表和项目管理等命令。

【素材】菜单。

“素材”菜单包含了用于更改素材运动和透明度设置的选项，同时它也包含在时间线中，以帮助编辑素材。该菜单包括重命名、制作子剪辑、编辑子剪辑、脱机编辑、视频选项、速度/持续时间、移除效果、启用和嵌套等命令。

【序列】菜单。

使用“序列”菜单中的命令可以在时间线窗口中预览素材，并能更改在时间线文件夹中出现的视频和音频轨道数。该菜单包括序列设置、渲染工作区域内的效果、添加编辑点、修剪编辑、应用视频过渡效果、提升、放大、缩小、跳转间隔和吸附等命令。

【标记】菜单。

“标记”菜单包含用于创建、编辑素材和序列标记的命令。该菜单包括标记入点、标记出点、跳转入点、跳转出点、清除入点、清除出点和添加标记等命令。

【字幕】菜单。

“字幕”菜单主要包含用于创建字幕、设置字体的大小、排列和位置等命令。在 Adobe Premiere Pro CS6 的字幕设计中创建一个新字幕后，大多数 Adobe Premiere Pro CS6 的字幕菜单都会被激活。字幕菜单中的命令能够更改在字幕设计中创建的文字和图形。该菜单包括新建字幕、字体、大小、文字对齐、滚动/游动选项、变换、排列和查看等命令。

【窗口】菜单。

“窗口”菜单主要用于对整个窗口显示布局，以及操作界面中各种面板窗口显示相关的管理。该菜单包括工作区、VST 编辑器、事件、信息、元数据、历史、参考监视器、工具、效果、时间线、特效控制台、节目监视器和项目等命令。

【帮助】菜单。

“帮助”菜单包含程序应用的帮助命令，以及支持中心和产品改进计划等命令。选择该菜单中的帮助命令，可以载入主帮助屏幕，然后选择或搜索某个主题进行学习。

3. 特效控制台窗口

Adobe Premiere Pro CS6 的特效控制台窗口位于菜单栏下方，它可以快速创建与控制音频和视频特效的切换效果。该窗口的视频效果可以对运动、透明度和时间重映射等的比例、参数和相应选项进行选择，还可以对相应关键帧进行设置。同时也可以对音频效果进行音量、声道音量和声像器的设置，如图 6-11 所示。

Adobe Premiere Pro CS6 默认同一面板窗口中除“特效控制台”外，还有“源：（无素材）”“调音台：序列 01”和“元数据”等窗口，由于使用较少，这里不再赘述。

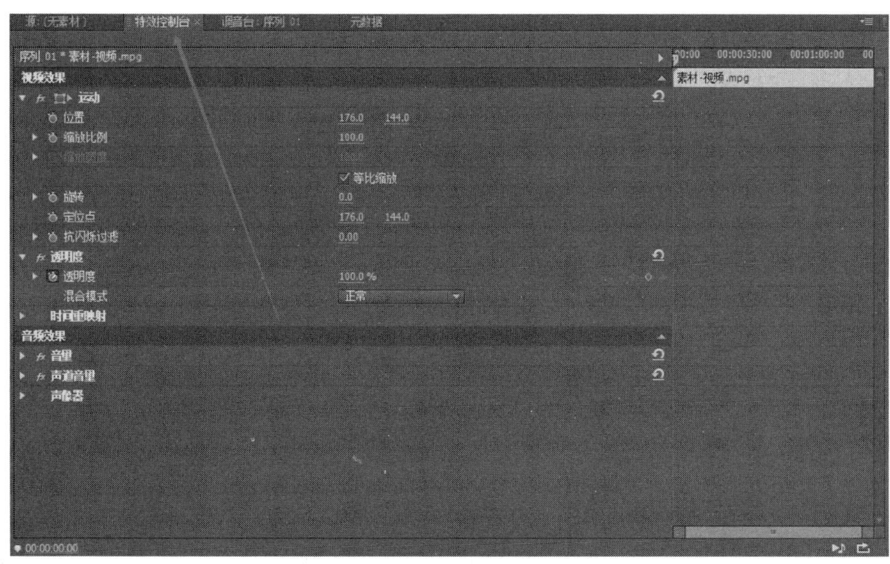

图 6-11 Adobe Premiere Pro CS6 的特效控制台

4. 监视器窗口

Adobe Premiere Pro CS6 的监视器窗口位于特效控制台右侧，主要用于预览和修剪素材，只需双击项目窗口中的素材，即可通过监视器窗口预览其效果，如图 6-12 所示。

图 6-12 Adobe Premiere Pro CS6 的监视器窗口

在监视器窗口中，素材预览区的下方为时间标尺，底部则为播放控制区，该控制区包括添加标记、标记入点、标记出点、跳转入点、逐帧退、播放-停止切换、逐帧进、跳转出点、提升、提取和导出单帧等按钮，这些按钮可以选择、控制和移除视频素材。在监视器窗口中各控制按钮的作用见表 6-1。

表 6-1 监视器窗口中各控制按钮的作用

控制按钮	作用
添加标记（M）	添加自由标记
标记入点（I）	设置素材进入时间，按下 Alt 键同时单击它时，设置被取消
标记出点（O）	设置素材结束时间，按下 Alt 键同时单击它时，设置被取消
跳转入点（Shift+I）	无论当前位置在何处，都将直接跳至当前素材的入点处
逐帧退（Left）	以逐帧方式反向播放素材
播放-停止切换（Space）	控制素材画面的播放与暂停
逐帧进（Right）	以逐帧方式正向播放素材
跳转出点（Shift+O）	无论当前位置在何处，都将直接跳至素材的出点
提升（;）	把时间线上所选轨道中的素材入点和出点之间的剪辑删除，删除后前后剪辑位置不变，会留下空隙
提取（′）	把时间线上所选轨道中的素材入点和出点之间的剪辑删除，删除后后面的剪辑自动前移，没有空隙
导出单帧（Ctrl+ Shift+E）	导出选定的那一帧图片，格式可以任意选择

5. 项目窗口

Adobe Premiere Pro CS6 的项目窗口位于特效控制台下方，主要用于总览作品元素，可以拖动素材下方的滑块预览素材。在该窗口中会显示导入的视频、音频、图片和其他素材，同时该窗口还具有显示和管理相关素材的功能，如切换当前视图为列表视图、图标视图、缩放显示、自动匹配序列、查找、新建文件夹、新建分项和清除等操作命令，如图 6-13 所示。

Adobe Premiere Pro CS6 默认同一面板窗口中除“项目窗口”外，还有“媒体浏览器”“信息”“效果”“标记”“历史”等窗口，这里不再赘述，后面具体实例中涉及再介绍。

6. 工具栏

Adobe Premiere Pro CS6 的工具栏位于项目窗口和时间线窗口的中间，主要用于在时间线窗口中编辑素材。在工具栏中单击此工具即可激活它。工具栏中主要工具按钮包含选择工具、轨道选择工具、波纹编辑工具、滚动编辑工具、速率伸缩工具、剃刀工具、错落工具、滑动工具、钢笔工具、手形工具和缩放工具，如图 6-14 所示。

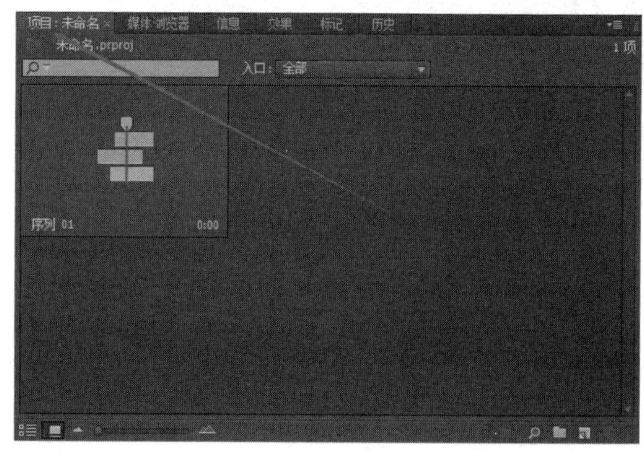

图 6-13 Adobe Premiere Pro CS6 的项目窗口

图 6-14 Adobe Premiere Pro CS6 的工具栏

Adobe Premiere Pro CS6 工具栏中各个工具的基本功能见表 6-2。

表 6-2 Adobe Premiere Pro CS6 工具栏中各工具的基本功能

工 具	基 本 功 能
选择工具（V）	用于对素材进行选择、移动，拖出一个方框可以选择多个素材。在编辑过程中，当光标移动到素材边缘时，光标变形可以对素材进行拉伸
轨道选择工具（A）	用于选择某一轨道上的所有素材，并进行移动
波纹编辑工具（B）	用于拖动素材的出点以改变素材的长度，而相邻素材的长度不变，项目片段的总长度改变
滚动编辑工具（N）	用于调整相邻两个素材的长度，一个增长，另一个就会缩短，节目总长度不变
速率伸缩工具（X）	用于改变素材的时间长度，调整素材的速率，以适应新的时间长度。素材缩短时，其速度加快
剃刀工具（C）	用于分割素材，分割后，单击素材，会将素材分成两段，产生新的入点和出点
错落工具（Y）	用于改变一段素材的入点和出点，保持其总长度不变，并且不影响相邻的其他素材
滑动工具（U）	用于保持要剪辑素材的入点与出点不变，通过相邻素材入点和出点的变化，改变其在序列窗口中的位置，项目片段时间长度不变
钢笔工具（P）	用于调节节点，设置素材的关键帧
手形工具（H）	用于改变序列窗口的可视区域，有助于编辑一些较长的素材
缩放工具（Z）	用于调整时间线窗口显示的单位比例。按下 Alt 键，可以在放大和缩小模式间进行切换

7. 时间线窗口

时间线窗口是制作视频作品的基础，由视频轨道和音频轨道组成。视频素材的编辑与剪辑，首先需要将素材放置在时间线窗口中。在该窗口中，不仅能将不同的视频素材按照一定的顺序排列在时间线上，还可以给编辑中的素材设置关键帧。时间线窗口提供了组成项目的视频序列、特效、字幕和切换效果的临时图形总览。它并非仅用于查看，也可以进行交互。使用鼠标把视频和音频素材、图形和字幕从项目窗口中拖动到时间线窗口中即可构建自己的作品，如图 6-15 所示。

图 6-15 Adobe Premiere Pro CS6 的时间线窗口

Adobe Premiere Pro CS6 的窗口还有很多，在后面实例讲解中涉及再具体介绍，这里不再赘述。

6.5.2 字幕工作区

字幕是影视节目中非常重要的视觉元素，一般包括文字和图形两部分。Adobe Premiere

Pro CS6 的字幕工作区是独立于音视频编辑区域以外的。在字幕中，可使用系统中安装的任何字体创建字幕，也可使用字幕内置的各种工具绘制一些简单的图形。

在 Adobe Premiere Pro CS6 中，所有字幕都是在字幕工作区域内创建完成的。在该工作区域中，不仅可以创建和编辑静态字幕，还可以制作出各种动态的字幕效果。要打开字幕工作区，有两种方法：第一种是选择菜单栏中的“文件”→“新建”→“字幕”（Ctrl+T）命令；第二种是选择菜单栏中的“字幕”→“新建字幕”→“默认静态字幕”命令。都会弹出“新建字幕”对话框，如果需要可以对该对话框进行设置，如图 6-16 所示。

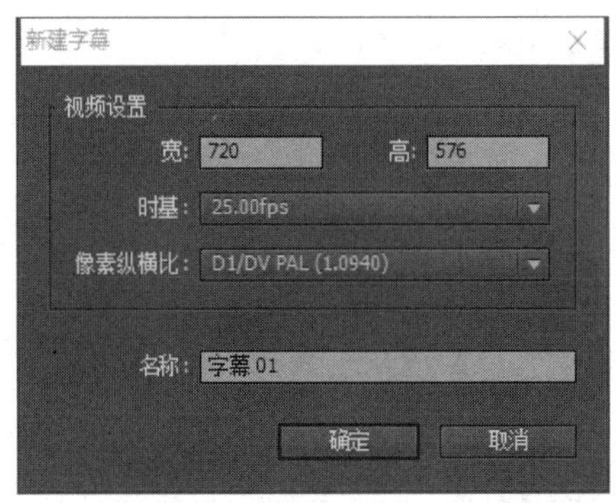

图 6-16　“新建字幕”对话框

单击“新建字幕”对话框中的“确定“按钮，即可弹出字幕工作区，该工作区集成了字幕工具面板、字幕主窗口、字幕动作面板、字幕样式面板和字幕属性面板等，其中字幕主窗口提供了主要的绘制区域，如图 6-17 所示。

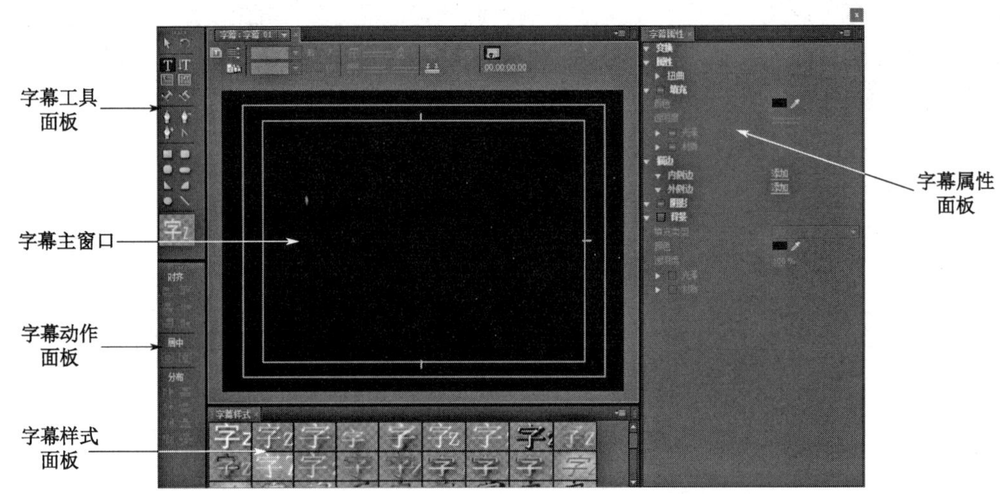

图 6-17　Adobe Premiere Pro CS6 字幕工作区

1. 字幕工具面板

Adobe Premiere Pro CS6 的字幕工具面板默认位于字幕工作区的左上方，主要用于制作和编辑字幕，不仅如此，还可以绘制简单的几何图形。字幕工具面板中主要工具按钮包含选择工具、旋转工具、输入工具、垂直文字工具、区域文字工具、垂直区域文字工具、路径文字工具、垂直路径文字工具、钢笔工具、删除定位点工具、添加定位点工具、转换定位点工具、矩形工具、圆角矩形工具、切角矩形工具、圆矩形工具、楔形工具、弧形工具、椭圆形工具和直线工具，如图 6-18 所示。

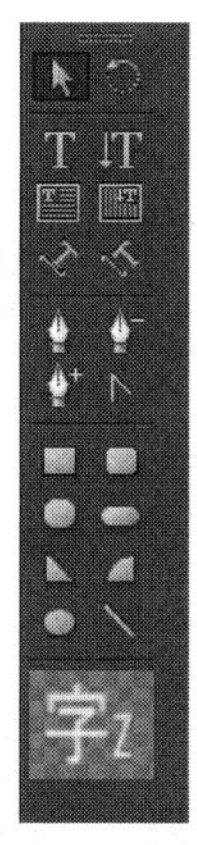

图 6-18　字幕工具面板

Adobe Premiere Pro CS6 字幕工具面板中各工具的基本功能见表 6-3。

表 6-3　Adobe Premiere Pro CS6 字幕工具面板中各工具的基本功能

工　具	基本功能
选择工具（V）	用于选择字幕主窗口中的文本或图形
旋转工具（O）	用于对文字进行旋转操作
输入工具（T）	用于输入水平方向上的文字
垂直文字工具（C）	用于输入垂直方向上的文字
区域文字工具	用于在水平方向上输入多行文字
垂直区域文字工具	用于在垂直方向上输入多行文字
路径文字工具	可沿弯曲的路径输入平行于路径的文本
垂直路径文字工具	可沿弯曲的路径输入垂直于路径的文本
钢笔工具（P）	用于创建和调整路径，也可通过调整路径的形状而影响由“路径输入工具”和“垂直路径输入工具”所创建的路径文字
删除定位点工具	可减少路径上的节点，所有节点删除后，该路径对象也会随之消失
添加定位点工具	可增加路径上的节点，常与“钢笔工具”结合使用
转换定位点工具	用于调整节点上的控制柄达到调整路径形状的作用
矩形工具（R）	用于绘制矩形图形，配合 Shift 键使用可绘制正方形
圆角矩形工具	用于绘制圆角矩形，配合 Shift 键使用可绘制正圆角矩形
切角矩形工具	用于绘制八边形
圆矩形工具	用于绘制形状类似于胶囊的图形，只有两条直线边
楔形工具（W）	用于绘制不同样式的三角形
弧形工具（A）	用于绘制封闭的弧形对象
椭圆形工具（E）	用于绘制椭圆形，配合 Shift 键使用可绘制正圆形
直线工具（L）	用于绘制直线

2. 字幕主窗口

Adobe Premiere Pro CS6 的字幕主窗口默认位于字幕工作区的中上方，由编辑区域和主属性栏组成，是创建、编辑字幕的主要工作场所，默认状态下该窗口显示为黑色，如图 6-19 所示；也可以单击该窗口主属性栏的显示背景视频，默认状态下该窗口显示为透明，如图 6-20 所示；在字幕主窗口内可以直观地了解字幕应用于视频后的效果，也可以直接对其进行修改。

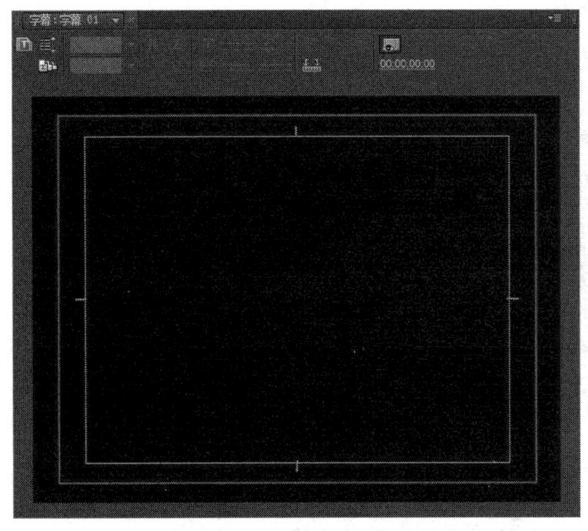

图 6-19　字幕黑色主窗口

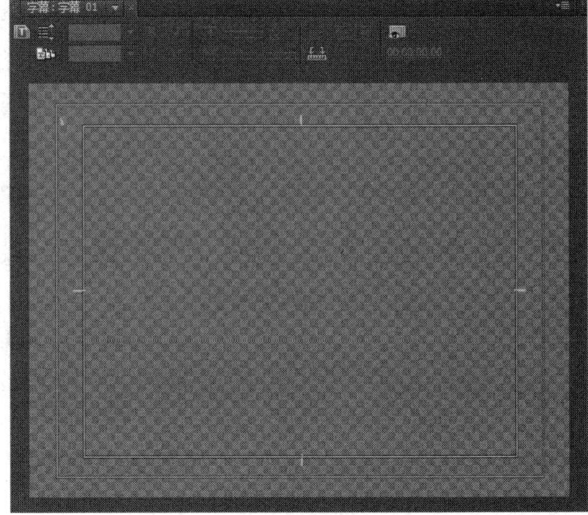

图 6-20　字幕透明主窗口

3. 字幕动作面板

Adobe Premiere Pro CS6 的字幕动作面板默认位于字幕工作区的左下方，主要用于在字幕主窗口中对齐或排列所选对象等。字幕动作面板主要包含对齐、居中和分布三个面板，其中对齐面板包含水平靠左、垂直靠上、水平居中、垂直居中、水平靠右和垂直靠下按钮；居中面板包含垂直居中和水平居中按钮；分布面板包含水平靠左、垂直靠上、水平居中、垂直居中、水平靠右、垂直靠下、水平等距间隔和垂直等距间隔按钮，如图 6-21 所示。

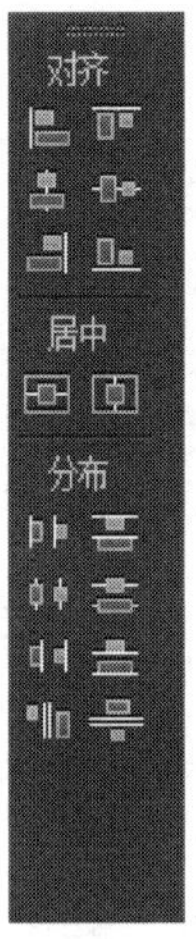

图 6-21　字幕动作面板

Adobe Premiere Pro CS6 字幕动作面板中各个按钮的基本功能见表 6-4。

表 6-4 Adobe Premiere Pro CS6 字幕动作面板中各按钮的基本功能

按钮		基本功能
对齐	水平靠左	以最左侧对象的左边线为基准对齐
	垂直靠上	以最上方对象的顶边线为基准对齐
对齐	水平居中	以中间对象的水平中线为基准对齐
	垂直居中	以中间对象的垂直中线为基准对齐
	水平靠右	以最右侧对象的右侧线为基准对齐
	垂直靠下	以最下方对象的底边线为基准对齐
居中	垂直居中	在水平方向上，与视频画面的垂直中心保持一致
	水平居中	在垂直方向上，与视频画面的水平中心保持一致
分布	水平靠左	以左右两侧对象的左边线为界，使相邻对象左边线的间距保持一致
	垂直靠上	以上下两侧对象的顶边线为界，使相邻对象顶边线的间距保持一致
	水平居中	以左右两侧对象的垂直中心线为界，使相邻对象中心线的间距保持一致
	垂直居中	以上下两侧对象的水平中心线为界，使相邻对象中心线的间距保持一致
	水平靠右	以左右两侧对象的右侧线为界，使相邻对象右侧线的间距保持一致
	垂直靠下	以上下两侧对象的底边线为界，使相邻对象底边线的间距保持一致
	水平等距间隔	以左右两侧对象为界，使相邻对象的垂直间距保持一致
	垂直等距间隔	以上下两侧对象为界，使相邻对象的水平间距保持一致

4. 字幕样式面板

Adobe Premiere Pro CS6 的字幕样式面板默认位于字幕工作区的正下方，该面板存放着 Adobe Premiere Pro CS6 中的各种预置字幕样式。利用这些字幕样式，只要创建了字幕内容和图形，即可快速获得各种精美的字幕和图形素材，如图 6-22 所示。

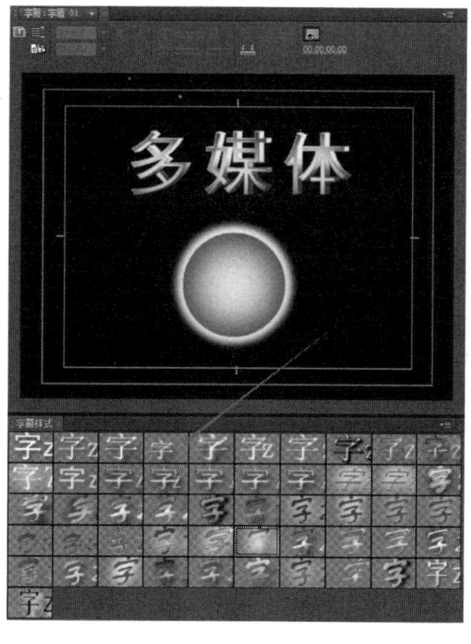

图 6-22 字幕样式面板

5. 字幕属性面板

Adobe Premiere Pro CS6 的字幕属性面板默认位于字幕工作区的右侧。在 Adobe

Premiere Pro CS6 中，所有与字幕主窗口内各对象属性相关的选项都被放置在字幕属性面板中。利用该窗口中的各种选项，用户不仅可以调整字幕的位置、大小和颜色，还可以定制描边与阴影效果等，如图 6-23 所示。

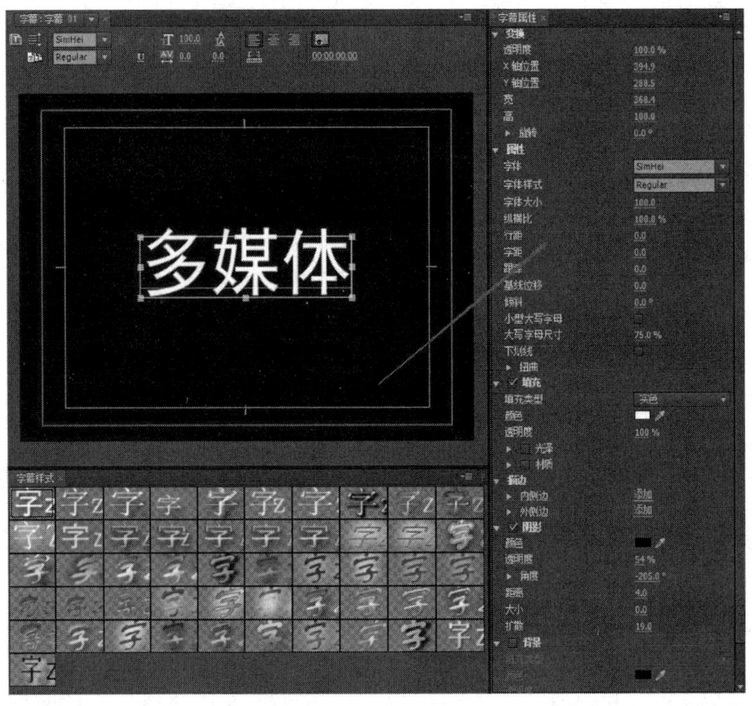

图 6-23　字幕属性面板

6.5.3　本章实例

想要实现良好的视频制作效果，不但要求能够熟练使用工具栏中的各种工具，而且还要求能够综合运用所学的命令、效果、技巧和方法创作出更多、更好、更优秀的视频作品。下面通过简单的视频制作和综合视频制作实例来体现数字媒体数字视频制作技术的独到之处。

6.5.3.1　简单视频制作实例

简单视频制作就是利用 Adobe Premiere Pro CS6 制作一些简单的、容易上手的编辑视频的操作方法。下面以影片剪辑、制作水平滚动字幕、制作画中画视频切换效果和制作倒计时为例来完成简单视频的操作。

1. 影片剪辑

影片剪辑，既可以利用“监视器窗口”下面的播放控制区按钮来剪辑，也可以直接在“时间线窗口”进行剪辑。不管哪种剪辑都需要与工具栏里的剃刀工具和滑动工具共同配合完成。

（1）利用“监视器窗口”的播放控制区按钮来剪辑影片。

① 启动 Adobe Premiere Pro CS6 软件，在项目窗口中导入一部影片，如图 6-24 所示。

图 6-24　导入影片到项目窗口中

② 用鼠标将影片从项目窗口中拖到时间线窗口，如图 6-25 所示。

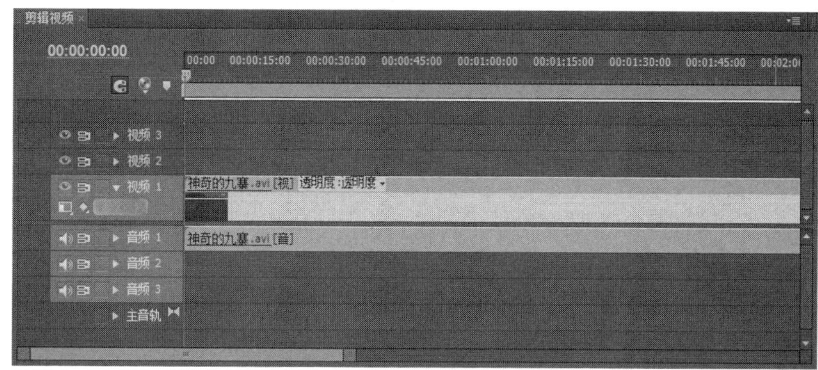

图 6-25　将影片拖到时间线窗口

③ 在监视器窗口单击“播放-停止切换”按钮，开始预览影片，如图 6-26 所示。

图 6-26　在监视器窗口中预览影片

④ 整体播放一遍，记住要剪辑的片段，第二次播放时在要剪辑开始的地方单击“播放-停止切换”按钮，“添加标记”，并“标记入点”，继续播放，在要剪辑结束的地方单击“播放-停止切换”按钮，“添加标记”，并“标记出点”，如图 6-27 所示。

图 6-27　给影片添加标记出入点

⑤ 鼠标拖动时间线到标记入点处，选择工具栏中的剃刀工具，在时间线处单击，这时就把标记入点前面和后面分成了两段，用选择工具选中标记入点前面一段，按 Delete 键删除即可；用同样的方法删除标记出点后面一段，如图 6-28 所示。

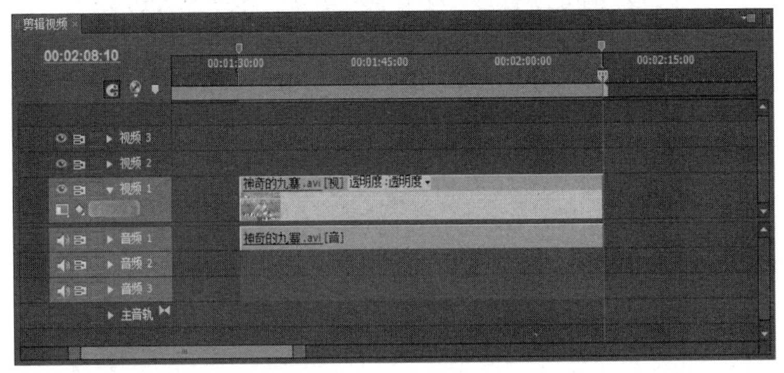

图 6-28　删除标记出入点前后不需要的片段

⑥ 选择工具栏中的滑动工具，将剪辑后的影片移到时间线窗口开始处；按住 Alt 键分别单击监视器窗口下面播放控制区的标记入点和出点，取消出入点标记；选中标记处并右击，在弹出的快捷菜单中选择“清除所有标记”命令，如图 6-29 所示。这样窗口中就

没有任何标记了。

⑦ 至此，影片剪辑 1 就完成了，一共剪辑了 38 秒。继续选择菜单栏中的“文件”→“导出”→“媒体”命令，这时会弹出“导出设置”对话框，选择 AVI 格式和视频，如图 6-30 所示。单击右下角的“导出”按钮，即可完成整个剪辑。

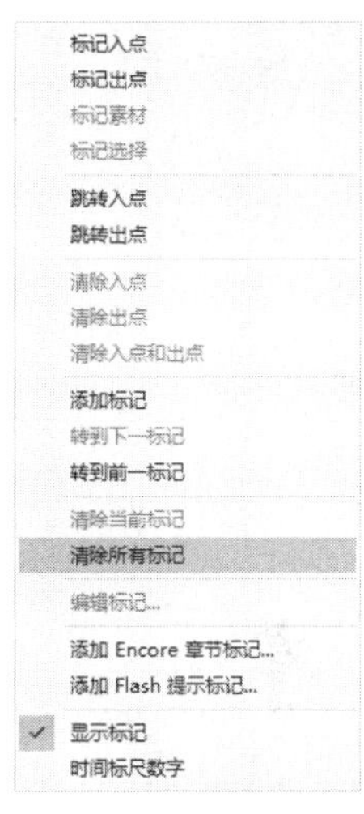

图 6-29 选择“清除所有标记”命令

图 6-30 “导出设置”对话框

⑧ 导出后的影片剪辑 1 最终效果如图 6-31 所示。

图 6-31 “影片剪辑 1”最终效果

（2）直接在“时间线窗口”剪辑影片。

① 在项目窗口中导入影片，用鼠标将影片拖到时间线窗口。

② 在监视器窗口单击“播放-停止切换”按钮，开始预览影片。

③ 整体播放一遍，记住要剪辑的片段，第二次播放时在要剪辑开始的地方按一下键盘上的空格键，选择工具栏中的剃刀工具，在时间线处单击，这时就把时间线前后分成了两段，如图 6-32 所示；用选择工具选中前面一段，按 Delete 键删除即可；用同样的方法删除后面需要剪辑的影片。

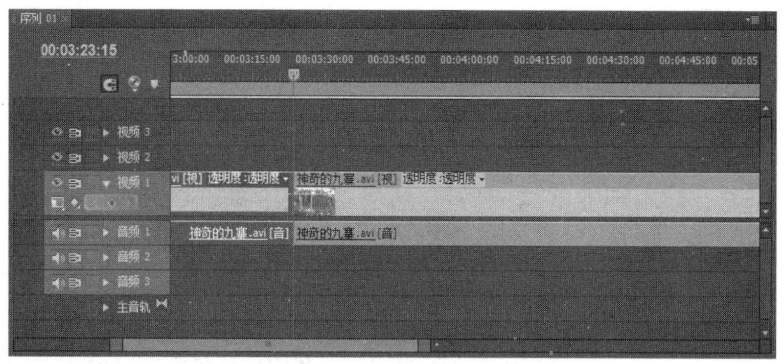

图 6-32　用剃刀工具分割影片

④ 选择工具栏中的滑动工具，将剪辑后的影片移到时间线窗口开始处；再整体播放一遍，检查有没有剪辑到位，如果没有继续剪辑，直到满意为止。

⑤ 至此，影片剪辑 2 就完成了，一共剪辑了 1 分 19 秒。继续选择菜单栏中的“文件”→“导出”→“媒体”命令，设置好相应的选项，导出即可。导出后的影片剪辑 2 最终效果如图 6-33 所示。

图 6-33　“影片剪辑 2”最终效果

2. 制作水平滚动字幕

制作水平滚动字幕就是利用 Adobe Premiere Pro CS6 菜单栏中的“字幕”来制作静态文字可以滚动的效果。

（1）启动 Adobe Premiere Pro CS6 软件，在项目窗口中导入 1 张图片，如图 6-34 所示。

（2）用鼠标将图片从项目窗口中拖到时间线窗口，如图 6-35 所示。

（3）右击时间线窗口中的图片，在弹出的快捷菜单中选择“速度/持续时间”命令，如图 6-36 所示。这时会弹出“素材速度/持续时间”对话框，在该对话框设置持续时间为 8 秒，如图 6-37 所示。速度/持续时间设置好以后，单击“素材速度/持续时间”对话框下面的“确定”按钮，这时时间线窗口中的图片速度/持续时间变长了。

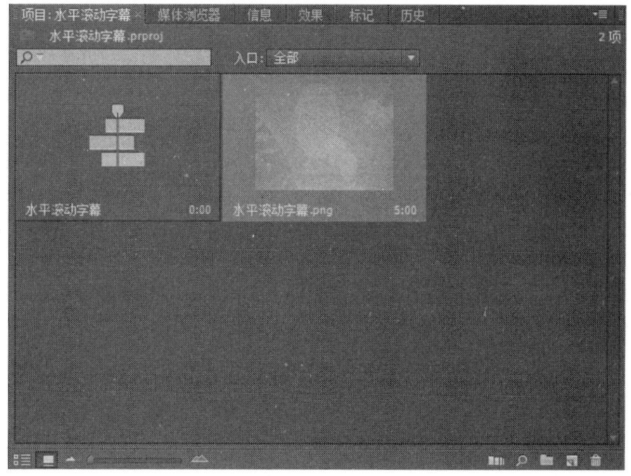

图 6-34　导入图片到项目窗口中

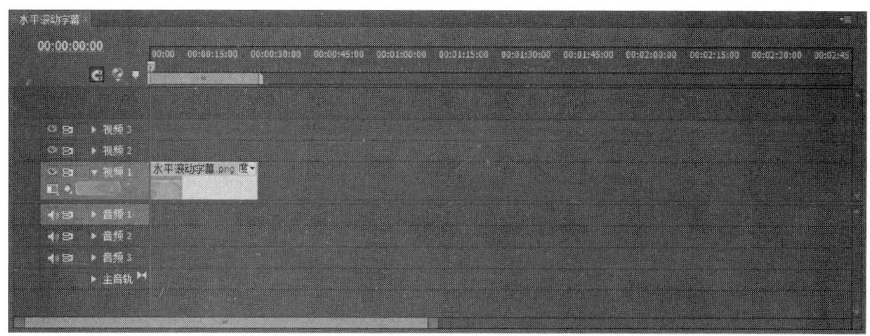

图 6-35　将图片拖到时间线窗口

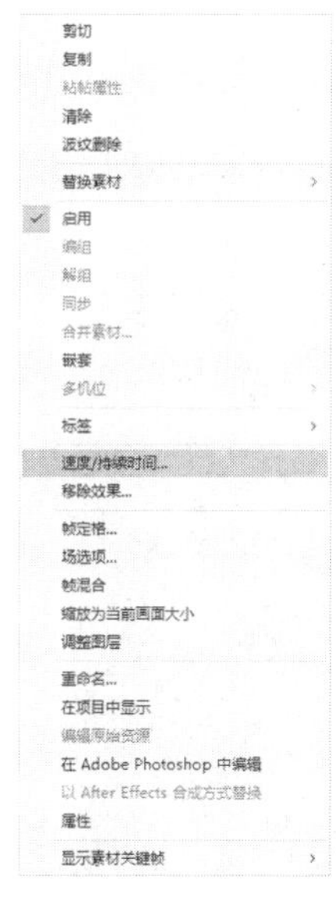

图 6-36　选择“速度/持续时间”命令

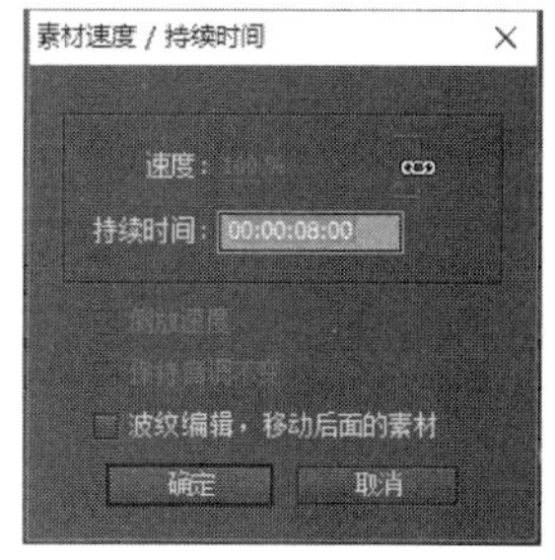

图 6-37　设置“速度/持续时间”

（4）选择“特效控制台”→“运动”→“缩放比例”，设置图片的缩放比例为 120，如图 6-38 所示，这样监视器窗口中的画面就布满了整个屏幕。

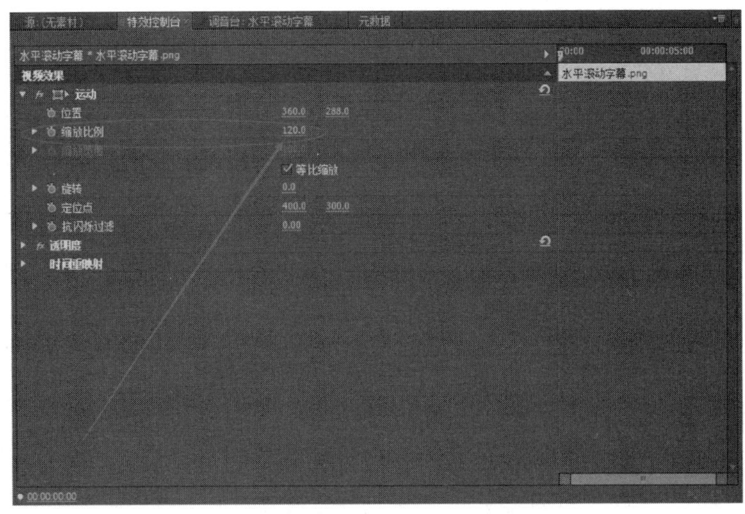

图 6-38 设置图片的“缩放比例”

（5）选择菜单栏中的“字幕”→“新建字幕”→“默认静态字幕”命令，弹出“新建字幕”对话框，设置字幕的名称为“字幕 01”，如果有需要再进行其他设置，如图 6-39 所示。

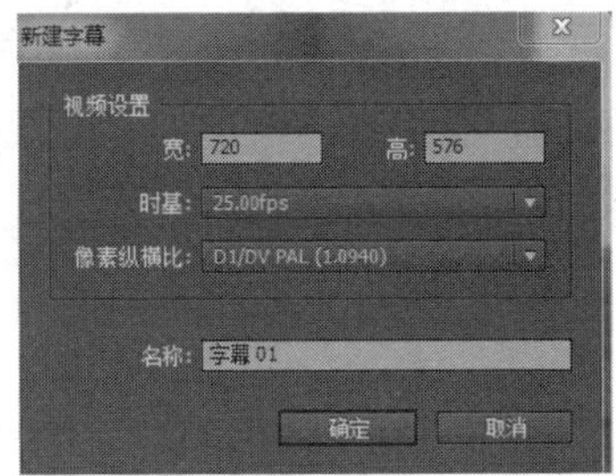

图 6-39 设置“新建字幕”

（6）单击“新建字幕”右下角的“确定”按钮，弹出新建字幕的操作界面，如图 6-40 所示。

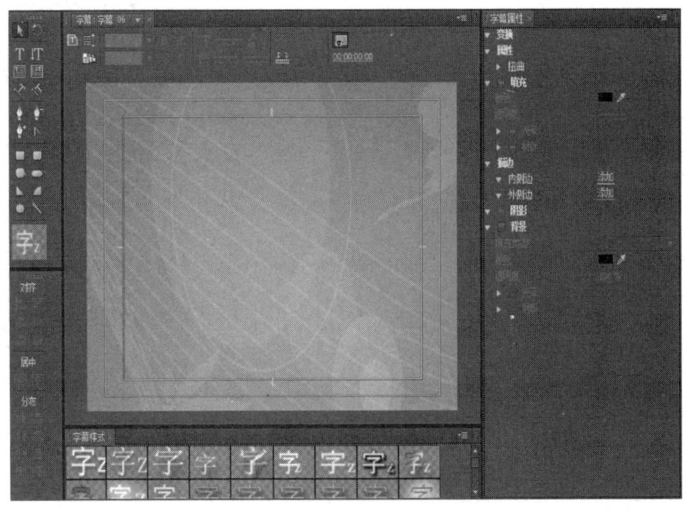

图 6-40 “新建字幕”操作界面

（7）选择字幕工具面板中的“输入工具”按钮，在字幕主窗口的上方输入“数字媒体技术与应用”，用选择工具选中文字，在字幕属性面板里设置文字的字体为“Lisu”，字体大小为“60.0”，颜色为“黄色”（R=248，G=236，B=10），阴影为“黑色”，透明度为“50%”，其他默认，如图 6-41 所示。

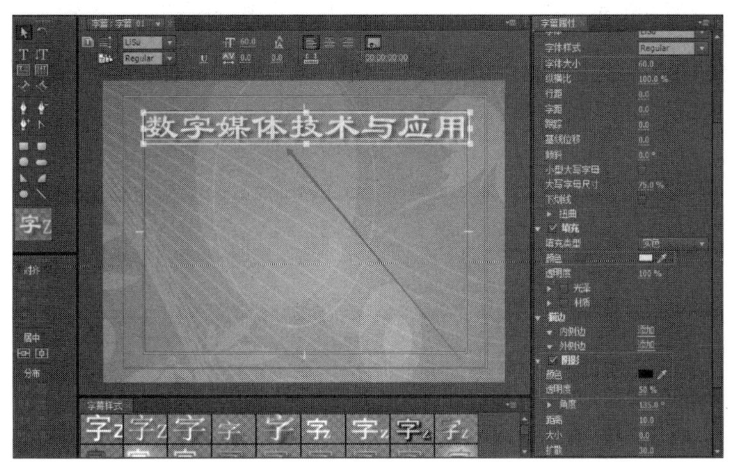

图 6-41　输入并设置文字

（8）用选择工具选中文字，在字幕主窗口的主属性栏中选择“滚动/游动”选项，弹出“滚动/游动选项”对话框，设置字幕类型为“右游动”，选中时间（帧）的“开始于屏幕外”和“结束于屏幕外”的复选框，设置缓出为“30”，如图 6-42 所示；单击“滚动/游动选项”对话框右侧的“确定”按钮，这时“数字媒体技术与应用”文字的滚动/游动效果就设置完成了。

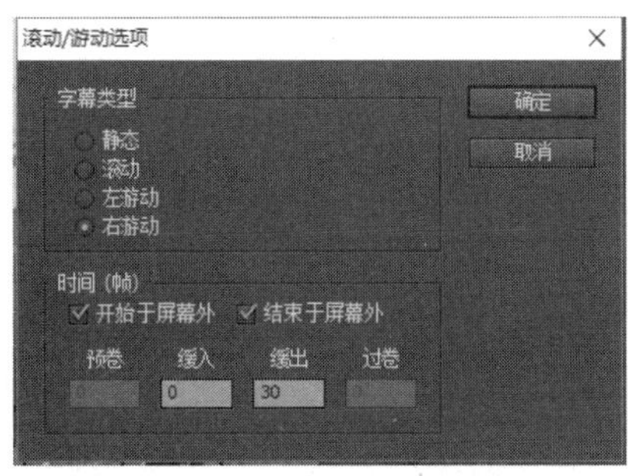

图 6-42　设置“滚动/游动选项”

（9）在字幕主窗口的主属性栏中选择“基于当前字幕新建”，弹出“新建字幕”对话框，设置名称为字幕 02，修改先前的文字为“理论与实践相结合”，并将该文字移到中间偏左一点的位置，如图 6-43 所示。同字幕 01 一样设置滚动/游动效果。

（10）在字幕主窗口的主属性栏中选择“基于当前字幕新建”，弹出“新建字幕”对话框，设置名称为字幕 03，修改先前的文字为“成就你多面手的梦想”，并将该文字移到下方偏左的位置，如图 6-44 所示。同字幕 01、02 一样设置滚动/游动效果。

（11）关闭字幕工作区窗口，回到 Adobe Premiere Pro CS6 工作界面，这时项目窗口中就已经有了新建的字幕，如图 6-45 所示。

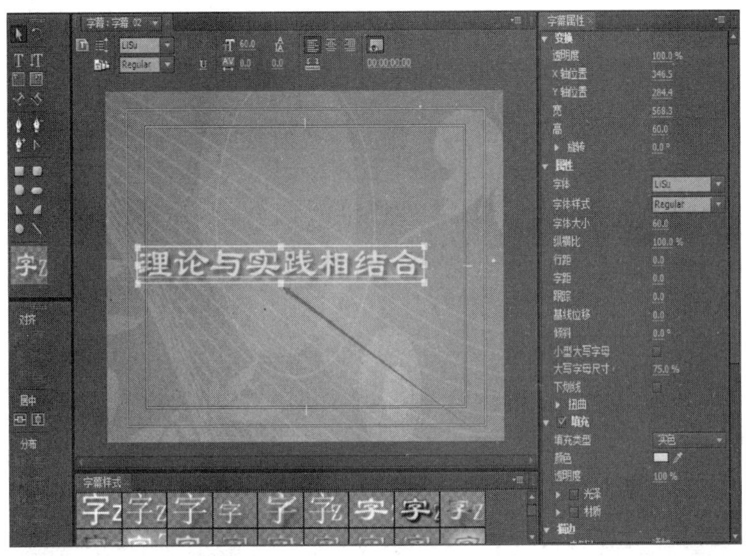

图 6-43　基于字幕 01 新建字幕 02

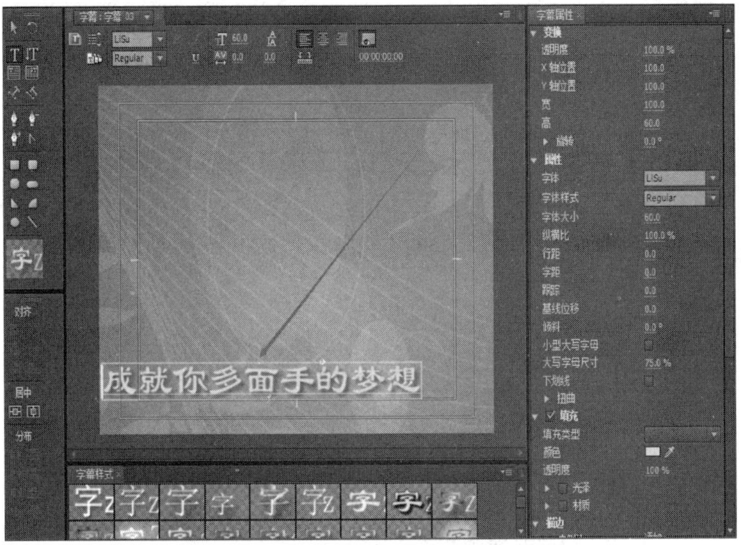

图 6-44　基于字幕 02 新建字幕 03

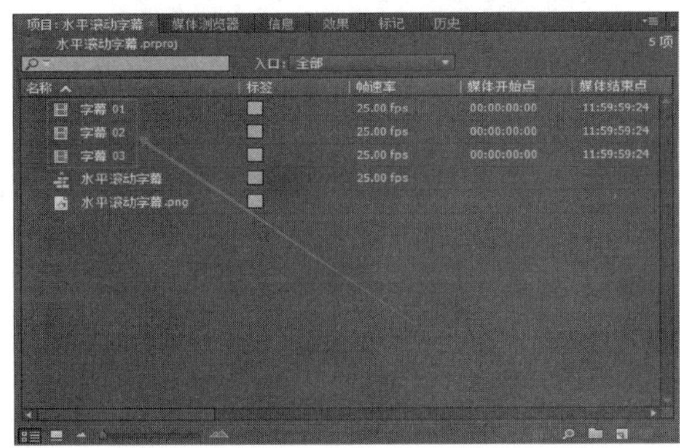

图 6-45　在项目窗口中的新建字幕

（12）回到时间线窗口，右键单击视频 3，在弹出的快捷菜单中选择“添加轨道”命令，如图 6-46 所示；这时会弹出“添加视音轨”对话框，设置添加 1 条视频轨，0 条音频轨，如图 6-47 所示。单击“添加视音轨”对话框右侧的“确定”按钮，这时时间线面板就多了 1 条视频轨道了。

图 6-46　选择“添加轨道”命令

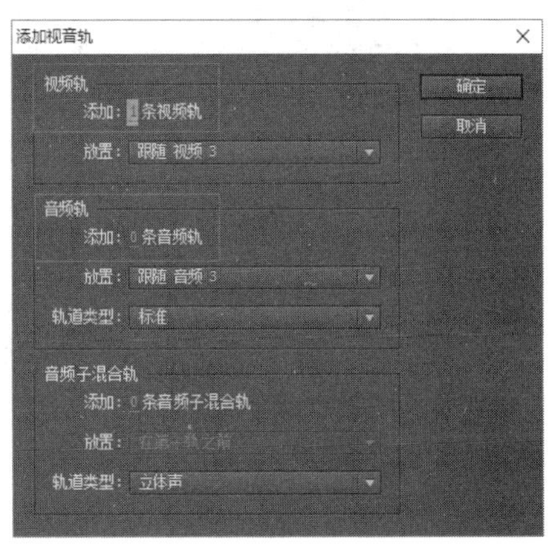

图 6-47　设置“添加视音轨”

（13）从项目窗口中拖字幕 01 到时间线窗口的视频 2 轨道；在时间线窗口左上方选中“播放指示器位置 00:00:00:00 ”，设置时间为 1 秒，从项目窗口中拖字幕 02 到时间线窗口的视频 3 轨道；继续设置播放指示器位置时间为 2 秒，从项目窗口中拖字幕 03 到时间线窗口的视频 4 轨道；这时时间线窗口中的效果如图 6-48 所示。

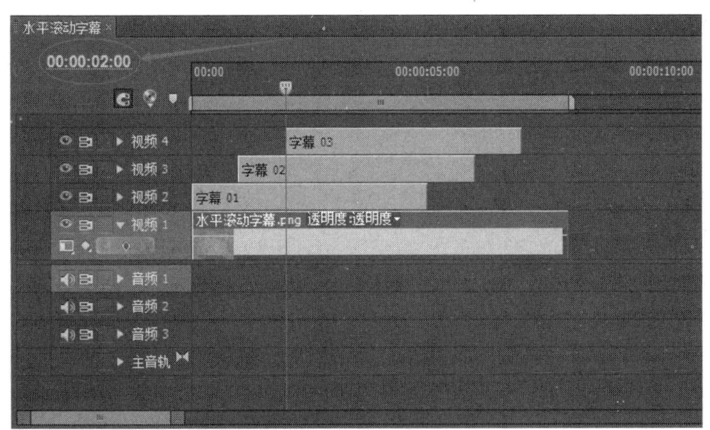

图 6-48　拖动字幕到时间线窗口

（14）至此，水平滚动字幕制作完成，在监视器窗口单击“播放-停止切换”按钮，再整体播放一遍，检查有没有编辑到位，如果没有编辑到位，就继续编辑，直到满意为止。继续选择菜单栏中的“文件”→“导出”→“媒体”，设置好相应的选项，导出即可。导出后的水平滚动字幕最终效果如图 6-49 所示。

3. 制作画中画视频切换效果

制作画中画视频切换效果就是利用 Adobe Premiere Pro CS6 的视频切换效果来制作图片的变换动态效果。

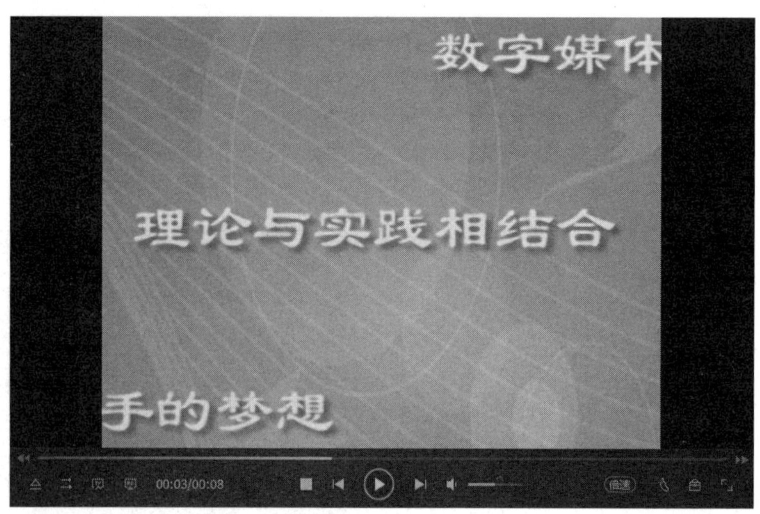

图 6-49 “水平滚动字幕”最终效果

（1）启动 Adobe Premiere Pro CS6 软件，在项目窗口中导入背景图片；用鼠标将背景图片从项目窗口中拖到时间线窗口；在特效控制台设置该背景图片的缩放比例为“88”；右击时间线窗口中的背景图片，在弹出的快捷菜单中选择“速度/持续时间”命令，设置持续时间为“12 秒 01 帧”，确定后效果如图 6-50 所示。

图 6-50 设置背景图片的持续时间

（2）在项目窗口中导入 6 张图片，设置播放指示器位置为“0 秒”，从项目窗口中拖图片 01 到时间线窗口的视频 2 轨道；设置图片 01 的持续时间为“2 秒”；在特效控制台设置图片 01 的运动缩放比例为“60”，设置后的效果如图 6-51 所示。

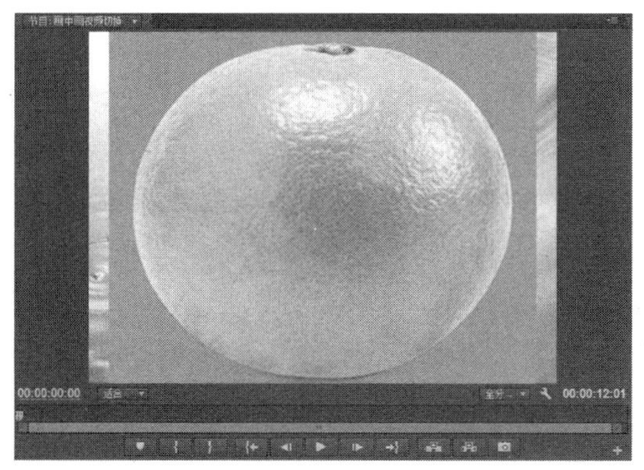

图 6-51　设置图片 01 的运动缩放比例

（3）选择“效果”→“视频切换”→“滑动”→“带状滑动”效果，并将其拖到图片 01 的开始处，设置“带状滑动”效果的持续时间为“20 帧”，如图 6-52 所示；继续选择“效果”→“视频切换”→“擦除”→“渐变擦除”效果，并将其拖到图片 01 的结尾处，设置“渐变擦除”效果的持续时间为“20 帧”；图片 01 设置后的部分效果如图 6-53 所示。

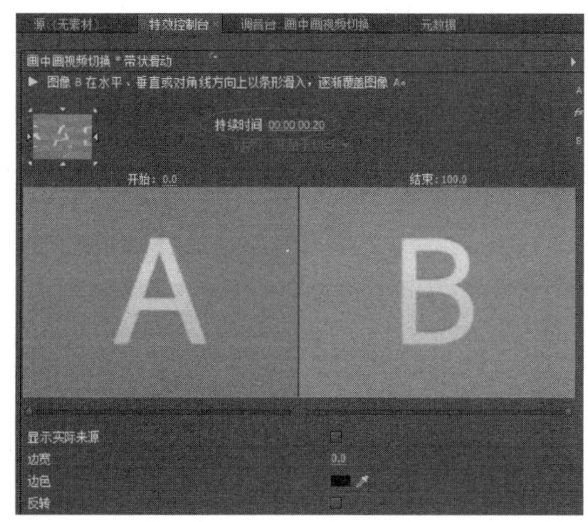

图 6-52　设置“带状滑动”效果的持续时间

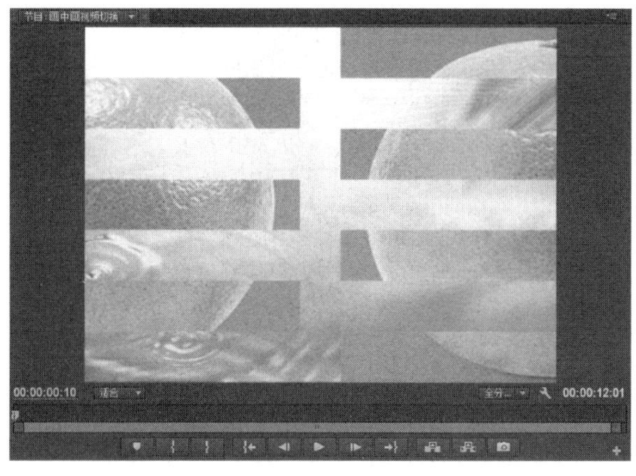

图 6-53　图片 01 设置“带状滑动”的效果

（4）设置播放指示器位置为“4 秒”，从项目窗口中拖图片 03 到时间线窗口的视频 2 轨道；设置图片 03 的持续时间为“2 秒”；在特效控制台设置图片 03 的运动缩放比例为“60”，设置后的效果如图 6-54 所示。

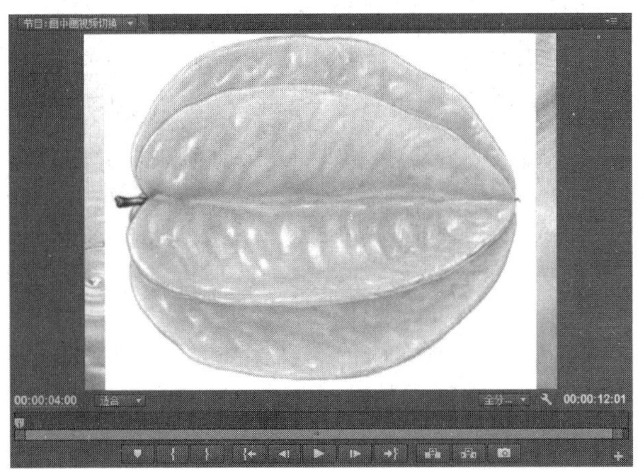

图 6-54　设置图片 03 的运动缩放比例

（5）选择“效果”→“视频切换”→“擦除”→“百叶窗”效果，并将其拖到图片 03 的开始处，设置“百叶窗”效果的持续时间为“20 帧”；继续选择“效果”→“视频切换”→“擦除”→“棋盘划变”效果，并将其拖到图片 03 的结尾处，设置“棋盘划变”效果的持续时间为“20 帧”。图片 03 设置“百叶窗”的效果如图 6-55 所示。

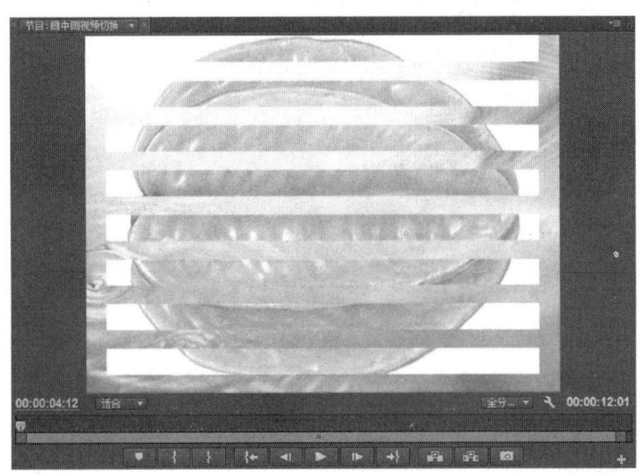

图 6-55　图片 03 设置“百叶窗”的效果

（6）设置播放指示器位置为“8 秒”，从项目窗口中拖图片 05 到时间线窗口的视频 2 轨道；设置图片 05 的持续时间为“2 秒”；在特效控制台设置图片 05 的运动缩放比例为“60”，设置后的效果如图 6-56 所示。

（7）选择“效果”→“视频切换”→“3D 运动”→“向上折叠”效果，并将其拖到图片 05 的开始处，设置“向上折叠”效果的持续时间为“20 帧”；继续选择“效果”→“视频切换”→“擦除”→“风车”效果，并将其拖到图片 05 的结尾处，设置“风车”效果的持续时间为“20 帧”。图片 05 设置风车的效果如图 6-57 所示。

图 6-56 设置图片 05 的运动缩放比例

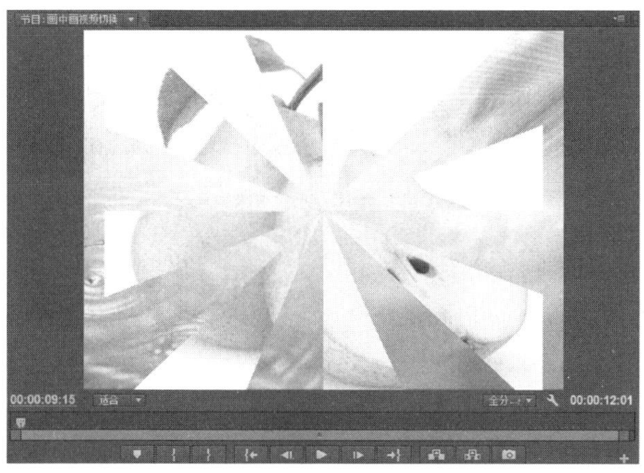

图 6-57 图片 05 设置“风车”的效果

（8）用同样的方法，分别在播放指示器位置为 2 秒、6 秒和 10 秒时，拖图片 02、图片 04 和图片 06 到视频 3 轨道，然后分别设置它们的持续时间、运动缩放比例和效果，如图 6-58 所示。

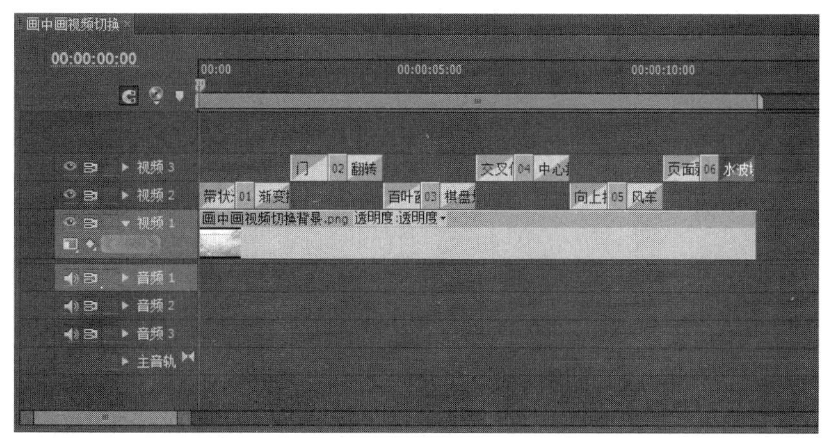

图 6-58 图片 02、04、06 在时间线窗口中的设置

（9）至此，画中画视频切换效果制作完成，在监视器窗口单击“播放-停止切换”按钮▶，再整体播放一遍，检查有没有编辑到位，如果没有编辑到位，就继续编辑，直到满意为止。继续选择菜单栏中的“文件”→“导出”→“媒体”命令，设置好相应的选项，导出即可。导出后的“画中画视频切换”最终效果如图 6-59 所示。

图 6-59　“画中画视频切换”最终效果

4. 制作倒计时

制作倒计时就是利用 Adobe Premiere Pro CS6 菜单栏中的“字幕”，制作图形和文字随着时间的推移而运动变换的效果。

（1）启动 Adobe Premiere Pro CS6 软件，选择菜单栏中的“文件”→“新建”→“字幕”命令，弹出“新建字幕”对话框，设置字幕的名称为背景 1，其他默认。

（2）选择字幕工具面板中的矩形工具按钮，在字幕主窗口绘制一个和字幕窗口一样大小的矩形，选中该矩形，在字幕属性面板里设置矩形为“白色”；继续选择字幕工具面板中的椭圆形工具按钮，在字幕主窗口的边缘绘制一个椭圆，如图 6-60 所示。

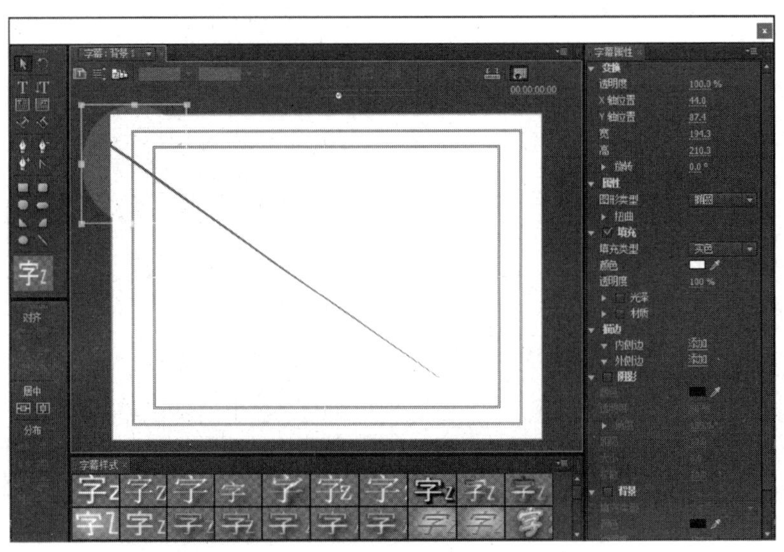

图 6-60　在字幕窗口中绘制矩形和椭圆

（3）选中圆形，在字幕属性面板里设置变换的宽和高均为“360”，属性的图形类型为“打开曲线”，填充颜色为“浅绿色”（R=0，G=255，B=30）；继续选择字幕动作面板里的“垂直居中”和“水平居中”，这样该圆形就位于字幕主窗口的正中间了，如图6-61所示。

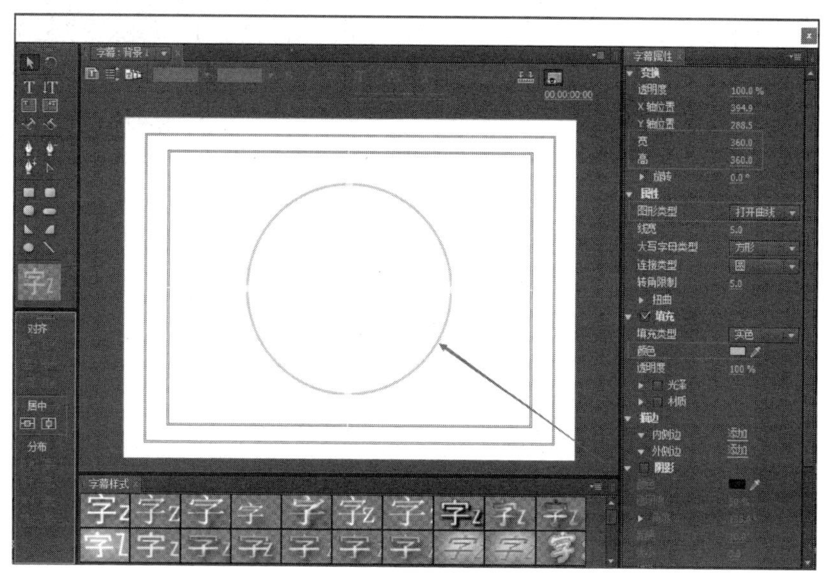

图6-61　在字幕窗口中设置圆形

（4）用同样的方法绘制一个宽和高均为“300”的圆形；继续选择字幕工具面板中的直线工具按钮，在字幕主窗口绘制一根水平直线和垂直直线，分别选中两根直线，并在字幕属性面板里设置它们的线宽为“5”，单击字幕“动作”面板里的“垂直居中”和“水平居中”，这样两根直线就位于字幕主窗口的正中间了，如图6-62所示。

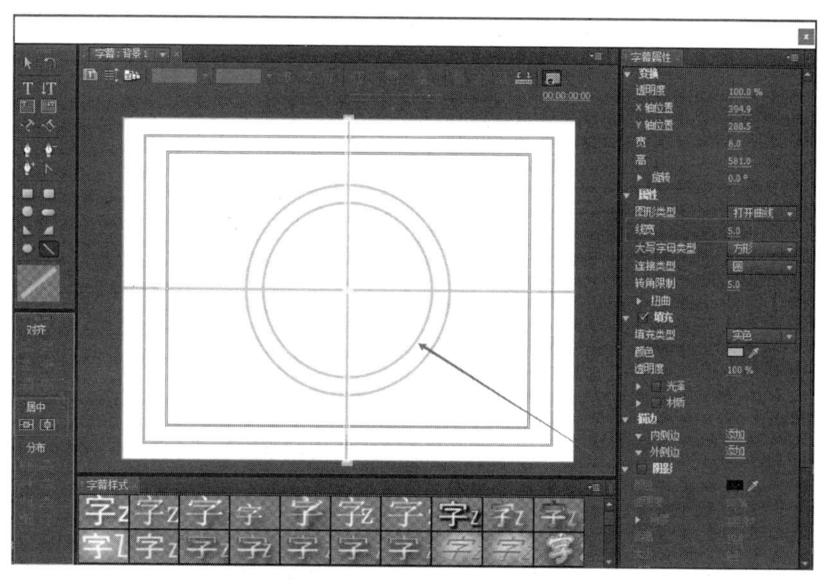

图6-62　在字幕窗口中绘制小圆形和直线

（5）在字幕主窗口的主属性栏中选择“基于当前字幕新建”，弹出“新建字幕”对话框，设置名称为“背景 2”，修改当前的图形颜色，白色修改为“浅绿色”（R=0，G=255，B=30），浅绿色修改为“白色”，如图 6-63 所示。

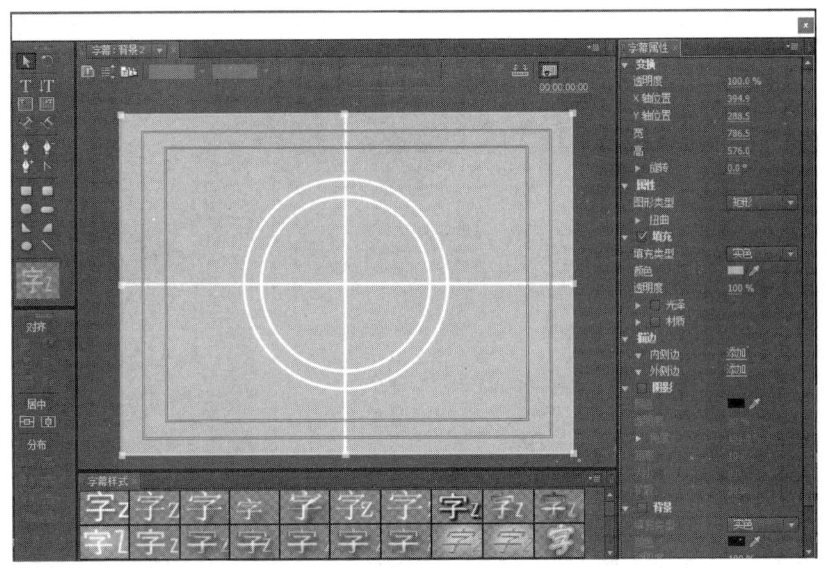

图 6-63　基于当前字幕新建“背景 2”并设置颜色

（6）在字幕主窗口的主属性栏中选择“基于当前字幕新建”，弹出“新建字幕”对话框，设置名称为“5”；选择字幕工具面板中的输入工具按钮，在字幕主窗口的上方输入 5；用选择工具选中 5，在字幕属性面板里设置文字的字体为“Arial”，字体样式为“Narrow Bold”，字体大小为“360”；变换 X 轴位置为 395、Y 轴位置为 320；删除背景 2 的所有图形，单击主属性栏中的“显示背景视频”；继续选择填充类型为“四色渐变”，分别是左上选择“蓝色”、右上选择“绿色”、左下选择“红色”、右下选择“黄色”，选择添加内侧边，设置内侧边的类型为“深度”，大小为“10.0”，角度为“100.0°”，其他的默认，设置后的效果如图 6-64 所示。

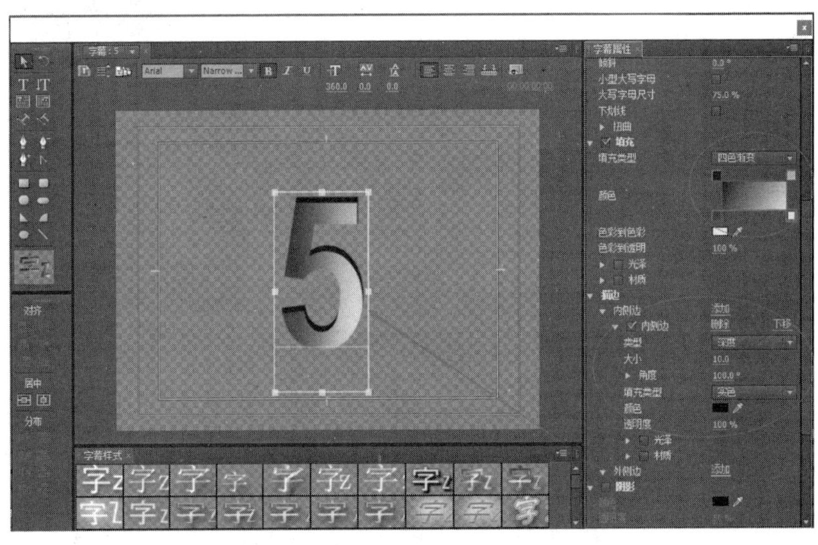

图 6-64　基于当前字幕新建并设置 5

（7）在字幕主窗口的主属性栏中选择“基于当前字幕新建”，弹出“新建字幕”对话框，设置名称为“4”；选择字幕工具面板中的输入工具按钮，用输入工具选中字幕主窗口的 5，输入 4 替代 5；用同样的方法输入 3、2、1，关闭字幕工作区；这时项目窗口就有了新建的以上字幕了，如图 6-65 所示。

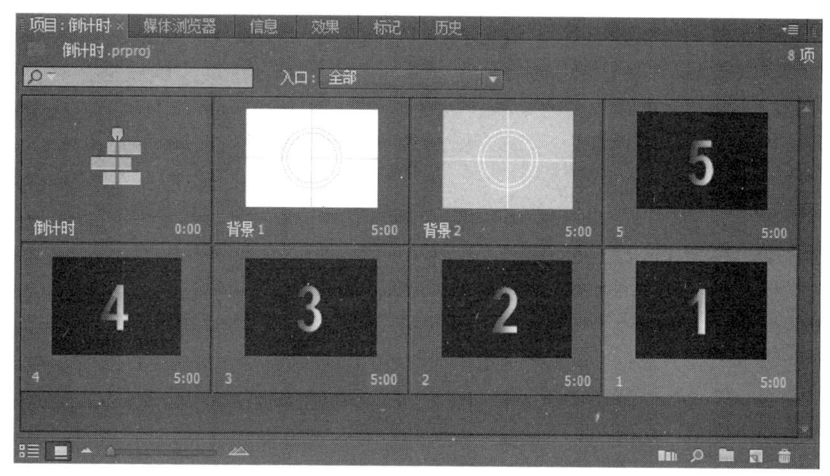

图 6-65　新建字幕在项目窗口中

（8）从项目窗口中拖背景 1 到时间线窗口的视频 1 轨道，背景 2 到时间线窗口的视频 2 轨道，5 到时间线窗口的视频 3 轨道；选择“效果”→“视频切换”→“擦除”→“时钟式划变”效果，并将其拖到背景 2 的开始处，设置“时钟式划变”效果的持续时间为“5 秒”；同时选中背景 1 和背景 2 复制，单击视频 1 轨道，设置播放指示器位置为“5 秒”，在视频 1 和视频 2 轨道连续粘贴 4 次；继续设置播放指示器位置为“5 秒”，从项目窗口中拖 4 到时间线窗口的视频 3 轨道；用同样的方法在 10 秒、15 秒和 20 秒，分别拖 3、2 和 1 到视频 3 轨道，如图 6-66 所示。

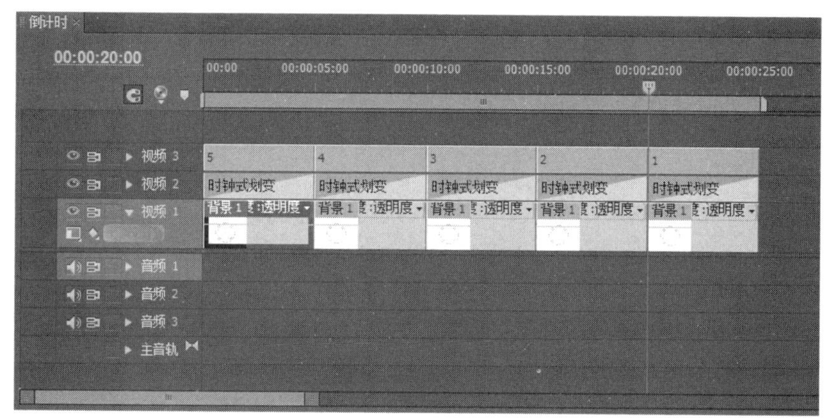

图 6-66　各字幕在时间线窗口中的设置

（9）至此，倒计时制作完成，在监视器窗口单击“播放-停止切换”按钮，再整体播放一遍，检查有没有编辑到位，如果没有编辑到位，就继续编辑，直到满意为止。继续选择菜单栏中的“文件”→“导出”→“媒体”，设置好相应的选项，导出即可。导出后的

“倒计时”最终效果如图 6-67 所示。

图 6-67 “倒计时”最终效果

6.5.3.2 综合视频制作实例

综合视频制作就是利用 Adobe Premiere Pro CS6 综合应用所学的技巧和方法制作一些较复杂的，能够综合应用所学的知识编辑视频的操作方法。下面以制作中华之窗、制作现场播音主持画面和制作影视 MTV 为例来完成综合视频的操作。

1. 制作中华之窗

制作中华之窗就是利用 Adobe Premiere Pro CS6 的视频特效等效果来制作图片的透视动态效果。

（1）启动 Adobe Premiere Pro CS6 软件，在项目窗口中导入图片素材。

用鼠标将图片 1 从项目窗口中拖到时间线窗口的视频 1 轨道，并设置图片 1 的持续时间为 16 秒；

设置播放指示器位置为“3 秒”，拖图片 2 到时间线窗口的视频 2 轨道，并设置图片 2 的持续时间为“13 秒”；

设置播放指示器位置为“6 秒”，拖图片 3 到时间线窗口的视频 3 轨道，并设置图片 3 的持续时间为“10 秒”；

右击视频 3，在弹出的快捷菜单中选择“添加轨道”命令，添加 3 条视频轨道；

设置播放指示器位置为“9 秒”，拖图片 4 到时间线窗口的视频 4 轨道，并设置图片 4 的持续时间为“7 秒”；

设置播放指示器位置为“12 秒”，拖图片 5 到时间线窗口的视频 5 轨道，并设置图片 5 的持续时间为“4 秒”。

各图片在时间线窗口中设置后的效果如图 6-68 所示。

（2）选择“效果”→“视频特效”→“扭曲”→“边角固定”效果，并将“边角固定”效果拖到图片 1 上；设置播放指示器位置为“0 秒”，在特效控制台窗口中给边角固定的右上和右下添加关键帧；设置播放指示器位置为“2 秒”，设置右上的坐标位置为 160∶120，右下的坐标位置为 160∶360，如图 6-69 所示；这时图片 1 在监视器窗口中的效果如图 6-70 所示。

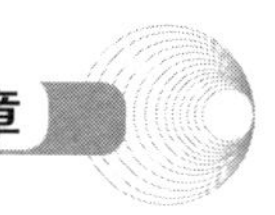

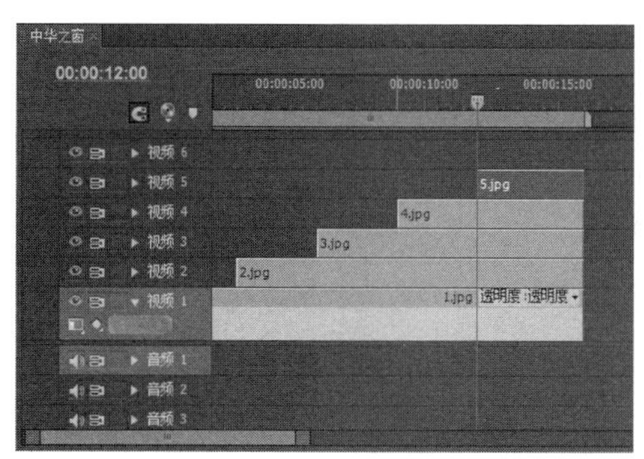

图 6-68 各图片在时间线窗口中的设置

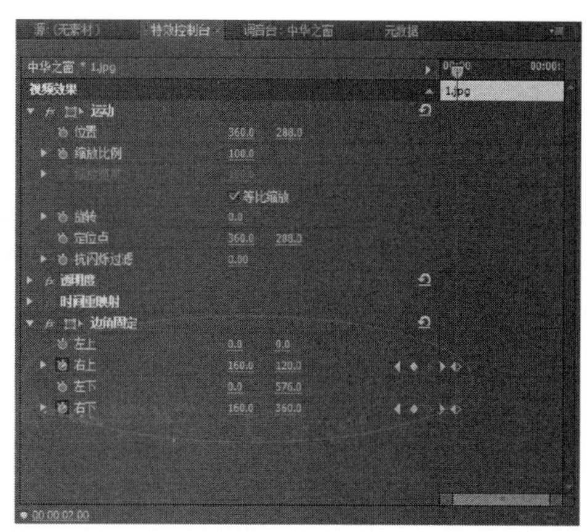

图 6-69 图片 1 的边角固定设置

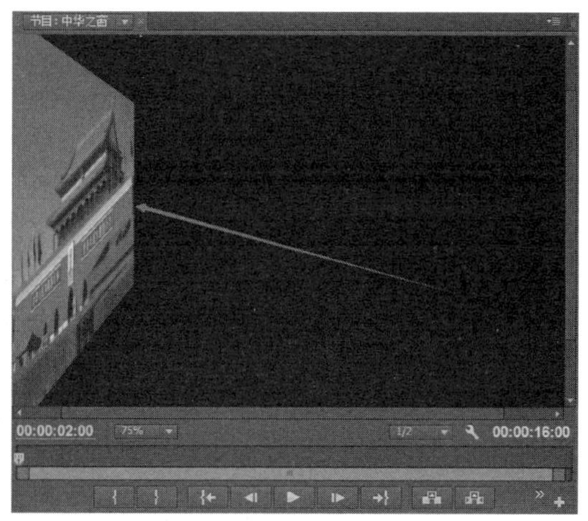

图 6-70 设置了边角固定后的图片 1

（3）用同样的方法，选择“效果”→“视频特效”→“扭曲”→“边角固定”效果，并将“边角固定”效果拖到图片 2 上；设置播放指示器位置为“3 秒”，在特效控制台窗口中给边角固定的左上和左下添加关键帧；设置播放指示器位置为“5 秒”，设置左上的坐标位置为 480∶120，左下的坐标位置为 480∶360，这时图片 2 在监视器窗口中的效果如图 6-71 所示。

（4）用同样的方法，选择“效果”→“视频特效”→“扭曲”→“边角固定”效果，并将“边角固定”效果拖到图片 3 上；设置播放指示器位置为“6 秒”，在特效控制台窗口中给边角固定的左下和右下添加关键帧；设置播放指示器位置为“8 秒”，设置左下的坐标位置为 160∶120，右下的坐标位置为 480∶120，这时图片 3 在监视器窗口中的效果如图 6-72 所示。

（5）用同样的方法，选择“效果”→“视频特效”→“扭曲”→“边角固定”效果，并将“边角固定”效果拖到图片 4 上；设置播放指示器位置为“9 秒”，在特效控制台窗口中给边角固定的左上和右上添加关键帧；设置播放指示器位置为“11 秒”，设置左上的坐标位置为 160∶360，右上的坐标位置为 480∶360，这时图片 4 在监视器窗口中的效果如图 6-73 所示。

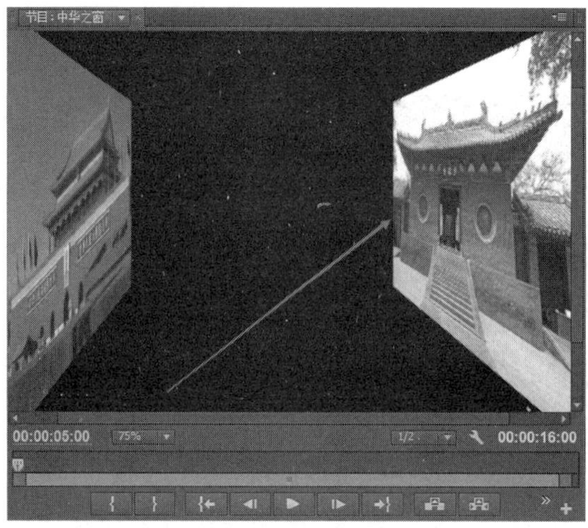

图 6-71　设置了边角固定后的图片 2

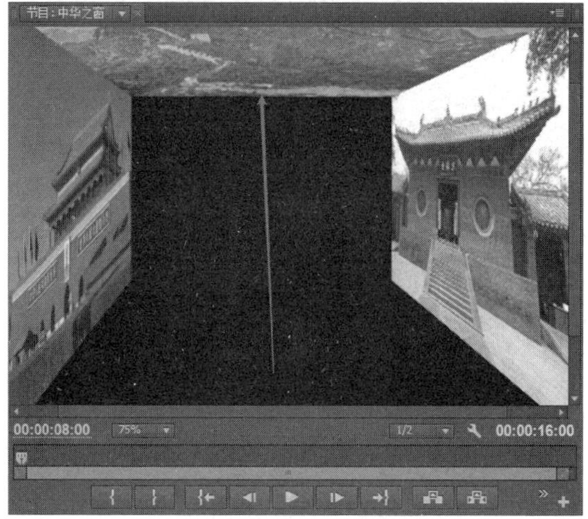

图 6-72　设置了边角固定后的图片 3

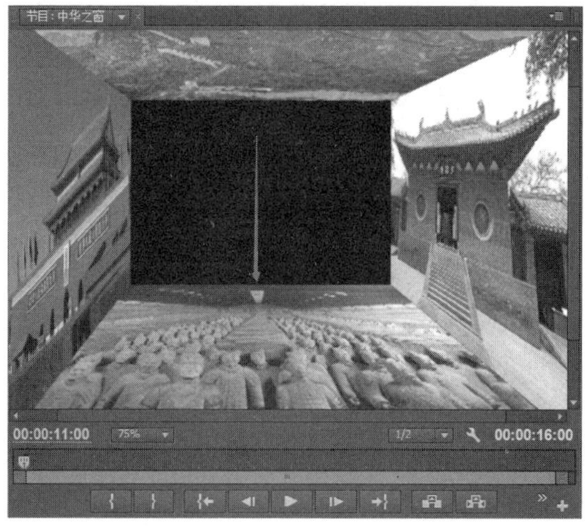

图 6-73　设置了边角固定后的图片 4

（6）设置播放指示器位置为“12 秒”，选中图片 5，在特效控制台窗口中给运动缩放比例添加关键帧，如图 6-74 所示；设置播放指示器位置为“14 秒”，在特效控制台设置图片 5 的运动缩放比例为“50”，设置后的效果如图 6-75 所示。

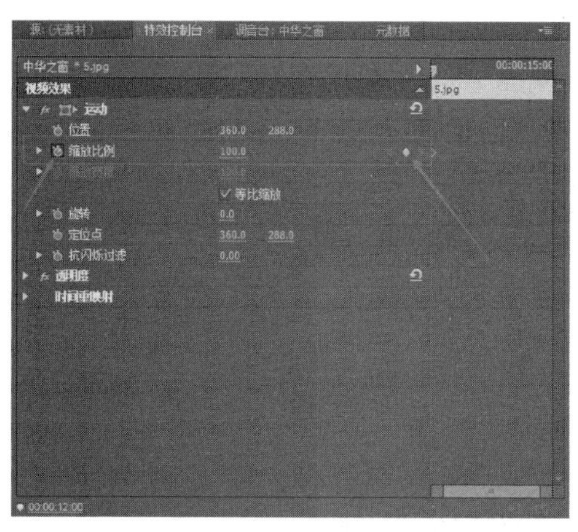

图 6-74 给图片 5 的运动缩放比例添加关键帧

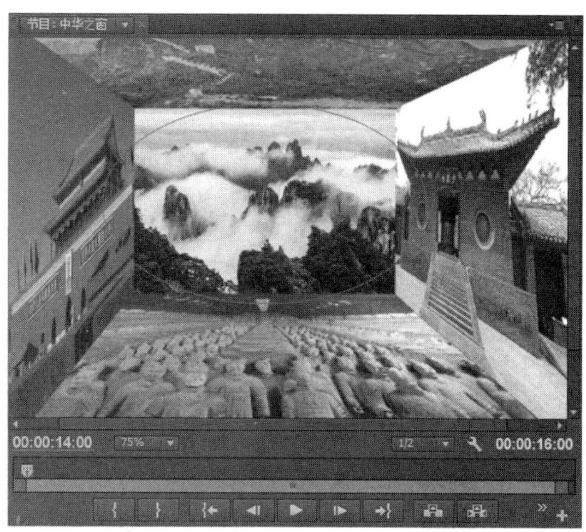

图 6-75 设置运动缩放比例后的图片 5

（7）选择菜单栏中的“文件”→“新建”→“字幕”命令，弹出“新建字幕”对话框，设置字幕的名称为“中华之窗”，其他默认。

（8）选择字幕工具面板中的输入工具按钮，在字幕主窗口中输入“中华之窗”，用选择工具选中文字，在字幕属性面板里设置文字的字体为“Lisu”，大小为“50.0”，颜色为“白色”，添加光泽颜色为“黄色”（R=250，G=250，B=0），透明度“80%”，角度为“45.0°”，其他默认，如图 6-76 所示。

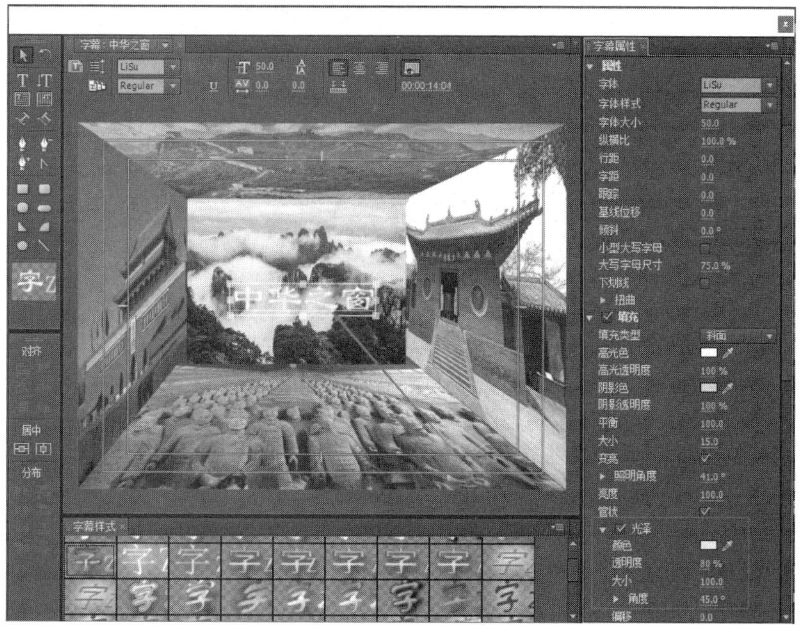

图 6-76 在字幕窗口中输入并设置文字

（9）设置播放指示器位置为“0 秒”，将中华之窗从项目窗口中拖到时间线窗口的视频 6 轨道，并设置中华之窗的持续时间为“16 秒”；选择“效果”→“视频特效”→“透视”→“投影”效果，并将“投影”效果拖到中华之窗上。

（10）单击中华之窗的视频 6 轨道的“折叠-展开轨道”，并在 0 秒、1 秒、15 秒和 16 秒添加关键帧，在 0 秒和 16 秒将关键帧拖到最下面，这样中华之窗文字的淡入、淡出效果就设置好了，如图 6-77 所示。

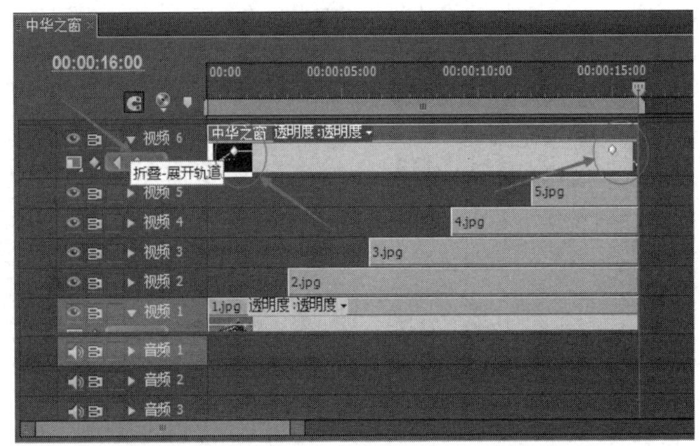

图 6-77 设置中华之窗文字的淡入淡出效果

（11）用同样的方法，为图片 1、图片 2、图片 3、图片 4 和图片 5 在 15 秒和 16 秒添加关键帧，在 16 秒将关键帧拖到最下面，这样 5 张图片的淡出效果就设置好了，如图 6-78 所示。

图 6-78 设置 5 张图片的淡出效果

（12）在项目窗口中导入音乐素材；将音乐素材从项目窗口中拖到时间线窗口的音频 1 轨道，设置播放指示器位置为“16 秒”，选择工具栏中的剃刀工具将音乐素材 16 秒以后剃除，使其与其他图片素材齐平；在音乐素材的“15 秒”和“16 秒”添加关键帧，在 16 秒将关键帧拖到最下面，这样音乐素材的淡出效果就设置好了，如图 6-79 所示。

图 6-79 设置音乐素材的淡出效果

（13）至此，中华之窗制作完成，在监视器窗口单击“播放-停止切换”按钮▶，再整体播放一遍，检查有没有编辑到位，如果没有编辑到位，就继续编辑，直到满意为止。继续选择菜单栏中的“文件”→“导出”→“媒体”命令，设置好相应的选项，导出即可。导出后的中华之窗最终效果如图 6-80 所示。

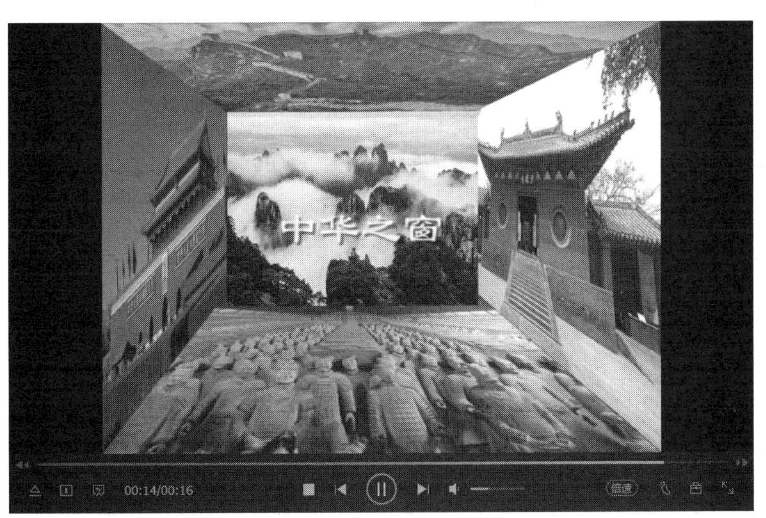

图 6-80 “中华之窗”最终效果

2. 制作现场播音主持画面

制作现场播音主持画面就是利用 Adobe Premiere Pro CS6 视频特效的键控等效果来更换播音主持的背景画面，使其像在正式演播厅现场播音主持一样。

（1）启动 Adobe Premiere Pro CS6 软件，在项目窗口中导入制作现场播音主持画面的所有素材，如图 6-81 所示。

（2）将视频素材从项目窗口中拖到时间线窗口的视频 1 轨道，按住 Alt 键，并单击音频 1 轨道的素材，按 Delete 键将其删除，只保留视频素材，这时在监视器窗口中的效果如图 6-82 所示。

图 6-81　导入所有素材到项目窗口中

图 6-82　在监视器窗口中的视频素材

（3）选择“效果”→“视频特效”→“键控”→“极致键”效果，并将“极致键”效果拖到视频素材上，设置特效控制台上“极致键”相应的参数，具体设置如图 6-83 所示；设置后的效果如图 6-84 所示。

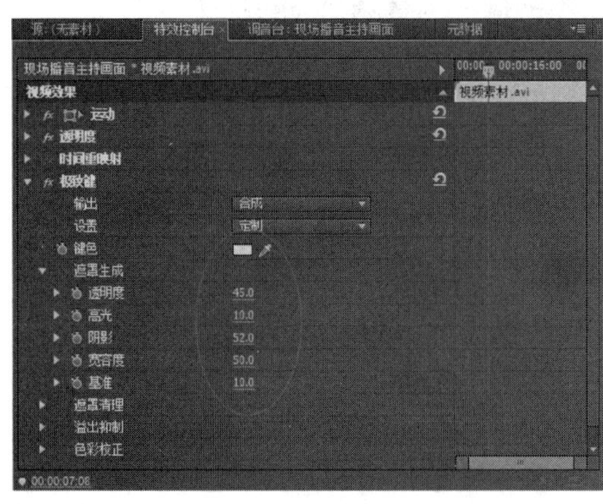

图 6-83　极致键参数的设置

图 6-84　添加极致键以后的视频效果

（4）用鼠标将视频素材移到视频 2 轨道，然后将演播室素材从项目窗口拖到时间线窗口的视频 1 轨道，并设置演播室素材的运动缩放比例为“132”，用选择工具将演播室素材拖至与视频素材齐平，使其播放时间长短一致，最终效果如图 6-85 所示。

图 6-85　添加演播室素材以后的效果

（5）将电视机素材从项目窗口中拖到时间线窗口的视频 3 轨道，并设置电视机素材的运动缩放比例为“36”，运动坐标位置为 226∶318；用选择工具将电视机素材拖至与视频素材齐平，用选择工具将电视机素材拖至与视频素材齐平，使其播放时间长短一致，最终效果如图 6-86 所示。

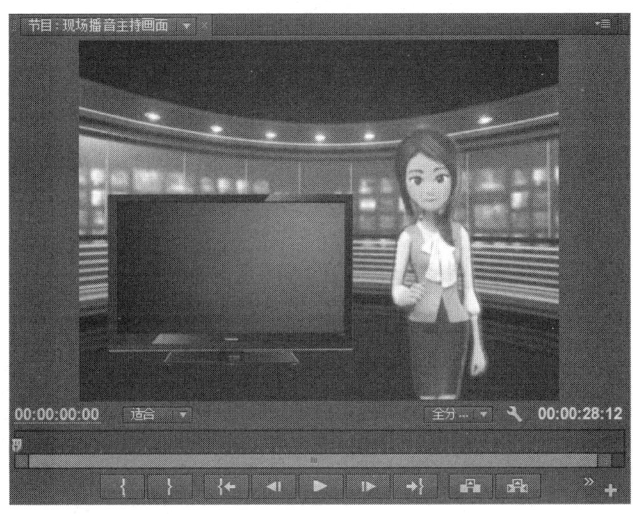

图 6-86　添加电视机素材以后的效果

（6）右击视频 3，在弹出的快捷菜单中选择“添加轨道”命令，添加 1 条视频轨道；分别将 6 张图片素材从项目窗口中拖到时间线窗口的视频 4 轨道，在特效控制台取消运动等比缩放的选择，并分别设置 6 张图片素材的运动缩放高度为 32，缩放宽度为 42，运动坐标位置为 226∶308，具体设置如图 6-87 所示；设置后的效果如图 6-88 所示。

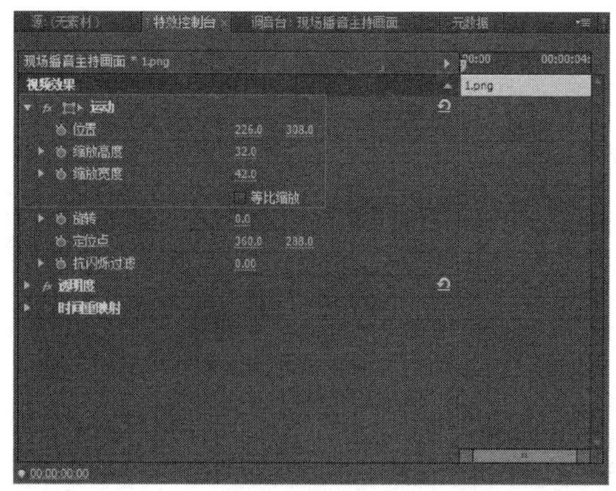

图 6-87　图片素材的运动效果设置

图 6-88　添加图片素材以后的效果

（7）设置播放指示器位置为“0 秒”，将声音素材从项目窗口中拖到时间线窗口的音频 1 轨道；在监视器窗口单击“播放-停止切换”按钮，再整体播放一遍，检查 6 张图片素材的显示时间是否与音频发声的时间一致，如果没有就分别调整持续时间，使其一致，直到满意为止。

（8）选择“效果”→“视频切换”→“擦除”→“渐变擦除”效果，并将“渐变擦除”效果分别拖到 6 张图片素材的首尾交接处，使其过渡自然，如图 6-89 所示。

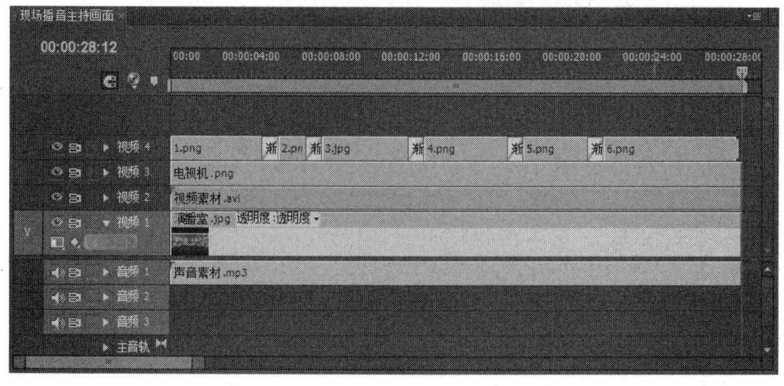

图 6-89　在时间线窗口中给 6 张图片添加渐变擦除效果

（9）至此，现场播音主持画面制作完成，在监视器窗口单击“播放-停止切换”按钮▶，再整体播放一遍，检查有没有编辑到位，如果没有编辑到位，就继续编辑，直到满意为止。继续选择菜单栏中的“文件”→“导出”→“媒体”命令，设置好相应的选项，导出即可。导出后的“现场播音主持画面”最终效果如图 6-90 所示。

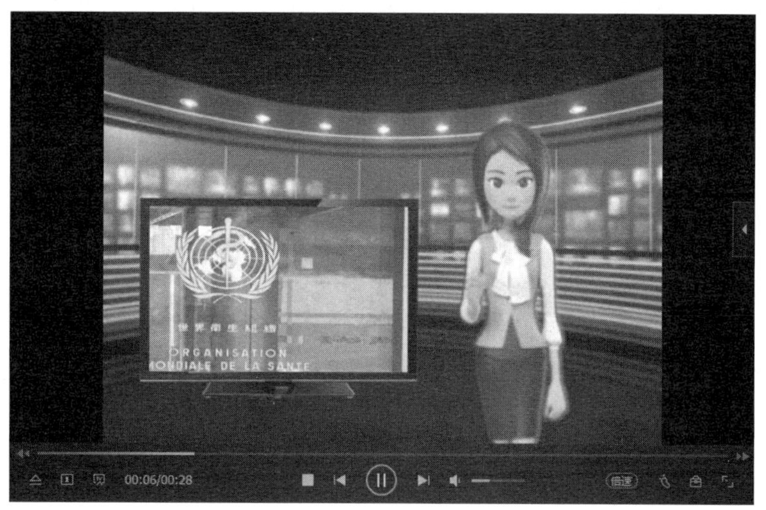

图 6-90 “现场播音主持画面”最终效果

3. 制作影视 MTV

制作影视 MTV 就是利用 Adobe Premiere Pro CS6 的视频特效，以及相关功能和技巧来制作像影视一样显示的动态效果。

（1）启动 Adobe Premiere Pro CS6 软件，在项目窗口中导入制作影视 MTV 的所有素材，在导入音符的过程中，会弹出“导入分层文件：音符”对话框，选择导入为“序列”项，如图 6-91 所示。

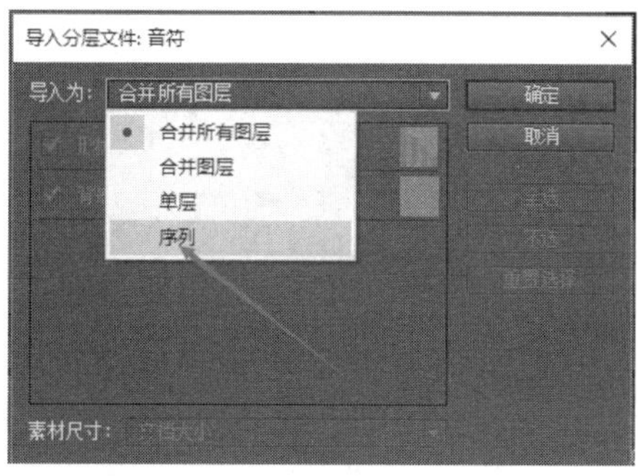

图 6-91 选择导入为“序列”项

（2）将《成都》视频素材从项目窗口中拖到时间线窗口的视频 1 轨道，按住 Alt 键，并单击音频 1 轨道的素材，按 Delete 键将其删除，只保留视频素材；选择视频素材，在播放指示器位置为 0 帧时，在特效控制台窗口中设置它的透明度为“0”；在播放指示器位置为 10 帧时，在特效控制台窗口中设置它的透明度为“100%”，这样《成都》视频素材的淡入效果就设置完成了，如图 6-92 所示。

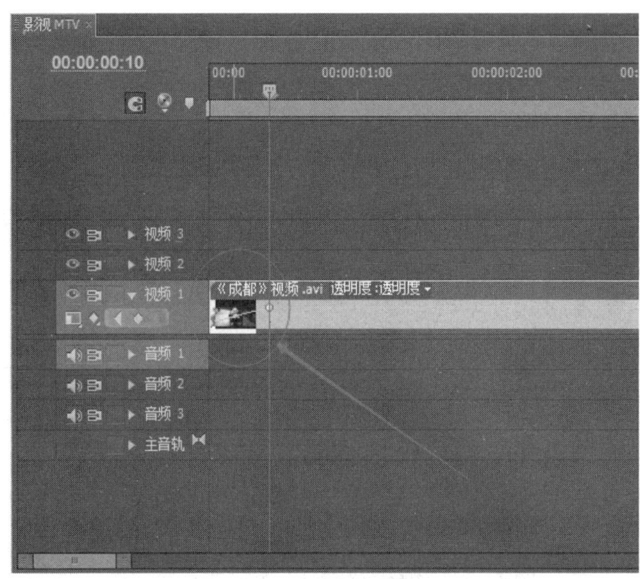

图 6-92　设置《成都》视频素材的淡入效果

（3）选择菜单栏中的“文件”→“新建”→“字幕”命令，弹出“新建字幕”对话框，设置字幕的名称为歌名，其他默认。

（4）选择字幕工具面板中的输入工具按钮，在字幕主窗口中输入文字“成都”，按回车键，再输入文字“演唱：赵雷”，然后用选择工具选中文字“成都”和“演唱：赵雷”，在字幕属性面板中设置字体为“Lisu”，颜色为 R=90，G=255，B=65，“成都”字号大小为“66”；“演唱：赵雷”字号大小为“45”，调整歌名到视频正下方合适的位置，如图 6-93 所示。

图 6-93　输入并设置歌名和演唱者

（5）在字幕主窗口的主属性栏中选择“基于当前字幕新建”，弹出“新建字幕”对话框，设置名称为歌词 1；选择字幕工具面板中的输入工具按钮，用输入工具选中字幕主窗口先前的文字，输入文字“和我在成都的街头走一走”，在主属性栏和字幕属性面板里设置字体为“STXingkai”，字号大小为“32.0”，颜色为“白色”，调整歌词 1 到视频正下方合适的位置，如图 6-94 所示。

图 6-94　输入并设置歌词 1

（6）用新建输入设置歌词 1 的方法，新建歌词 2、歌词 3、歌词 4、歌词 5、歌词 6、歌词 7 和歌词 8，新建歌词以后的项目窗口如图 6-95 所示。

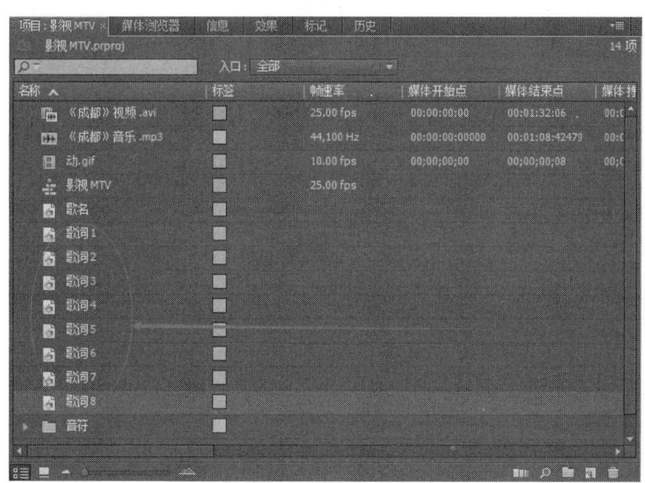

图 6-95　新建歌词后的项目窗口

（7）这时候项目窗口中的素材较多，为了便于操作，可以把歌词放进一个文件夹；在项目窗口的右下角单击“新建文件夹按钮”，并修改名称为“歌词”，把歌词 1～歌词 8 拖到文件夹“歌词”中，如图 6-96 所示；单击“歌词”文件夹左边的“三角形”，可以将所有的歌词收起或者展开，如图 6-97 所示。

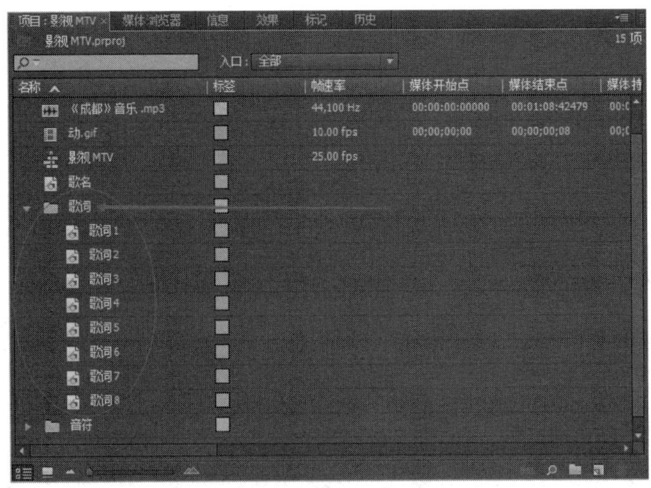

图 6-96 所有歌词在“歌词”文件夹中

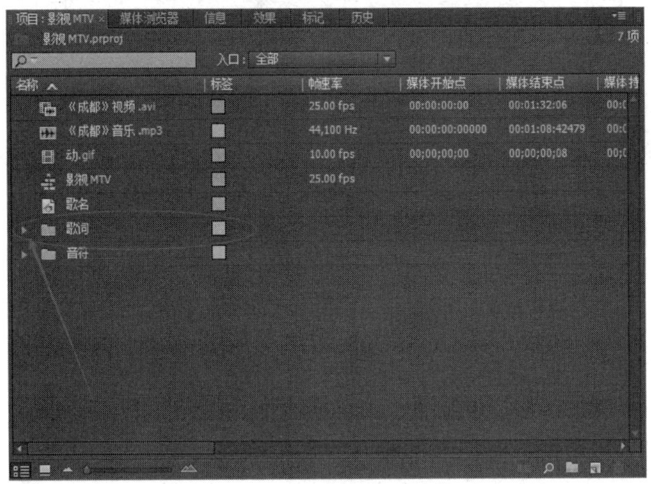

图 6-97 收起“歌词”文件夹

（8）在项目窗口的右下角单击“新建分项按钮”，在弹出的快捷菜单中选择“彩色蒙版”命令，如图 6-98 所示；弹出“新建彩色蒙版”对话框，如图 6-99 所示，如果不进行任何设置，单击“确定”按钮，则弹出“颜色拾取”对话框，设置“彩色蒙版”的颜色为 R=90，G=255，B=65，如图 6-100 所示，单击“确定”按钮；弹出“选择名称”对话框，设置名称为“彩色蒙版”，如图 6-101 所示，单击“确定”按钮。彩色蒙版新建设置完成。

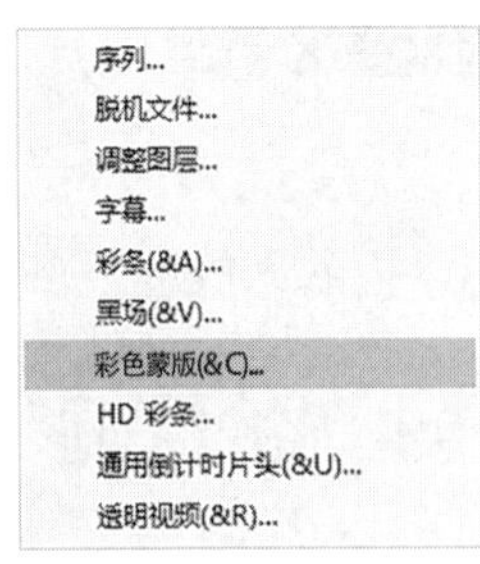

图 6-98 选择“彩色蒙版”命令

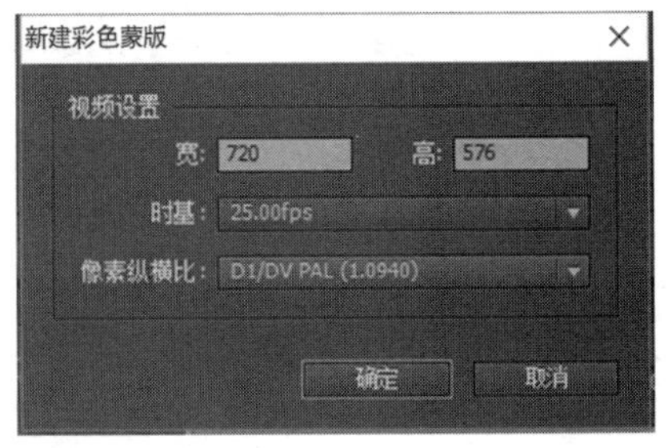

图 6-99 “新建彩色蒙版”对话框

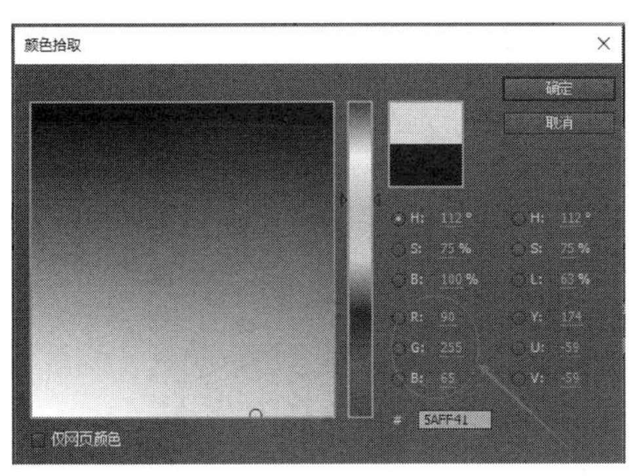

图 6-100　“颜色拾取”对话框

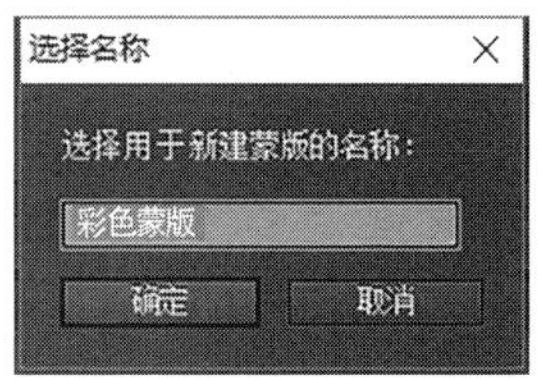

图 6-101　“选择名称”对话框

（9）设置播放指示器位置为“13 帧”，用鼠标将“动.gif”素材从项目窗口中拖到时间线窗口的视频 2 轨道，复制“动.gif”素材，将播放指示器拖到“动.gif”素材的尾部，单击视频 2 轨道，粘贴“动.gif”素材 4 次，粘贴后如图 6-102 所示。

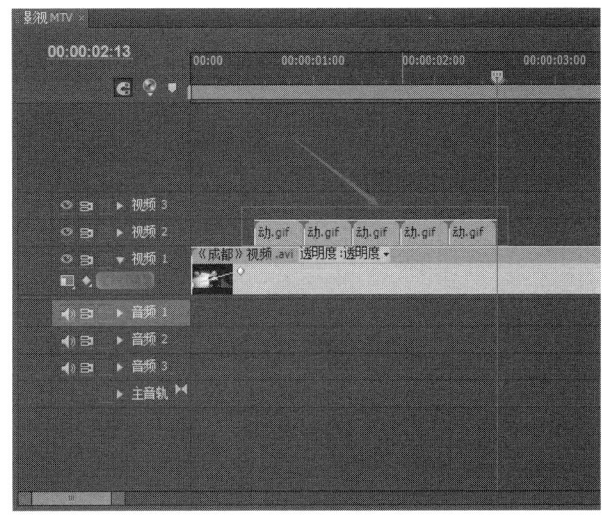

图 6-102　在视频 2 轨道复制并粘贴“动”素材

（10）设置播放指示器位置为“13 帧”，单击第 1 张“动.gif”素材，在特效控制台窗口中设置它的运动缩放比例为“300”；给运动位置添加关键帧，并设置第 1 张“动.gif”素材的坐标位置为 735∶492，设置播放指示器位置为“22 帧”，设置第 1 张“动.gif”素材的坐标位置为 570∶492，其他不变，设置后的效果如图 6-103 所示。

（11）设置播放指示器位置为“23 帧”，单击第 2 张“动.gif”素材，在特效控制台窗口中设置它的运动缩放比例为“300”；给运动位置添加关键帧，并设置第 2 张“动.gif”素材的坐标位置为 570∶492，设置播放指示器位置为“1 秒 07 帧”，设置第 2 张“动.gif”素材的坐标位置为 492∶492，其他不变。

（12）设置播放指示器位置为“1 秒 08 帧”，单击第 3 张“动.gif”素材，在特效控制台窗口中设置它的运动缩放比例为“300”；给运动位置添加关键帧，并设置第 3 张“动.gif”素材的坐标位置为 492∶492，设置播放指示器位置为“1 秒 17 帧”，设置第 3 张“动.gif”素材的坐标位置为 360∶492，其他不变。

图 6-103　设置第 1 张“动.gif”素材的缩放比例和坐标位置后的效果

（13）设置播放指示器位置为“1 秒 18 帧”，单击第 4 张“动.gif”素材，在特效控制台窗口中设置它的运动缩放比例为“300”；给运动位置添加关键帧，并设置第 4 张“动.gif”素材的坐标位置为 360∶492，设置播放指示器位置为“2 秒 02 帧”，设置第 4 张“动.gif”素材的坐标位置为 210∶492，其他不变。

（14）设置播放指示器位置为“2 秒 03 帧”，单击第 5 张“动.gif”素材，在特效控制台窗口中设置它的运动缩放比例为“300”；给运动位置添加关键帧，并设置第 5 张“动.gif”素材的坐标位置为 210∶492，设置播放指示器位置为“2 秒 12 帧”，设置第 5 张“动.gif”素材的坐标位置为 60∶492，其他不变。

（15）设置播放指示器位置为“13 帧”，从项目窗口中拖“歌名”素材到时间线窗口的视频 3 轨道，单击“歌名”素材，在特效控制台窗口中给运动位置添加关键帧，并设置歌名素材的坐标位置为 850∶288；设置播放指示器位置为“2 秒 12 帧”，在特效控制台窗口中设置“歌名”素材的坐标位置为 360∶288。在播放指示器位置为“3 秒 08 帧”时，在特效控制台窗口中给透明度添加关键帧；在播放指示器位置为“4 秒 15 帧”时，在特效控制台窗口中设置它的透明度为 0%，这样“歌名”素材的淡出效果就设置完成了，设置后的监视器窗口如图 6-104 所示。

图 6-104　“歌名”素材设置后的效果

（16）设置播放指示器位置为“16 秒 03 帧”，从项目窗口中拖“彩色蒙版”素材到时间线窗口的视频 2 轨道，并设置它的持续时间为“54 秒”；选择“效果”→“视频特效”→“通道”“设置遮罩”效果，并将“设置遮罩”效果拖到“彩色蒙版”上，这时在特效控制台窗口中选择“设置遮罩”→“从图层获取遮罩”→“视频 3”选项，其他默认，如图 6-105 所示。

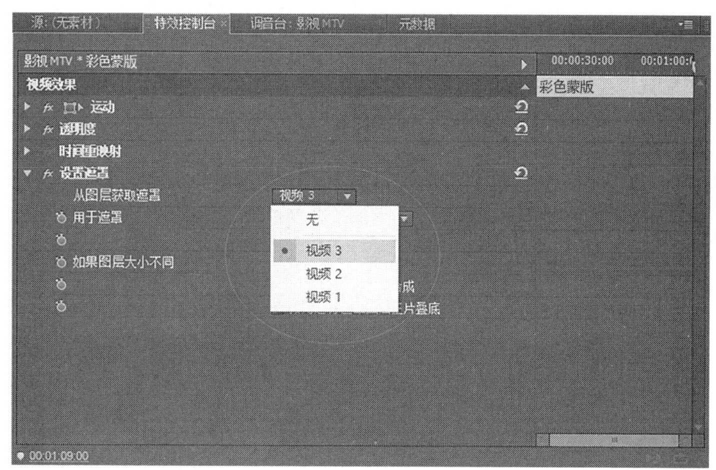

图 6-105 选择从视频 3 获取遮罩

（17）设置播放指示器位置为“0 秒”，从项目窗口中拖“《成都》音乐.mp3”素材到时间线窗口的音频 1 轨道，如图 6-106 所示。

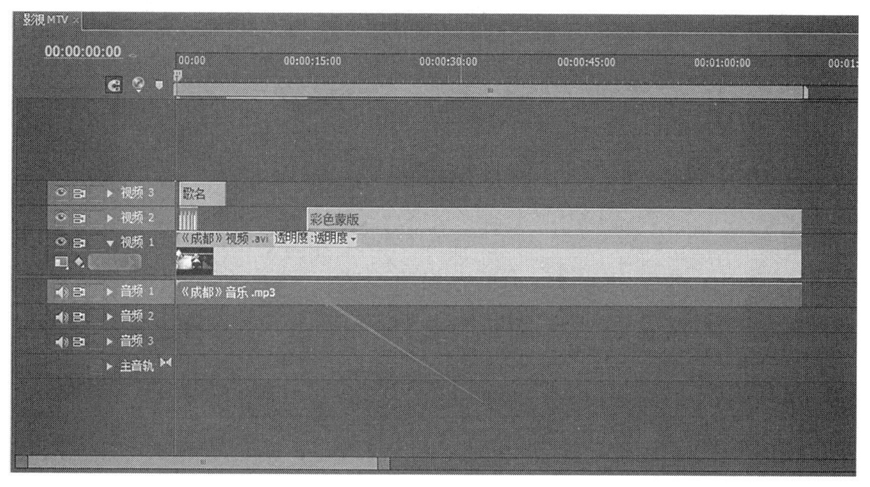

图 6-106 拖“《成都》音乐.mp3”素材到时间线窗口

（18）设置播放指示器位置为“14 秒 11 帧”，从项目窗口中拖“歌词 1”素材到时间线窗口的视频 3 轨道，并把“歌词 1”拖到播放指示器位置为“24 秒 07 帧”；选择“效果”→“视频特效”→“变换”→“裁剪”效果，并将“裁剪”效果拖到“歌词 1”上；设置播放指示器位置为“16 秒 19 帧”，在特效控制台窗口中给左侧裁剪添加关键帧，并设置左侧裁剪为“22.0%”，如图 6-107 所示；在播放指示器位置为“21 秒 16 帧”时，设置左侧裁剪为 79%，设置后的效果如图 6-108 所示。

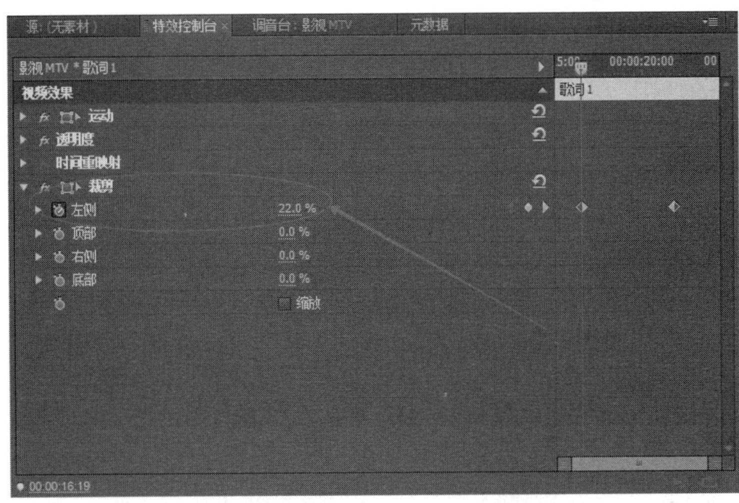

图 6-107 给“歌词 1”设置左侧裁剪

图 6-108 “歌词 1”设置左侧裁剪后的效果

（19）在裁剪歌词的过程中还可以根据音乐现场播放来确定时间节点，比如当过门结束，歌词马上要出现时“暂停”，就可以添加“左侧裁剪”，并设置参数，然后在该句歌词结束时暂停，再设置“左侧裁剪”，并设置参数。注意，第一次设置左侧裁剪参数原则上刚好有一点蒙版颜色就可以，第二次裁剪参数是歌词刚好被蒙版颜色覆盖就可以；在裁剪过程中根据歌词的长短用选择工具拖长或者压短歌词，使其跟音乐一致，歌词之间一定不要有空隙，否则只显示蒙版颜色，不显示视频画面。

（20）后面的歌词裁剪方法和歌词 1 一样，只是时间节点不同，如图 6-109 所示。

（21）右击视频 3，在弹出的快捷菜单中选择“添加轨道”命令，添加 1 条视频轨道；设置播放指示器位置为“14 秒 11 帧”，从项目窗口中拖“形状 4/音符”素材到时间线窗口的视频 4 轨道，在特效控制台窗口中设置运动缩放比例为“7”，选择“效果”→“视频特效”→“变换”→“裁剪”效果，并将“裁剪”效果拖到“形状 4/音符”上，在特效控制台窗口中给左侧裁剪添加关键帧，在播放指示器位置为“16 秒 03 帧”时，设置左侧裁剪为“90.0%”，如图 6-110 所示。

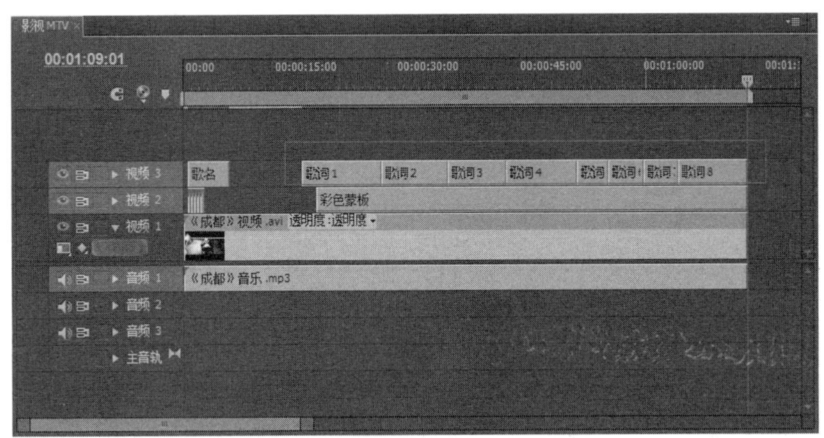

图 6-109　添加并设置所有歌词

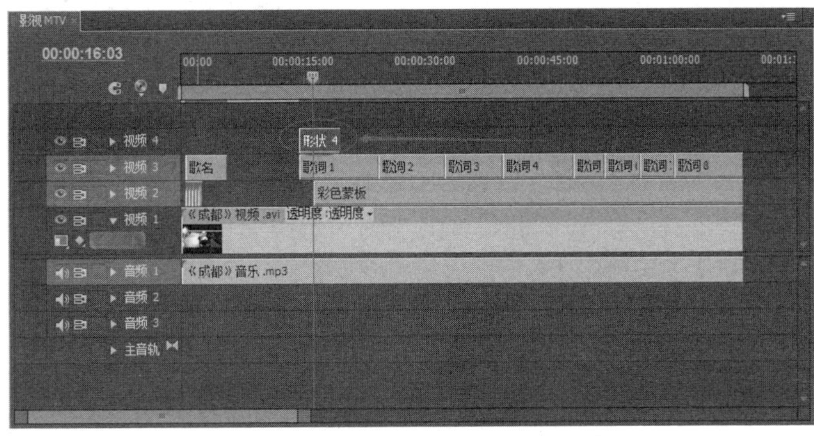

图 6-110　添加并设置“形状/音符”

（22）选择“《成都》音乐.mp3”素材，在播放指示器位置为“1 分 03 秒 15 帧”时，设置特效控制台窗口中的音量级别为“6.0 dB”，在播放指示器位置为“1 分 08 秒 09 帧”时，设置特效控制台窗口中的音量级别为“0.0 dB”，这样“《成都》音乐.mp3”素材的淡出效果就设置完成了，如图 6-111 所示。

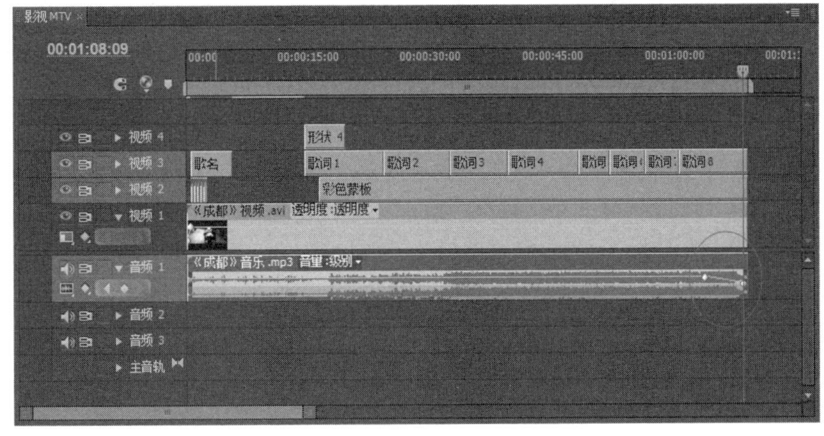

图 6-111　设置音乐素材的淡出效果

（23）至此，影视 MTV 制作完成，在监视器窗口单击“播放-停止切换”按钮▶，再整体播放一遍，检查有没有编辑到位，如果没有编辑到位，就继续编辑，直到满意为止。继续选择菜单栏中的“文件”→“导出”→“媒体”，设置好相应的选项，导出即可。导出后的影视 MTV 最终效果如图 6-112 所示。

图 6-112　“影视 MTV”最终效果

思考与练习

1. 常见的视频播放软件有哪些？各有什么特点？
2. 什么是模拟视频？模拟视频的特点和类型是什么？
3. 什么是电视信号？电视信号包含了哪些重要信息？
4. 什么是隔行扫描？什么是逐行扫描？举例说明各自的应用领域。
5. 阐述电视制式的概念，并列举出几种常见的电视制式。
6. 什么是数字视频，如何将模拟视频转换成数字视频？
7. 阐述视频卡的基本功能。
8. 阐述数字视频的文件格式有哪些？
9. 视频编辑软件 Adobe Premiere Pro CS6 的界面由哪些组成？各有什么功能？
10. Adobe Premiere Pro CS6 的字幕工作区由哪些组成？各有什么功能？
11. 至少选择 10 张图片和 20 种视频切换效果制作画中画视频切换效果。
12. 制作 10～1 的倒计时。
13. 选择合适的素材，制作一部完整的影视 MTV。

第 7 章　数字媒体光盘刻录与封面设计

数字媒体作品设计制作好以后，通过刻录到相应的光盘保存，可以达到便携、长久、可靠的效果。而数字媒体光盘刻录好以后，新颖、独特、抢眼的数字媒体光盘封面设计可以让我们在众多光盘中轻松找到所需要的光盘。所以数字媒体光盘的刻录与封面设计是数字媒体制作技术最后，也是比较重要的一步。

7.1 数字媒体光盘刻录

光盘的刻录主要靠光盘刻录机完成，刻录机是利用大功率激光将数据以“平地”或“坑洼”的形式烧写在光盘上的。数字媒体光盘刻录就是将数字媒体数据刻录到光盘中。

数字媒体的最终成品输出方式有两种：一是创建视频文件，可以根据自己的需要输出不同格式的视频文件，这些视频文件可以通过计算机的视频播放器播放出来；二是创建光盘，可以创建 DVD、VCD、SVCD 等不同格式的光盘，这些光盘可以在家庭的普通影碟机上播放，也可以在装有相应光驱的计算机上播放，从而实现在电视、计算机上观赏自己的作品。要创建数字媒体光盘，其先决条件是计算机要装有光盘刻录机，这样才能进行刻录。

7.1.1 光盘刻录机

光盘刻录机是一种数据写入设备，利用激光将数据写到空光盘上从而实现数据的储存，其写入过程可以看作普通光驱读取光盘的逆过程。要使用好光盘刻录机就要先了解它的基本原理、技术数据、性能选购和发展史等相关内容。

1. 基本原理

在刻入数据时，利用高功率的激光束反射到盘片，使盘片上发生变化，模拟出二进制数据 0 和 1，其所对应的就是光盘上的 Pits（凹点）和 Lands（平面）。

所有的 Pits 都有着相同的深度与长度。一个 Pits 大约半微米宽，大概就是 500 粒氢原子的长度。而一张 CD 光盘上大约有 28 亿个这样的 Pits。当激光映射到盘片上时，如果是照在 Lands 上，那么就会有 70%～80%的激光被反射回；如果照在 Pits 上，就无法反射回激光。根据反射和无反射的情况，光盘驱动器就可以解读 0 和 1 的数字编码了。

常见的普通光盘是用激光读取盘片上的不同凹坑，由于反射的角度与时间不同，判断 0 或 1 的数据。CD-R 可实现一次写入多次读取，它是在普通的 CD 盘片中加了一层染色层，光盘刻录机的激光头所发出的光束强度可以随时变化，这样就能改变碟片染料层的状态。激光根据数据的不同，在空白的 CD 盘片上烧出可供读取的反光点，数据也就被记录。CD-RW 可实现多次写入多次读取，它的原理与 CD-R 基本相同，只是染色层变成可改写的，不像 CD-R 用烧制这种破坏性办法。利用染料层的结晶/非结晶过程是一种可逆反应，实现碟片内的资料可以反复擦写。但是由于染色层是相变的，它的反光信号只有普通 CD 的 20%，所以 CD-RW 并不是所有的 CD-ROM 驱动器都可以读取。

每台 CD-R/RW 都内建有缓存区（Cache Buffer），是作为将资料写入光碟的暂存区。它的主要作用是在刻录机将资料刻入碟片前，先把资料暂存在缓存区中，再从缓存区中将资料稳定地刻入光碟中。使用缓存区可以避免资料流程的不稳定性（如暂存器欠载），并提高刻录质量。缓存区的大小是衡量刻录机性能的重要参数之一，缓存区越大，刻录的失败率就越小。

2. 技术数据

（1）CD+/-R（CD+/-Recordable）。

CD-R 采用一次写入技术，刻入数据时，利用高功率的激光束反射至 CD-R 盘片，使盘片上的介质层发生化学变化，模拟出二进制数据 0 和 1 的差别，把数据正确地存储在光盘上，可以被几乎所有 CD-ROM 读出和使用。由于化学变化产生的质的改变，盘片数据不能再释放空间重复写入。

（2）CD+/-RW（CD+/-ReWritable）。

CD-RW 则采用先进的相变（Phase Change）技术，刻录数据时，高功率的激光束反射到 CD-RW 盘片的特殊介质，产生结晶和非结晶两种状态，并通过激光束的照射，介质层可以在这两种状态中相互转换，达到多次重复写入的目的。更准确地说，CD-RW 应该叫可擦写光盘刻录机。与 CD-R 不同的是，受 CD-RW 盘片介质材料的限制，它对激光头的反射率只有 20%，远低于 CD-ROM 和 CD-R 的 70%和 65%，而且只有具有 Mulitread 功能的 CD-ROM 才能读出刻录的数据。但它对 CD-R 盘片的兼容性，使得应用范围比 CD-R 刻录机要大得多，况且 24 速以上的 CD-ROM 基本已支持 Mulitread 功能。

（3）DVD+R（DVD+Recordable）。

DVD+R 是一种一次性写入并可永久读取的盘片，是应用最广泛的 DVD 刻录盘片标准，定位于消费类电子产品及计算机储存用途。

DVD+R（Digital Versatile Disc Recordable）是可写入光碟格式之一。单层标称容量为 4.7 GB，实际容量为 4.38 GB=4 482.625 MB=4 700 372 992 字节（共计 2 295 104 区段，每区段含有 2 048 字节）。双层标称容量为 8.5 GB，实际容量为 7.96 GB=8 152 MB=8 547 991 552 字节（共计 4 173 824 区段，每区段含有 2 048 字节）。

（4）DVD-R（DVD-Recordable）。

DVD-R 又称为可记录式 DVD，业界为了将其与 DVD+R 区分，把它定义为 Write once DVD（一次写入式 DVD）。DVD-R/RW 是先锋主推的 DVD 刻录格式，并得到了东芝、日立、NEC、三星及 DVD 论坛（DVD FORUM）的支持。不过，与 CD-R 不同的是 DVD-R 有两种类型，分别为作家型（Authoring）和通用型（General）。这两者在物理上的主要差异在于刻录激光的波长，所以需要各自专用的刻录机才可以对其写入。不过只要刻录完成，均可以在传统的 DVD 播放机上播放。

3. 性能选购

（1）读写速度。

读写速度是光盘刻录机性能的主要技术指标，包括数据的读取传输速率和数据的写入速度，理论上速度越快性能就越好，但由于技术的限制，光盘刻录机的写入速度远比它的

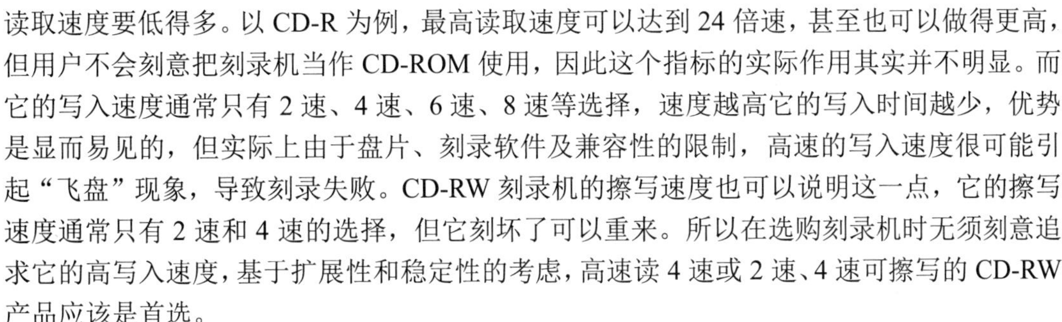

读取速度要低得多。以 CD-R 为例，最高读取速度可以达到 24 倍速，甚至也可以做得更高，但用户不会刻意把刻录机当作 CD-ROM 使用，因此这个指标的实际作用其实并不明显。而它的写入速度通常只有 2 速、4 速、6 速、8 速等选择，速度越高它的写入时间越少，优势是显而易见的，但实际上由于盘片、刻录软件及兼容性的限制，高速的写入速度很可能引起“飞盘”现象，导致刻录失败。CD-RW 刻录机的擦写速度也可以说明这一点，它的擦写速度通常只有 2 速和 4 速的选择，但它刻坏了可以重来。所以在选购刻录机时无须刻意追求它的高写入速度，基于扩展性和稳定性的考虑，高速读 4 速或 2 速、4 速可擦写的 CD-RW 产品应该是首选。

（2）接口方式。

光盘刻录机的接口一般有三种：SCSI 接口、IDE 接口和并口。SCSI 接口在 CPU 资源占用和数据传输的稳定性方面要好于其他两种接口，系统和软件对刻录过程的影响也低很多，因而它的刻录质量最好。但 SCSI 接口的刻录机价格较高，还必须另外购置 SCSI 接口卡，无形中也加大了成本的投入。IDE 接口的刻录机价格较低，兼容性较好，可以方便地使用主板的 IDE 设备接口，数据传输速度也不错，在实用性上要好于其他接口，但由于对系统和软件的依赖性较强，刻录质量要稍逊于 SCSI 接口的产品。并口有 SPP、EPP、ECP 三种模式，其中，EPP、ECP 为高速模式，在这两种状态下，刻录机能达到 6 速读 2 速写的要求，而 SPP 模式下只能达到 2 速读 1 速写，采用并口方式的刻录机除了 HP 公司的部分产品外，其余基本趋于淘汰，选购时须加以注意。

（3）放置方式和进盘方式。

光盘刻录机从外形上可以分为外置式和内置式两种，在相同的系统配置下，内置产品的价格较低，节约空间，多采用 IDE 接口或 SCSI 接口；外置产品则容易携带，散热性和密封性较好，采用 SCSI 接口或并口。同时外置产品拥有独立的电源，在稳定性上也要优于内置式产品。如果追求性能的话，外置 SCSI 接口的刻录机是较好的选择。在进盘方式方面有 Tary（托盘式）和 Caddy（卡匣式）两种，Tary 方式和普通的 CD-ROM 一样，利用刻录机的托盘进出仓，盘片放置和取出都较为方便，市场上见到的刻录机多采用这种进盘方式。Caddy 方式是把光盘片放在专用的卡匣中，再插入光盘刻录机中，盘片的密闭性和可靠性较好，即使刻录机垂直放置也可正常工作，刻录机的使用寿命也相对较长，但盘片更换较为烦琐。

（4）缓存容量。

缓存的大小是衡量光盘刻录机性能的重要技术指标之一，刻录时数据必须先写入缓存，刻录软件再从缓存区调用要刻录的数据，在刻录的同时后续的数据再写入缓存中，以保持要写入数据良好的组织和连续传输。如果后续数据没有及时写入缓冲区，那么传输中断会导致刻录失败。因而缓冲的容量越大，刻录的成功率就越高。市场上光盘刻录机的缓存容量一般在 512 KB～2 MB 之间，建议选择缓存容量较大的产品。

（5）Firmware 更新。

在光盘刻录机主电路板上的 Flash ROM 芯片，程序名称叫作 Firmware。其版本新旧可能会影响与硬件产品的兼容性或刻录软件的匹配性，导致整机性能不稳定或者某些功能无法使用，因而选择更新的 Firmware 版本，有利于提高刻录机的整体性能和使用效率。和主板 BIOS 的更新相同，更新的先决条件是产品须使用 Flash ROM，如果使用的是 EPROM 或

Mask ROM，就必须拆开刻录机的外壳，利用写入设备更新，非常不便。

（6）盘片兼容性。

盘片是刻录数据的载体，包括 CD-R 和 CD-RW 盘片。CD-R 盘片根据介质层分为金碟、绿碟和蓝碟三种。其中绿碟作为基本规范，兼容性较好；金碟是在绿碟的基础上改良而成的，兼容性更好；蓝碟的特点在于性价比比较高，最初在兼容性上颇有微词，但名牌产品基本改进了这一缺点。相对而言，CD-RW 的盘片选择就比较简单，因为碟片介质层的制造厂商不多，碟片性能也相差不大，所以与 CD-RW 刻录机的兼容性也较好。

（7）其他。

衡量一台刻录机的性能还包括许多方面。对 Audio CD、Photo CD、CD-I、CD-EXTRA 等多种光碟格式的支持有利于提高刻录碟片的兼容性，兼容 CD-UDF 格式，可以让刻录机在使用中拥有独立的盘符，像磁盘一样对刻录机进行操作，方便用户的使用。DAO（Disk-At-One）、TAO（Track At Once）、MS（Multi-Session）、PACKET WEITING 等多种刻录方式的支持，不仅可以轻松烧录数据、制作 CD，还支持一张 CD-R 盘片连续多次写入数据，保证盘片的最大使用率，等等。

4. 发展史

世界上第一台 DVD 光盘刻录机 DVD-RAM（DVD-Random Access Memory）是一种可擦写 DVD 光盘刻录机，这是由东芝、松下和日立三家联合推出的。该光盘刻录机使用了相变技术并融入了一些 MO 的特性，由于采用了相变技术，DVD-RAM 光盘刻录机是通过改变激光强度来对记录层进行加热，从而导致非晶体状态和晶体状态的转换，完成写入和擦除的操作。DVD-RAM 盘片的寿命相当长，具有读写方便的优点，但 DVD-RAM 不兼容 DVD 光驱和 DVD 播放机，未能成为 DVD 光盘刻录机发展的方向。因此促使了与 DVD-ROM 相兼容光盘刻录机的出现，这就是 DVD-R/RW 和 DVD+R/RW。随着 DVD-R/RW 和 DVD+R/RW 的不断成熟，DVD-RAM 的市场份额将被逐步压缩，濒临淘汰。

主流 DVD 光盘刻录机是 DVD-R/RW 和 DVD+R/RW，它们与 CD-R/RW 一样是在预刻沟槽中进行光盘刻录。不同的是，这个沟槽通过定制频率信号的调制而成为“抖动”形，被称作抖动沟槽。它的作用就是更加精确地控制转速，以帮助光盘刻录机准确掌握光盘刻录的时机，这与 CD-R/RW 光盘刻录机的工作原理是不一样的。另外，虽然 DVD-R/RW 和 DVD+R/RW 的物理格式是一样的，但由于 DVD+R/ RW 光盘刻录机使用高频抖动技术，所用的光线反射率也有很大差别，因此这两种光盘刻录机并不兼容。

7.1.2 数字媒体光盘刻录软件

光盘刻录机选购安装好以后，就需要安装数字媒体光盘刻录软件了。

目前，光盘刻录软件有很多，常用的有 Nero 刻录软件、光盘刻录大师、狸窝 DVD 光盘刻录软件、UltraISO 软碟通、ONES 刻录软件、烧狗刻录和 InfraRecorder 等。

1. Nero 刻录软件

Nero 刻录软件（Nero Essentials）是一款由德国 Ahead 公司开发设计的强大刻录软件，是全球应用最多的光介质媒体刻录软件。Nero 刻录软件免费版可以定制用户需要的 CD 或者 DVD，如资料 CD、音乐 CD、Video CD、DDCD 及 DVD 等。而这款软件很大一个特点

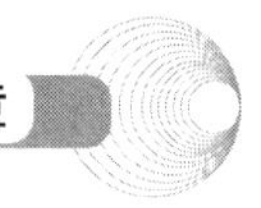

就是刻录的方式都是一样的，直接把资料拖入即可，是一种很人性化的操作，能够大大提高用户刻录的效率。

注意：Nero 10.X 版本会强制安装 ASK 工具条，且软件安装需要微软银光、vc 2008 等环境，安装过程需重启，因此建议普通用户选择相对更为稳定、无强制行为的 Nero 9。

2. 光盘刻录大师

光盘刻录大师是一款操作简单、功能强大的刻录软件，不仅涵盖了数据刻录、光盘备份与复制、影碟光盘制作、音乐光盘制作等大众功能，更配有音视频格式转换、音视频编辑、CD/DVD 音视频提取等多种媒体功能。

（1）“数据刻录”功能可以备份文件资料到 CD/DVD 光盘中，并且可以把这些数据制作成映像文件，还可以创建可引导标准数据的 CD/DVD 光盘，以备 CD/DVD 设备直接引导个人计算机的启动。

（2）“刻录音乐光盘”功能可以帮助用户轻松地将 MP3、WAV、WMA、AAC、AU、AIF、APE、VOC、FLAC、M4A、OGG 等主流音频格式文件刻录成为可以在汽车 CD 播放器、家用 VCD、家用 DVD 及个人计算机上播放的音乐光盘，同时还可以制作 BIN、APE、SVD 等常见格式的音乐光盘映像文件。也可以把用户喜欢的 MP3/WMA/ACC 音乐刻录到 CD/DVD 光盘中或保存成 ISO 格式的映像文件。

（3）“视频刻录”功能可以把用户喜欢的视频以高清和自动两种方式刻录在 CD/DVD 盘片上，以便在家用 VCD/DVD/SVCD 播放机上播放，让家人和好友与用户分享快乐。

（4）“制作光盘映像”功能可以帮助用户将音乐、数据、影视 CD/DVD、防复制的游戏光盘制作成为 ISO、BIN、APE、SVD 等格式的光盘映像文件，同时支持 SafeDisk、LaserLock、Securom、SecuromNew、Cd-Crops、Starforce、Tags、Cd-checks 的防复制游戏的光盘映像文件的制作。

（5）“刻录光盘映像”功能可以将 SVD、ISO、BIN、APE、NRG、CCD、IMG、DVD、MDS、MDF 等常用格式的光盘映像文件还原刻录到一张空白 CD/DVD 光盘中。

（6）“刻录 DVD 文件夹”功能可以将用户计算机上备份的包含 AUDIO_TS 和 VIDEO_TS 的 DVD 影片文件夹刻录成 DVD 光盘，以便在家用 DVD 机上播放。

3. 狸窝 DVD 光盘刻录软件

狸窝 DVD 刻录软件是一款集视频刻录、视频编辑等功能于一体的多功能光盘刻录软件。狸窝 DVD 刻录软件可以帮助用户把网上的视频，自己拍摄的视频制作成 DVD 光盘，方便和家人、朋友随时随地观看，并且狸窝 DVD 制作软件操作简单，就算是新手也可以使用这款刻录工具，帮助用户轻松搞定视频刻录光盘。

（1）直接添加视频，无须另外用转换器转换格式，软件会自动制作符合刻录的文件视频：rm、rmvb、3gp、mp4、avi、flv、f4v、mpg、vob、dat、wmv、asf、mod、mkv、dv、mov、ts、mts 等。

（2）视频编辑：视频片段截取、视频黑边剪切、视频画面效果调节、添加自己的水印、画面翻转 90°/180°。

（3）DVD 菜单制作：添加 DVD 背景图片、背景音乐、背景视频，当然也可以不设置菜单，刻录后会自动播放。

（4）支持制作 DVD 映像 ISO 文件，支持制式 PAL/NTSC 比例 16∶9 和 4∶3，支持

DVD 画质调节（压缩体积），显示输出体积，支持 DVD-5 单面单层 4.7 GB、DVD-9 单面双层 8.5 GB。

（5）支持光盘擦拭功能。

（6）支持加电影字幕。

4. UltraISO 软碟通

UltraISO 软碟通是一款功能强大而又方便实用的光盘映像文件制作/编辑/转换工具，它可以直接编辑 ISO 文件和从 ISO 中提取文件和目录，也可以从 CD-ROM 制作光盘映像或者将硬盘上的文件制作成 ISO 文件。同时，用户也可以处理 ISO 文件的启动信息，从而制作可引导光盘。使用 UltraISO，用户可以随心所欲地制作/编辑/转换光盘映像文件，配合光盘刻录软件烧录出自己所需要的光碟。

UltraISO 独有的智能化 ISO 文件格式分析器，可以处理目前几乎所有的光盘映像文件，包括 ISO、BIN、NRG、CIF 等，甚至可以支持新出现的光盘映像文件。使用 UltraISO，用户可以打开这些映像，直接提取其中的文件进行编辑并将这些格式的映像文件转换为标准的 ISO 格式。

UltraISO 采用双窗口统一用户界面，只需使用快捷按钮和鼠标拖放便可以轻松制作光盘映像文件。

5. ONES 刻录软件

ONES 刻录软件是一款专业的高品质数字光盘刻录软件，支持 CD-ROM、CD、视频文件、MP3、WMA 或 WAV 等。软件不仅体积小巧、占用内存少，操作简单便捷，而且用户在使用时选择界面中对应的功能即可，一般三步就能解决问题，可自动识别错误，而且功能全面，用户可以通过软件刻录多种格式的文件，轻松上手操作，为用户带来便捷的使用体验。

ONES 刻录软件使用了新的刻录引擎，引入了全新的模糊逻辑“选项检查”引擎，可以对用户输入的所有选项与设定进行检查，报告刻录时可能出现的问题。这样就降低了出错的概率，防止用户做出不合理的设定；使用动态用户界面，可以同时适应新手和高手；支持各种刻录格式，并支持 RAW 模式和直接复制；可以用 MP3、WMA、WAV 等格式创建音乐专辑；完全支持 CD Text、CD Extra、Pre-Gap、UPC 与 ISRC。

6. 烧狗刻录

烧狗刻录是一款专业刻录软件，可用于刻录数据光盘、音乐光盘、MP3 光盘、VCD、SVCD、DVD 影碟，并可进行所有类型的盘片复制及分析。支持所有的刻录机和 DVD/CD 盘片（包括所有蓝光盘片）；支持所有的 Windows 操作系统；能够进行数据追加刻录；支持多光驱同时刻录和定时刻录功能，且只有很少的安装文件。

7. InfraRecorder

InfraRecorder 是一款中规中矩的 CD/DVD 刻录软件，支持光盘刻录与 ISO 镜像制作；支持 ISO、Bin/CUE 镜像文件刻录；可将音乐 CD 抓轨为 WAV 等音乐文件；光盘对刻录支持飞盘、支持多轨道刻录、可进行封盘，支持双层 DVD、可选择超刻，可刻录 DVD-Video 光盘。软件使用界面为上下两部分的资源管理器形式，简单拖曳可完成刻录准备，同时它还提供了一个 Express 程序，可以向导方式开始刻录。

7.1.3 数字媒体光盘刻录软件的安装和使用

刻录软件远不止以上介绍的 7 种，下面以 Nero 9 刻录软件为例具体介绍软件的安装步骤和使用方法。

1. Nero 9 刻录软件安装步骤

（1）百度搜索 Nero 9，选择“Nero 9 9.4.26.2 精简安装版”，下载 Nero 9 安装包，双击“运行”，打开“安装向导”，如图 7-1 所示。

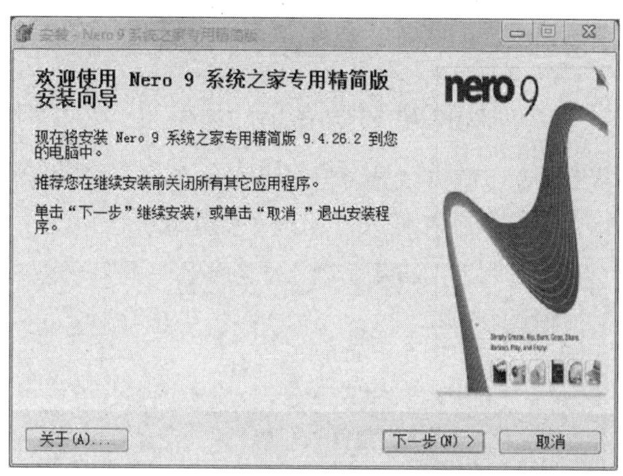

图 7-1 Nero 9“安装向导”界面

（2）单击“下一步”按钮，选择安装位置：默认安装在 C 盘目录下，可单击“浏览”自定义安装位置，如图 7-2 所示。

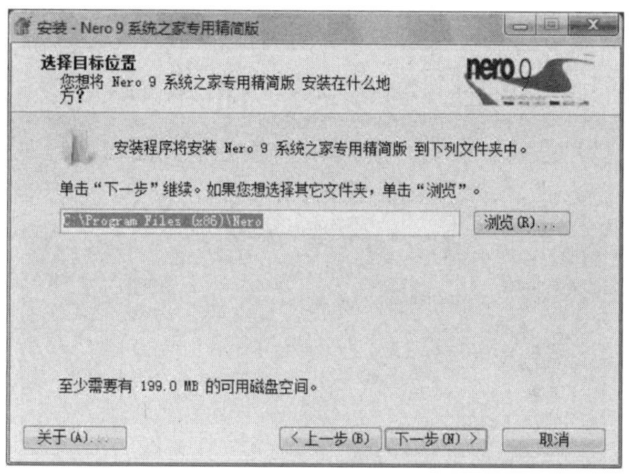

图 7-2 选择安装位置

（3）单击“下一步”按钮，打开“选择组件”界面，可根据自己的需求勾选需要的组件。为了以后方便使用，这里选择默认勾选安装，如图 7-3 所示。

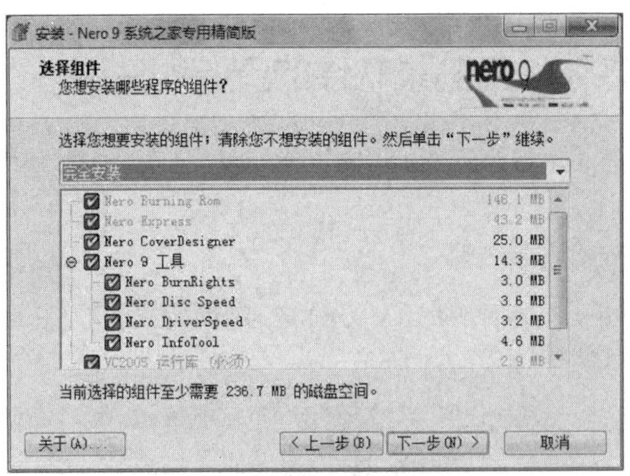

图 7-3　“选择组件”界面

（4）单击“下一步”按钮，打开“选择开始菜单文件夹”界面，可直接单击“下一步”按钮，也可单击“浏览”选择其他文件夹，如图 7-4 所示。

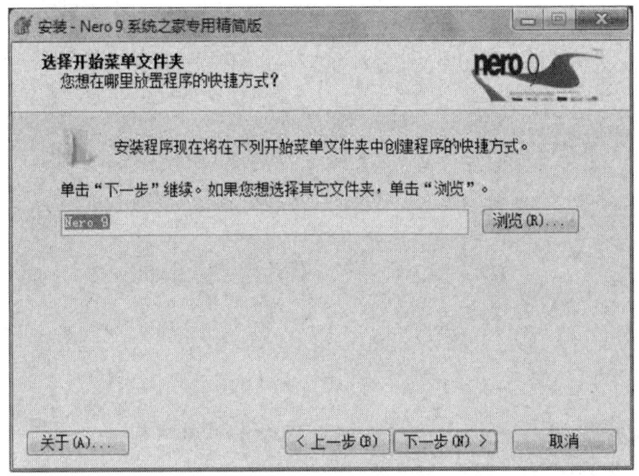

图 7-4　“选择开始菜单文件夹”界面

（5）单击“下一步”按钮，打开“选择附加任务”界面，选择是否创建桌面快捷方式或创建快速运行栏快捷方式，建议勾选“创建桌面快捷方式”复选框，如图 7-5 所示。

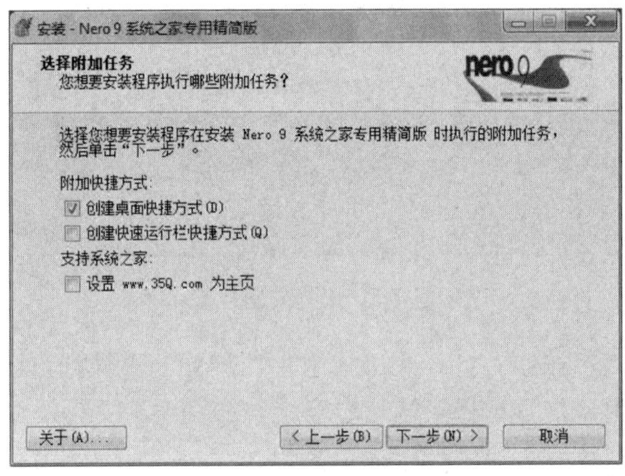

图 7-5　“选择附加任务”界面

（6）单击“下一步”按钮，进入“准备安装”界面，如图 7-6 所示。

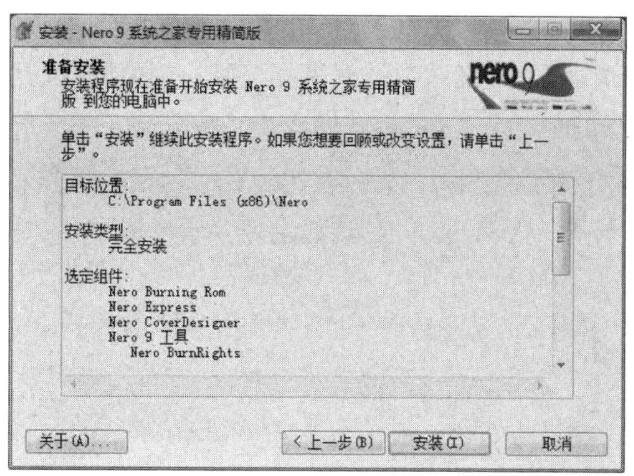

图 7-6　“准备安装”界面

（7）单击“安装”按钮，显示“正在安装”界面，耐心等待即可，如图 7-7 所示。

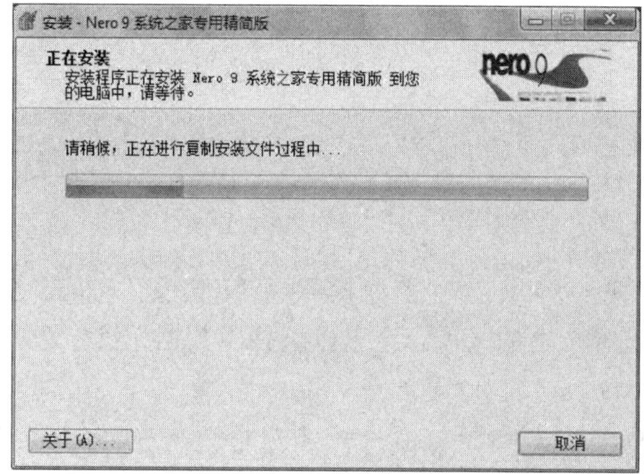

图 7-7　“正在安装”界面

（8）安装完成可看到如图 7-8 所示的界面，单击“完成”按钮退出安装向导即可。

图 7-8　安装完成

2. Nero 9 刻录软件使用方法

（1）使用 Nero 9 刻录 CD 数据光盘。

① 先将空白可刻录CD光盘插入与计算机连接好的刻录机，然后启动Nero 9刻录软件，进入主界面，如图 7-9 所示。

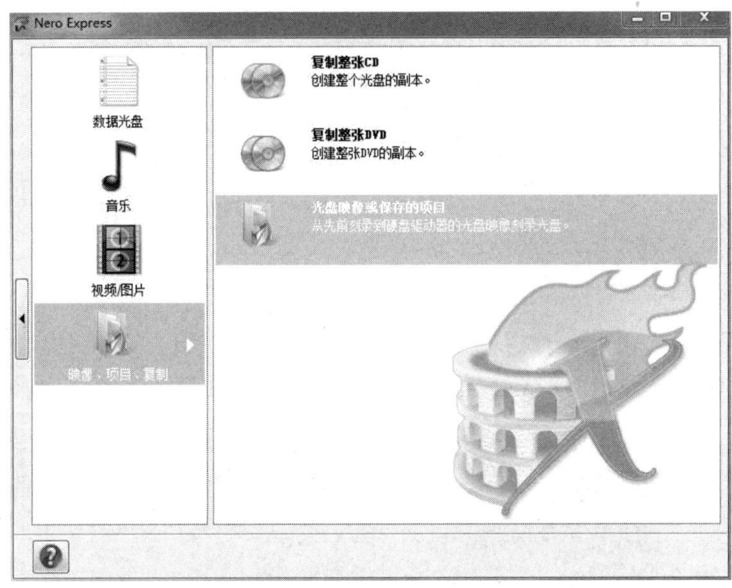

图 7-9　Nero 9 的主界面

② 可以看到“数据光盘”“音乐”“视频/图片”“映像、项目、复制”选项，用户可根据自己要刻录的需求选择合适的选项。这里以选择“数据光盘”选项为例介绍如何刻录，如图 7-10 所示。

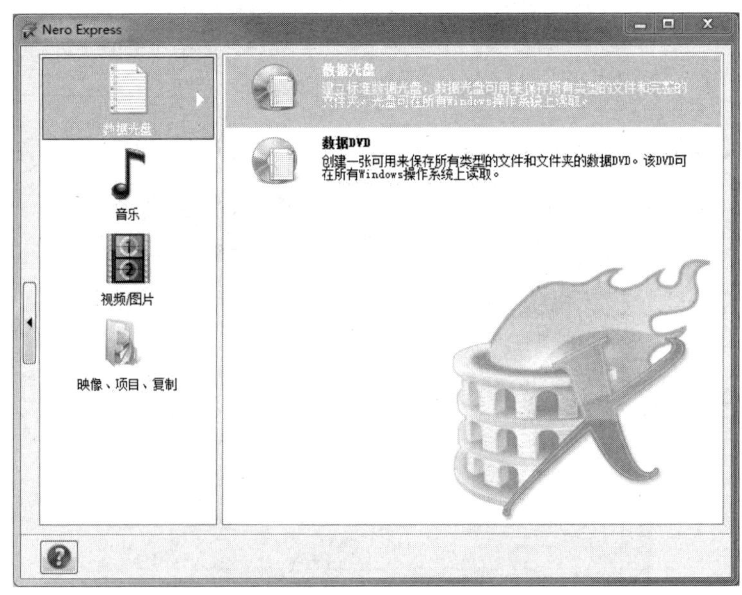

图 7-10　选择“数据光盘”选项

③ 单击右侧“添加”按钮将要刻录的数据文件添加到 Nero 中，如图 7-11 所示。

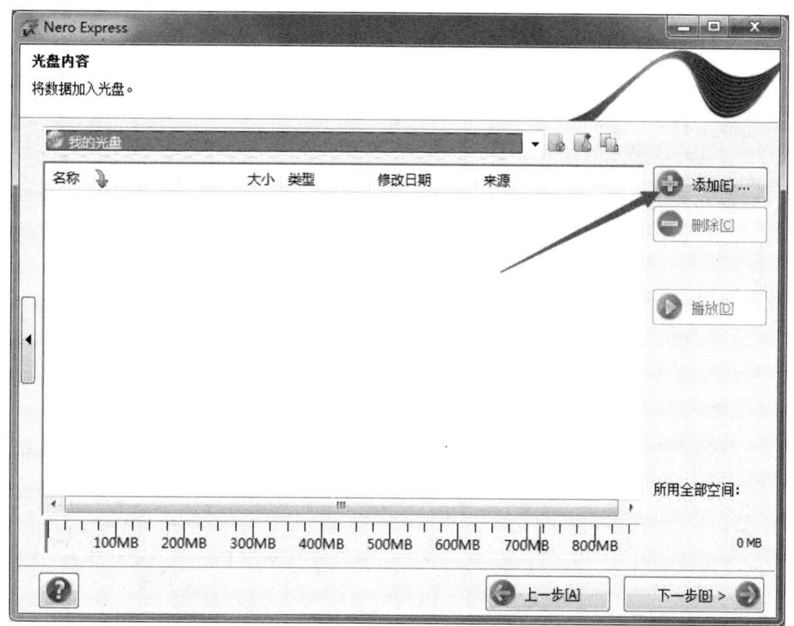

图 7-11　选择添加数据

④ 添加完成后单击界面下方“下一步”按钮继续。进入“最终刻录设置”界面，在这里可设置光盘参数，如图 7-12 所示。

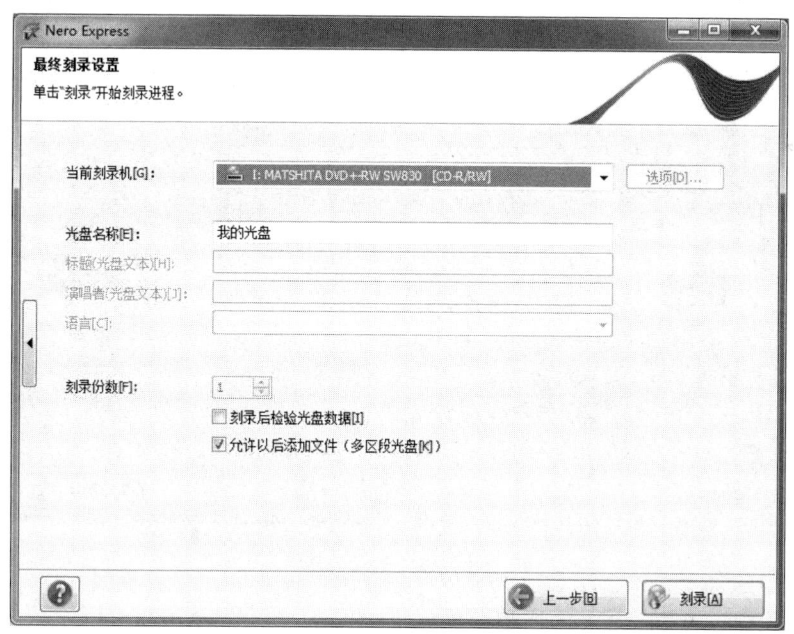

图 7-12　最终刻录设置

⑤ 设置完成后，单击“刻录”按钮，如图 7-13 所示，之后进行“数据验证”，等待刻录即可。

图 7-13　刻录过程

⑥ 刻录成功后系统盘自动弹出，同时界面弹出刻录完毕提示框，如图 7-14 所示。

图 7-14　刻录完毕

（2）使用 Nero 9 刻录 DVD 视频光盘。

① 先将空白可刻录 DVD 光盘插入与计算机连接好的刻录机，启动 Nero 9 刻录软件，如图 7-15 所示。

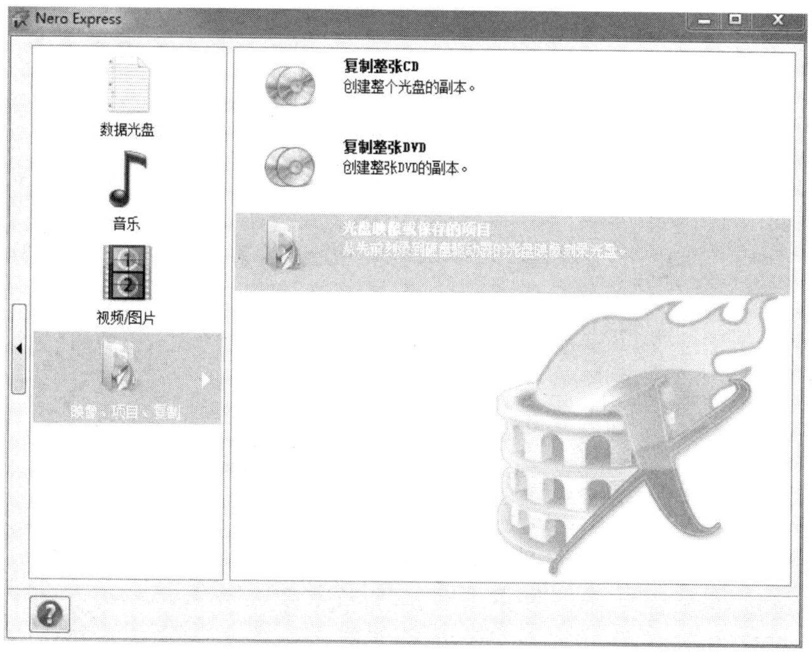

图 7-15　启动 Nero 9

② 单击“视频/图片”选项，然后选择右侧“Video CD”项，如图 7-16 所示。

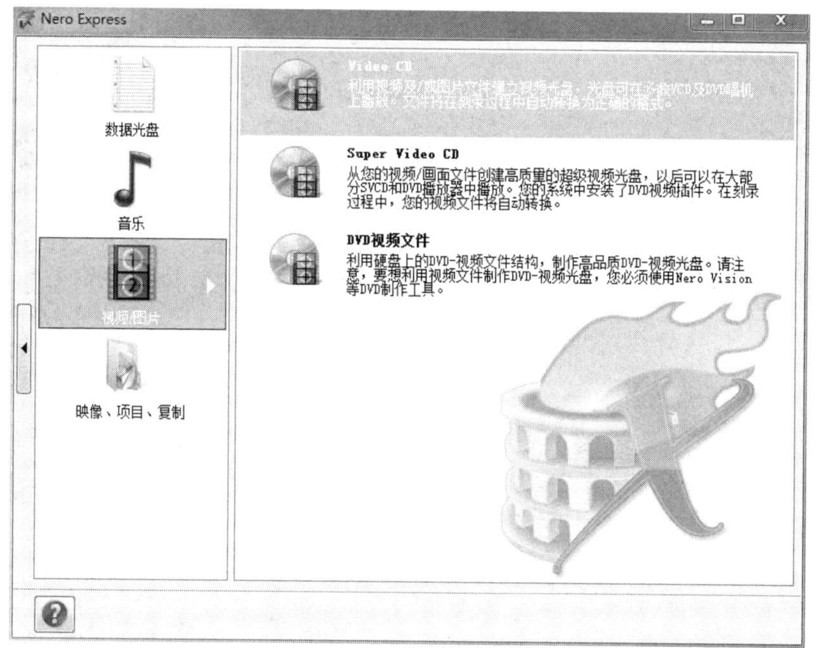

图 7-16　选择“Video CD”项

③ 添加视频文件，如图 7-17 所示（DVD 刻录支持的格式为.vob、.bup 等）。

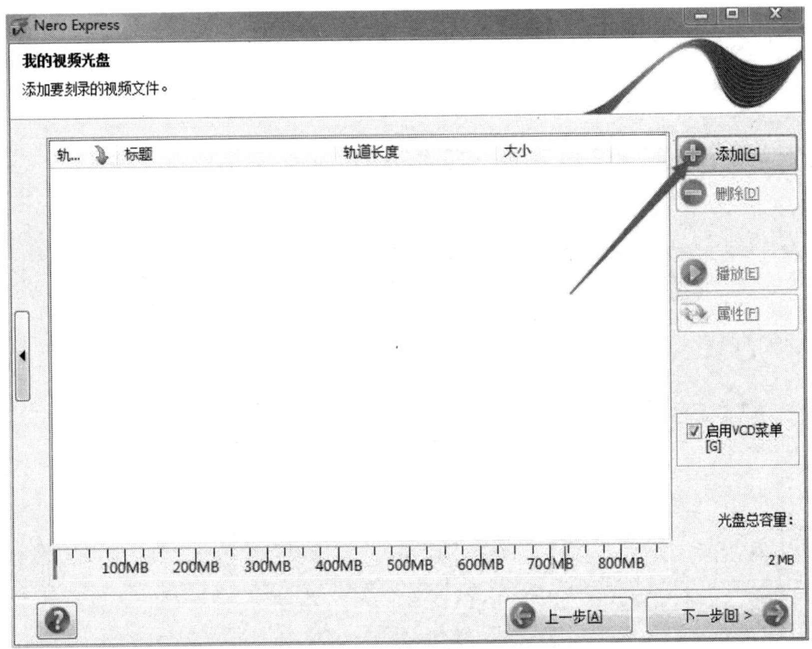

图 7-17　选择添加视频文件

④ 当然它也可以自动转换一些视频格式，如图 7-18 所示。

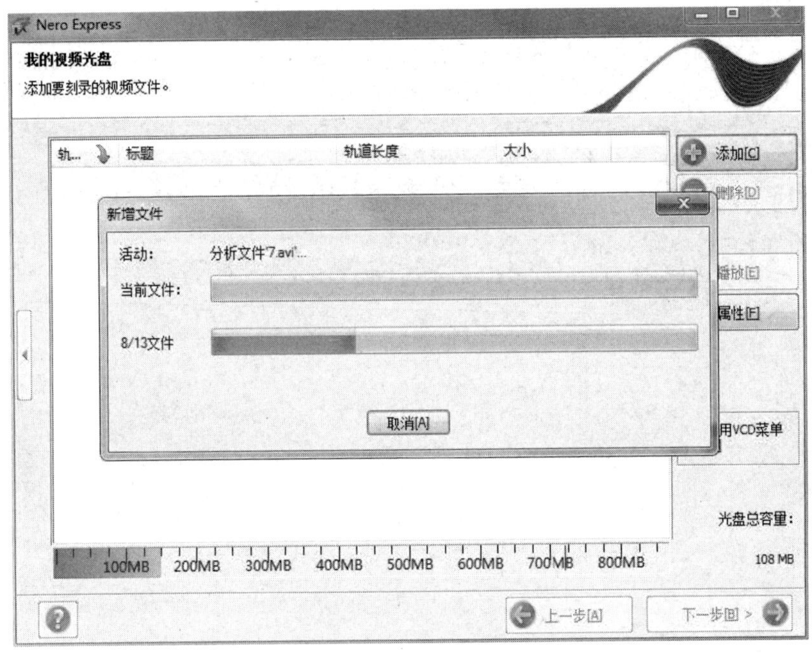

图 7-18　自动转化视频格式文件

⑤ 转换完以后，单击“下一步”按钮，进入“我的视频光盘”菜单，在这里可对布局、背景、文字内容进行修改，当然也可按默认设置，如图 7-19 所示。

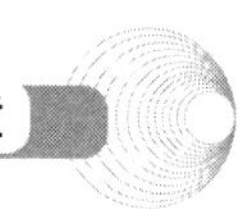

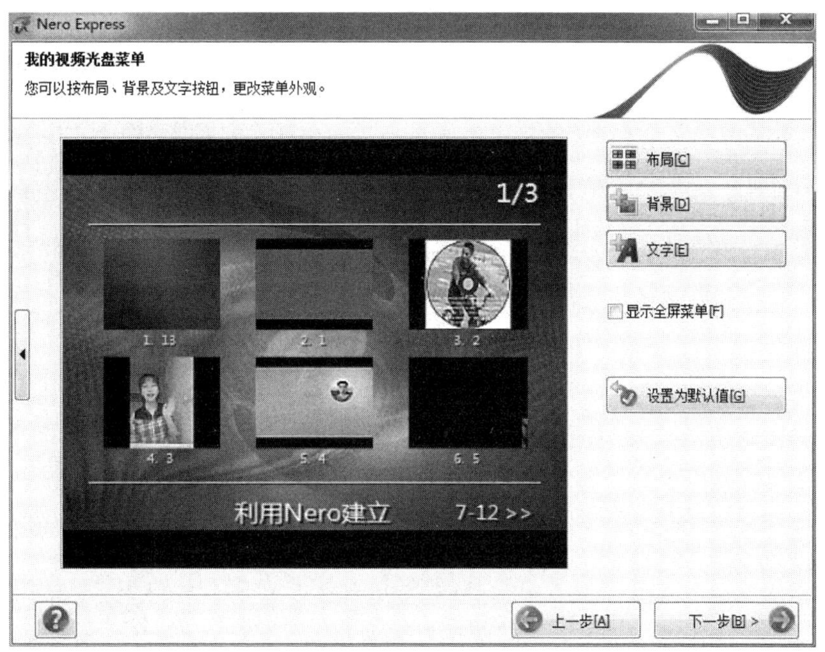

图 7-19　设置视频光盘菜单

⑥ 单击“下一步”按钮，进入“最终刻录设置”界面。设置好光盘名称、选择刻录机等内容，如图 7-20 所示。

图 7-20　最终刻录设置

⑦ 设置完成后，单击“刻录”按钮，如图 7-21 所示。之后进行“数据验证”，等待刻录即可。

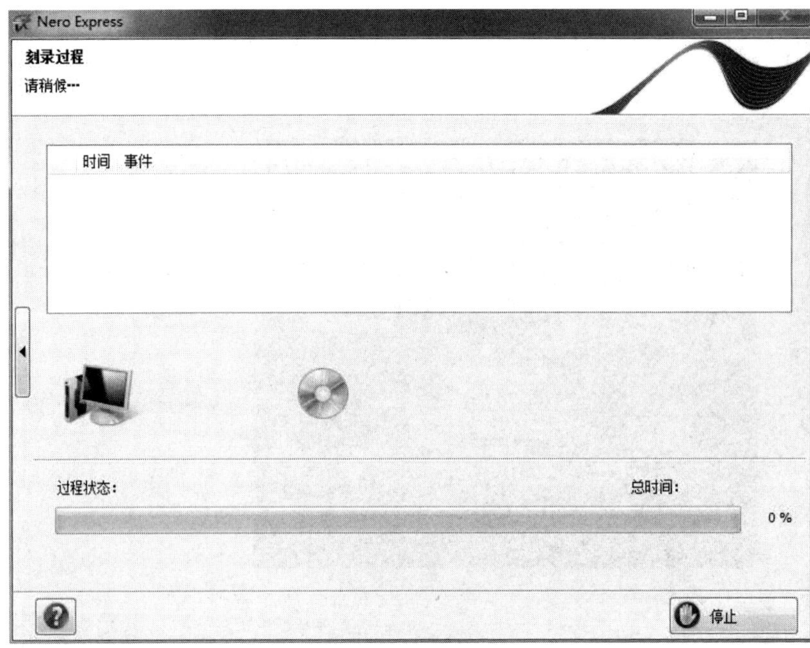

图 7-21 刻录过程

⑧ 刻录成功后系统盘自动弹出，同时界面弹出刻录完毕提示框，如图 7-22 所示。

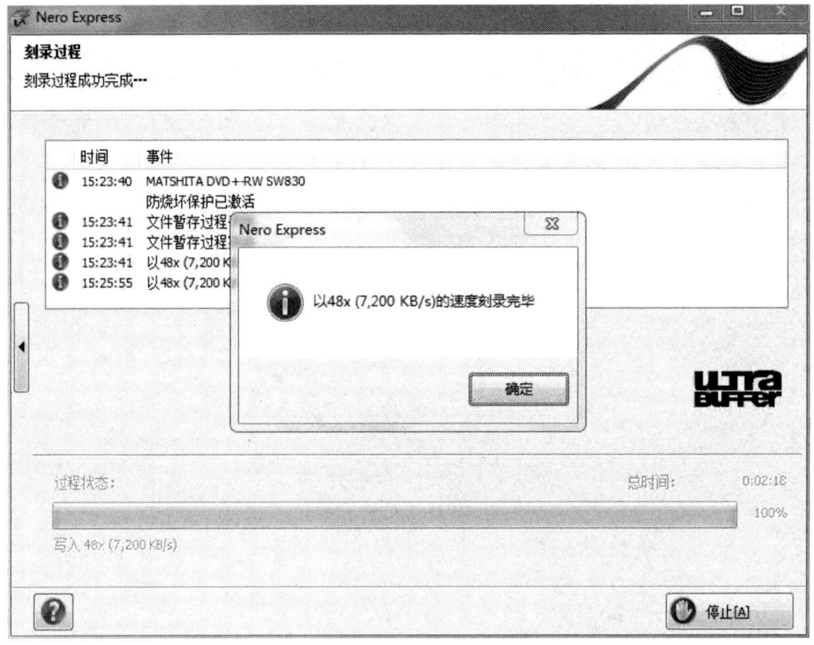

图 7-22 刻录完毕

（3）使用 Nero 9 复制整张 CD/DVD 光盘。

① 将原版盘插入普通激光驱动器，将空白可刻录光盘插入刻录机。启动 Nero 9 刻录软件，如图 7-23 所示。

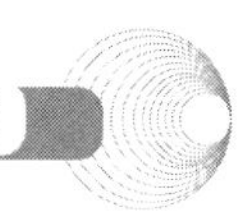

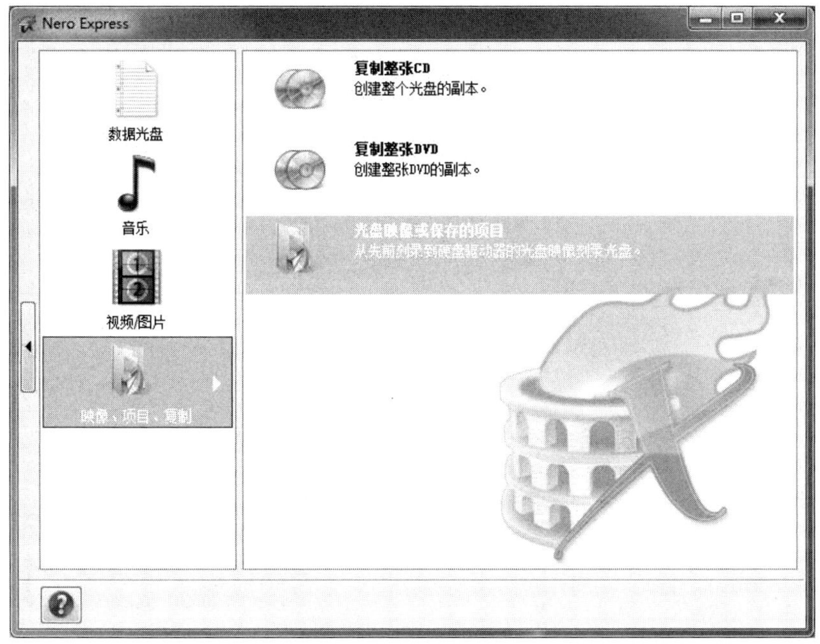

图 7-23 启动 Nero 9

② 选择并单击主界面左侧的“映像、项目、复制”选项，然后在右侧选择“复制整张 CD”或“复制整张 DVD”，这里选择“复制整张 DVD”，如图 7-24 所示。

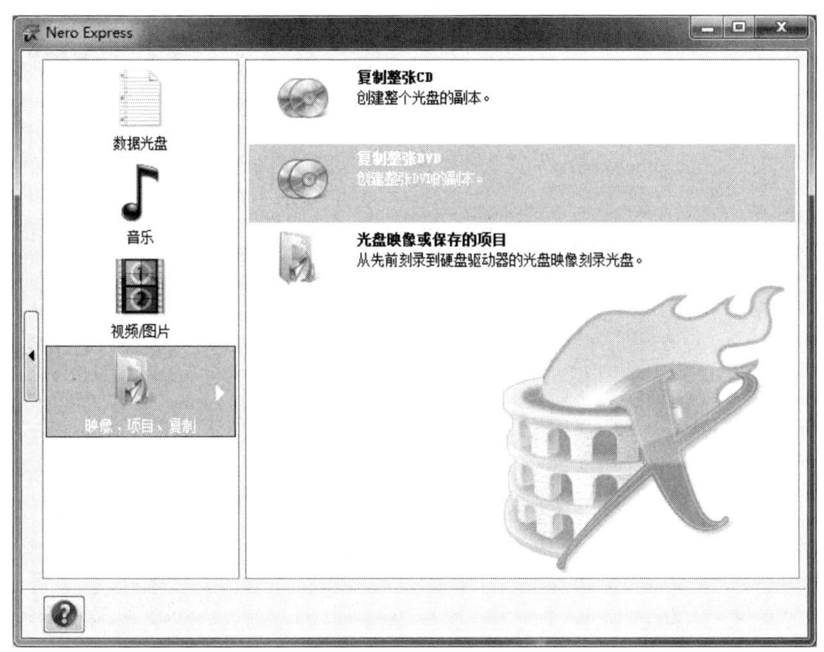

图 7-24 选择“复制整张 DVD”

③ 确定“源驱动器”栏的驱动器中是否有原版光盘，“目标驱动器”栏中的驱动器是否有空白可刻录光盘，选择写入速度和刻录份数，如图 7-25 所示。

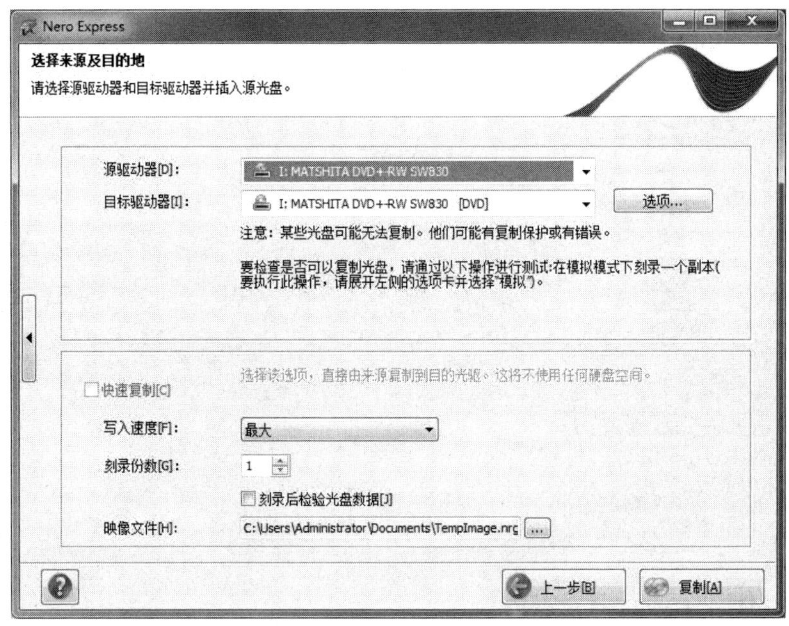

图 7-25　“选择来源及目的地”界面

④ 单击主界面右下角的“复制”按钮，在显示复制进程画面的同时，开始复制，如图 7-26 所示。

图 7-26　刻录过程

⑤ 复制成功后系统盘自动弹出，同时界面显示刻录完毕提示框，如图 7-27 所示。

图 7-27　刻录完毕

7.2　数字媒体光盘封面设计

光盘刻录或复制好以后，为了便于查找，就需要设计数字媒体光盘的封面。当前，有很多光盘的封面都是可打印的，所以只要设计好与数字媒体光盘内容相匹配的封面，配上兼容的打印机就可以完成数字媒体光盘封面的制作了。

数字媒体光盘封面设计是一门学问，需要一定的专业知识。但是，简单地设计具有自己独特风格的数字媒体光盘封面并不是难事，只需要了解一些基本的设计常识即可。

在设计数字媒体光盘封面时，一般应遵循以下原则。

（1）数字媒体作品的标题要醒目。

（2）选择的图片、文字要能体现数字媒体作品的核心内容。

（3）使用环境和数字媒体作品制作者的简要信息要有所体现。

下面使用 Word 和 Photoshop 两款软件来完成数字媒体光盘封面的设计。

7.2.1　使用 Word 设计数字媒体光盘封面

使用 Word 2016 设计数字媒体光盘封面，就是通过设置艺术字形状、阴影颜色和调整显示比例等操作来完成一张简单的光盘封面设计。

（1）准备好数字媒体光盘封面设计的素材。

（2）启动 Word 2016，选择菜单栏中的“插入”→“形状”→“基本形状”→“椭圆形”命令，如图 7-28 所示。

（3）按住 Shift 键，绘制 1 个圆，设置高度和宽度均为 12 厘米（光盘的直径一般为 12 厘米），如图 7-29 所示。

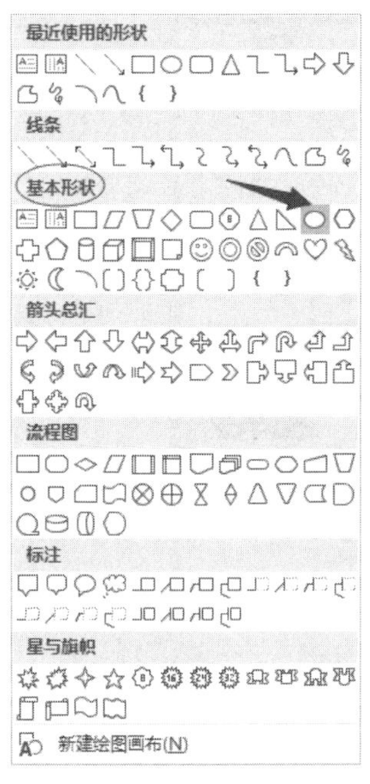

图 7-28　选择椭圆形

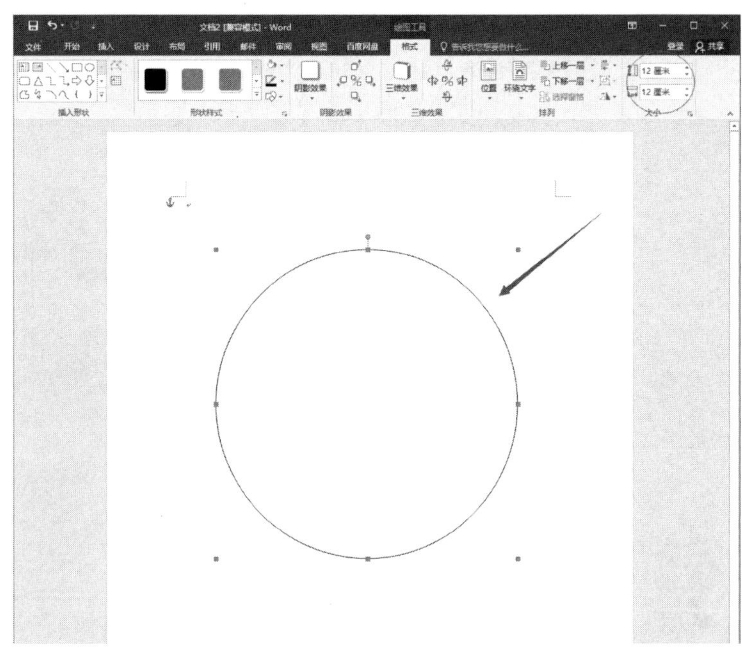

图 7-29　绘制 12 厘米×12 厘米的圆

（4）用同样的方法，绘制高度和宽度均为 3.5 厘米和高度和宽度均为 1.5 厘米的两个圆，同时选中 3 个圆，选择菜单栏中的“格式”→“排列”→“对齐”命令，将 3 个圆水平居中、垂直居中对齐，如图 7-30 所示。

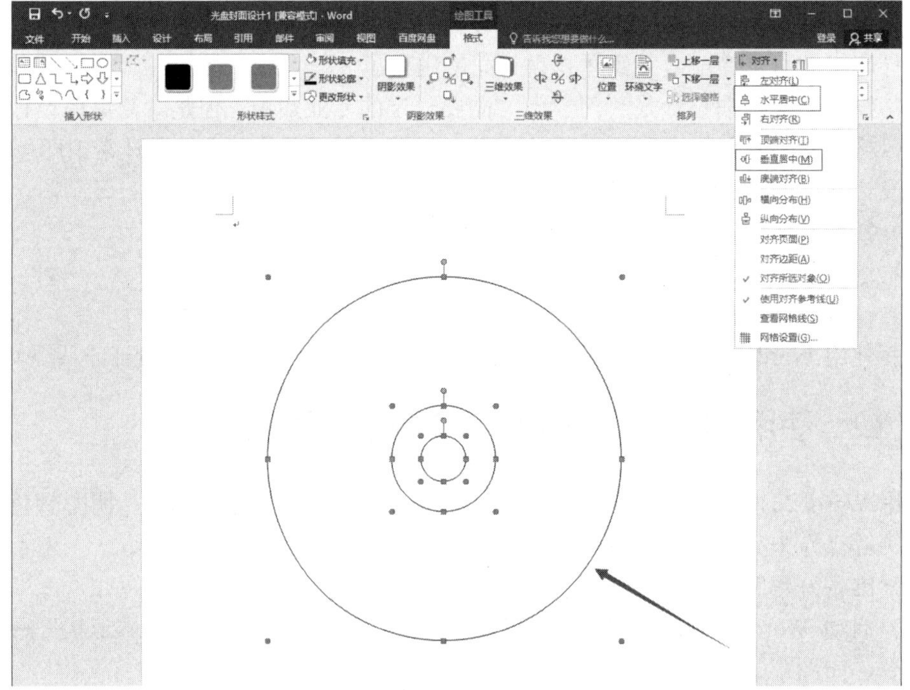

图 7-30　绘制并对齐 3 个圆

（5）选中最小的圆，选择菜单栏中的“格式”→“形状样式”→“形状轮廓”命令，将小圆的轮廓填充为“2 厘米的深绿色”，如图 7-31 所示；继续选择菜单栏中的“格式”→“形状样式”→“形状填充”命令，将小圆填充为“白色”（形状填充和轮廓填充相同）；右击小圆，在弹出的对话框中选择“叠放次序”→“置于顶层”，如图 7-32 所示。

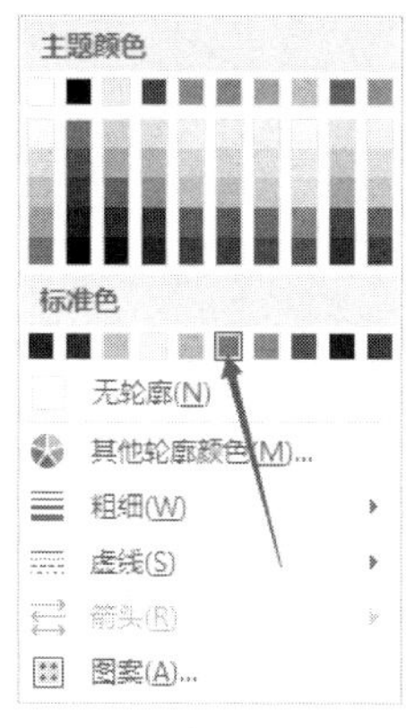

图 7-31　轮廓填充

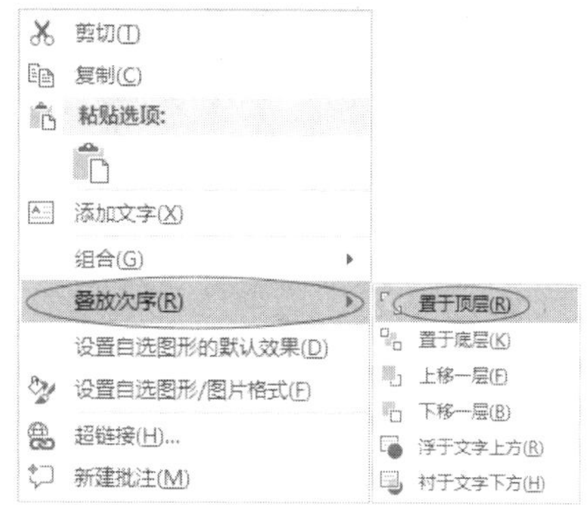

图 7-32　选择叠放次序

（6）用同样的方法，为中圆的轮廓填充为“3 厘米的深绿色”，形状填充为“纹理图案”，纹理选择如图 7-33 所示；为大圆的轮廓填充为“2 厘米的深绿色”，形状填充为先前准备好的图片。所有圆填充好以后的效果如图 7-34 所示。

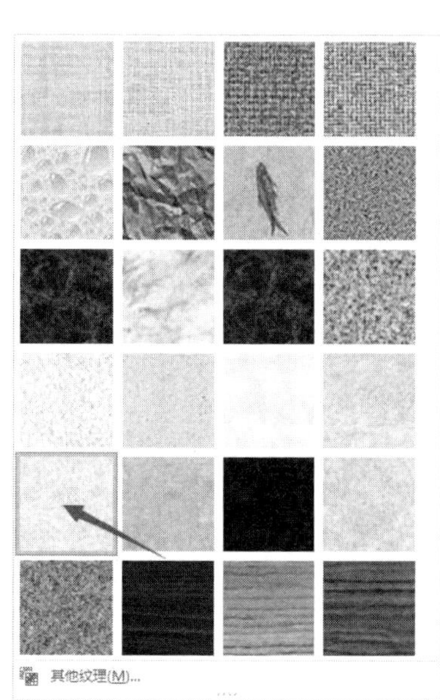

图 7-33　纹理选择

图 7-34　填充好的光盘效果

（7）选择菜单栏中的“插入”→“文本”→“艺术字”命令，选择“艺术字样式 11”，艺术字样式如图 7-35 所示；然后在“编辑艺术字文字”对话框中输入文字“数字媒体技术与应用综合教程”，设置字体为“隶书”，大小为“28”，如图 7-36 所示。

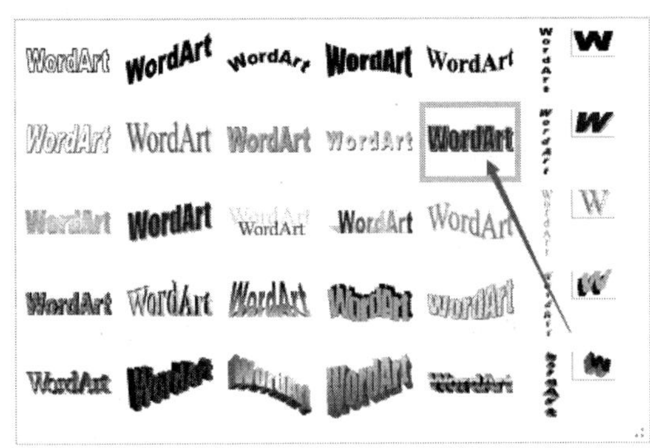

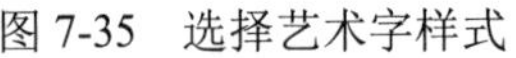
图 7-35　选择艺术字样式

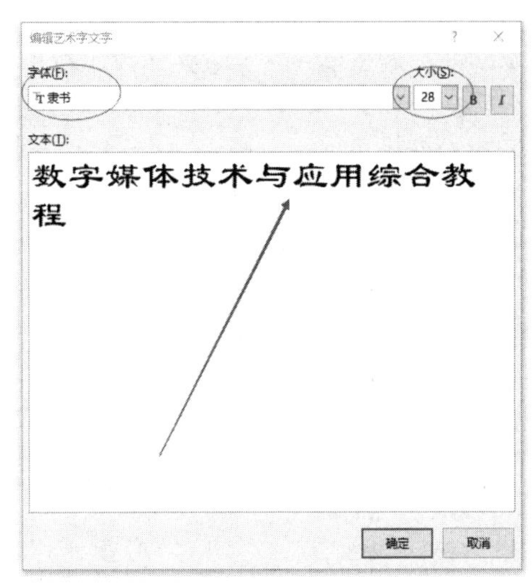

图 7-36　编辑艺术字文字

（8）选中文字，选择菜单栏中的“格式”→“艺术字样式”→“形状填充”命令，将字体形状填充为“白色”；继续选择菜单栏中的“格式”→“艺术字样式”→“形状轮廓”命令，将字体轮廓填充为“浅黄色”；再继续选择菜单栏中的“格式”→“阴影效果”→“阴影颜色”命令，如图 7-37 所示；将字体阴影填充为“深绿色”，如图 7-38 所示。

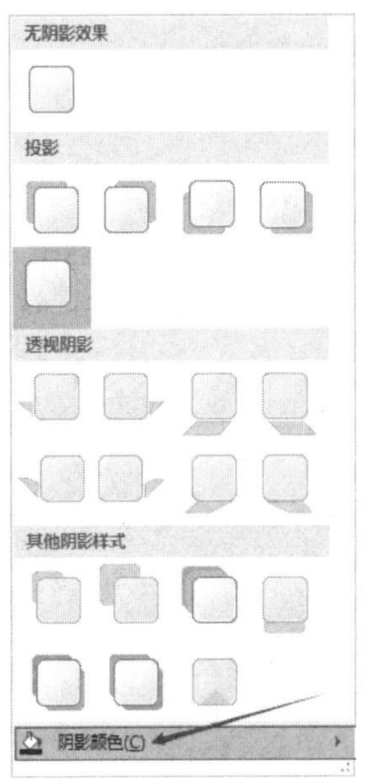

图 7-37　选择阴影颜色

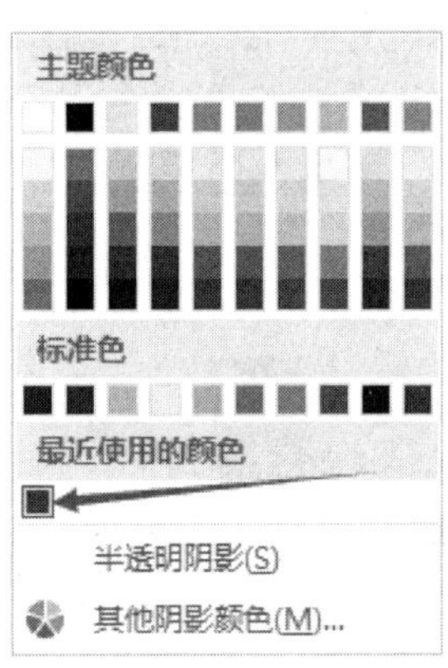

图 7-38　选择深绿色

（9）选中文字，选择菜单栏中的“布局”→“排列”→“环绕文字”→“浮于文字上方”命令，如图 7-39 所示，将文字置于图片上方。继续选择菜单栏中的“格式”→“艺术字样式”→“更改形状”→“跟随路径”→“细旋钮形”⊖命令，如图 7-40 所示。

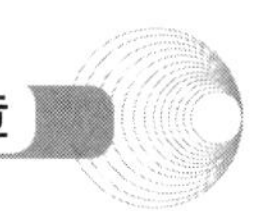

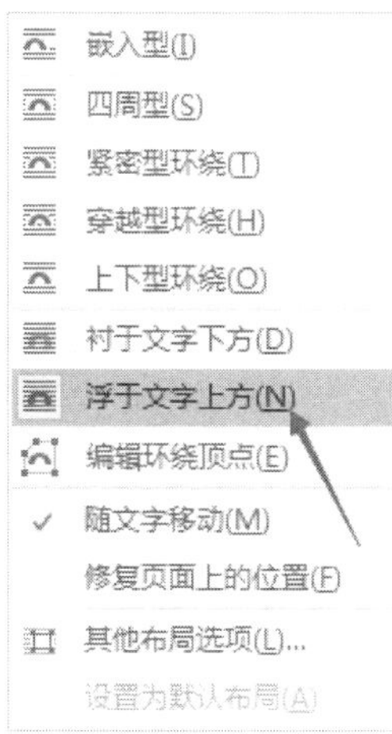

图 7-39　设置浮于文字上方

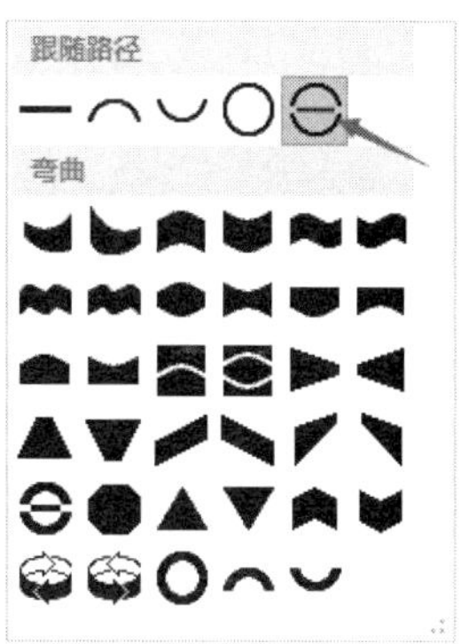

图 7-40　选择细旋钮形

（10）选择“细旋钮形”⊖以后，用鼠标选中细旋钮形下方的小灰块往下拉，并调整好弯曲弧度和方向，直到满意为止，调整好以后如图 7-41 所示。

图 7-41　用细旋钮形调整文字的弧度

（11）选择菜单栏中的“插入”→“文本”→“文本框”→“绘制文本框”命令，如图 7-42 所示；在光盘下方合适的位置输入字体为“黑体”，大小为“小四”，颜色为“黑色”的文字“某某出版社荣誉出品”，选择菜单栏中的“格式”→“文本框样式”→“形状填充”/“形状轮廓”命令，分别设置为“无填充颜色”/“无轮廓”；用同样的方法，在光盘左下方合适的位置输入竖排字体为“隶书”，大小为“五号”，颜色为“蓝色”的文字“理论与实践相结合，成就你多面手的梦想”，同样选择菜单栏中的“格式”→“文本框样式”→“形状填充”/“形状轮廓”命令，分别设置为“无填充颜色”/“无轮廓”，都设置好以后，最终效果如图 7-43 所示。

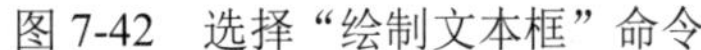

图 7-42　选择“绘制文本框”命令

图 7-43　Word 设计“数字媒体光盘封面”最终效果

（12）选中数字媒体光盘封面上所有的对象，右击，在弹出的对话框中选择“组合”，将所有的对象全部组合，最后存储为 Word 文档。

7.2.2 使用 Photoshop 设计数字媒体光盘封面

使用 Photoshop CC 设计数字媒体光盘封面，就是通过各种工具、图层样式和剪贴蒙版等操作来完成一张光盘封面设计。

（1）准备好数字媒体光盘封面设计的素材。

（2）启动 Photoshop CC，选择菜单栏中的“文件”→“新建”命令，弹出“新建”对话框，设置名称为“光盘”，单位为“厘米”，分辨率为“300”像素/英寸，颜色模式为“RGB 颜色”，如图 7-44 所示。

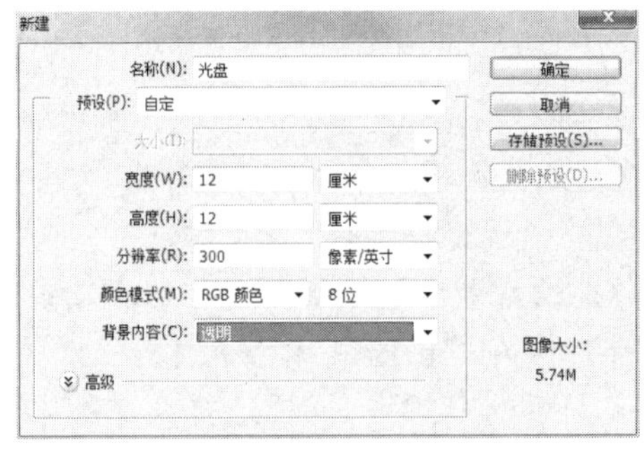

图 7-44　数字媒体光盘封面的参数设置

（3）设计 LOGO。选择菜单栏中的“视图”→“标尺”命令，把标尺调出来；选择工具箱中的套索工具组→多边形套索工具，在图像窗口中绘制一双抽象的手形；设置前景色为 R=11，G=75，B=190，选择工具箱中的渐变工具组→油漆桶工具，为抽象手形填充颜色，填充好以后如图 7-45 所示。

图 7-45　绘制并填充抽象手形

（4）按“Ctrl+D”组合键取消选择；选择工具箱中的文字工具组→横排文字工具，在选项栏中设置字体为“Arial Rounded MT Bold”，大小为“26 点”，在图像窗口中输入文字“@”，填充颜色和抽象手形相同，调整好合适的位置，如图 7-46 所示；隐藏背景图层，将文字层和抽象手形层合并，这样简单的 LOGO 就设计好了。隐藏 LOGO 图层。

图 7-46　输入并填充“@”

（5）双击 LOGO 图层，弹出“图层样式”对话框，选择“斜面和浮雕”样式，选择“浮雕效果”，其他设置不变，如图 7-47 所示。添加图层样式后的效果如图 7-48 所示。

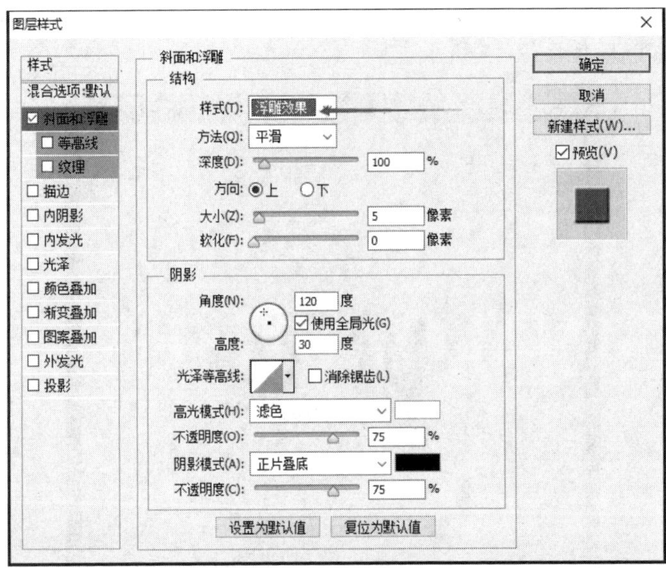

图 7-47　设置图层样式

图 7-48　添加图层样式后的效果

（6）绘制光盘。用鼠标拖两根参考线到图像窗口正中间，如图 7-49 所示。

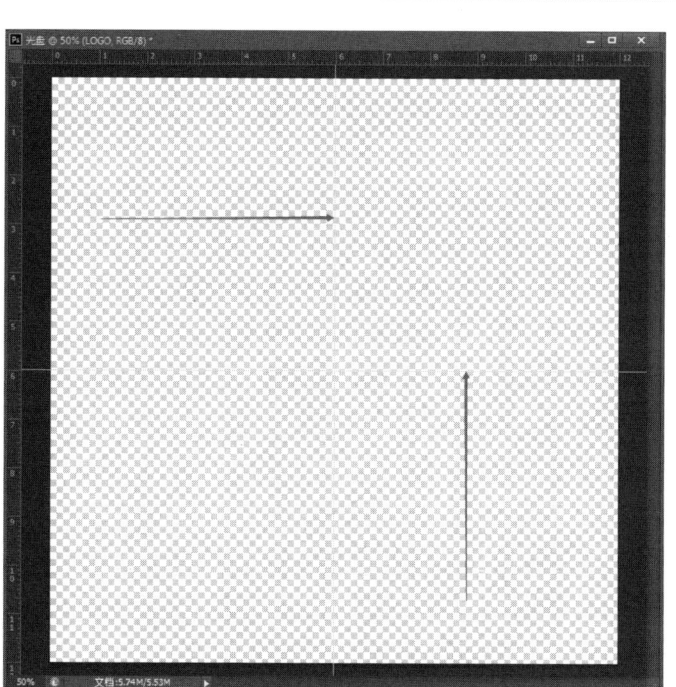

图 7-49　拖参考线到图像窗口正中间

（7）新建一个图层，选择工具箱中的选框工具组→椭圆工具，先按住 Shift 键，用鼠标从中心点开始拖，然后按住 Alt 键，这样就能在图像窗口中拖出一个正圆形，如图 7-50 所示。

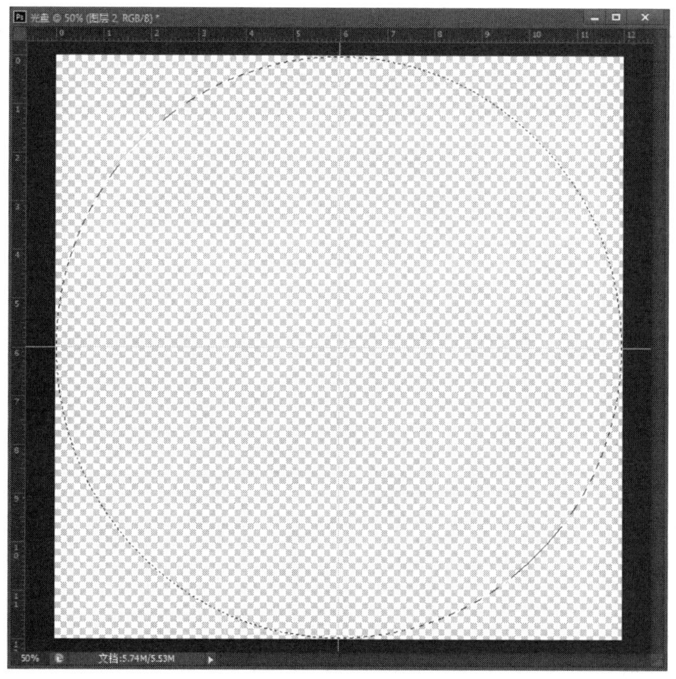

图 7-50　在图像窗口拖出正圆形

（8）选择工具箱中的渐变工具组中的油漆桶工具，为正圆形随便填充一个颜色，填充好以后如图 7-51 所示。

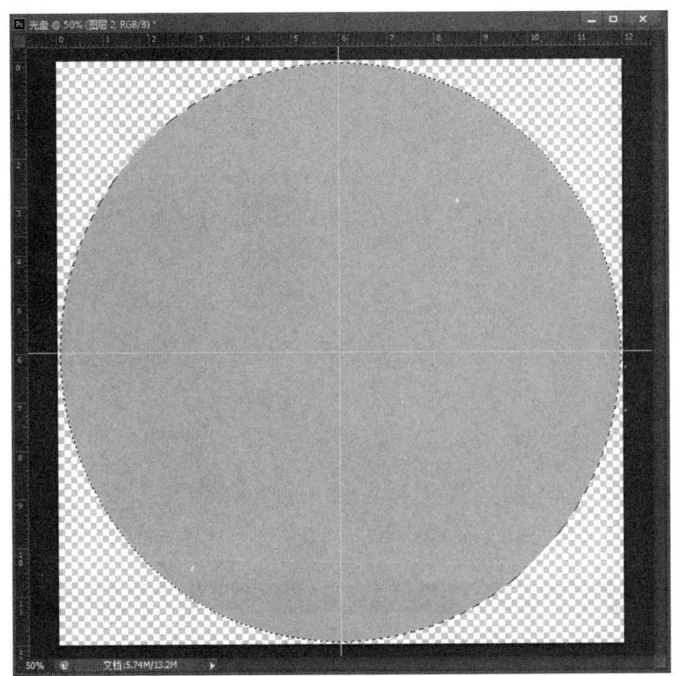

图 7-51　为正圆形填充颜色

（9）按“Ctrl+D”组合键取消选择；选择工具箱中的选框工具组→椭圆工具，先按住 Shift 键，用鼠标从中心点开始拖，然后按住 Alt 键，这样就能在图像窗口正中间拖出一个小正圆形，如图 7-52 所示。

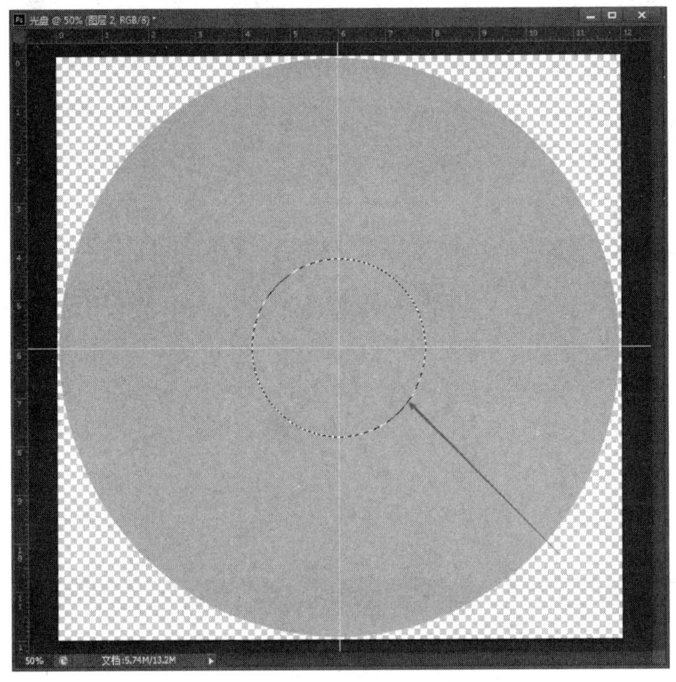

图 7-52　在图像窗口正中间拖出小正圆形

（10）按 Delete 键，将选中的部分删除，删除后效果如图 7-53 所示。

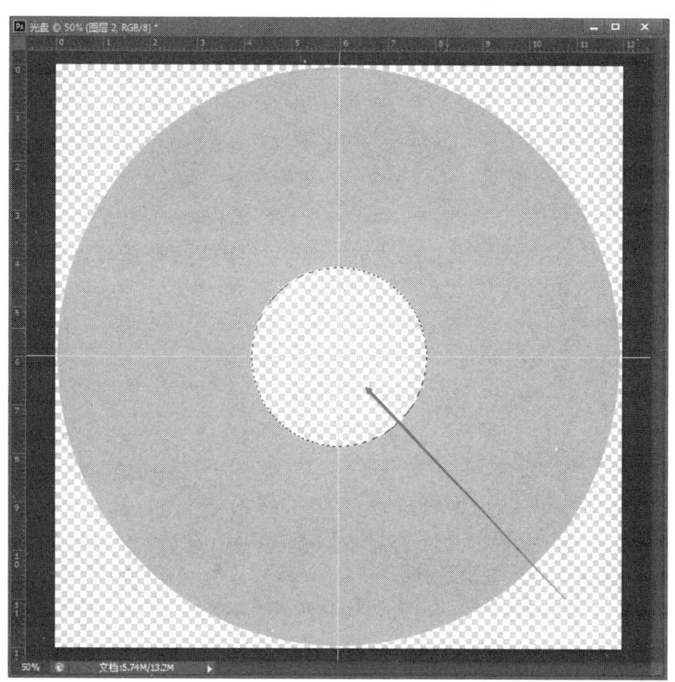

图 7-53 删除小正圆形

（11）选择菜单栏中的“文件”→“打开”命令，将准备好的素材打开，如图 7-54 所示。

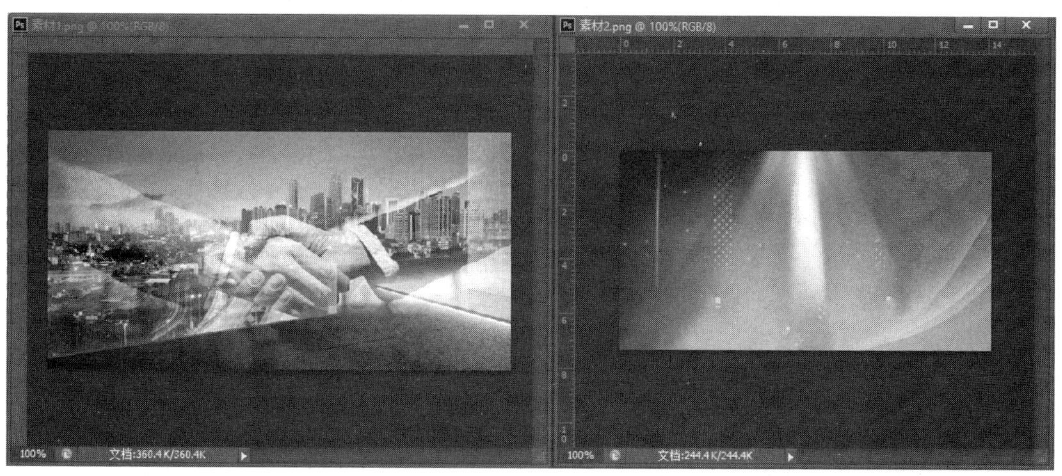

图 7-54 打开素材

（12）选择菜单栏中的“选择”→“全部”命令，将素材 1 选中；选择工具箱中的移动工具，将素材 1 拖到光盘下方；选择菜单栏中的“编辑”→“自由变换”命令，将素材 1 铺满光盘下方 1/3 处；用同样的方法将素材 2 铺满光盘上方 2/3 处，如图 7-55 所示。

图 7-55　将素材在光盘上铺满

（13）这时图层面板上素材 1 显示为图层 1，素材 2 显示为图层 2；将鼠标光标放到光盘图层与图层 1 之间，按住 Alt 键，鼠标光标变成白方框和黑箭头，如图 7-56 所示；单击图层 1，鼠标光标的黑箭头有了一个斜杠，如图 7-57 所示。

图 7-56　按住 Alt 键后鼠标光标的形状

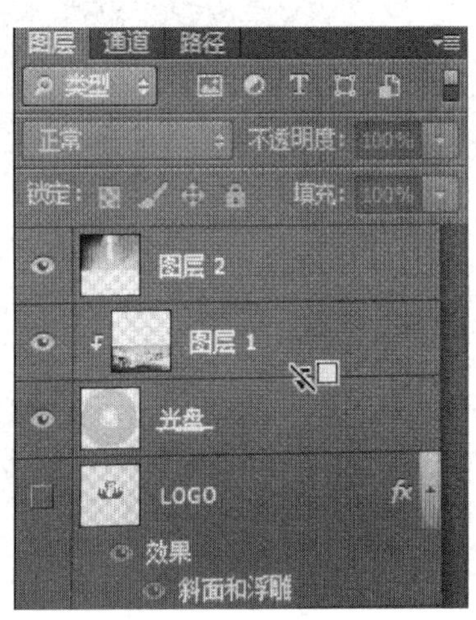

图 7-57　单击图层 1 后鼠标光标的形状

（14）用同样的方法，将鼠标光标放到图层 1 和图层 2 之间进行操作；这样两张素材与光盘之间的剪贴蒙版效果就完成了，如图 7-58 所示。

（15）将图层 1 和图层 2 合并成一个图层，分别用污点修复画笔工具、涂抹工具、减淡工具和仿制图章工具将两张素材交接的地方处理自然，处理后的效果如图 7-59 所示。

图 7-58　在两张素材与光盘之间创建剪贴蒙版后

图 7-59　两张素材交接地方的处理

（16）新建一个图层，双击该图层的文字，并重命名为“中间圆”，选择工具箱中的选框工具组→椭圆工具，先按住 Shift 键，用鼠标从中心点开始拖，然后按住 Alt 键，将光盘中间内径空白处选中，如图 7-60 所示。

图 7-60　选中光盘内径

（17）选择工具箱中的吸管工具，吸取光盘素材中的一个较浅的颜色作为前景色；继续选择工具箱中的渐变工具组→油漆桶工具，为光盘内径填充前景色，填充好以后如图 7-61 所示。

图 7-61　填充光盘内径

（18）选择菜单栏中的“编辑”→“描边”命令，弹出“描边”对话框，为内径描边，具体设置如图 7-62 所示。

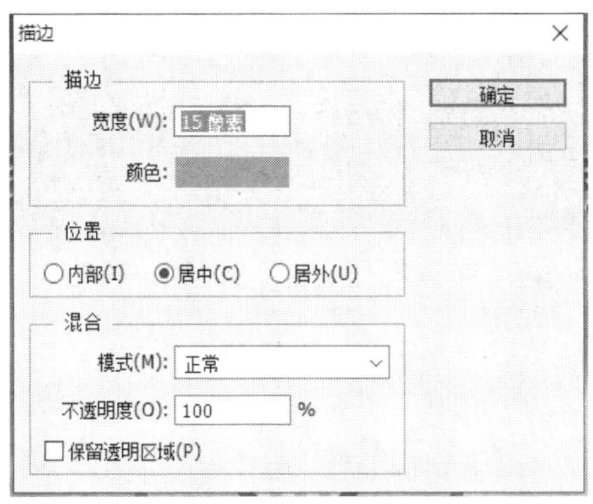

图 7-62　描边设置

（19）单击“描边”对话框右侧的“确定”按钮，这样内径的边就描好了；按“Ctrl+D”组合键取消选择；用拖内径的方法在光盘内径正中间拖一个小圆，用吸管工具吸取比内径边缘稍微深一点儿的颜色，为小圆描边；继续用拖小圆的方法在小圆的内径再拖一个小小圆，选中“中间圆”图层，按 Delete 键，将中心删除，如图 7-63 所示。

图 7-63　删除正中心

（20）用吸管工具吸取比小圆边缘深一些的颜色，设置宽度为 2 像素，颜色为前景色（吸管刚刚吸取的颜色），为小小圆描边，效果如图 7-64 所示。

图 7-64　为小小圆描边

（21）单击 LOGO 图层的眼睛，使其可见；选择菜单栏中的“编辑”→“自由变换”命令，将 LOGO 的大小调整合适，并将其移到光盘中上方，如图 7-65 所示。

图 7-65　调整 LOGO 到合适的位置

（22）选择工具箱中的文字工具组T→横排文字工具T，在 LOGO 下方合适处输入字体为“隶书”，大小为“18 点”的文字“数字媒体技术与应用综合教程”，用“自由变换”命令将文字稍微拉长一点儿，然后在图像窗口的右侧打开字符对话框（如果没有，可直接在窗口中调出字符命令），调整间距为“-50”，如图 7-66 所示。

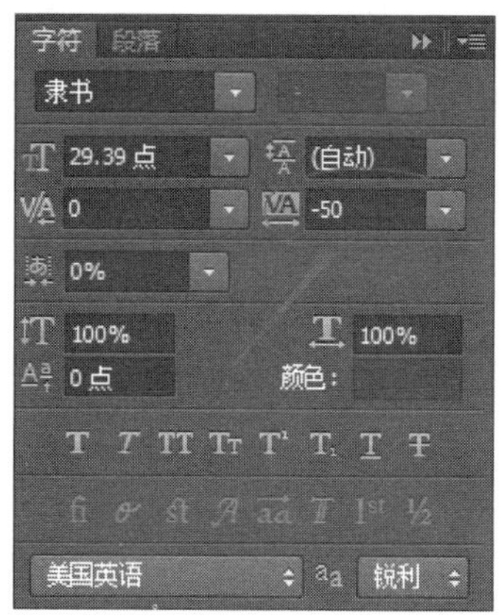

图 7-66　设置字符字距

（23）双击文字层，弹出“图层样式”对话框，选择“描边”样式，设置大小为“2 像素”，颜色为“白色”，为其描边；继续选择“斜面和浮雕”样式，选择“外斜面”，其他设置不变，效果如图 7-67 所示。

图 7-67　设置图层样式后的文字

（24）选择工具箱中的文字工具组→横排文字工具，在光盘正下方输入字体为“黑体”，颜色为“白色”，字距为“50”，大小为“8 点”的文字“某某出版社荣誉出品”，如图 7-68 所示。

图 7-68　在光盘正下方输入出版单位

（25）选择工具箱中的文字工具组T→横排文字工具T，在光盘中下左和中下右分别输入字体为“隶书”，颜色为“黑色”，字距为“100”，大小为“13 点”的文字“理论与实践相结合”和“成就你多面手的梦想”，并用“自由变换”命令将文字适当旋转，删除“参考线”，最终效果如图 7-69 所示。

图 7-69　Photoshop 设计“数字媒体光盘封面”最终效果

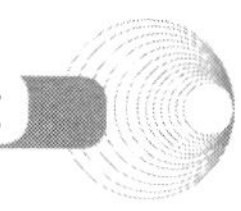

（26）如果不再修改调整，在图层面板中合并所有的图层，选择菜单栏中的“文件”→“存储为”命令，将设计好的光盘封面保存为 JPEG 或者 PNG 格式。

思考与练习

1. 什么是数字媒体光盘?
2. 什么是数字媒体光盘刻录机?
3. 数字媒体光盘刻录机的基本原理、技术数据和性能选购是怎样的?
4. 常用的数字媒体光盘刻录软件有哪些? 它们的特点是什么?
5. 为什么刻录数字媒体光盘的速度不宜太高?
6. 使用 Nero 9 刻录 CD 数据光盘和 DVD 视频光盘有什么区别?
7. 使用 Nero 9 复制和刻录 CD/DVD 光盘有什么区别?
8. 在设计数字媒体光盘封面时，一般应遵循什么样的原则?
9. 使用 Word 设计一张数字媒体光盘封面。
10. 使用 Photoshop 设计一张数字媒体光盘封面。

参 考 文 献

[1] 赵子江，吴海燕，等. 多媒体技术基础[M]. 北京：机械工业出版社，2011.

[2] 薛为民，宋静华，等. 多媒体技术与应用[M]. 北京：中国铁道出版社，2011.

[3] 时代印象，Premiere Pro CS6 完全自学教程[M]. 北京：人民邮电出版社，2013.

[4] 石雪飞，郭宇刚. 数字音频编辑 Adobe Audition CS6 实例教程[M]. 北京：电子工业出版社，2013.

[5] 齐俊英. 多媒体技术与应用[M]. 北京：清华大学出版社，2014.

[6] 胡晓峰，吴玲达，等. 多媒体技术教程[M]. 4 版. 北京：人民邮电出版社，2015.

[7] 黄攀. 图形图像处理案例教程[M]. 北京：清华大学出版社，2015.

[8] 王中生，高加琼. 多媒体技术与应用[M]. 3 版. 北京：清华大学出版社，2016.

[9] 姜永生. 多媒体技术与应用[M]. 北京：中国铁道出版社，2017.

[10] 秦景良，农正，等. 多媒体技术与应用案例教程[M]. 2 版. 北京：机械工业出版社，2017.

[11] 宗绪锋，韩殿元. 数字媒体技术基础[M]. 北京：清华大学出版社，2018.

[12] 张振花，田宏团，等. 多媒体技术与应用[M]. 北京：人民邮电出版社，2018.

[13] 于萍. 多媒体技术与应用[M]. 北京：清华大学出版社，2019.

[14] 司占军，贾兆阳. 数字媒体技术[M]. 北京：中国轻工业出版社，2020.

[15] 刘歆，刘玲慧，朱红军. 数字媒体技术基础[M]. 北京：人民邮电出版社，2021.